KB121682

한·영·미 3국 합작이 만들어낸 세기의 도전작

Climate Apocalypse
The Greatest Scam in Human History

기후 종말론

인류사 최대 사기극을 폭로한다

지은이 박 석 순

데이비드 크레이그

역사적 기록, 과학적 사실, 언론의 선동, 집단의 광기,
정치의 치부, 경제적 자살 등으로 본 기후 종말론의 실체

어문학사

기후 종말론

지은이

박 석 순(한국)
데이비드 크레이그(영국)

자료 제공

토니 헬러(미국)

어문학사

Copyright, 2023 Park & Craig, All rights reserved.

이 책의 한국어판 저작권은
저자 Park & Craig와의 독점 계약으로 어문학사가 소유합니다.
저작권법에 의하여 한국 내에서 보호를 받는 저작물이므로
무단 전재와 무단 복제를 금합니다

영국과 미국의 동지들에게 감사드리며

이 책은 영국의 작가 데이비드 크레이그(David Craig)가 미국의 환경운동가 토니 헬러(Tony Heller)의 수집 자료와 유튜브 강의에 영감을 받아 저술한 원저(There is no climate crisis)를 내가 지난 몇 년간 펜앤드마이크 "진짜 환경 이야기"에서 사용한 자료로 수정 보완하여 완성도를 높인 것이다. 나는 두 분의 활동을 보면서 세상에는 진실을 찾기 위해 대단한 열정으로 살아가는 사람들이 있다는 사실에 감동했다. 그리고 그 감동으로 시작된 번역 작업이 두 분의 협조 덕분에 새로운 공저로 이어졌다.

영국의 데이비드 크레이그는 세계적인 논쟁 이슈만을 다루는 유럽과 영어권에서 널리 알려진 유명한 시사 논픽션(Non-Fiction) 작가다. 그의 이름도 작품에만 사용하는 필명이라는 것을 판권 계약으로 이메일을 주고받으며 알게 됐다. 그는 기후변화와 탄소중립이 세계적인 이슈로 떠오르자 수많은 자료를 섭렵하고 과학적 사실에서부터 사회적 현상, 경제적 피해, 환경적 득실에 이르기까지 세밀히 분석하여 명쾌한 해답을 내놓았다. 특히 지금의 기후 종말론이 부유한 선진국을 중심으로 득세하는 이유를 사회병리학적으로 분석한 것은 논픽션 작가만이 보여줄 수 있는 예리한 판단이었다.

미국의 토니 헬러는 맑은 물, 깨끗한 공기, 아름다운 자연을 지키기 위해 평생을 환경운동가(Lifelong Environmentalist)로 활동해 오다 지구온난화가 세계적인 이슈로 부상하기 시작한 2008년부터 기후변화 연구에 집중하고 있다. 지난 150년 동안 미국, 영국, 호주, 캐나다 등 영어권 국가에서 나온 신문 기사와 공식 문서 등을 과학적 사실과 함께 범죄 수사기법으로 분석하여 지금의 기후 위기는 근거 없는 가짜 재앙임을 확신하고 유튜브로 전 세계에 폭로해 오고 있다. 그동안 그가 수집한 수많은 자료와 연구 결과는 기후 선동가들의 과장된 주장과 교묘한 조작을 밝히는 중요한 증거가 되고 있으며 이 책의 저술에 결정적 동기가 됐다.

나는 대학에 있으면서 지난 1990년대에는 환경재난, 2000년대에 들어오면서 가난과 환경, 2010년대 후반에 와서는 무선통신 시대의 인공 전자파로 인한 환경문제에 관해 저서와 역서를 냈다. 그러다 2020년에 들어와 코로나 방역 생활이 시작되면서 기후변화라는 새로운 이슈에 도전하게 됐다. 관련 자료를 수집하고 유튜브 강의를 들으면서 해외 명저들을 읽고 번역서를 냈다. 나 역시 처음에는 대부분의 환경 전문가들처럼 화석연료 사용으로 인한 대기 이산화탄소 증가와 지구온난화를 걱정했다. 특히 유엔이 기후 위기와 탄소중립에 앞장서는 것을 보면서 추호의 의심도 없이 그대로 믿었다. 하지만 지난 2021년에 『불편한 사실』을 번역 출간하면서 내가 그동안 잘못된 정보를 접하고 있었음을 깨닫게 됐고, 또 다른 번역서 『종말론적 환경주의』를 통해 기후 위기란 1970년대 서구 사회를 휩쓸었다가 후에 허무맹랑한 거짓임이 밝혀졌던 환경 종말론의 재현에 불과하다는 사실을 확인하게 됐다. 여기에

2022년 『지구를 구한다는 거짓말』이라는 역서를 감수하면서 기후 선동가들이 유엔을 지배하고 기후 모델이라는 터무니없는 수정 구슬로 자의적 예측을 하고 있음을 짐작하게 됐다. 그리고 미국, 유럽, 캐나다, 호주 등에서 활동하고 있는 수많은 기후변화 진실을 밝히려는 과학자들과 단체들을 통해 지금의 광적인 선동 배후에는 반산업화, 반자본주의, 그리고 개인의 자유를 구속하는 사회주의가 숨어있다는 사실을 알게 됐다.

나는 그동안 역서와 유튜브 방송, 초청 강의, 언론 인터뷰와 기고 등을 통하여 기후변화의 진실을 알리려고 노력했다. 주변에서 몇몇 분들이 나의 노력을 보면서 설령 과학적 진실이 그렇다 하더라도 우리 정부가 국제협약에 비준했고 친환경 정책을 추진하는 것이니 지금의 노력은 바람직하지 않은 것 같다고 조언했다. 하지만 나는 생각이 달랐다. 엄청난 국력과 예산이 낭비되는 심각한 사회병리 현상을 과학적 진실로 바로 잡은 것이 학자의 도리이자 나에게 주어진 시대적 사명이라 생각했다. 또 지금의 기후 선동으로 인한 탄소중립은 결코 친환경 정책이 아니라고 확신했다. 기후변화의 진실을 알리고 바른 에너지 정책을 세우도록 하는 것이 국가 경제와 환경을 위해 무엇보다 중요하다고 판단했다.

세계 각국에서 기후변화의 진실을 추구하는 노력은 오랜 기간 계속되었고 지금까지 많은 성과도 있었다. 미국은 지난 1997년 교토의정서에 비준조차 시도하지 않았고 트럼프 대통령은 2017년 파리기후변화협약에서 탈퇴했다. 바이든 정부가 들어선 2021년 미국 백악관 과학기술정책국 내부 보고서에서도 기후위기란 없음을 명시하고 있다(부록 2 참조). 실제로 미국의 보수 정부와 언론은 기후 위기란 가짜 재앙으로 단정하고 있으며 국민의 50% 이상이 기후 선동에 넘어가지 않고 있다. 하지만 우리나라는 어떤 과학적 검토도 없이 "저탄소 녹색성장"을 국가 최우선 정책으로 삼았고, 2015년에는 "탄소 배출권 거래제도"를 도입했으며, 지난 정부는 탈원전과 탈석탄을 선언하고 기업체에 RE100(재생 에너지 100%)을 독려하는 정책도 추진했다.

나는 우리 정부가 가야 할 방향은 지금과 같이 국제협약에 맹종할 것이 아니라, 먼저 기후변화의 과학적 진실을 파악하고 국익에 도움이 되는 전략을 세워야 한다고 생각한다. 다행히 우리는 뛰어난 원자력 발전 기술을 보유하기 때문에 이를 최대한 활용하면 99% 수입에 의존하는 화석연료 사용을 상당량 줄일 수가 있다. 그래서 잘 사는 선진국들이 기후 위기라는 집단 최면에 걸려 스스로 경제적 자해를 감행하는 지금, 국제협약에 따르면서 새로운 국가 도약의 기회를 만들어낼 수 있다. 에너지 절약, 자원 순환, 식목과 산림 관리 등과 같은 긍정적인 탄소중립과 국토 선진화를 통한 기후변화 적응 대책에 국가 역량을 집중하면서, RE100이나 CCS(Carbon Capture Storage, 탄소포집 저장)과 같은 고비용 무효과 탄소중립은 전면 재검토하는 것이 바람직하다. 이를 위해서는 우리 국민이 기후변화의 진실을 알고 기후 선동가들이 조장한 사회병리학적 현상에서 벗어나야 한다. 나는 이 책이 널리 읽혀 국민의 바른 판단과 국가의 새로운 도약에 크게 기여할 수 있길 기대한다.

나는 그동안 "부국 환경"과 "인간의 존엄성"을 환경 철학의 기본으로 삼고 과학적 사실과 논리적 사고에 기초한 합리적 환경주의를 주창해왔다. 그래서 헌법에 명시된 "모든 국민은 건강하고 쾌적한 환경에서 생활할 권리를 갖는다."라는 환경권 보호를 강조해왔고, "모든 국민이 풍요롭고 안전하게 살아갈 수 있는 부강한 나라는 국토 선진화에서 비롯된다."라고 설파해왔다. 여기에 올바른 에너지 정책은 경제 기생충을 몰아내고 소중한 환경을 지키며 개인의 자유를 회복할 수 있음을 깨닫고 "기후변화 진실"을 내가 세상에 알려야 할 새로운 주제로 생각하게 됐다. 이 세 가지 주제, "환경권 보호", "기후변화 진실", "국토 선진화"를 목표로 창립한 단체가 "한국자유환경총연맹"이다. 이 책은 이 단체와 함께 하는 나의 첫 번째 작품이다.

그동안 기후변화를 공부하고 유튜브 강의와 저술 활동을 하면서 해외 석학들과 교류할 수 있었던 것은 나의 인생에 큰 보람이었다. 올바른 기후과학 지식을 알려주고 용감한 지식인의 삶을 보여준 분들께 감사드린다. 특히 역서 『종말론적 환경주의』의 저자이자 그린피스 공동 창립자이신 패트릭 무어(Patrick Moore) 박사님, 그리고 역서 『불편한 사실』의 저자 그레고리 라이트스톤(Gregory Wrightstone) 미국 이산화탄소연맹 회장님께 감사드린다. 또 나를 "세계기후선언 대사(World Climate Declaration Ambassador)"로 초대해 주신 기후 지성인 그룹(Climate Intelligence Group) 회장 네덜란드 델프트 공대 거스 버크하우트(Guus Berkhout) 교수님과 동료 대사님들, 그리고 바른 기후과학 지식과 확신을 알려주고 미국 이산화탄소연맹 정회원으로 추천해주신 미국 MIT 공대 리처드 린젠(Richard Linzen) 교수님과 프린스턴대 윌리엄 하퍼(William Happer) 교수님께도 깊은 감사를 드린다.

나는 지난 2022년 8월 31일, 꿈에 그리던 정년퇴임을 하고 이화여대 환경공학과 첫 번째 명예교수로 임명받아 지금은 한국자유환경총연맹의 "자유환경연구원"에서 일생 처음 느껴보는 자유롭고 행복한 시간을 보내고 있다. 정년 후 첫 번째로 출간하는 이 책을 통해 그동안 대학에서 학문의 동반자였던 제자들과 학과 교수님들께도 고마움을 전하고 싶다. 특히 오랜 기간 학과 말동무로 환경 지식과 이념을 함께한 조경숙 교수님과 내가 다하지 못한 연구와 강의를 인수해준 제자 최정현 교수와 이혜원 교수에게 감사함을 전한다.

끝으로 이 책이 나오기까지 도움을 주신 분들께 감사의 뜻을 표한다. 먼저 지난 2017년부터 유튜브 방송 "진짜 환경 이야기" 코너를 만들어 환경 진실을 세상에 알리고 기후변화를 공부하는 기회를 만들어주신 펜앤드마이크 정규재 주필님께 감사드린다. 그리고 나의 환경 철학과 이념을 함께하며 이를 국민운동으로 승화시키기 위해 한국자유환경총연맹을 창립한 김정섭 대표와 추진단(박선형, 이운영, 장동진), 그리고 전국 회원님들께도 감사드린다. 아울러 나의 저술 활동을 흔쾌히 지원해 주시는 어문학사 윤석전 사장님과 멋진 책으로 디자인해준 최소영 팀장, 그리고 항상 행복한 지식 여행을 즐길 수 있게 해주는 소중한 분께도 고마움을 전한다. 마지막으로 이 책의 밑그림을 그려주고 지금의 모습까지 협조를 아끼지 않은 영국과 미국의 두 동지, 데이비드 크레이그와 토니 헬러, 그리고 이 책의 주요 그래프들을 제공하고 사용을 허락해주신 미국의 클라이브 베스트(Clive Best) 박사님을 비롯한 몇몇 분들께도 감사드린다.

나는 이 책을 통해 독자들에게 다음과 같은 말을 전하고 싶다.

"우주 만물을 창조한 신은 위대하다,

그리고 그 신의 뜻을 따르는 인간도 위대하다."

"인간을 지구 파괴의 악마로 만들어버리는 기후 종말론은

선진 문명의 자기 혐오증을 자극한 인류사 최대 사기극이다."

"기후 대책은 고비용 무효과의 탄소중립이 아니라

과학과 기술의 국토 선진화다."

2023년 2월

청계산 옛골 자유환경연구원에서

박 석 순

세 분께 드리는 특별한 감사

용감한 지식인의 삶과 올바른 기후과학을 전해주신 패트릭 무어,

리처드 린젠, 윌리엄 하퍼 박사님들께 진심 어린 존경과 함께

제3의 저자 토니 헬러에 드리는 특별한 감사

토니 헬러는 제3의 저자라 할 만큼 이 책에 기여한 바는 매우 크다. 영국의 데이비드 크레이그도 원저에서 진심 어린 감사를 표시하고 진실을 찾기 위한 그의 성실한 탐색과 놀라운 범죄 수사기법을 정당하고 적절하게 사용했길 바라고 있다. 이 책 저술 과정에서도 모든 추가 자료를 제공하고 질문에 성실하게 답해준 그에게 다시 한번 깊은 감사를 드린다. 토니 헬러는 현재 미국 이산화탄소연맹의 정회원으로 활동 중이며, 이 책에 사용된 이미지와 설명은 그의 웹사이트(Real Climate Science)와 유튜브(TonyHeller)에서 찾아볼 수 있다.

주요 참고 자료 웹사이트

https://realclimatescience.com/
https://clintel.org/
https://co2coalition.org/
https://www.lomborg.com/
https://friendsofscience.org/
https://clivebest.com/blog
https://climate.rutgers.edu/snowcover
https://joannenova.com.au
https://climaterealism.com/
https://www.co2science.org/
https://www.heartland.org
https://www.thegwpf.org/
https://www.desmog.com/
https://wattsupwiththat.com
https://www.climate4you.com
https://www.drroyspencer.com/
https://truthinenergyandclimate.com/

들어가면서

지금부터 150년 전인 1871년에 발간된 '상상 속에서 변화하는 기후(Imaginary Change of Climate)'라는 제목의 아래 신문 기사[1]는 21세기를 살아가는 우리에게 기후에 관한 많은 것을 시사해주고 있다. 기사 내용은 다음과 같다.

"지난 3년간 계속된 가뭄은 실용적인 농업 전문가에게는 새로운 농법 연구를 자극하는 촉진제가 되었다. 반면에 날씨 예보자, 미래 기후 예언가, 어설픈 기상학자, 그리고 일반적 라푸타(Laputa)[2] 같은 생각을 하는 많은 이들에게는 넘쳐나는 추측을 자연스럽게 불러일으키는 효과를 가져왔다. 이것은 다시 언론으로 넘어가 매우 치명적인 기사를 보도하는 계기를 만들었다. 우리는 자주 『더 타임스』[3]에 날씨 현황을 알리는 자들이 사용하는 표에서 다음과 같은 사실을 주목하곤 했다. 신문에서 날씨 기사가 유용하고

THE BRISBANE COURIER, TUESDAY, JANUARY 10, 1871.

IMAGINARY CHANGES OF CLIMATE.

(Pall Mall Gazette.)

THREE consecutive years of drought, while they have stimulated the inventive resources of practical agriculturists, have had the natural effect of calling forth a plentiful crop of speculation from weather prophets, and projectors, and half-instructed meteorologists, and all the philosophic tribe of Laputa in general, to whom the periodical press now affords such fatal facilities. We have often noticed that in the tabular statements of those compilers of weather records who write to the *Times*, useful and welcome as their communications are, every season is sure to be "extraordinary," almost every month one of the driest or wettest, or windiest, coldest or hottest, ever known. Much observation, which ought to correct a tendency to exaggerate, seems in some minds to have rather a tendency to increase it. And many

1871년 1월 10일 Brisbane Courier

---

1 The Brisbane Courier: 호주 퀸즐랜드주에서 1864년부터 발행된 일간 신문. 1933년 the Daily Mail과 합병되었으며, 이후 The Courier-Mail로 발간되고 있다.

2 라푸타(Laputa)는 조너선 스위프트(Jonathan Swift)가 1726년 저술한 풍자소설 걸리버 여행기(Gulliver's Travels)에서 하늘을 나는 섬을 말하는 것으로 그곳에 사는 사람들은 이상한 유사 과학으로 어처구니없는 일을 벌인다.

3 The Times: 1785년 영국에서 창간된 세계에서 가장 오래된 일간 신문

환영받기 위해 그들이 사용하는 방식은 모든 계절을 통틀어 거의 매번, 가장 건조하거나, 가장 비가 많이 오거나, 가장 바람이 많이 불거나, 가장 춥거나, 가장 덥다고 하면서, 지금까지 유례없는 '특이한' 날씨라고 표현하는 것이다. 이처럼 과장하려는 경향은 바로잡아야 하겠지만, 실제로 좀 더 많이 관찰해보면 어떤 이들은 오히려 더 과장하려고 노력하는 것처럼 보인다."

이 기사에서 볼 수 있듯이, 우리 인간이란 기상학자, 과학자, 혹은 자칭 기후 예언자라는 자들로부터 지난 한달 또는 한철(계절), 1년, 10년의 날씨가 지금까지 가장 더웠다거나, 가장 추웠다거나, 가장 비가 많았다거나, 가장 건조했다거나, 가장 심한 폭우가 왔다는 이야기를 어쩔 수 없이 들으며 살아오게 되어있다. 그뿐만 아니라 언론은 싸구려 기상 전문가들과 합세하여 항상 과장되고 자극적이며 치명적인 기사를 만들어 냈다. 그리고 그 정도가 심하고 오랜 기간 계속될 경우 우리 인간은 한 시대를 기후 대재앙 공포와 함께 살아야만 했다. 1920년대와 1930년대에는 지구온난화 공포가 있었다(제1장). 엄청난 폭염으로 수많은 인명이 희생되고 북극해와 그린란드 빙하가 급속히 녹아내린다는 소식이 언론에 수없이 보도됐다. 당시 과학자들은 온난화가 인류와 자연 생태계에 대재앙을 가져올 것이라고 경고했다. 1940년대 후반으로 가면서 지구는 온난화를 멈추고 냉각되기 시작했다. 1960년대와 1970년대에는 냉각화가 더욱 심해져서 지구에 대재앙이 온다는 공포가 인류 사회를 위협했다(제2장). 모든 기후 전문가들은 지구 냉각화가 농업을 황폐화시켜 식량부족과 대규모 아사를 초래하고 이로 인해 핵전쟁도 일어날 수 있는 새로운 빙하기가 올 것이라고 주장했다. 다행스럽게도 냉각화는 1980년대 중반에 멈췄고 지구는 다시 따뜻해지기 시작했다. 이 새로운 온난화는 서방국가를 중심으로 정치화되고 기후 선동가들이 유엔을 지배하게 되면서 지금의 기후 종말론으로 이어졌다.

지나고 보니 1920년대와 1930년대의 온난화와 1960년대와 1970년대의 냉각화 모두 지구의 주기적 현상에 불과했고 과학자들의 대재앙 예측은 완전히 틀렸음을 알게 됐다. 이러한 이유만으로 지금의 기후 대재앙 예측 또한 '이번에도 틀렸다'라고 말하려는 것은 아니다. 두 번이나 지구의 기후를 완전히 잘못 이해하고 터무니없는 예측을 했다는 점을 생각해서라도, 기후 선동가들은 지금의 온난화로 인류가 종말을 맞이한다는 공포를 조장하는 것에 대해서는 일말의 겸손함이라도 보여야 한다.

기후 선동가들이 이번에는 인간에 의한 대기 이산화탄소 증가로 지구온난화가 일어난다는 사실을 사람들이 믿어줄 것이라고 기대할 수 있겠지만 천만에 말씀이다. 이미 한 차례 지구온난화 중단이 나타나기도 했다. 그래서 그들은 자신들의 예측을 재확인하거나 조정하기 위해 지구 기후의 다양한 현상을 계속 연구하고 있다고 말할 것이라는 예상도 할 수 있다. 또 지금도 여전히 반론 제기는 열려 있고 이산화탄소로 인한 기후 재앙 이론과 모순되는 증거를 살펴볼 준비가 되어있다고 말할 것이라는 기대도 할 수 있다. 그리고 지구의 종말이 올 것이라는 예측이 연이어 절망적으로 부정확하다는 사실이 밝혀짐에 따라, 기후 선동가들이 자신들의 재앙적 어휘 구사를 줄이고 일어나지 않는 종말과 재앙의 시나리오로 겁주려는 노력을 멈출 것으로 예상했을 수도 있다.

하지만 이상하게도, 우리는 지금 정반대 현상을 보고 있는 것 같다. 오늘날의 기후 선동가들은 이산화탄소로 인한 기후변화에 대해 확신할 수 없다는 사실을 인정하는 대신 자신들의 이론을 받아들이지 않는 사람은 누구나 '기후변화 부정자'라고 몰아세운다. 이는 '기후변화 부정자'는 홀로코스트를 부정하는 사람들과 같은 도덕적 수준에 있다는 것을 암시한다. 더욱 나쁜 것은 이산화탄소로 인한 기후 대재앙을 신봉하는 새로운 종교에 대해 감히 의심이라도 하는 사람은 신성 모독 발언자 또는 이단자 취급을 받으며, 맹렬하게 공격받을 뿐 아니라 활동 무대에서 추방된다는 사실이다. 기후 선동가들은 매우 복잡한 열역학 시스템인 지구의 기후에 관해 보다 정확한 이해를 지속적으로 연구하는 객관적인 과학자가 되기보다는, 그들만의 이념을 강요하고 반대하는 자는 이단자로 불태워버리는 사이비 종교의 광신도처럼 행동하고 있다.

이 책은 지난 150년 동안의 신문 기사와 조작되거나 심지어 삭제된 기온 그래프, 그리고 새로운 과학적 발견들을 사용하여 기후 선동가들의 모든 종말론적 재앙 시나리오를 괴멸시킬 것이다. 지구의 과열 현상, 빙하와 만년설의 융해, 급격한 해수면 상승, 조만간 멸종된다는 북극곰, 증가하는 폭염과 산불, 더욱 강해지고 자주 발생한다는 허리케인과 태풍, 점점 심해지는 가뭄, 임박한 농업 흉작과 대기근 등, 기후 선동가들의 모든 주장이 사실적 근거가 전혀 없음을 보여줄 것이다. 그뿐만 아니라 이 책은 지금까지의 기후변화가 선동가들의 이론과 일치하지 않아 거의 조롱거리가 되다시피 했을 때, 그들은 관측된 기온 자료를 조작하기 시작했고, 지구온난화의 원인이 이산화탄소라는 그들의 주장을 실제로 지지하는 과학자의 수에 관해서도 거짓말을 했으며, 기후 종말론을 의심했던 많은 과학자들의 명성과 경력을 실추시키려 했음을 폭로할 것이다.

세계가 수백만 명의 사망자와 수천만의 빈곤층을 발생시킨 코로나19 대유행의 참담한 사회경제적 충격에서 벗어나려면 경제 부흥과 함께 수백만 개의 일자리를 창출해야 한다. 지금 서방국가의 에너지 가격은 중국이나 인도보다 4~5배나 더 비싸다. 이는 서방국가들이 싸고 안정적인 석탄과 천연가스 발전소를 서둘러 폐쇄하고 비싸면서도 신뢰할 수 없는 태양광이나 풍력 발전으로 에너지를 대체하기 때문이다. 이러한 상태가 계속된다면 머지않아 서방국가의 에너지 가격은 전 세계 어떤 나라보다 적어도 10배 이상 비싸게 될 것이다. 서방국가들은 스스로 산업 경쟁력을 떨어뜨리고 일자리를 파괴하여 산업과 일자리가 에너지 가격이 싼 국가로 이동하게 만들고 있다. 이는 코로나 이후의 경제 회복을 불가능하게 만들 것이다.

우리의 경쟁자들은 우리가 열광적으로 경제를 손상시키고 수백만 개의 일자리를 파괴하는 것을 흥미롭게 지켜보다가 이제는 심지어 당혹감마저 느끼고 있다. 지금 우리는 인간의 활동이 어떻게든 기후 대재앙을 일으킨다는 잘못된 믿음으로 인류 역사상 가장 심각한 사회경제적 자해와 환경 파괴를 저지르고 있는 것이다. 이 책이 많은 국민을 가짜 재앙의 공포로부터 깨어날 수 있게 하고 지금의 무모한 사회경제적 자해와 환경 파괴를 멈추게 하는 강한 압력이 되길 바란다.

목차

If present trends continue, the world will be...
eleven degrees colder by the year 2000. This is about twice what
it would take us to put us in another ice age.

–

Kenneth Watt, Professor, University of California at Davis,
During the First Earth Day Celebration in 1970

제1부

반복되는 기후 재앙 소동

지금의 추세가 계속된다면, 2000년 경에는
세계는 화씨 11도(섭씨 6.9도)나 더 추워질 것이다.
이것은 지금보다 두 배가량 더 추워져서 인류는
새로운 빙하기를 맞이하는 것이나 다름없다.

-

케네스 와트, 미국 캘리포니아대 데이비스 캠퍼스 교수
1970년 제1회 지구의 날 기념 행사에서

제1장

1920/1930년대의 지구온난화 공포

1880년대부터 1940년대까지 60년 동안 지구는 0.5℃에서 1℃ 정도 따뜻해졌다. 그때는 기온을 측정하고 기록하는 일은 매우 제한적이었기 때문에 믿을만한 정확한 수치는 없었다. 하지만 그 기간의 관측 자료와 학술 논문, 그리고 수많은 언론 보도가 남아있기 때문에 지금의 과학자들도 60년 동안의 따뜻해진 기간이 있었다는 것에는 대체로 동의한다.

The Tribune-Republican

SCRANTON, PA., TUESDAY, JULY 4, 1911.

NATION IN THROES OF HEAT TIDE

Government Forecasters in Washington Predict Most Oppressively Hot and Sweltering "Fourth" in Decade With No Relief in Sight Unless Through Local Rain.

TEMPERATURE RECORDS BROKEN AT ALL POINTS

Suicides, Deaths and Prostrations Reported in Many Cities—Thermometers Burst Under Excessive Strain in Some Places—Reaches From Fresno, Cal., to Albany.

ALL HEAT RECORDS IN NEW ENGLAND BROKEN

BOSTON, July 3.—All heat records of the weather bureau were shattered by the hot wave which encircled New England today. Three deaths and more than fifty prostrations were reported in Boston and its suburbs alone, while scores of people in other parts of New England were overcome. The White mountains of New Hampshire, famed for their cooling breezes, offered little relief, for at some points the mercury registered ninety-six in the shade. At Burlington, Vt., the weather bureau reported temperature of 100, exceeding by four degrees the highest mark reached during the seventy years that local records have been kept.

In Boston the official mark was 102 reached at 3 o'clock in the afternoon. This was half a degree hotter than the record of Sept. 7, 1881, the highest ever before recorded by the weather bureau.

DEATHS AND SUICIDE TOLL IN BALTIMORE

BALTIMORE, Md., July 3.—The hot weather took heavy toll here today, although the official maximum temperature of ninety-five degrees was two degrees lower than that of yesterday. Three deaths, one of them a suicide, two attempts at suicide and six prostrations were reported as a result of the heat.

F. Halvorre, machinist's mate on the United States torpedoboat destroyer Monaghan, which was sent here to take part in tomorrow's marine pageant, was overcome by the heat on board the vessel and died after being removed to a hospital.

The heat toppled John Dorsch, forty-six years of age, a driver, from his wagon. One of the wagon wheels passed over his head, causing his death.

1911년 7월 4일 Tribune Republican

이 시기에 재앙적 폭염이 지구를 여러 차례 덮쳤다. 당시 언론들은 1911년 독일, 영국, 프랑스, 미국 등에서 더위로 인해 수천 명의 사망자가 발생했음을 보도하고 있다. 미국 『트리뷴 리퍼블리컨』[1]은 "폭염의 고통에 빠진 국가(Nation in Throes in Heat Wave)"라는 제목의 기사로 뉴잉글랜드 지방의 기온이 사상 최고치를 기록했고, 많

1 The Tribune Republican: 미국 펜실베이니아주에서 1911년부터 1955년까지 발행된 일간 신문

THE BENDIGO INDEPENDENT, FRIDAY, AUGUST 11, 1911

TERRIBLE HEAT WAVE.

OVER 1000 DEATHS IN GERMANY.

BERLIN, Wednesday, August 9.

Upwards of 1000 deaths from sunstroke have occurred in different parts of Germany as a result of the terrific heat wave that has prevailed during the past ten days.

In many cases people who went bathing to obtain relief from the intense heat died of heart failure.

In the valley of the Moselle an epidemic of disease has been caused by decaying fish, which had been netted in shoals. The fish were suffering from a kind of scrofula, due to the overheated state of the water.

In many cities the water supply is available for only two hours daily, and then only for drinking purposes. Even in Berlin street watering has had to be suspended.

Typhus fever and gastritis have been caused in many places through the impaired quality of the water supplied for domestic purposes.

Ice also is running short, and chemists who are ordinarily bound to supply this summer luxury, are now selling it only on the production of a doctor's certificate.

GREAT HEAT IN ENGLAND.

PARIS, Wednesday, August 9.

Severe heat is still being felt in England, the thermometer registering 9 degrees in the shade in London to-day. Last month was the most rainless July experienced in England for the past 5 years.

LARGE NUMBERS OF DEATHS IN PARIS.

PARIS, Wednesday, August 9.

Owing to a heat-wave in Paris 58 deaths above the normal number have occurred during the past fortnight.

HEAT AND DROUGHT IN AMERICA.

NEW YORK, Thursday, Aug. 10.

The intense heat and drought are seriously affecting the corn and wheat growing areas of the United States.

1911년 8월 11일 Bendigo Independent

은 도시에서 온도계가 파열되었음을 알렸다. 또 기사는 더위로 인해 급증하는 사망자와 자살 사례도 보도하고 있다.

같은 해 호주 신문 『벤디고 인디펜던트』[2]는 "지독한 폭염(Terrible Heat Wave)"이라는 제목으로 유럽과 미국의 폭염 소식을 다음과 같이 전하고 있다.

"독일에서는 많은 사람이 일사병으로 사망했다. 어떤 사람들은 강이나 호수에서 더위를 식히려다 심장병으로 사망했다. 발진티푸스가 창궐하여 사람들은 의사의 진단서가 있어야만 얼음을 살 수 있었다. 파리에서만 수천 명이 더위로 인해 사망한 것으로 추산했다. 미국에서는 전국적인 폭염과 가뭄으로 인해 옥수수와 밀 농업에 심각한 피해가 나타나고 있다."

1921년에는 1911년 수준을 넘는 또 한 차례의 치명적인 폭염이 유럽과 아시아에서 수백만 명의 목숨을 앗아갔다. 『뉴욕 헤럴드』[3]는 9월 4일 "1921년 기록적인 폭염으로 인한 수백만의 죽음

---

2 The Bendigo Independent: 호주 빅토리아주에서 1891년부터 1918년까지 발행된 일간 신문

3 The New York Herald: 미국 뉴욕에서 1835년부터 1924년까지 발행됐던 일간 신문

THE NEW YORK HERALD, SUNDAY, SEPTEMBER 4, 1921.

DEATH FOR MILLIONS IN 1921'S RECORD HEAT WAVE

Immense Areas, Usually Fertile, Dried Up in Europe and Asia, and Famine Stalks Helpless People---Our Own Crops Damaged

Even Moist England Has Shortage of Potable Water, but Scandinavia and Germany Get Welcome Rain in Time to Save Their Crops

1921년 9월 4일 New York Herald

(Death for Millions in 1921's Record Heat Wave)"이라는 제목의 기사로 폭염의 영향을 받은 유럽과 러시아 지역의 지도와 함께 당시 심각했던 기상이변과 인명 피해를 보도했다. 지도에서 점선은 폭염의 남쪽 한계를 나타내고, 파선 안쪽의 검게 칠해진 곳은 기근으로 수백만 명이 죽음에 직면한 러시아 지역이다. 이 기사는 비옥했던 유럽과 아시아의 방대한 지역이 가뭄으로 말라버렸고, 흉작으로 이어져 수많은 사람들이 기근에 시달리게 되었음을 알리고 있다. 또 습한 영국도 가뭄으로 식수 부족을 겪는 상황이지만 스칸디나비아반도와 독일에는 적시에 비가 와서 농작물에 해갈이 되었다는 소식도 전하고 있다.

한 달 뒤 『뉴욕 타임스』[4]에는 10월임에도 불구하고 "병든 지

4 The New York Times: 1851년에 창간됐으며 현재 200여 국에 보급되는 미국 신문

The New York Times

MONDAY, OCTOBER 3, 1921

FREAK WEATHER LAID TO EARTHLY MUMPS

"Old Spheroid" Convalescing, Say Diagnosticians, But Fever Clings With Abnormal Heat.

NEW RECORD FOR 50 YEARS

Many Disasters of Recent Months Ascribed to High Temperatures and Lack of Moisture.

By The Associated Press.

The old spheroid known as the earth is emerging from what some human diagnosticians might call a severe attack of meteorological mumps. It has been accompanied by an intermittent fever, manifested in a world-wide heat wave of unusual length and intensity. In spite of crises and relapses—earthquakes, tidal waves, cloudbursts, typhoons, waterspouts, hailstorms, floods and hurricanes in many widely separated parts, from Kamchatka to Cape Horn and from Guam to Guadaloupe—doctors are confident the patient will recover.

Meanwhile, the United States for the last year has been suffering chiefly from an excess to high temperature and a deficiency of moisture, a condition unprecedented in the fifty years' history of the Weather Bureau. From Jan. 1 to Sept. 22 last the temperature of New York City, which is typical of the country, has shown an aggregate excess of warmth of 960 degrees above normal, while there has been a shortage of 6.71 inches in rainfall. The greatest amount of September precipitation was in 1882, when more than 14⅗ inches fell, and the least for that month occurred two years later, with only fifteen-hundredths of an inch.

1921년 10월 3일 New York Times

구에 이상한 날씨가 기승을 부린다(Freak Weather Raid to Earthly Mumps)"는 기사가 나왔다. 미국은 1년 동안 기상청 50년 역사상 유례없는 높은 기온과 가뭄으로 시달려 왔으며, 최근 몇 달 동안 발생한 많은 재난은 고온 건조한 기상으로 인한 것임을 보도하고 있다. 이 기사의 특이한 점은 당시의 기상이변을 오늘날 자주 듣고 있는 병든 지구 현상에 비유하고 있다는 것이다. 병든 지구의 전 지역에서 비정상적인 폭염이 나타나고, 지진, 해일, 태풍, 허리케인 등이 발생하고 있었지만, 당시 언론은 정상으로의 회복을 확신하고 있었다.

며칠 뒤 호주의 『모닝 불레틴』[5]은 "영국과 프랑스의 기상천외한 날씨(Phenomenal Weather in Britain and France)"라는 제목의 기사에서 "서늘한" 10월이 "타는 듯한" 10월이 되었음을 알리고 있다. "런던에서는 불볕더위로 럭비 경기가 취소되고 유명 경주마들이 뜨거운 땅의 열기로 가을 행사에 불참하는 사례가 발생했으며, 프랑스 파리에서는 1737년 이후 최

5 The Morning Bulletin: 1861년에 창간된 호주 퀸즐랜드 지역의 신문

TUESDAY, OCTOBER 11, 1921.

PHENOMENAL WEATHER.

IN BRITAIN AND FRANCE.

LONDON, October 8.

A great part of Europe has literally been sizzling for the last week, Southern England particularly smashing the temperature records. The temperature on Wednesday and Thursday was five degrees higher than on the hottest day in 1920. The newspapers are devoting columns daily to the remarkable conditions, which are the subject of picturesque journalism. "Chill" October has been renamed "grill" October. At the seaside gaiety prevails, but in the cities south of the Tyne millions of people are sweltering throughout the day and night. There is a mild epidemic of influenza all over the country. Among other effects of the heat wave is the cancellation of the Rugby football matches in London to-morrow owing to the hardness of the ground. The foundations of St. Norman's church at Upwood, which is famous as the burial place of members of the Cromwell family, have sunk, causing wall fractures. The walls of London houses are cracking. Several prominent racehorses have been withdrawn from the autumn events because it is impossible to train them on the hard ground. London is tiring of the oppressive and prolonged summer. Hopes of cooler weather have been raised by the reports of floods and storms in Scotland and the Scilly Isles.

Phenomenal heat has been experienced in Paris, the temperature there having broken the record which has stood since 1757.

1921년 10월 11일 Morning Bulletin

PARIS HAS HOTTEST MAY DAY IN PAST 116 YEARS

Paris, May 24.—(By the Associated Press).—Paris today experienced the hottest May day in 116 years, the thermometer hitting 94 1-10 degrees Fahrenheit in the shade at 3:45 o'clock this afternoon. The city was one of the many European capitals to experience a similar heat wave that began sweeping western Europe five days ago. The heat here generated a peculiarly stifling haze, although the sky was blue throughout France. The weather bureau predicts continued heat with possibly an even higher temperature tomorrow.

The usually crowded streets were thinly populated at noon today and there were noticeably a few women on the boulevards.

The cafes and beer gardens, however, did a land office business.

90 DEGREES IN ALPS; GLACIERS MELTING

Genoa, May 24.—The heat wave into the Alps region has broken a 90-year record for the month of May, the thermometer at a number of points today registering 90 degrees Fahrenheit. Snow and glaciers are melting rapidly and the Rhine and Rhone rivers are rising.

An avalanche released by the heat destroyed an Alpine club house on the summit of Mount Gerginkogel, 7,000 feet above sea level.

1922년 5월 24일 Santa Fe New Mexican

고 기온이 기록됐다."

1922년 5월 24일에는 미국 신문 『산타페 뉴멕시칸』[6]은 프랑스 파리발 연합통신(Associated Press) 보도를 인용하면서 파리가 116년 만에 가장 더운 5월이 되었다는 소식을 전하고 있다. 5일 전부터 폭염이 서부 유럽 전역을 휩쓸고 있었으며, 이날 오

6 The Santa Fe New Mexican: 미국 뉴멕시코주에서 1898년부터 1951년까지 발행된 신문

후 화씨 94도(섭씨 34도)를 넘었다고 기사는 적고 있다. 또 이탈리아 제노아발 기사에서 알프스의 여러 곳에서 화씨 90도(섭씨 32도)가 넘었고, 이는 90년 동안 5월 기온으로는 가장 높은 기록이라고 했다. 알프스의 눈과 빙하가 급속히 녹아 라인강과 론(Rhone)강의 수위가 급속히 상승하고 있으며, 눈사태가 발생하여 해발 7,000피트(약 2,100미터) 제르긴코겔(Gerginkogel) 산 정상에 있는 클럽하우스가 파괴되었다는 소식도 전하고 있다. 같은 해 미국 상무부는 "북극의 바닷물이 더워지고 빙하는 점점 사라지며, 일부 해역에서는 물개들도 물이 너무 따뜻하다는 것을 느끼고 있다."라고 발표한 사실이 언론에 보도됐다(제3장 71쪽 기사).[7]

1923년 경에는 더위가 더욱 심해지고 극지방의 빙하도 더 많이 녹아내렸다. 호주 신문 『데일리 머큐리』[8]는 "북극이 녹는다(North Pole Melting)"는 제목의 기사에서 북극해의 고온 현상을 보도하고 있다. 노르웨이와 그린란드 사이의 스발바르 제도 주변을 항해하던 어부, 바다표범 사냥꾼, 탐험가들의 보고에 따르면 그 해역은 지금까지 들어본 적이 없는 고온 현상이 나타나고 있다고 기사에 적고 있다. 또 북극 지점의 빙하도 완전히 사라질 가능성도 제기하고

DAILY MERCURY.
APRIL 7, 1923.

NORTH POLE MELTING.

MANY GLACIERS VANISHED.

Is the North Pole going to melt entirely? Are the Artic regions warming up, with the prospect of a great climatic change in that part of the world?

Science is asking these questions (says "Popular Science Siftings"). Reports from fishermen, seal hunters and explorers who sail the seas around Spitzbergen and the eastern Arctic all point to a radical change in climatic conditions, with hitherto unheard-of high temperatures on that part of the earth's surface

1923년 4월 7일 Daily Mercury

7 The Great Bend Tribune 2 November 1922

8 The Daily Mercury: 호주 퀸즐랜드주에서 1866년에 창간된 신문

있었다. 당시 과학자들은 지구가 "그 지역에는 전례 없이 높은 고온이 관측되고 기후도 급격한 변화"를 겪고 있다는 결론을 내리고 있었다.

1930년 8월 영국 신문 『텔레그래프』[9]는 프랑스도 영국처럼 엄청난 더위에 시달리고 있음을 알리고 있다. 그늘에서 관측된 파리의 기온이 화씨 100도(섭씨 38도)에 달했으며, 이는 8월 말 기온으로는 1870년 이후 가장 높다고 적고 있다. 또 화씨 122도(섭씨 50도)를 기록한 루아르 지역에서 의식을 잃고 쓰러진 사람들과 파리에서 매시간 시원한 음료를 마시도록 파출소로 돌아갈 수 있도록 허가받은 경찰 이야기도 전하고 있다. 당시 프랑스가 극심한 폭염에 시달렸음을 짐작할 수 있다.

THE TELEGRAPH, AUGUST 30, 1930.

Extraordinary Heat in France

PARIS, August 28.

France, like England, is suffering from extraordinary heat. The shade temperature in Paris to-day was 100 degrees Fahrenheit, which is the greatest heat experienced in late August since 1870. Numbers of cases of collapse are reported from the Loire region, where a temperature of 122 degrees was registered.

In Paris the police were granted special permission to return to their stations every hour for refreshing drinks.

1930년 8월 30일 Telegraph

이후 지구의 기온은 계속 증가했다. 이 시기 지구의 기온 추이를 짐작할 수 있는 그래프는 제2장 그림 1(42쪽)에 제시되어 있다. 1934년에 이르러 폭염과 가뭄이 세계 곳곳을 덮쳤다. 남북극과 고산지대 빙하가 녹는 현상도 언론에 보도되고 있다.

1934년 7월과 8월에 미국의 『사우스이스트 미주리안』[10]과 『뉴욕 타임스』는 당시 심각했던 중국의 가뭄과 폭염 피해를 보도했다. 북쪽 만리장성에서부터 동쪽은 해안, 남쪽으로는 양쯔강에 이

9 The Telegraph: 1855년에 창간된 영국 일간 신문
10 The Southeast Missourian: 1904년에 창간된 미국 미주리주 신문

APE GIRARDEAU SOUTHEAST MISSOURIAN
TUESDAY EVENING, JULY 17, 1934

DEATH, SUFFERING OVER WIDE AREA IN CHINA DROUTH

Hwaiking, China, July 17—(AP)—This North Honan town, in the midst of the Great Central plains which constitute the nation's granary, lies today surrounded by death and suffering over a wide area as a result of the worst heat wave within memory.

The affected area—in which scores of persons have died—reaches westward into Shensi Province; southward beyond the Yangtse River; east to the coast and north virtually to the Great wall.

With the temperature varying from 100 to 115 degrees Fahrenheit in the shade day and night, many persons have died, but the number cannot be estimated. Cholera also has taken a heavy toll, and thus far no relief is in sight.

The fall crops are burning up, despite the desperate efforts of the peasants to keep up irrigation from depleted water supplies. This means more deaths from famine during the coming winter.

In other parts of China high temperatures also continue, and locusts in tremendous swarms are destroying what the sun has left of the crops in many places.

1934년 7월 17일 Southeast Missourian

The New York Times
FRIDAY, AUGUST 10, 1934

500,000 STARVING IN CHINA'S DROUGHT

Temperature in Many Places Has Stood Between 115 and 120 for Several Weeks.

GOVERNMENT AID SOUGHT

But Nanking Can Do Little for Sufferers—Hundreds Die in South China Floods.

SHANGHAI, Aug. 9 (AP).—Half a million Chinese men, women and children, peasants of Central Anhwei Province, were reported today by Chinese official sources to be facing starvation as a result of the most severe drought in Central China in more than half a century.

Information reaching the National Government from the afflicted Province, which appears to be the most severely stricken among those composing the heart of the nation, said that these 500,000 persons are virtually without food and water. The food supplies of the Province are continuing to shrink under the merciless heat and drought.

1934년 8월 10일 New York Times

르기까지 중국 전역이 최악의 폭염과 가뭄으로 수십만 명이 기아에 시달리고 있지만 정부는 속수무책이라는 사실을 알리고 있다. 또 중국 곳곳에서 수 주 동안 화씨 115도에서 120도(섭씨 46~49도) 사이를 기록하고 있으며 남부 지역은 홍수로 인해 수백 명이 사망했음도 전하고 있다.

또 이보다 앞선 6월에는 미국 신문 『게티스버그 타임스』[11]와 호주 신문 『웨스트 오스트랄리안』[12]은 남극대륙에 열파(Heat Wave, 더운 기류)가 덮쳤다는 특이한 기상 현상을 보도하고 있다. 남극대륙의 극지점에서는 심지어 몇 주 동안 두 번이나 25℃(77℉) 되는 더운 기류가 있었다는 소식을 전하고 있다.

12월에는 미국 신문 『로스앤젤레스 타임스』[13]는 "1934년 전 세계적인 기이한 기상 현상" 제목의 기사로 전 세계적으로 한 해 동안 있었던 기상 이변을 보도했다. 지구 곳곳에서 전례 없는 극심한 기상이변이 발생했고 지역마다 다른 기후변화를 보였으며, 추위, 더위, 가뭄, 홍수 등 모두 새로운 기록을 세웠던 해로 정리하고 있다. 주목할 점은 이 기사가 기상 자료의 신뢰성을 위해 전 세계 모든 국가에 지사가 있는 국제합동통신(UPI)[14]에 의해 제작되었음을 밝히고

THE GETTYSBURG TIMES, WEDNESDAY, JUNE 6, 1934

"HEAT WAVE" HOLDS AT BYRD ANTARCTIC BASE

Little America, Antarctica, June 6 (Via Mackay Radio.—The longest and hottest winter "heat wave" ever known at this latitude was recorded here Tuesday when the thermometer soard to 25 degrees above zero, equaling the record maximum set two weeks ago.

A soft moist blizzard swept the post from the east, and it looked as though there might be rain. The highest winter temperature recorded by the previous Byrd expedition was 16 degrees above zero, and the heghest ever recorded by the explorer Raold Amundsen was 1.9 degrees above. Members of the expedition deserted their fur sleeping bags for blankets.

The temperature seemed to have affected Klondike, one of the cows, which has insisted on standing up for days at a stretch.

1934년 6월 6일 Gettysburg Times

THE WEST AUSTRALIAN, THURSDAY, JUNE 7, 1934.

ANTARCTIC HEAT WAVE.

Explorers Puzzled But Pleased.

LITTLE AMERICA, June 5.—This little polar community—Rear-Admiral Byrd's American expedition to the antarctic—has entered on the 14th day of what for want of a better description, might be called "the hottest winter heat wave in the memory of the oldest inhabitants."

At 8 o'clock this morning the temperature had soared to 25 degrees above zero To add to the complexity, a blizzard is bringing soft moist snow out of the east, which is almost like rain.

The warm spell is a boon to the expedition's tractor department, which is busy overhauling three machines. Handling metal at low temperatures is cruel work, and the men are glad the cold has moderated.

1934년 6월 7일 West Australian

11 The Gettysburg Times: 1902년에 창간된 미국 펜실베이니아주 일간지

12 The West Australian: 1833년에 창간된 호주에서 두 번째로 오래된 신문

13 The Los Angeles Times: 미국 캘리포니아 로스앤젤레스에서 1881년에 창간된 신문

14 United Press International: 1907년에 창립된 미국의 통신사

Los Angeles Times

DECEMBER 30, 1934.—[PART I.] 13

Whole World in Freak Weather Year of 193

COLD, HEAT, DROUGHT AND FLOODS SET NEW MARKS

Unprecedented Extremes Recorded in Every Corner of the Earth; Even Climate Is Changed in Spots

The following account of the world-wide "freak weather" year of 1934 is based in the main upon an exhaustive survey made by the United Press at the suggestion and request of the Los Angeles Times and is composed in large part of copyrighted articles prepared by United Press staff writers in practically every country in the world.—Editor Times.

As 1934 folds neatly into its historical niche no keen retrospective insight is required to insure the accuracy of the statement that nothing has been so consistently in the public mind, created so much disturbed thought or been responsible for so many economic upsets as the natural phenomena we call "weather."

Weather is usually "unusual." In spite of the comparatively limited vocabulary used in its discussion, "heat, cold, rain, snow, wind, tide, clouds, flood, drought," there is, within these everyday one-syllable words, a gamut which includes so many extremes that almost every human equation is affected.

The year just drawing to a close provided more "unusual" weather than any similar period since records have been kept. Not only locally, where "unusual weather" is referred to in humorous fashion, but throughout the world the gods have gone berserk with the result that "unusual" is being translated "freak."

An unprecedented drought followed by catastrophic rainfall, high tides, floods, unseasonable frosts and

2000. He predicted the 1934 drought and held that 1937 will bring the first considerable relief.

A FREAK YEAR

While there has been more cold, more heat, more drought, more floods and more of other extremes in 1934 all over the world than in any other year of record, it does not necessarily follow that averages will be materially disturbed. Climatic disturbances are based on accurate observations taken over a term of years extending all the way from twenty years in some sections to 100 years in others and going back much farther than that on a less accurate basis.

The United Press has prepared an interesting and illuminating survey of world-wide weather conditions for the year from which much of the following data is derived.

The United States suffered the worst drought in a century during 1934 in a series of pranks by the weather man which marked the year as one of the most freakish in a generation.

The drought in the Middle West caused 2000 deaths and seldom paralleled damage to live stock and crops which in cash ran into billions of dollars. The natural disaster will cause 1934 to go down in history as "the year of the great drought."

1934년 12월 30일 Los Angeles Times

THE BEND BULLETIN

JULY 25, 1936

Heat Wave Toll Over 12,000 in 86 Cities in Week

Washington, July 25 (UP)—The first official figures on the death toll of last week's heat wave indicated today that literally thousands of lives were lost in the temperatures of 100 degrees and higher throughout a large part of the nation.

The census bureau released mortality statistics today for the week ending July 18 showing 3332 more deaths in 86 cities than in the worst heat week of 1934.

For the week ended July 18, the bureau reported 12,183 deaths this year compared with 8,851 deaths in the same 86 cities for the week ended July 28 in 1934. The present drought was blamed for a 65 per cent rise in deaths as compared with the corresponding 1935 week, when 7439 deaths were reported during that week of normal temperatures.

1936년 7월 25일 Bend Bulletin

있다. 흥미로운 점은 날씨는 우리의 경제와 일상생활, 그리고 정신에도 영향을 미치는 중요한 자연 현상이지만 이를 예리하게 화고할 필요가 없다고 기사는 전하고 있다. 다시 말하면 어쩔 수 없는 자연 현상일 뿐이라는 것이다.

1936년에도 폭염 피해는 계속됐다. 미국 신문 『벤드 불레틴』[15]은 전국의 많은 지역에서 화씨 100도(섭씨 38도) 이상을 기록했

15 The bend bulletin: 1903년에 창간된 미국 오리건주 일간 신문

고 수천 명의 폭염 사망자가 발생했다는 워싱턴발 국제합동통신(UPI) 기사를 보도했다. 최악의 폭염을 기록했던 1934년에는 관측 대상 86개 도시에서 일주일 동안 8,851명이 사망했지만 1936년에는 이보다 3,332명이 더 많은 12,183명이 사망했음을 인구 조사국 자료를 인용하여 보도하고 있다.

지금까지 소개한 언론 보도 자료만으로도 20세기 전반기에 있었던 지구온난화와 당시의 기상이변을 짐작할 수 있다. 미국 연방환경보호청(EPA)의 폭염 지수는 이러한 언론 보도를 확인시켜주고 있다. 그림 1은 폭염 지수 그래프로 1920년대와 1930년대가 가장 더웠다는 사실을 보여주고 있다. 지금의 온난화 시기(1980년 중반 이후)에 나타난 폭염 지수와는 비교가 되지 않을 정도로 높다. 당시 지구 대기의 이산화탄소 농도는 300ppm 수준이었다. 대기 이산화탄소가 400ppm을 넘은 21세기보다 지난 1920년대와 1930년대가 더 더웠다는 사실은 인간에 의한 이산화탄소가 재앙적 지구온난화를 일으켰다는 기후 선동가들의 주장을 뒤집는 명

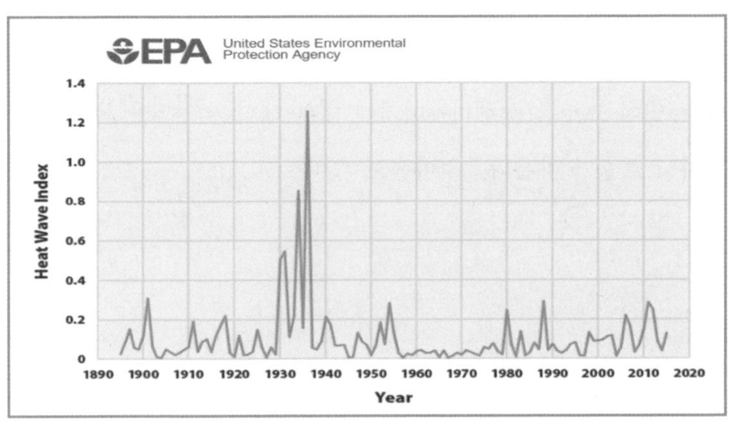

그림 1 미국 연방환경보호청의 폭염지수

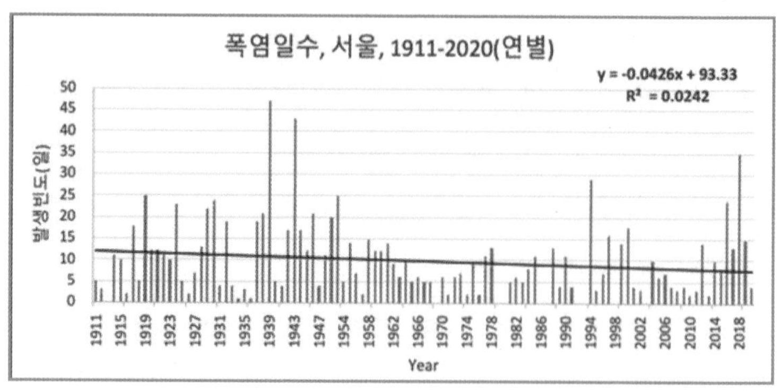

그림 2 서울의 폭염 일수

백한 증거다.

비슷한 현상은 우리나라 서울에서도 나타났다. 그림 2는 우리나라 서울에서 관측된 폭염 일수를 보여주는 기상청 자료다.[16] 지난 100년 동안 서울에서 진행된 엄청난 도시화를 고려하면 이산화탄소로 인한 지구온난화를 차치하더라도 폭염 일수는 증가해야 한다. 하지만 폭염 일수는 지난 20세기 전반기가 가장 높았다.

전 세계적으로 도시화와 지면 개발도 지금보다 크게 낮았고, 이산화탄소 농도도 300ppm 수준에 머물러 있었던 시기에 더위와 폭염이 그토록 심했나? 여기에 대한 해답은 "제5장 폭염이 증가하고 호수가 마른다." 찾아볼 수 있다.

16 온실가스 증가로 인한 한반도 미래 기후 전망치에 대하여, 최용상, (사)아침 제3기 에너지학교 강의

제2장

1960/1970년대의 지구냉각화 공포

1940년대 후반으로 가면서 지구는 냉각되기 시작했다. 지구에서 냉각화 현상이 일어나고 있었지만, 이를 인간이 인지하기까지는 일정 기간이 지나야 했다. 당시는 위성 관측이 이루어지지 않았기 때문에 지금보다 더 오랜 시간이 필요했다. 지구냉각화를 처음 보도한 언론은 1961년 미국 신문 『뉴욕 타임스』였다. 기사는 당시 학회에서 지구가 점차 냉각되고 있다는 사실에 기후 전문가들의 "만장일치"가 있었지만, 그 원인에 관해서는 오랜 시간 토론했으나 의견의 일치를 보지 못했다고 기술하고 있다.

1960년대의 냉각화는 그동안 과열된 지구가 다시 회복되는 수준이었다. 냉각화로 인한 식량 생산 저하가 나타나고 있었지만 크게 우려할 정도는 아니었다. 1970년대에 들어오면서 냉각화가 점점 심해지자 과학자들은 이 현상은 인류의 생존을 위협할 것이라며 공포의 경고음을 내기 시작했다. 1970년

The New York Times
MONDAY, JANUARY 30, 1961

SCIENTISTS AGREE WORLD IS COLDER

But Climate Experts Meeting Here Fail to Agree on Reasons for Change

By WALTER SULLIVAN

After a week of discussions on the causes of climate change, an assembly of specialists from several continents seems to have reached unanimous agreement on only one point: it is getting colder.

1961년 1월 30일 New York Times

1월 미국 신문 『워싱턴 포스트』[1]는 "추운 겨울이 새로운 빙하기의 새벽을 알린다."라고 경고하더니, 다음 해는 "미국의 과학자들은 새로운 빙하기가 도래할 것으로 보고 있다."라는 제목의 기사에서 "앞으로 최소 50~60년 이내에 지구는 재앙적인 새로운 빙하기에 이르게 될 것"이라는 미항공우주국(NASA) 과학자들의 예측을 상세히 기술했다.

이 기사에서 과학자(Dr. S.I. Rasool)는 빙하기 도래의 주된 원인에 관해 다음과 같이 설명했다. "화석연료 연소로 인해 대기로 끊임없이 유입되는 미세먼지는 햇빛을 지나치게 차단할 수 있기 때문에 평균 기온이 6℉(3.3℃)가량 떨어질 수 있다. 그러한 기온 하강은 지구에 빙하기를 초래하기에 충분하다." 그는 냉각화의 원인을 인간에 의한 대기 오염으로 단정했다. 그리고 제시한 해결책은 지금의 온난

Colder Winters Held Dawn of New Ice Age
Washington Post Staff WriterBy David R. Boldt
The Washington Post, Times Herald (1959-1973); Jan 11, 1970;
pg. 1

Colder Winters Held Dawn of New Ice Age

By David R. Boldt
Washington Post Staff Writer

Get a good grip on your long johns, cold weather haters—the worst may be yet to come.

That's the long-long-range weather forecast being given out by "climatologists," the people who study very long-term world weather trends.

Some of them say the world is in a "cold snap" that started in 1950 and which could last hundreds of years, even bringing on the start of another Ice Age.

In the meantime, it would mean more snow, and more arctic freezes, like the one Washington is now shivering through.

Ice floes will continue to close in around Iceland; glaciers in the Pacific Northwest will grow; there will be major changes in farming patterns—and colder late season football games.

Murray Mitchell, head climatologist at the government's Environmental Sciences Services Administration, says the average world temperature has fallen about one-third of a degree centigrade since 1950.

That may not seem like cause for immediate panic and alarm — and it probably isn't — but Mitchell quickly adds that it would take only a 4 degree drop in temperature—only 240 years at the current rate—to return us to an "Ice Age climate."

See ICE, A9, Col. 1

1970년 1월 11일 Washington Post

U.S. Scientist Sees New Ice Age Coming
By Victor CohnWashington Post Staff Writer
The Washington Post, Times Herald (1959-1973); Jul 9, 1971;
pg. A4

U. S. Scientist Sees New Ice Age Coming

By Victor Cohn
Washington Post Staff Writer

The world could be as little as 50 or 60 years away from a disastrous new ice age, a leading atmospheric scientist predicts.

Dr. S. I. Rasool of the National Aeronautics and Space Administration and Columbia University says that:

• "In the next 50 years," the fine dust man constantly puts into the atmosphere by fossil fuel-burning could screen out so much sunlight that the average temperature could drop by six degrees.

• If sustained over "several years" —"five to 10," he estimated—"such a temperature decrease could be sufficient to trigger an ice age!"

These conclusions—including the ominous exclamation point rare in scientific publication — are printed in this week's issue of the journal Science out today, signed by Rasool and co-worker Dr. S. H. Schneider.

They are also being presented by Schneider at an International Study of Man's Impact on Climate now being held in Stockholm as a prelude to a world environmental conference there next June.

Dr. Gordon F. MacDonald, scientist-member of President Nixon's three-man Council on Environmental Quality, said in an interview that these conclusions point up "one of the serious problems" U.S. and other delegates must address next year.

He called Rasool "a first-rate atmospheric physicist" whose estimate that fuel dust could drop temperatures by six degrees "is consistent with estimates I and others have made."

Whether this could cause an ice age "within five or 50 years or even more," he said, "I wouldn't want to guess."

But he "agreed completely" with Rasool that is is now urgent to start an international network to monitor atmospheric dust.

If his calculations prove correct, Rasool said, it may be simply necessary for men to stop most fossil fuel-burning—use of coal, oil, natural gas and automobile gasoline—and switch in the main to nuclear energy, despite the atom's own disadvantages. Pollution controls alone, he said, cannot do the job. "I think you have to stop the source."

A new ice age would flood the world's coastal cities and further lower temperatures to build up new glaciers that could eventually cover huge areas.

Scientists have long debated whether man's activity is actually heating or cooling the earth, if either. A "1970 Study of Critical Environmental Problems" concluded that the Rasool-Schneider kind of prediction was impossible to make yet.

"The area of greatest uncertainty," that study concluded, is "our current lack of knowledge" of the optical properties of man-made dust "in scattering or absorbing [illegible]

1971년 7월 9일 Washington Post

1 The Washington Post: 1877년 창간된 미국의 대표 일간지

화 대책과 놀라울 정도로 유사하다. "석탄, 석유, 천연가스, 자동차 휘발유 사용 등 인간은 대부분의 화석연료 사용을 중단하는 것이 불가피할 것이다."

기사에 등장하는 두 과학자 중 한 명(Dr. S.H. Schneider)은 훗날 미국 오바마 정부의 인간에 의한 지구온난화 관련 과학 고문이 됐다. 그는 1971년『워싱턴 포스트』기사에서 다가올 기후 위기는 인간이 배출한 대기 오염 때문이라며 다음과 같이 말했다.

"여러 요인의 상호 작용 효과가 1940년 이후 상황을 지배해온 것으로 보인다. 이는 도시의 대기 오염(연기, 에어로졸), 농촌의 대기 오염(먼지), 화산재 등으로 인해 대류권으로 유입되는 햇빛의 투명도가 감소했기 때문이다. 이러한 차단 현상은 오늘날 지구의 냉각 추세와 관련이 있는 것으로 보인다. 냉각화의 결정적인 요인은 인간에 의한 도시화, 삼림 벌채, 사막화 등으로 인한 지면의 햇빛 반사율(Albedo) 변화에서 찾을 수 있다."

이 기사는 계속해서 지구냉각화로 발생할 수 있는 두 가지 재앙을 다음과 같이 경고했다.

"새로운 빙하기가 농업과 많은 인구를 먹여 살릴 가능성에 미치는 영향에 대해서는 여기서 자세히 설명할 필요조차 없다. 이것보다 더 극적인 상황이 발생할 수 있다. 예를 들어, 남극대륙의 빙하가 늘어난 무게로 인해 갑자기 바깥으로 떨어져 나가게 되면 역사상 유례없는 대규모의 해일이 발생할 수 있다."

1970년 6월 미국 신문 『보스턴 글로버』[2]도 "과학자들이 21세기에 올 새로운 빙하기를 예측하다."라는 제목으로 미국 국립대기연구센터(NCAR: National Center for Atmospheric Research)의 과학자(James P. Lodge Jr.)의 인터뷰 내용을 보도했다. 그는 현재와 같은 속도로 인구가 계속 증가하고 지구 자원이 소모되면 대기오염물질로 인해 햇빛이 감소하여 21세기 초에는 새로운 빙하기를 초래할 수 있음을 예측했다. 또 현재와 같은 규모의 전력 소비가 계속된다면 발전냉각수 사용량이 늘어나 미국의 강과 하천의 수량을 고갈시킬 것이고 다음 세기에 이르면 전 세계적으로 연소에 소모되는 산소량이 식물에 의해 생산되는 양을 초과할 것이라고 말했다. 그는 알래스카와 하와이를 제외한 미국의 주들은 이미 그 지역의 녹색 식물이 대체하는 것보다 더 많은 산소를 소비하기 때문에 인근 바다로부터 모자라는 산소를 가져오고 있다는 주장도 했다. 그는 이러한 재앙을 막기 위해서는 출산을 제한하고 과소비를 줄이며, 자원 소비 방식 관련 기술 혁신이 필요하다고 제안했다.

The Boston Globe Thursday, April 16, 1970

Scientist predicts a new ice age by 21st century

Air pollution may obliterate the sun and cause a new ice age in the first third of the next century if population continues to grow and the earth's resources are consumed at the present rate, a pollution expert predicted yesterday.

James P. Lodge Jr. also warned that if the current rate of increase in electric power generation continues, the demands for cooling water will boil dry the entire flow of the rivers and streams of continental United States.

Looking into his "smoggy crystal ball," Lodge also warned that by the next century "the consumption of oxygen in combustion processes, world-wide, will surpass all of the processes which return oxygen to the atmosphere."

Lodge, a scientist at the national center for Atmospheric Research in Boulder, Colo., said the nation's states, with the exception of Alaska and Hawaii, "are already consuming more oxygen than their own green plants replace and that we are importing the balance from the neighboring oceans."

Lodge, speaking at the Institute of Environmental Sciences, at the Sheraton Boston, said three factors could prevent these disasters: population control, a less wasteful standard of living, and a major technological breakthrough in the way man consumes the earth's resources.

1970년 4월 16일 Boston Globe

1974년 1월에는 더욱 확신에 찬 지구냉각화 보도가 나왔

2 The Boston Globe: 1872년에 창간된 미국 매사추세츠주 신문

다. 영국 신문 『가디언』[3]은 위성 관측을 통해 지구가 냉각되고 새로운 빙하기가 도래하고 있음을 확인했다는 보도를 했다. 지구는 1935년부터 1955년까지 최대 온난기를 거친 후 냉각되기 시작했으며, 1967년에서 1972년 사이에 지구의 눈과 얼음 면적이 12% 증가했음이 확인되었다고 보도했다.

1974년 7월 18일 캐나다 신문 『캘거리 헤럴드』[4]도 전 세계적인 냉각화 추세가 계속되고 있음을 알렸다. 냉각화 추세에 대한 증거는 계속 쌓여가고 있으며, 그 시기에 나타났던 극심한 가뭄도 이와 관련이 있음을 설명하고 있다. 또 미국 국립대기연구센터(NCAR)의 자료를 그래프로 제시하면서 지난 1880년부터 1940년까지 섭씨 0.7도 상승했다가 다시 1970년까지 30년 동안 0.4℃ 하강하고 있음을 보여주고 있다.

THE GUARDIAN Tuesday January 29 1974

Space satellites show new Ice.Age coming fast

By ANTHONY TUCKER, Science Correspondent

WORLDWIDE and rapid trends towards a mini Ice Age are emerging from the first long term analyses of satellite weather pictures.

Of potentially great importance to energy strategies and to agriculture, but barely observable yet in Britain because our weather is strongly buffered by the Atlantic, a preliminary analysis carried out at Columbia University, New York, by the European climatologists Doctors George and Helena Kukla indicates that snow and ice cover of the earth increased by 12 per cent during 1967-1972.

This appears to be in keeping with other long-term climatic changes, all of which suggest that after reaching a climax of warmth between 1935 and 1955, world average temperatures are now falling. But the rate of increase of snow and ice cover is much faster than would be expected from other trends.

The technique employed, which was first described in this country last year during a conference at the Climatic Research Unit at the University of East Anglia, depends on the averaging of information from standard and infra-red satellite weather pictures. In spite of the newness of the technique the findings are important and it is a matter of some urgency that they should be re-examined by other groups.

It is particularly important to know whether the earth's reflectivity is changing, for this is one of the factors in which a change tends to be self-perpetuating until some new worldwide balance is reached. An increase of snow and ice cover coupled with a decrease in cloud, or even with no change in cloud cover, means that more of the incoming energy from the sun is reflected straight out again, thus further reducing temperatures.

The Columbia University findings suggest that at present the main changes are not in the general area of winter snow and ice coverage but in the continuation of coverage later and later into the spring. This appears to be true of both the northern and southern hemispheres.

In the highly complex dynamics of world weather patterns an interconnection of some kind between major events is inevitable, but often obscure. It could be, for example, that the extraordinary occurrence of a stationary low pressure area over Brisbane, with its attendant disastrous flooding, is a feature of the overall trend.

The Brisbane low pressure area appears to have started life as a normal Pacific cyclonic feature moving along a normal south-easterly curving track. But instead of recurving towards the south-west, it was blocked by an anticyclone to the south of Australia. It happens that blocking anticyclones play an important role in the characteristics of weather in the northern hemisphere and account for some adverse changes in our own climate. The trends appear to be cyclic, fairly long-term and extremely important. It is therefore surprising that, in Britain at least, support for scientific analysis of the history of climate is almost non-existent.

But Nottingham at least is fighting off the advancing ice age — grass is growing and seeds are sprouting there now.

The artificial spring has been created by the underground hot water pipes which now carry heat to thousands of homes in the city. As an experiment city officials scattered grass seeds on wasteland near the central library and grass is shooting up there and in other areas where the pipes are.

1974년 1월 29일 Guardian

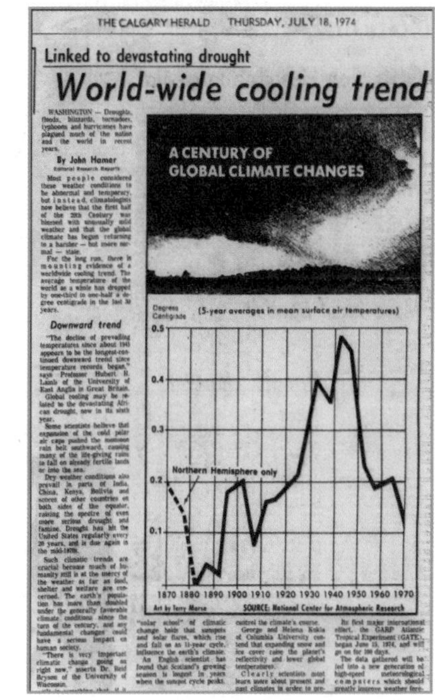
THE CALGARY HERALD THURSDAY, JULY 18, 1974

Linked to devastating drought

World-wide cooling trend

By John Hamer

Editorial Research Reports

Downward trend

1974년 7월 18일 Calgary Herald

3 The Guardian: 1821년에 창간된 영국 일간지

4 The Calgary Herald: 1883년에 창간된 캐나다 앨버타주 신문

며칠 뒤 『드모인 레지스터』[5]도 미국 국립대기연구센터(NCAR) 자료를 인용하여 지구냉각화의 진행 과정과 예상되는 피해 등을 당시 세계적인 기후과학자 휴버트 램(Hubert Lamb) 영국 이스트앵글리아대 교수의 인터뷰와 함께 비교적 상세히 보도했다. 램 교수는 냉각화 추세와 세계 식량 생산에 미칠 피해를 다음과 같이 설명했다.

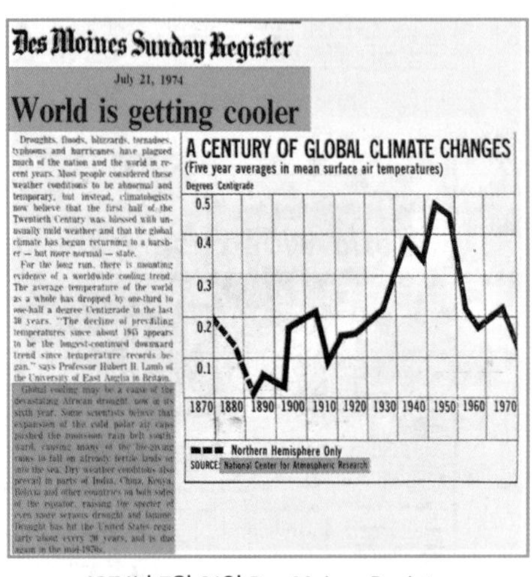

Des Moines Sunday Register

July 21, 1974

World is getting cooler

Droughts, floods, blizzards, tornadoes, typhoons and hurricanes have plagued much of the nation and the world in recent years. Most people considered these weather conditions to be abnormal and temporary, but instead, climatologists now believe that the first half of the Twentieth Century was blessed with unusually mild weather and that the global climate has begun returning to a harsher — but more normal — state.

For the long run, there is mounting evidence of a worldwide cooling trend. The average temperature of the world as a whole has dropped by one-third to one-half a degree Centigrade in the last 30 years. "The decline of prevailing temperatures since about 1945 appears to be the longest-continued downward trend since temperature records began," says Professor Hubert H. Lamb of the University of East Anglia in Britain.

Global cooling may be a cause of the devastating African drought, now in its sixth year. Some scientists believe that expansion of the cold polar air caps pushed the monsoon rain belt southward, causing many of the life-giving rains to fall on already fertile lands or into the sea. Dry weather conditions also prevail in parts of India, China, Kenya, Bolivia and other countries on both sides of the equator, raising the specter of even more serious drought and famine. Drought has hit the United States regularly about every 20 years, and is due again in the mid-1970s.

1974년 7월 21일 Des Moines Register

"장기적으로 보면 지구가 냉각되고 있음을 나타내는 증거들이 확실해지고 있다. 세계 평균 기온은 지난 30년 동안 3분의 1℃에서 2분의 1℃ 정도 떨어졌다. 1945년 이후 전반적으로 기온이 떨어지는 현상은 기록을 시작한 이래로 가장 오래 지속되는 냉각 추세로 보인다. 지구냉각화는 지금까지 6년 동안 계속되고 있는 혹독한 아프리카 가뭄의 원인일 수 있다. 일부 과학자들은 추운 극지방의 빙하가 확장되어 몬순 강우 벨트를 남쪽으로 밀려나게 하고 그로 인해 이 지역의 생명줄인 많은 비를 다른 촉촉하고 비옥한 땅이나 바다에 내리게 한다고 생각하고 있다."

5 The Des Moines Register: 1849년에 창간된 미국 아이오와주 신문

이 시기 30년 동안의 냉각 추세는 당시 세계적으로 가장 권위 있는 기후과학자에 의해 확인된 점과 대기 이산화탄소 농도는 약 310ppm에서 330ppm으로 증가했었다는 사실에 주목할 필요가 있다. 기후의 진실을 원하는 사람들(Climate Realists, 기후 현실주의자)은 대기 이산화탄소 증가가 지구온난화의 진짜 주된 원인이라면 이산화탄소 농도가 상승하고 있었던 30년 동안 어떻게 기온이 내려갈 수 있었는지 의아해할 것이다. 일부 과학자들은 대기 오염으로 인한 햇빛 차단이 원인이라고 추정하고 있지만 이는 타당성이 없다. 왜냐하면 당시 대기 오염은 산업화된 대도시의 혼합 고도(지면으로부터 최대 1.2km) 아래에서 국지적으로 일어난 현상에 불과하기 때문이다. 반면에 이산화탄소의 증가는 대류권에서 성층권에 걸친 대기 전체에서 나타나는 현상이다. 또 대기 오염 물질은 이산화탄소와는 달리 일시적으로 대류권에 머물다 강우 현상에 의해 지면으로 씻겨 내려온다.

당시 지구냉각화의 위협은 주요 과학잡지에서도 다루어졌다. 미국에서 격주로 발간되는 『사이언스 뉴스』[6]는

1975년 3월 Science News의 표지와 기사

6 Science News: 1922년 창간된 미국 과학잡지.

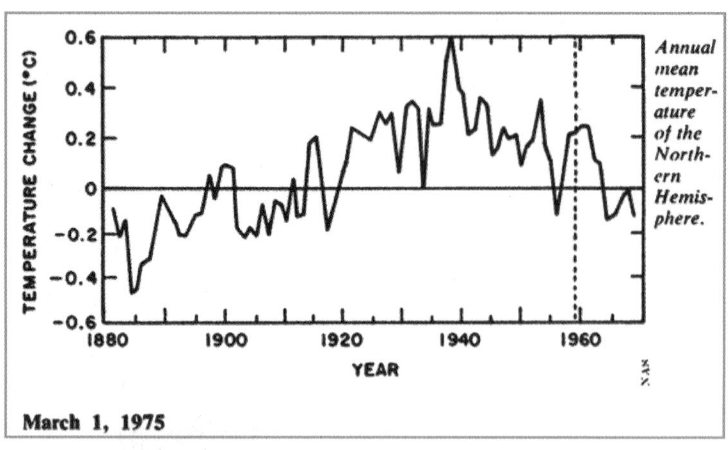

그림 1 북반구 연평균 기온 변화(1880년부터 1970년까지)

1975년 3월 1일에 발간된 107권 9호는 "빙하기의 도래(The Ice Age Cometh)?"라는 표지 기사를 남겼다. 잡지 안쪽 기사에서는 "지난 수십 년 동안 인간 삶에 아주 적합했던 기후는 점차 나빠져, 인류는 생존에 새로운 도전을 직면하게 될 수 있다."라고 경고했다.

이 잡지에 실린 미국 과학아카데미(NAS: National Academy of Sciences)가 발표한 그림 1은 북반구 연평균 기온 변화에 관한 중요한 사실을 알려주고 있다. 이 그래프는 1885년부터 1940년까지 약 50년 동안 1.0℃가 상승했고, 이후 다시 30년 동안 0.6℃가 떨어졌음을 분명하게 보여주고 있다. 물론 이 데이터는 온도계를 사용한 곳에서만 관측된 것이기 때문에 지구 전체를 대표한다고 할 수 없지만, 당시 기온 변화를 추정할 수 있는 과학적 지표임은 틀림없다. 그리고 그동안에 보도된 신문 기사 내용과 상당히 일치한다. 1900년대 전반기의 온난화와 이후 진행된 냉각화를 충분히 짐작할 수 있다. 이 시기 이산화탄소 농도는 300ppm에서

330ppm으로 상승했음을 고려하면 이산화탄소가 지구의 기온을 조절한다는 기후 선동가의 주장을 전면 반박하는 증거다.

같은 해 6월 미국 신문 『시카고 트리뷴』도 빙하기가 오고 있음을 알리고 있다. 흥미로운 사실은 2만 년 전 최후 빙기(Last Glacial Maximum) 때 미국과 캐나다를 덮었던 빙하를 지도로 표현하면서 지구가 냉각되고 있음을 알렸고 따뜻한 곳에서 사는 아르마딜로(Armadillos)가 계속해서 남쪽으로 향하는 현상을 빙하기가 오고 있는 증거로 제시하고 있었다.

1976년에는 그동안 열심히 지구냉각화 공포에 앞장섰던 스탠포드대학교 스티븐 슈나이드 교수가 『The Genesis Strategy: Climate and Global Survival』라는 저서를 출간했다. 훗날 미

Chicago Tribune

Monday, June 2, 1975

The armadillos are heading south

Ice age coming? Chilling thought for humanity

By James Pearre

At the height of the ice age

1975년 6월 2일 Chicago Tribune

국 오바마 정부에서 인간에 의한 지구온난화 관련 과학 고문으로 활동했던 그는 저서에서 냉각화되는 지구에서 인류의 생존 전략을 제시했다. 당시 『뉴욕 타임스』는 매우 중요하고 유용한 책으로 기사화하면서, 그 시대 또 다른 냉각화 공포 선두 주자였던 위스콘신대학교 라이드 브리슨(Reid Bryson) 교수가 했던 "1930년부터 1960년까지는 지난 수천 년 동안 북반구에서 가장 따뜻했던 시기였다."라는 말도 인용하고 있다. 기사는 1974년 두 교수가 미국 백악관 정책팀에 기후 악화 현상을 설명하려고 했지만 받아들여지지 않았다는 일화도 책에 있음을 소개하고 있다.

The New York Times Book Review/July 18, 1976

The Cooling

So writes Stephen Schneider, a young climatologist at the National Center for Atmospheric Research in Boulder, Colo., reflecting the consensus of the climatological community in his new book, "The Genesis Strategy." His warning, that present world food reserves are an insufficient hedge against future famines, has been heard among the scientific community for years—for example, it was a conclusion of a 1975 National Academy of Sciences report. But Schneider has decided to explain the entire problem, as responsibly and accurately as he can, to the general public, and thus has put together a useful and important book.

Schneider quotes University of Wisconsin climatologist Reid Bryson as saying that 1930-1960 "was the most abnormal period in a thousand years—abnormally mild." In fact, conditions of steady, warm weather in the northern hemisphere during that time favored bumper harvests in the United States, the Soviet Union, and the wheat belt of northern India and Pakistan. In 1974 Schneider and Bryson tried to explain to a White House policy-making group why conditions are likely to worsen. One of the most depressing anecdotes in the book is Schneider's description of the deaf ear their warnings received.

1976년 6월 18일 New York Times

그 시기 지구냉각화는 인류의 생존에 어떤 새로운 시련이 될 것인가에 관해 수많은 언론이 다루고 있었다. 미국의 주간지 『타임』[7]은 1973년부터 1979까지 네 차례에 걸쳐 지구냉각화를 표지 기사로 다루고 있었다. 하지만 『타임』의 표지 기사는 1980년대부터 지금까지 지구온난화로 180도 바뀌게 됐다.

7 Time: 1923년에 창간된 미국의 대표 주간지

Global Cooling(1970년대)

Global Warming(1980년대 이후)

지금은 지구온난화 선동에 앞장서고 있는 『내셔널지오그래픽』[8] 역시 1976년 11월 기사에서 미국 국가과학위원회(U.S National Science Board)에서 나온 다음 발표 내용을 인용하면서 지구가 냉각되고 있다는 메시지를 퍼뜨리고 있었다. "지난 20~30년 동안, 세계 기온은 계속 떨어지고 있다. 초기에는 불규칙했지만 최근 10년 동안에는 더욱 급격히 떨어졌다."

And just what is going on with the climate? What changes are taking place around us? "From 1880 to about 1940 the world—particularly the Northern Hemisphere—went through a period of significant warming," I heard from tall, quiet-spoken Dr. J. Murray Mitchell, Jr., of the National Oceanic and Atmospheric Administration (NOAA); he is one of this nation's most respected climatologists (next page). He went on: "But since about 1940, there has been a distinct drop in average global temperature. It's fallen about half a degree Fahrenheit—even more in high latitudes of the Northern Hemisphere."

England's annual growing season shrank by nine or ten days between 1950 and 1966, Hubert Lamb has noted. In the northern tier of the U. S. Midwest, summer frosts again occasionally damage crops.

Sea ice has returned to Iceland's coasts after more than forty years of virtual absence.

During the last 20 to 30 years, world temperature has fallen, irregularly at first but more sharply over the last decade.

U. S. NATIONAL SCIENCE BOARD, 1974

Glaciers in Alaska and Scandinavia have slowed their recession; some in Switzerland have begun advancing again.

1976년 11월 National Geographic

8 The national geographic: 1888년에 창간된 미국 지리협회 월간 교양지

기상이변과 농업의 황폐화

오늘날 과학자들은 지구온난화로 인해 더 많은 기상이변이 발생할 것으로 예측하고 있다. 하지만 1970년대 과학자들은 지구냉각화로 인해 가뭄, 홍수, 눈보라, 토네이도, 태풍, 허리케인과 같은 기상이변이 증가할 것으로 예측했었다. 1974년 미국 신문『드 모인 선데이 레지스터』는 지구냉각화는 모든 기상이변의 원인이라며 다음과 같이 보도했다(40쪽 기사).

"최근 몇 년간 가뭄, 홍수, 눈보라, 토네이도, 태풍, 허리케인은 미국과 전 세계 많은 지역을 강타했다. 대부분의 사람들은 이러한 기상 상태가 비정상적이고 일시적이라고 생각한다. 하지만 기후과학자들은 이와는 달리, 20세기 전반기는 온순한 날씨(이것은 비정상적)로 축복받은 시기였으며, 지구 기후가 더욱 혹독한 상태(오히려 이것이 더욱 정상적인)로 돌아오기 시작했다고 믿고 있다. 장기적으로는 세계적인 냉각 추세를 보이는 증거가 늘어나고 있다."

계속되는 폭염으로 수많은 사람들이 사망한 1900년부터 1940년 사이에 나타난 재앙적인 온난화가 당시(1970년대)에는 지구가 "비정상적으로 온순한 날씨로 축복받은" 것으로 평가됐다.

1974년 8월,『뉴욕 타임스』는 "기후변화가 세계 식량 생산을 위태롭게 한다."라는 제목의 기사에서 지구냉각화로 인해 "인류는 전혀 준비되지 않은 채 악화 일로에 있는 새로운 지구 기후 패턴의 전환점에 서 있다."라고 경고했다. 그 기사는 기후변화로 심각한 영향을 받는 세계 지도와 함께 "최근 독일 본(Bonn)에서 개최된

THURSDAY, AUGUST 8, 1974

The New York Times

Climate Changes Endanger World's Food Output

By HAROLD M. SCHMECK Jr.

Bad weather this summer and the threat of more of it to come hang ominously over every estimate of the world food situation.

It is a threat the world may have to face more often in the years ahead. Many weather scientists expect greater variability in the earth's weather and, consequently, greater risk of local disasters in places where conditions of recent years have become accepted as the norm.

Some experts believe that mankind is on the threshold of a new pattern of adverse global climate for which it is ill-prepared.

This is another in a series of articles, which will appear from time to time, examining the world food situation.

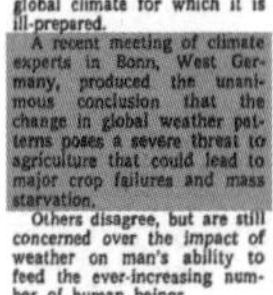

A recent meeting of climate experts in Bonn, West Germany, produced the unanimous conclusion that the change in global weather patterns poses a severe threat to agriculture that could lead to major crop failures and mass starvation.

Others disagree, but are still concerned over the impact of weather on man's ability to feed the ever-increasing number of human beings.

Whether or not this year's events are harbingers of a major global trend, some of those events are, of themselves, causing concern.

The monsoon rains have been late and scant over agriculturally important regions of India, while Bangladesh has been having floods.

Parts of Europe and the Soviet Union have had problems at both ends of the weather spectrum this year—too hot and dry at some times and places, too wet and cold at others.

There have been similar problems in North America. An American weather expert recently received reports that ice was lingering abnormally on the coasts of Newfoundland and that new evidence showed that the Gulf Stream was fluctuating toward a more southerly course.

In the United States, the world's most important food producer, a severe drought that began last fall in the Southwest has spread northward and eastward, and may have potentially serious effects in the Corn Belt. There have also been reports that spring wheat in the United States has been badly hurt by hot, dry weather.

Earlier this year, there had been hopes of bumper crops in North America and elsewhere. But the weather's adverse impact has trimmed back some of these hopes.

The situation is not all bad,

Continued on Page 66, Column 1

Severe weather changes, ranging from floods to drought, have struck many of the world's major agricultural areas so far this year. Climate experts say that even greater variability of weather can be expected in years to come, bringing changes to arable areas that have adjusted to past patterns, thus threatening future output.

1974년 8월 8일 New York Times

학회에서 기후 전문가들은 만장일치로 기후변화가 농업에 심각한 영향을 줄 것이라고 결론지었음"을 알리고 있다.

1974년 미국 『그릴리 트리뷴』[9]도 이와 유사한 보도를 하고 있다. AP(Associated Press) 통신을 인용한 이 기사는 당시 미국 국립대기연구센터(NCAR)의 두 과학자가 "지구가 기온이 계속 떨어지는

GREELEY (Colo.) TRIBUNE Wed., June 12, 1974

Boulder scientists see end of period of favorable weather

SCIENTISTS — Dr. Stephen H. Schneider, left, and Dr. Walter Orr Roberts, both of the National Center for Atmospheric Research, say their research on global weather indicates the favorable weather of the past 15 years will give way to an unstable climate leading to crop losses, food shortages and death by starvation for millions. (AP Wirephoto)

By BILL JORDAN
Boulder Camera
(Written for Associated Press)

BOULDER, Colo. (AP) — Observers of the global climate at the National Center for Atmospheric Research believe the favorable weather of the past 15 years is about to give way to a period of unstable climate, crop losses, food shortages and death by starvation for millions.

Underlying Schneider's ideas on food shortages is the knowledge that the world is moving into a period of cooler temperatures.

1974년 6월 12일 Greeley Tribune
(사진: Dr. Stephen H. Schnieder, Dr. Walter orr Rroberts)

9 Greeley Tribune: 미국 콜로라도주 신문

시기로 진입하고 있기" 때문에 "불안정한 기후, 흉작, 식량 부족, 수백만의 아사"를 예측했음을 알리고 있다.

미국 백악관과 중앙정보국의 대책

BROWN UNIVERSITY Providence, Rhode Island · 02912

Department of Geological Sciences

(401) 863-2240

December 3, 1972

The President
The White House
Washington, D. C.

Dear Mr. President:

Aware of your deep concern with the future of the world, we feel obliged to inform you on the results of the scientific conference held here recently. The conference dealt with the past and future changes of climate and was attended by 42 top American and European investigators. We enclose the summary report published in Science and further publications are forthcoming in Quaternary Research.

The main conclusion of the meeting was that a global deterioration of climate, by order of magnitude larger than any hitherto experienced by civilized mankind, is a very real possibility and indeed may be due very soon. The cooling has natural cause and falls within the rank of processes which produced the last ice age. This is a surprising result based largely on recent studies of deep sea sediments.

Existing data still do not allow forecast of the precise timing of the predicted development, nor the assessment of the man's interference with the natural trends. It could not be excluded however that the cooling now under way in the Northern Hemisphere is the start of the expected shift. The present rate of the cooling seems fast enough to bring glacial temperatures in about a century, if continuing at the present pace.

The practical consequences which might be brought by such developments to existing social institutions are among others:

1) Substantially lowered food production due to the shorter growing seasons and changed rain distribution in the main grain producing belts of the world, with Eastern Europe and Central Asia to be first affected.

2) Increased frequency and amplitude of extreme weather anomalies such as those bringing floods, snowstorms, killing frosts etc.

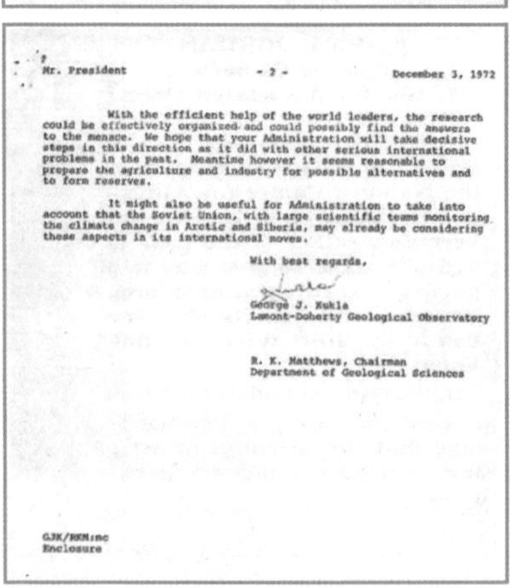

Mr. President - 2 - December 3, 1972

With the efficient help of the world leaders, the research could be effectively organized and could possibly find the answers to the menace. We hope that your Administration will take decisive steps in this direction as it did with other serious international problems in the past. Meantime however it seems reasonable to prepare the agriculture and industry for possible alternatives and to form reserves.

It might also be useful for Administration to take into account that the Soviet Union, with large scientific teams monitoring the climate change in Arctic and Siberia, may already be considering these aspects in its international moves.

With best regards,

George J. Kukla
Lamont-Doherty Geological Observatory

R. K. Matthews, Chairman
Department of Geological Sciences

GJK/RKM:mc
Enclosure

1972년 12월 3일 미국 대통령께 보낸 경고문

1972년 1월 26과 27일, 미국 브라운대학교(Brown University) 지구과학과에서 당시 저명한 기후과학자들이 모여 회의를 개최했다. 이 회의는 기후의 과거와 미래 변화를 다루었고, 여기에는 미국과 유럽 최고 기후과학자 42명이 참석했다. 참석자들은 지구냉각화로 발생할 수 있는 악영향의 심각성을 예지하고 당시 미국 닉슨 대통령에게 서한을 보냈다. 그 서한에서 과학자들은 다음과 같이 경고했다.

1. 세계 주요 곡창지대에 해당하는 동유럽과 중앙아시아가 가장 먼저 영향을 받게 되며 강우량 분포의 변화와 작물 생장 기간의 단축

으로 인해 식량 생산이 현저하게 감소할 것이다.

2. 홍수, 눈보라, 된서리 등과 같은 극단적인 기상이변의 빈도와 강도가 증가할 것이다.

OPR-401
August 1974

Potential Implications of Trends in World Population, Food Production, and Climate

THE DISCUSSION

I. INTRODUCTION

The widespread crop shortfalls in 1972 and the energy and fertilizer crunches in '73 and '74 have raised anew the basic question of whether the production of food can keep pace with demand over the next few decades. Concern about the capability of many of the poorer countries to provide for their growing population is widespread and rising. Major international conferences planned for the second half of this year--i.e., the World Population Conference in August and the World Food Conference in November--will focus on various aspects of this question.

There is, moreover, growing consensus among leading climatologists that the world is undergoing a cooling trend. If it continues, as feared, it could restrict production in both the USSR and China among other states, and could have an enormous impact, not only on the food-population balance, but also on the world balance of power.

1974년 8월 미국 중앙정보국 토론문

브라운대학교 회의에 모인 과학자들이 대통령께 서한을 보내자 미국의 고등국방연구기획국(DARPA: Defense Advanced Research Projects Agency)과 부처 간 대기과학위원회(ICAS: Interdepartmental Committee on Atmospheric Sciences)를 포함한 여러 정부 부처들은 지구냉각화로 인해 발생할 수 있는 영향들을 검토하라는 지시가 내려졌다. ICAS에 주어진 임무 중 하나는 다음과 같았다.

"지속적이고 극단적인 기상이변, 강우 분포의 변화, 생장 기간 단축 등과 같은 기후로 인해 발생할 수도 있는 악영향을 파악하고 기술한다."

1974년 미국 중앙정보국(CIA)은 "세계 인구, 식량 생산, 기후 동향에 관한 잠재적 시사점"이라는 제목의 토론문을 발표했다.

SCIENCE

The Cooling World

Climatologists are pessimistic that political leaders will take any positive action to compensate for the climatic change, or even to allay its effects. They concede that some of the more spectacular solutions proposed, such as melting the arctic ice cap by covering it with black soot or diverting arctic rivers, might create problems far greater than those they solve. But the scientists see few signs that government leaders anywhere are even prepared to take the simple measures of stockpiling food or of introducing the variables of climatic uncertainty into economic projections of future food supplies. The longer the planners delay, the more difficult will they find it to cope with climatic change once the results become grim reality.

—PETER GWYNNE with bureau reports

Newsweek, April 28, 1975

1975년 4월 28일 Newsweek

저자들은 서론에서 다음과 같이 기술했다.

> **"중요한 점은 주요 기후과학자들 사이에서 지구가 냉각화 추세를 보임에 관해 점점 많은 공감대가 형성되고 있다."**

1974년 8월 1일, 미국 정부는 상무부에 기후변화(지구냉각화)의 영향을 평가하기 위해 새로운 소위원회를 설립할 것을 요청했다. 중앙정보국은 지구냉각화로 정치적 불안정 상태가 발생할 것을 우려하고 상무부는 기후변화 소위원회를 설립하여 영향을 평가하는 활동을 하고 있었음에도 불구하고 『뉴스위크』[10]지는 1975년 과학자들은 세계 정치 지도자들이 지구냉각화로 인한 임박한 위험을 완화하기 위한 행동을 취하는 것에 대해서는 비관적이라며 다음과 같이 보도했다.

> **"기후과학자들은 정치 지도자들이 기후변화를 막거나 그로 인한 영향이라도 완화할 수 있는 어떤 긍정적인 대책을 취하는 것에 대해서는 비관적으로 보고 있다. 과학자들은 어떤 나라의 정부 지도자도 식량 비축 준비를 하는 것은 거의 보지 못하고 있다."**

10 Newsweek: 1933년에 창간된 미국의 대표 주간지

뉴스위크 기사는 오늘날 우리가 익숙해져 왔던 인간에 의한 재앙적 지구온난화의 위기를 알리는 자들의 종말론적 경고[11] 스타일로 다음과 같이 마무리하고 있다.

"일단 기후변화 결과가 암울한 현실이 되면, 그들은 대책을 세우는 일이 오래 지체할수록 대응은 점점 더 어렵게 된다는 사실을 알게 될 것이다."[12]

1976년 『데일리 뉴스』[13]는 미국 중앙정보국(CIA) 보고서에 관한 기사를 내놓고 있다. 당시 CIA 전문가들은 "주요 기후변화는 거의 이해할 수 없을 수준의 세계적인 불안을 초래하여 국제 분쟁의 위험을 높일 것이다."라며 우려하고 있었다. 또 CIA 보고서는 다음과 같은 예측을 하고 있었다.

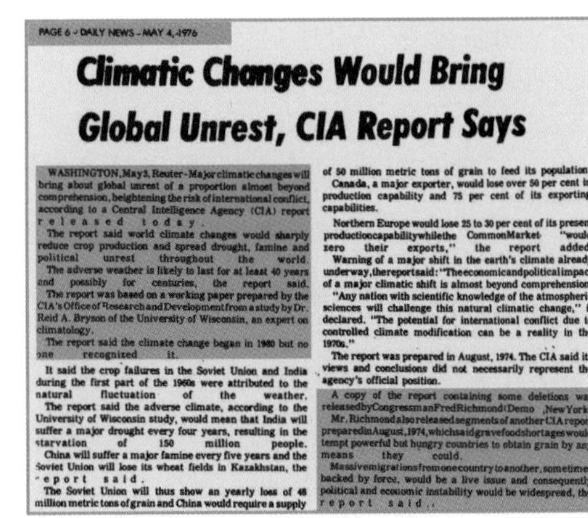

PAGE 6 - DAILY NEWS - MAY 4, 1976

Climatic Changes Would Bring Global Unrest, CIA Report Says

WASHINGTON, May 3, Reuter - Major climatic changes will bring about global unrest of a proportion almost beyond comprehension, heightening the risk of international conflict, according to a Central Intelligence Agency (CIA) report released today.

The report said world climate changes would sharply reduce crop production and spread drought, famine and political unrest throughout the world.

The adverse weather is likely to last for at least 40 years and possibly for centuries, the report said.

The report was based on a working paper prepared by the CIA's Office of Research and Development from a study by Dr. Reid A. Bryson of the University of Wisconsin, an expert on climatology.

The report said the climate change began in 1960 but no one recognized it.

It said the crop failures in the Soviet Union and India during the first part of the 1960s were attributed to the natural fluctuation of the weather.

The report said the adverse climate, according to the University of Wisconsin study, would mean that India will suffer a major drought every four years, resulting in the starvation of 150 million people.

China will suffer a major famine every five years and the Soviet Union will lose its wheat fields in Kazakhstan, the report said.

The Soviet Union will thus show an yearly loss of 48 million metric tons of grain and China would require a supply of 50 million metric tons of grain to feed its population.

Canada, a major exporter, would lose over 50 per cent in production capability and 75 per cent of its exporting capabilities.

Northern Europe would lose 25 to 30 per cent of its present production capability while the Common Market "would zero their exports," the report added.

Warning of a major shift in the earth's climate already underway, the report said: "The economic and political impact of a major climatic shift is almost beyond comprehension.

"Any nation with scientific knowledge of the atmospheric sciences will challenge this natural climatic change," it declared. "The potential for international conflict due to controlled climate modification can be a reality in the 1970s."

The report was prepared in August, 1974. The CIA said its views and conclusions did not necessarily represent the agency's official position.

A copy of the report containing some deletions was released by Congressman Fred Richmond (Demo., New York)

Mr. Richmond also released segments of another CIA report prepared in August, 1974, which said grave food shortages would tempt powerful but hungry countries to obtain grain by any means they could.

Massive migrations from one country to another, sometimes backed by force, would be a live issue and consequently political and economic instability would be widespread, the report said.

1976년 5월 4일 Daily News

"모든 국가의 안녕은 안정적인 식량 공급원을 기반으로 한다. 하지만 이러한

11 Ban Ki Moon, "기후변화 대응은 급박하다, 지체할수록 우리는 더 많은 더 많은 생명을 희생해야 하고 비용을 치러야 한다(Action on climate change is urgent, the more we delay, the more we will pay in lives and money)."

12 Newsweek April 28 1975 The Cooling World

13 Daily News: 1919년에 창간된 미국 일간지

안녕은 새로운 기후 시대에서는 가능하지 않을 것이다. 식량 정책은 모든 국가의 핵심 이슈가 될 것이며, 강대국이 심한 식량 부족을 겪게 되면 곡물을 확보하고자 모든 수단을 동원하게 될 것이다. 국가 간 대대적인 이주 현상이 나타나고 때로는 이주가 무력을 동반하는 중요한 현안이 될 것이며, 이러한 결과로 정치적 경제적 불안정이 만연하게 될 것이다."

이러한 예측은 오늘날 지구온난화에 대한 기후 선동가들의 다음과 같은 주장과 너무나 유사하다.

"미국이나 유럽과 같은 부유한 국가들은 해수면 상승으로 수몰되거나 더 이상 농작물 재배가 불가능하게 된 지역에서 살았던 수백만의 이주민들의 입국을 막아야 하는 '사실상 전쟁 요새'가 될 것이다."[14]

지구냉각화를 막기 위한 대책

과학자들은 지구냉각화로 인한 영향을 심히 우려하여 냉각화 추세를 늦추거나 역전시키려는 야심 찬 지구공학 프로젝트들을 제시했다. 그 가운데 하나는 북극해 빙하를 검은 검댕으로 덮어 녹이도록 하는 것이었다. 지구냉각화를 역전시키는 이 아이디어는 1970년 7월 18일 『뉴욕 타임스』에 보도됐다.[15]

14 The Observer 11 November 2004
15 New York Times 18 July 1970

이것과 유사한 기사가 50년 후(2021년 2월)에 같은 뉴욕 타임스에 다시 등장했다. 지구온난화를 역전시키기 위해 햇빛을 약하게 하는 화학물질로 대기를 채우는 방법을 제안하고 있다.

지구냉각화를 중단시키는 또 다른 아이디어는 당시 소련의 과학자들이 논의한 것으로 베링 해협을 가로질러 댐을 건설하거나 북극해로 흘러 들어가는 시베리아의 강을 역류시키는 것이었다.

1978년 『뉴욕 타임스』는 국제 전문가팀이 30년 동안 계속되어온 지구냉각화의 끝을 찾지 못하고 있다는 보도를 했다. 다행스럽게도 그 "국제 전문가팀"은 그리 오래 기다릴 필요가 없었다. 불과 몇 년 안에, 지구는 다시 따뜻해지기 시작했다. 그래서 북극해의 얼음을 검은 그을음으로 덮을 필요도 없었고, 베링 해협을 가로질러 댐을 건설하고 시베리아의 강을 역류시킬 필요도 없었다.

The New York Times

NEW YORK, SATURDAY, JULY 18, 1970

U.S. and Soviet Press Studies of a Colder Arctic

Among the hypotheses to be assessed is one that attributes ice ages to the absence of pack ice on the Arctic Ocean. Winds off that ocean are very dry and drop little snow on Northern lands, but if the sea were open the snows would be heavy and ice sheets would begin to form, the hypothesis holds.

Such an idea assumes that the ocean, once free of ice, would not soon freeze again. At present, the brilliant snow surface of the pack reflects much solar energy back into space. If the ocean were ice-free, it is argued, this would not occur, and the water would warm up enough to prevent refreezing.

Other Proposals

Other scientists have proposed that, by sprinkling coal dust on the pack, or through other manipulation, it would be possible to melt the ice, open the ocean to navigation and ameliorate the northern climate.

1970년 7월 18일 New York Times

The New York Times

Feb. 9, 2021

Should We Dim the Sun? Will We Even Have a Choice?

Elizabeth Kolbert and Ezra Klein discuss what options remain if our political system can't handle the climate crisis.

2021년 2월 9일 New York Times

The New York Times

International Team of Specialists Finds No End in Sight to 30-Year Cooling Trend in Northern Hemisphere

By WALTER SULLIVAN JAN. 5, 1978

1978년 1월 5일 New York Times

1960년대와 1970년대의 지구냉각화는 인구 폭탄, 식량 부족, 자원 고갈이 더해지면서 환경 종말론으로 이어졌다. 여기에는 환경 비관론이 팽배했던 시대적 상황도 일조했다. 1962년에 출간된 『침묵의 봄』은 인류의 위대한 발명이었던 농약을 자연 생태계를 파괴하는 악마의 물질로 만들어버렸고, 대도시의 난방과 자동차에서 배출되는 대기 오염 물질은 시민의 건강과 생명을 위협했으며, 인구밀도가 높은 지역의 강과 호수, 바다는 각종 오염으로 신음하고 있었다. 산업화와 도시화로 인한 유해 환경은 지구냉각화의 공포를 더욱 증폭시켰다.

The Salt Lake Tribune (Salt Lake City, Utah) · 17 Nov 1967, Fri · Page 8

'Already Too Late'

Dire Famine Forecast by '75

By George Getze
Los Angeles Times Writer

LOS ANGELES — It is already too late for the world to avoid a long period of famine, a Stanford University biologist said Thursday.

Paul Ehrlich said the "time of famines" is upon us and will be at its worst and most disastrous by 1975.

He said the population of the United States is already too big, that birth control may have to be accomplished by making it involuntary and by putting sterilizing agents into staple foods and drinking water, and that the Roman Catholic Church should be pressured into going along with routine measures of population control.

Ehrlich said experts keep saying the world food supply will have to be tripled to feed the six or seven billion people they expect to be living in the year 2000.

"That may be possible theoretically but it is clear that it is totally impossible in practice," he said.

Ehrlich spoke at a science symposium at the University of Texas. The text of his speech was made available here.

Since, in Ehrlich's opinion, it is of no longer any use trying to avoid the coming world famines, the best thing to do now is to look past the "time of famines" and hope to have a second chance to control world population sometime in the future.

"At the moment it is shockingly apparent that the battle to feed humanity will end in a rout," Ehrlich said.

He said we have to hope that the world famines of the next 20 years will not lead to thermonuclear war and the extinction of the human species.

"We must assume man will get another chance, no matter how little he deserves one," he said.

1967년 11월 17일 Salt Lake Tribune

1967년 미국 스탠포드대학교 폴 에를리히(Dr. Paul Ehrlich) 교수는 『솔트레이크 트리뷴』[16]이라는 신문에서 "1975년까지 재앙적인 기근을 피하기에는 이미 너무 늦었다."라고 경고했다. 그는 "우리는 향후 20년 동안 계속될 전 세계적인 기근으로 핵전쟁과 인류의 종말이 일어나지 않기를 기원해야 한다."라는 충격적인 미래 전망을 내놓았다. 그는 1968년 출

16 The Salt Lake Tribune: 1871년 미국 유타주에서 창간된 일간지

간한 저서 『Population Bomb(인구 폭탄)』에서 폭발적으로 늘어나는 인구로 1980년대가 되면 전 세계에서 40억 명(미국에서만 6천만 명)이 굶어 죽게 될 것이라고 했다.

1969년 폴 에를리히 교수는 유엔 산하 UNESCO 컨퍼런스에 미국 대표로 참석하여 인구증가를 늦출 수 있도록 세계인의 식량에 불임을 유도하는 피임약을 첨가하는 방법을 제안하기도 했다. 『뉴욕 타임스』는 지구냉각화에 의한 농업 황폐화로 식량 부족이 발생할 것을 우려하면서, 그의 피임약 제안을 인류를 구할 대단한 아이디어로 판단하고 기사로 남겼다. 그는 또 1970년에는 『레드랜드 데일리 팩트』[17]와의 인터뷰에서 “미국은 1974년 경이면 물 배급제를, 1980년 경이면 식량 배급제를 시행하게 될 것이다.”라고 예측했다.

The New York Times

TUESDAY, NOVEMBER 25, 1969

A STERILITY DRUG IN FOOD IS HINTED

Biologist Stresses Need to Curb Population Growth

By GLADWIN HILL
Special to The New York Times

SAN FRANCISCO, Nov. 24—A possibility that the Government might have to put sterility drugs in reservoirs and in food shipped to foreign countries to limit human multiplication was envisioned today by a leading crusader on the population problem.

The crusader, Dr. Paul Ehrlich of Stanford University, among a number of commentators who called attention to the "population crisis" as the United States Commission for Unesco opened it 13th national conference here today.

Unesco is the United Nations Educational, Scientific and Cultural Organization. The 100-member commission, appointed by the Secretary of State, included representatives of Government, outside organizations and the public. Some 500 conservationists and others are attending the two-day meeting at the St. Francis Hotel, devoted this year to environmental problems.

1969년 11월 25일 New York Times

1970년에 설립된 로마클럽은 인류의 미래에 대한 과학적이고 수치적인 예측을 시도했다. 그렇게 해서 나온 것이 1972년의 로마클럽 보고서 『The Limit to Growth(성장의 한계)』였다. 당시 조악한 컴퓨터로 인류의 미래를 예측하여 나온 결과는 다음과 같다.

17 The Redlands Daily Facts: 1890년에 창간된 미국 캘리포니아주 레드랜드 신문

AREA NEWS

Redlands Daily Facts Tuesday, October 6, 1970 Page 3

Dr. Ehrlich, outspoken ecologist, to speak

"Giving aspirins to cancer victims" is what Dr. Paul R. Ehrlich thinks of current proposals for pollution control. No real action has been taken to save the environment, he maintains.

And it does need saving. Ehrlich predicts that:

The oceans will be as dead as Lake Erie in less than a decade.

The DDT in our fatty tissues has reached levels high enough to cause brain damage and cirrhosis of the liver.

America will be subject to water rationing by 1974 and food rationing by 1980.

University of California Extension, Riverside and World Affairs Council of Inland Southern California will present the outspoken author of "The Population Bomb" and the hero of the ecology movement tomorrow at 8 p.m. He will speak in the gymnasium on the UCR cam-

DR. PAUL EHRLICH

1970년 10월 6일 Redland Daily Facts

"금과 주석은 각각 1981년과 1987년에 고갈되고, 1990년이 되면 아연이, 1992년에는 석유가, 그리고 1993년에는 구리, 납, 천연가스가 지구에서 더 이상 구할 수 없는 자원이 될 것으로 예측했다. 또 일인당 사용가능한 식량과 산업 생산량은 각각 2008년과 2010년을 정점으로 감소하게 될 것이며, 환경오염은 계속 증가하다가 산업이 멈추고 인류 종말이 오면 2031년부터 줄어들게 될 것으로 예측했다. 세계 인구는 계속 증가하다가 식량 부족과 환경오염에 의한 질병으로 2051년에 정점을 찍고 감소하게 될 것으로 예측했다."

지금 보면 너무나 어처구니없는 예측이지만 당시 세계 지성인 대부분은 크게 공감했다. 그때의 자원, 인구, 경제 현황 등 모든 자료를 과학적으로 처리하고 컴퓨터 모델이라는 도구로 예측했기에 누구나 믿었고 『성장의 한계』는 전 세계 2천만 부 이상이 팔려나갔다.

이러한 시대적 상황은 유엔을 환경이라는 이슈로 불러냈다. 1945년 창립 이후 환경에는 아무런 관심도 보이지 않았던 유엔이 1972년에 와서 "환경은 인간의 복지와 인권, 그리고 생존권이다."라는 인간환경선언과 함께 『유엔환경계획(UNEP: United Nations Environment Programme)』을 창립했다. 하지만 유엔은 시작부터 지금까지 인간을 위한 환경은 외면한 채 "인간은 지구 파괴의 악마"로 여기는 환경 비관론과 종말론을 전파하는 역할을 충실히 해오고 있다.

UNEP 창립자이자 초대 사무총장 모리스 스트롱(Maurice Strong)은 인간이 지구를 대재앙으로부터 구할 수 있는 시간이 10년 밖에 남지 않았다고 주장했다. 그리고 그의 후임 모스타파 톨바(Mostafa Tolba)는 1982년에 다시 대재앙으로부터 구할 수 있는 시간이 18년 남았다고 했다. 1980년대 중반에 지구냉각화가 끝나고 다시 온난화 조짐이 보이자 유엔은 신속하게 기조를 180도 바꿨다. 그래서 유엔 산하에 1988년 "기후변화에 관한 정부간 협의체(IPCC: Intergovernmental Panel on Climate Change)"를 설립했다. IPCC는 지금까지 전 세계 인류에게 지구온난화 공포를 전파하는 중추적 역할을 하고 있다. IPCC 설립을 주도했던 UNEP 유엔본부(뉴욕) 사무총장 노엘 브라운(Noel Brown)은 1989년 지구를 대재앙으로부터 구할 수 있는 시간은 10년 밖에 남지 않았다고 했다. 그리고 지금의 유엔 사무총장 안토니오 구테흐스는 온난화로 지구가 대재앙의 길 위에 있다며 공포의 노후 세월을 보내고 있다.

1989년 노엘 브라운이 『AP 통신』과 인터뷰한 내용을 보면 2000년까지 지구온난화를 중단하지 못하면 해안 침수와 농작물 황폐화로 대규모 환경 난민이 발생할 것으로 예언하고 있다. 유엔환경계획과 미국연방환경보호청(EPA)의 공동 연구에 따르면 방글라데시는 국토의 6분의 1이 침수되어 국민의 5분의 1이 난민이 될 것이며, 이집트 나일강 삼각주의 농경지 5분의 1이 침수되어 식량난에 빠질 것으로 예측했다. 하지만 이 모든 예측은 2000년까지는 고사하고 2022년 현재까지 일어나지 않고 있다.

반세기 전 인류 생존에 엄청난 공포를 불러왔던 지구냉각화는 끝이 났고, 당시 비관적으로 예측했던 인구, 식량, 자원은 모두 틀렸음이 밝혀졌다. 자연은 더욱 푸르게 변했고 사람들은 건강하고 쾌적한 삶을 누리고 더 오래 풍요롭게 살게 됐다. 하지만 그때 시작된 환경 종말론은 기후 종말론으로 이름을 바꿔 지금도 계속되

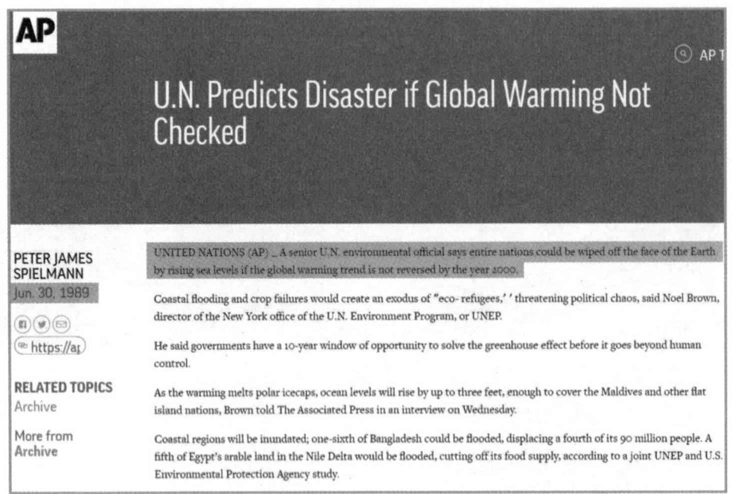
AP

AP T

U.N. Predicts Disaster if Global Warming Not Checked

PETER JAMES SPIELMANN
Jun. 30, 1989

https://ap

RELATED TOPICS
Archive

More from Archive

UNITED NATIONS (AP) _ A senior U.N. environmental official says entire nations could be wiped off the face of the Earth by rising sea levels if the global warming trend is not reversed by the year 2000.

Coastal flooding and crop failures would create an exodus of "eco- refugees,' ' threatening political chaos, said Noel Brown, director of the New York office of the U.N. Environment Program, or UNEP.

He said governments have a 10-year window of opportunity to solve the greenhouse effect before it goes beyond human control.

As the warming melts polar icecaps, ocean levels will rise by up to three feet, enough to cover the Maldives and other flat island nations, Brown told The Associated Press in an interview on Wednesday.

Coastal regions will be inundated; one-sixth of Bangladesh could be flooded, displacing a fourth of its 90 million people. A fifth of Egypt's arable land in the Nile Delta would be flooded, cutting off its food supply, according to a joint UNEP and U.S. Environmental Protection Agency study.

1989년 6월 30일 Associate Press

고 있다. 그 시절 탄생한 "슬픔을 파는 장사꾼(학자, 환경단체, 언론)"이 회전문처럼 계속 돌고 도는 한 종말론의 끝은 없을 것 같다. 지난 1993년 『환경 사기(Eco-Scam)』[18]를 저술한 로날드 베일리는 저서에서 "학자는 존재감과 연구비를 위해, 환경단체는 돈과 생존을 위해, 언론은 충격적인 기사가 대중의 관심을 끌기 때문에 종말 선동은 계속될 수밖에 없다."라며 "슬픔을 파는 장사꾼"의 영원한 생존을 개탄했다.

지구냉각화에서 나왔던 원인과 대책은 지금의 지구온난화에서 추진되는 것들과 놀랍도록 닮았다. 원인은 화석연료를 사용하는 산업문명이고 대책은 반산업과 반문명 그리고 화석연료 폐기다. 그리고 그들은 항상 인간은 지구를 파괴하는 악마라 하고 이제 곧 종말이 오니 지구를 살려야 한다고 절규한다. 또 지구냉각화 시기에 불러왔던 핵전쟁 공포는 지구온난화에도 등장한다.[19] 기후가 어떻게 변하든, 온난화되거나 냉각화되거나 상관없이 무조건 다음 핵전쟁의 원인으로 만들어버린다. 정말 안타까운 현실은 인간의 존엄성을 최우선 하며, 평화, 인권, 자유, 복지, 풍요, 안전, 건강 등을 추구해야 할 유엔이 가짜 재앙을 퍼뜨리는 공포의 기후 종말론에 누구보다 열심히 앞장서고 있다는 사실이다.

18 Ronald Bailey Eco-Scam: The False Prophets of Ecological Apocalypse, 1993

19 The Observer 11 November 2004

Patrick Moore, co-founder of Greenpeace:

"The whole climate crisis is not only Fake News, it's Fake Science.

There is no climate crisis, there's weather

and climate all around the world, and in fact carbon dioxide is

the main building block of all life."

-

Donald Trump, The 45th President of the United States

제2부

기후 선동가들의 종말론적 경고

그린피스 공동 설립자 패트릭 무어(Patric Moore)에 따르면,

"모든 기후 위기는 가짜 뉴스이자 가짜 과학이다.

세계 곳곳에는 기후와 날씨가 있지 기후 위기란 없다.

사실 이산화탄소는 모든 생명체의 핵심 구성 요소다."

-

도널드 트럼프, 미국 제45대 대통령

제3장

빙하가 녹고 북극곰이 멸종한다

기후 선동가들은 인간에 의한 지구온난화 대재앙을 경고할 때, 북극해와 그린란드, 그리고 남극대륙의 빙하가 녹아내리고, 북극곰이 조만간 멸종할 것이라고 한다. 과연 그들의 주장이 사실일까? 선동의 시작부터 지금까지 빙하에서 무엇이 일어났는지 알아보자.

북극해 빙하 선동의 시작

북극해 빙하가 사라지는 기후 대재앙이 온다는 종말론적 위협은 지금까지 수없이 많이 있었다. 북극해 빙하 선동을 찾아보면 너무 많아서 무엇을 믿어야 할지 선택의 고민에 빠질 것이다. 빙하 선동의 시작은 앨 고어(Al Gore)의 2007년 노벨평화상 수상 연설이었다. 그는 연설에서 2013년까지 북극해 빙하는 완전히 사라지고 북극곰은 멸종 위기에 처할 것이라고 했다. 이후 북극해 빙하와 북극곰은 지구온난화 대재앙의 상징물이 되었고 전 세계 언론들은 이를 열심히 알리기 시작했다.

2007년 10월 앨 고어가 노벨평화상을 수상한 후, 그에게 장단 맞추는 과학자들이 등장하고 그럴듯한 위성사진 자료가 나오

Page last updated at 10:40 GMT, Wednesday, 12 December 2007

E-mail this to a friend | Printable version

Arctic summers ice-free 'by 2013'

By Jonathan Amos
Science reporter, BBC News, San Francisco

Scientists in the US have presented one of the most dramatic forecasts yet for the disappearance of Arctic sea ice.

Their latest modelling studies indicate northern polar waters could be ice-free in summers within just 5-6 years.

Professor Wieslaw Maslowski told an American Geophysical Union meeting that previous projections had underestimated the processes now driving ice loss.

MINIMUM ICE EXTENT
RUSSIA
USA
GREENLAND
CANADA
— 30 Year average from 1979-2000

Arctic summer melting in 2007 set new records

Open More details

Summer melting this year reduced the ice cover to 4.13 million sq km, the smallest ever extent in modern times.

Remarkably, this stunning low point was not even incorporated into the model runs of Professor Maslowski and his team, which used data sets from 1979 to 2004 to constrain their future projections.

"Our projection of 2013 for the removal of ice in summer is not accounting for the last two minima, in 2005 and 2007," the researcher from the Naval Postgraduate School, Monterey, California, explained to the BBC.

"In the end, it will just melt away quite suddenly"
Professor Peter Wadhams

"So given that fact, you can argue that may be our projection of 2013 is already too conservative."

2007년 12월 12일 BBC 뉴스

자 그해 12월 12일 전 세계 언론들은 대대적인 보도를 일제히 시작했다. 영국 BBC(British Broadcasting Corporation) 방송은 앨 고어가 예측한 그대로 "2013년이면 북극해 여름철 빙하는 사라질 것이다."라고 보도하면서 다음과 같이 경고했다.

> **"미국의 과학자들은 북극해 빙하가 사라지게 되는 것에 관해 매우 충격적인 예측을 했다. 그들의 최근 모델링 연구는 북극해는 불과 5~6년 내로 여름철 빙하가 완전히 사라질 수도 있음을 보여주고 있다."**

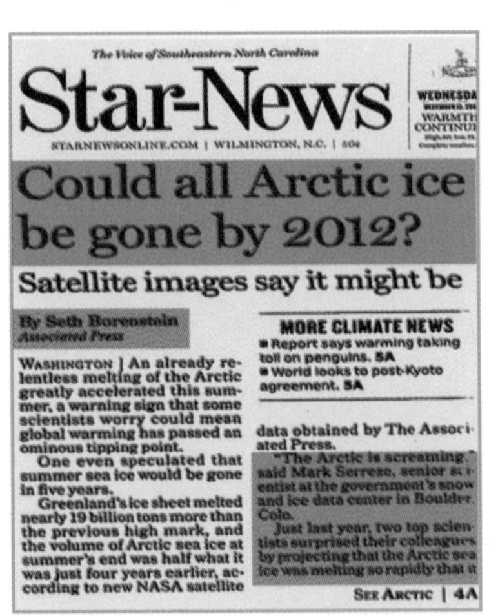

The Voice of Southeastern North Carolina

Star-News

STARNEWSONLINE.COM | WILMINGTON, N.C. | 50¢

WEDNESDA
WARMTH CONTINUE

Could all Arctic ice be gone by 2012?

Satellite images say it might be

By Seth Borenstein
Associated Press

WASHINGTON | An already relentless melting of the Arctic greatly accelerated this summer, a warning sign that some scientists worry could mean global warming has passed an ominous tipping point.

One even speculated that summer sea ice would be gone in five years.

Greenland's ice sheet melted nearly 19 billion tons more than the previous high mark, and the volume of Arctic sea ice at summer's end was half what it was just four years earlier, according to new NASA satellite data obtained by The Associated Press.

"The Arctic is screaming," said Mark Serreze, senior scientist at the government's snow and ice data center in Boulder, Colo.

Just last year, two top scientists surprised their colleagues by projecting that the Arctic sea ice was melting so rapidly that it

SEE ARCTIC | 4A

MORE CLIMATE NEWS
- Report says warming taking toll on penguins. 5A
- World looks to post-Kyoto agreement. 5A

2007년 12월 12일 Star-News

같은 날 미국 『스타 뉴스』[1]는 앨 고어 예측보다 1년 앞당겨 "2012년에는 북극해의 모든 빙하가 사라질 수 있을까?"라는 제목의 기사를 AP(Associated Press)통신을 인용하여 보도했다. 미 항공우주국(NASA)의 새로운 위성사진을 보면 북극해 빙하뿐만 아니라 그린란드 빙하도 급격히 녹고 있음을 확신할 수 있다

1 Star-News: 미국 노스캐롤라이나주 윌밍턴에서 발행되는 신문

고 했다. 또 미국 콜로라도대학교의 국가빙설데이터센터(National Snow and Ice Data Center)의 한 과학자는 이 기사에서 "북극해가 절규하고 있다."며 기후 위기의 절박함을 호소했다.

NATIONAL GEOGRAPHIC NEWS
REPORTING YOUR WORLD DAILY

Arctic Sea Ice Gone in Summer Within Five Years?

Seth Borenstein in Washington
Associated Press
December 12, 2007

An already relentless melting of the Arctic greatly accelerated this summer—a sign that some scientists worry could mean global warming has passed an ominous tipping point.

2007년 12월 17일 National Geographic

세계인의 월간 교양지 『내셔널지오그래픽』[2]도 "북극해의 여름철 빙하는 5년 안에 사라질 것인가?"라는 제목으로 다음과 같은 기사를 냈다.

> **"맹렬하게 진행되어온 북극해 빙하 감소는 올여름 더욱 급격히 가속화됐다. 일부 과학자들은 지구온난화가 불길한 티핑 포인트(Tipping Point, 대변화가 일어날 수 있는 위기의 한계점)을 지났음을 의미할 수 있다고 우려하고 있다."**

내셔널지오그래픽은 다음 해인 2008년에는 "북극해에 이번 여름 처음으로 빙하가 완전히 사라질 수도 있다."라고 주장하면서 재앙의 날을 4년이나 앞당기며 그 수위를 높였다. 하지만 예측은 완전히 빗나갔다. 세계적으로 높은 평판을 자랑하고 있었던 교양지가 두 번씩이나 연속 틀린 보도를 한 셈이 됐다.

North Pole May Be Ice-Free for First Time This Summer

Aalok Mehta aboard the C.C.G.S. *Amundsen*
National Geographic News
June 20, 2008

Arctic warming has become so dramatic that the North Pole may melt this summer, report scientists studying the effects of climate change in the field.

"We're actually projecting this year that the North Pole may be free of ice for the first time [in history]," David Barber, of the University of Manitoba, told National Geographic News aboard the C.C.G.S. *Amundsen*, a Canadian research icebreaker.

2008년 6월 20일 National Geographic

2 National Geographic: 1888년에 창간된 미국 지리협회의 월간 교양지.

Sierra Club Canada

SHARE | Media | Campaigns

Why Arctic sea ice will vanish in 2013

Submitted by Paul Beckwith on Mon, 2013-06-10 23:18

By Paul Beckwith

On March 23, 2013, I made the following **prediction**:

"For the record—I do not think that any sea ice will survive this summer. An event unprecedented in human history is today, this very moment, transpiring in the Arctic Ocean.

The cracks in the sea ice that I reported in my Sierra ***blog*** *and elsewhere have spread. Worse news is at this very moment the entire sea ice sheet (or about 99 percent of it) covering the Arctic Ocean is on the move (clockwise), and the thin, weakened icecap has literally begun to tear apart.*

This is abrupt climate change in real-time.

Humans have benefited greatly from a stable climate for the last 11,000 years (roughly 400 human generations). Not anymore. We now face an angry climate – one that we have poked in the eye with our fossil fuel stick – and have to deal with the consequences.

We must set aside our differences and prepare for what we can no longer avoid: ***massive disruption*** *to our civilization."*

2013년 6월 10일 Sierra Club Canada

Gore: Polar ice cap may disappear by summer 2014

Comment | Recommend 404 | Tweet 8 | g+1 0

By Douglas Stanglin, USA TODAY

Updated 2009-12-14 4:36 PM

New computer modeling suggests the Arctic Ocean may be nearly ice-free in summer as early as 2014, Al Gore said today at the U.N. climate conference in Copenhagen.

The former vice president

CAPTION By Attila Kisbenedek AFP/Getty Images

2009년 12월 14일 USA TODAY

빙하가 완전히 사라지는 것을 기다리고 있었던 기후 선동가들은 그래도 실망하지 않았다. 어떤 과학자는 2013년 3월 캐나다 시에라 클럽(Sierra Club) 소식지에 "나는 올여름 북극해에는 빙하는 전혀 찾아볼 수 없을 것으로 생각한다."라고 말했다.

빙하 대재앙 선동에 시동을 건 앨 고어는 2009년 코펜하겐 기후 회의에서 2007년의 예측을 1년 뒤로 미루어 "북극해 빙하는 2014년 여름이면 사라질 것이다."라고 주장했다. 그리고 그 이유를 "새로운 컴퓨터 모델링 결과가 빠르면 2014년 여름에 북극해 빙하가 거의 없을 것"으로 예측했기 때문이라고 했다. 미국 신문 『유에스에이투데이』[3]는 앨 고어의 빙하 예측을 반드시 일어날 것으로 확신하고 열심히 보도했다.

Earth insight
Environment

Ice-free Arctic in two years heralds methane catastrophe - scientist

Professor Peter Wadhams, co-author of new Nature paper on costs of Arctic warming, explains the danger of inaction

Nafeez Ahmed

3,276 461

2013년 7월 24일 Guardian

영국의 『가디언』[4]은 2013년

3 USA Today: 1982년 창간된 미국 종합 일간지

4 The Guardian: 1821년에 창간된 영국 신문

이 되어도 북극해 빙하가 그대로 있자 2015년이면 완전히 사라질 것이고 그로 인해 "메탄 대재앙"이 일어날 것이라고 했다. 가디언은 같은 해 12월에는 특별한 이유도 없이 북극해 빙하 대재앙을 한해 뒤인 2016년으로 미루었다. 2016년에도 북극해에는 여전히 여름철 빙하가 그대로 있었다. 하지만 가디언은 믿고 싶지 않는 일이 현실로 나타났는데도 결코 좌절하지 않았다. 2016년 8월, 가디언은 2017년이나 2018년이면 북극해에는 빙하가 없을 것이라고 보도했다. 마침내 가디언은 북극해 빙하가 절대로 녹지 않자 선동 전략을 바꿨다. 그래서 무대를 그린란드로 옮겼다. 녹지 않는 북극해 빙하에는 진절머리가 난 것 같다.

theguardian

US Navy predicts summer ice free Arctic by 2016

Is conventional modelling out of pace with speed and abruptness of global warming?

2013년 12월 9일 Guardian

theguardian

'Next year or the year after, the Arctic will be free of ice'

Robin McKie

Sunday 21 August 2016 02.00 EDT

2016년 8월 21일 Guardian

내셔널지오그래픽은 북극해에 빙하가 사라진다는 예측이 정작 현실로 나타나지 않자, 2020년 8월에 "북극해에서 여름철 빙하가 빠르면 2035년에는 사라질 수 있다."라며 재앙의 날짜를 좀 더 멀리 미루었다. 그 잡지는 과거에는 2008년이면 북극해 빙하가 사라지는 대재앙이 올 것이라고 장담했었다.

Arctic summer sea ice could disappear as early as 2035

By the time a toddler graduates from high school, summer sea ice in the high North could be a thing of the past.

BY ALEJANDRA BORUNDA

PUBLISHED AUGUST 13, 2020 • 9 MIN READ

2020년 8월 13일 National Geographic

북극해 여름철 빙하가 사라질 것이라는 기후 선동가들의 예측이 계속 실패하게 된 이유는 엉터리 컴퓨터 모델을 믿었기 때문이다. 거듭되는 실패에도 그들은 인간의 화석 연료 사용으로 대기 이산화탄소가 증가하고 그로 인해 기온이 상승하여 얼음이 녹게 된다는 이론이 잘못됐음을 인정하지 않았다. 그래서 지구의 기후를 지킨다는 용감한 전사들은 자신들이 철저히 신봉하고 있었던 컴퓨터 모델이 옳았음을 증명하기 위해 실제로 현장에 뛰어들었다. 컴퓨터 모델이 아닌 현실 세계를 실제로 조사했지만, 결과는 그들의 예상과는 전혀 달랐다.

2008년 한 탐험가는 북극해에 거의 얼음이 없을 것으로 예상하고 노르웨이에서부터 얼음 없는 바다를 가로질러 북극 지점까지 1,200㎞를 작은 카약(Kayak)으로 가는 도전을 시도했다(영국 BBC). 그 여정은 2주에서 3주 가량 걸릴 것으로 예상했다. 이 탐험가에게는 한 척의 지원 선박이 뒤따랐고, 이 배는 의심할 필요도 없이 지구온난화를 막으려는 자들이 그토록 혐오하는 화석연료를 동력원으로 사용했다.

BBC NEWS

Page last updated at 00:06 GMT, Saturday, 30 August 2008 01:06 UK

Swimmer aims to kayak to N Pole

This year, for the first time, scientists predict that the North Pole could briefly be ice free and that has inspired Mr Pugh to try to find a way through.

On Saturday he is due to set off on the 1200km (745 mile) expedition from Norway to the North Pole - a journey expected to take between two and three weeks. A support ship will follow the kayak to provide Mr Pugh with food and respite from the brutal conditions.

"This will be my hardest challenge to date," the self-proclaimed "Ice Bear" told me.

Lewis Pugh did part of his training in the icy waters off northern Norway

2008년 8월 30일 BBC

그 탐험의 목적은 녹고 있는 북극해 빙하에 대중의 관심을 끌어들이는 것이었다. 유감스럽게도 항로를 막고 있는 얼음이 너무 많았기 때문에 1,200㎞ 탐험은 출발지점에서 불과 135㎞ 떨어진 곳에서 포기해야만 했다. 하지만 그는 어처구니없게도 탐험의 실패를 지구온난화 때문이라고 했다.

"아이러니하게도, 지구온난화는 탐험 전체의 중단에 막대한 영향을 미쳤다. 우리는 여름철 빙하가 더 많이 녹음으로써 더 넓은 해역이 열려 빠른 속도로 노를 저어 북극으로 향할 수 있을 것으로 믿었다. 우리가 전혀 예상하지 못했던 점은 북쪽의 알래스카 연안과 뉴시베리아 제도(New Siberian Islands)에서 빙하가 광범위하게 녹아서 우리가 있는 남쪽으로 밀려오고 있는 사실이었다."[5]

좀 더 냉정하고 비판적인 사람들은 어쩌면 애초 계획했던 1,200㎞ 가운데 겨우 135㎞만 카약으로 갈 수밖에 없었던 이유가 북극해에 얼음이 너무 많았기 때문이라는 결론을 내릴 수도 있었다. 하지만 기후 대재앙이 온다는 망상에 사로잡힌 이들의 신념은 달랐다.

2011년 또 다른 그룹이 인간에 의한 지구온난화가 어떻게 북극해 빙하를 녹이고 있는지 세간의 관심을 끌기 위해 다시 북극으로 향했다. 한 탐험대원은 다음과 같이 보고했다.

"처음 1주 정도는 -40℃, 찬 바람이 불 때는 -60℃ 이상 오르지 않았다. 그런

5 Lewis Gordon Pugh (May 2010). "Achieving the Impossible. A Fearless Leader. A Fragile Earth". Simon & Schuster

정도의 기온에서는 아무것도 작동하지 않는다. 기계 작동이나 사람의 활동도 불가능했고, 모든 것이 끔찍하기만 했다. 우리가 빙하의 두께를 측정하기 위해 가져온 멋지고 값비싼 레이더는 사전에 -50℃의 냉동고에서 철두철미하게 테스트했음에도 불구하고 그 기온에서는 전혀 켜지지도 않았다. 동료 마틴(Martin)의 비디오카메라는 처음 2주 동안은 작동하지 않았다. 대신 그는 내 작은 파나소닉 루믹스(Panasonic Lumix) 포켓 카메라를 사용하여 모든 비디오 영상을 찍어야 했고, 자신의 옷자락 깊숙이 집어넣어 혹한으로부터 보호해야 했다. 그는 처음에 그 작은 카메라로 모든 것을 찍었다. 심지어 뉴스 영상까지도 촬영했다. 이것은 사방에서 계속되는 추위에 대한 우리 과학기술의 오류였다."

그들은 얼음 두께와 기압골 측정과 같은 다양한 작업을 하면서 74일간의 빙하 횡단 탐험을 마쳤다. 하지만 날씨가 너무 나빠서 그들을 태우려 했던 비행기가 착륙하지 못했기 때문에 탐험대는 텐트에서 침낭에 웅크린 채 초콜릿과 견과류로 연명을 하며 12일간을 기다려야만 했다.

녹고 얼기를 반복해온 북극해 빙하

기후 선동가들은 북극해 빙하가 녹는 것은 "전례 없는" 일이라고 계속 주장하고 있다. 하지만 1880년대부터 1940년대까지 있었던 지구온난화에도 북극해 빙하가 녹았다는 수많은 증거가 있다.

1922년 11월, 미국 신문 『그레이트 벤드 트리뷴』[6]은 노르웨이 베르겐(Bergen) 주재 미국 영사가 워싱턴 DC의 국무부에 제출한 보고서의 다음과 같은 내용을 인용 보도했다.

> "북극해는 따뜻해지고 있고, 빙하는 줄어들고 있으며, 일부 해역은 바다표범들에게는 너무 뜨겁다. 어부, 바다표범 사냥꾼, 탐험가들 모두가 기후 조건의 급격한 변화와 그때까지 북극 해역에서는 들어본 적이 없는 기온임을 주장하고 있었다."

The BARTON COUNTY DEMOCRAT

THE GREAT BEND TRIBUNE

THURSDAY, NOVEMBER 2, 1922

ARCTIC OCEAN WARMING UP.

In Some Places Seals Are Finding Waters Too Hot, Says Report.

WASHINGTON, Nov. 2.—The Arctic ocean is warming up, icebergs are growing scarce and in some places the seals are finding the waters too hot, according to a report to the commerre department today from Consul Ifft, at Bergen Norway.

Reports from fishermen, seal hunters and explorers, he declared, all point to a radical change in climatic conditions and hitherto unheard of temperatures in the Artic zone, exploration expeditions reporting that scarcely any ice has been met with as far north as 81 degrees 29 minutes.

Great masses of ice have been replaced by moraines of earth and stones, the report continued while at many points well known glaciers have and no white fish are being found in the eastern Arctic, while vast shoals entirely disappeared. Very few seals of herring and smelts, which have never before ventured so far north, are being encountered in the old seal fishing grounds.

1922년 11월 2일 Great Bend Tribune

또 그 영사의 보고서에는 북극해 기온이 기록적으로 상승했다는 다음과 같은 내용도 있었다.

> "이전에는 노르웨이 스발바르(Spitzbergen) 제도 주변의 바닷물이 약 3℃정도의 여름철 평균 수온을 유지했지만, 올해는 15℃까지 기록적으로 상승했으며, 지난 겨울에는 이 제도 북쪽 해안에서도 바닷물이 얼지 않았다."

6 The Great Bend Tribune: 1887년에 창간된 미국 캔사스주 신문

Magazine Section

Sunday Journal and Star

Magazine Section

Will melting ICEBERGS Engulf WORLD?

If All the Ice in the North and South Polar Regions Should Suddenly Melt, Level of the Oceans Would Be Raised 150 Feet

By James W. Booth

1931년 4월 13일 Sunday Journal and Star

1931년에는 미국 신문 『선데이 저널앤스타』[7]는 상황이 심상치 않자 "녹아내리는 빙하는 세계를 집어삼킬 것인가?" 제목의 기사를 보도했다. 그 기사에서 과학자들은 빙하가 모두 녹아내리면 해수면이 150피트(46미터)가량 상승하고 세계적인 홍수가 발생할 것이라고 예상했다.

THE CAIRNS POST, FEBRUARY 3, 1934.

"WORLD HEATING UP."

"ICE DISSOLVING AT POLES."

"SEA WILL RISE 40 FEET."

(Communicated.)

The world is gradually becoming both warmer and drier. One day the great Polar icecaps may melt—raising the level of the oceans from 40 to 50 feet, and wiping half of England from the map.

These suggestions were made by Sir Douglas Mawson (the famous Polar explorer) and Dr. C. E. P. Brooks (of the British Meteorological Office), who is a leading authority on the effect of Polar conditions on climate.

1934년 2월 3일 Cairns Post

1934년에는 호주의 『케언즈 포스트』[8]는 더워지는 지구 기후로 빙하가 녹은 현상에 관해 두 극지 전문가(극지 탐험가와 극지방 상태가 기후에 미치는 영향에 관한 저명한 권위자)의 다음과 같은 주장을 보도하고 있다. "세계는 점점 덥고 건조해지고 있다. 언젠가

7 Sunday Journal and Star: 1921년에 창간된 미국 네브라스카주 신문

8 The Cairns Post: 1883년에 창간된 호주 퀸즐랜드주 일간 신문

는 거대한 극지방의 빙하가 녹아 해수면을 12~15미터(40~50피트) 상승시키고 영국 잉글랜드 지역 절반을 지도에서 사라지게 할 수도 있다."

이 시기 빙하가 녹는 현상은 스위스 고산지대에서도 관측됐다. 1934년 호주 신문 『쿠리어 메일』[9]은 스위스 제네바발 기사로 스위스 알프스에서 관측된 100개 빙하 중 81개가 후퇴하고 4개는 안정적이었고 15개만 증가했다는 소식을 전하고 있다.

HE COURIER-MAIL, BRISBANE, FRIDAY, JUNE 22, 193

EARTH GROWING WARMER

What Swiss Glaciers Reveal

GENEVA, June 20.
Apropos of the world-wide drought, scientific observation of the Swiss glaciers indicates that the earth is gradually growing warmer and drier. Only fifteen of 100 glaciers were observed last year to have increased; four remained stationary; and 81 decreased.

1934년 6월 12일 Courier-Mail

제1장에서 봤듯이 1934년은 전 세계적으로 폭염, 가뭄, 홍수 등 기상이변이 심했던 해였다. 이 시기에 나온 수많은 날씨 기사 중 유독 눈에 띄는 것이 하나 있다. 1931년 『선데이 저널앤스타』

OAKLAND TRIBUNE, SUNDAY, MAY 13, 1934

Will melting ICEBERGS Engulf WORLD?

If All the Ice in the North and South Polar Regions Should Suddenly Melt, Level of the Oceans Would Be Raised 150 Feet

By James W. Booth

1934년 5월 1일 Oakland Tribune

9 The Courier-Mail: 1846년에 창간된 호주 퀸즐랜드주 신문

2011년에 나온 책 표지

에 나온 기사를 미국의 주간 신문 『오클랜드 트리뷴』[10]이 같은 제목 "녹아내리는 빙하는 세계를 집어삼킬 것인가?"로 보도하고 있다. 기사 내용도 극지방의 빙하가 녹으면 해수면이 최대 46미터 상승하고, 세계가 물속에 잠기게 될 것이라는 잘못된 주장을 재활용하고 있다. 이 기사는 상상력 좋은 예술가가 물속에 잠긴 뉴욕을 형상화하여 더욱 실감나게 표현됐다.

THE WODONGA SENTINEL
FRIDAY, SEPTEMBER 29, 1939

Scientists have confirmed the fact that the Arctic regions around Spitsbergen are warming up at the rate of approximately one degree in every two years.

Since 1910, when observations first started in those regions, the cumulative rise of winter temperature has amounted to nearly 16 degrees.

Such a profound change has been attended by new and strange phenomena over the whole area surrounding the Polac basin. It has been found that the Polar icefields are receding gradually northwards, while soil which at one time remained solidly frozen throughout the year now undergoes a partial thaw during the Arctic summers.

In the Barents Sea area where, during earlier observations, only small patches became free from ice, large spaces of open water now occur at frequent intervals.

1939년 9월 29일 Wodonga Sentinel

1931년 기사를 재활용한 1934년 기사가 더욱 흥미로운 것은 80년 뒤에 다시 재활용되었다는 사실이다. 2011년에 출간된 미래의 기후 위기를 알리는 책의 표지에 물속에 잠긴 뉴욕이 다시 등장하고 있다. 기후 위기를 알리는 엉터리 기사들은 앞으로도 수없이 재활용될 것이고 바다에 잠기는 뉴욕의 이미지 또한 두고두고 각종 언론에 재등장할 가능성이 크다.

1939년, 호주 신문 『워동가 센티넬』[11]은 북극은 2년 간격으로 1℉

10 Oakland Tribune: 1874년에 창간된 미국 캘리포니아주 주간 신문
11 The Wodonga Sentinel: 1985년에 창간된 호주 빅토리아주 신문

(0.56℃)씩 기온이 상승하고 있으며, 1910년 북극에서 기온 측정이 처음 시작된 이후 지난 29년간, 북극의 겨울철 기온은 거의 16℉(8.89℃)나 상승한 것으로 보도했다.

1940년 경에도, 북극 기후는 여전히 높은 기온이 기록으로 남겨져 있다. 호주 신문 『타운스빌 데일리 불레틴』[12]은 다음과 같이 보도했다.

THE TOWNSVILLE DAILY BULLETIN
FRIDAY. FEBRUARY 23. 1940.

THE NORTH POLE.

Is it Getting Warmer.

(From a Special Correspondent. By Air Mail.)

BUNDABERG, February 22.
Is it getting warmer at the North Pole? From soundings and meteorological tests taken by the Soviet explorers who returned this week to Murmansk, Russia's sole ice-free Arctic port, it was concluded that near Polar temperatures are on an average six degrees higher than those registered by Nansen 40 years ago. Ice measurements were on an average only 6½ feet against from 9½ to 13 feet.

1940년 2월 23일 Townsville Daily Bulletin

> **"극지방 기온은 40년 전 난센(Fridtjof Nansen 1861~1930, 노르웨이 북극 탐험가)이 기재한 기온보다 평균 6℉(3.33℃)가량 더 높다. 얼음 두께는 평균 2미터(6½ 피트) 정도밖에 되지 않았다."**

기사에 보도된 바와 같이 2미터라면, 이는 1940년의 북극해 빙하의 두께는 2021년과 거의 같은 수준임을 의미한다.

1952년, 호주 신문 『뉴캐슬 헤랄드』[13]는 다음과 같은 보도를 했다.

> **"노르웨이와 알래스카의 육상 빙하가 50년 전의 절반 수준에 불과하다. 스발바르 제도 주변의 급격한 기온 상승으로 항해가 가능한 기간이 연간 3개월에서 8개월로 늘어났다."[14]**

12 The Townsville Daily Bulletin: 1881년에 창간된 호주 퀸즐랜드주 신문

13 The Newcastle Herald: 1858년에 창간된 호주 뉴사우스 웨일즈주 신문

14 Newcastle Herald 18 February 1952

Newcastle Morning Herald
and Miners' Advocate

FEBRUARY 18, 1952.

Melting Icecaps Mystery

NEW YORK, Feb. 17. A.A.P.—Dr. William S. Carlson, an Arctic expert, said last night that Polar icecaps were melting at an astonishing and unexplained rate and threatening to swamp seaports by raising ocean levels.

Dr. Carlson, President of the University of Vermont, told the Cleveland Medical Library Association that it would take hundreds of years for the melting to have much effect, but the rate in the last half-century had been exceedingly rapid.

"The glaciers of Norway and Alaska," he said, "are only half the size they were 50 years ago. The temperature around Spitzbergen has so modified that the sailing time has lengthened from three to eight months of the year."

Dr. Carlson spent several years in Greenland as a geologist and meteorologist.

Democrat and Chronicle
Rochester, N. Y.,
Thurs., Mar. 10, 1955 3

Melting Arctic Ice Warming Up World

By FRANK THOMPSON

BOSTON, March 9 (INS)—A famed Arctic explorer reported today the world is getting warmer—but that's not an unmixed blessing.

Adm. Donald MacMillan, an 80-year-old veteran of 30 trips to the Arctic, said that huge areas of ice in the Far North are melting, bringing warmer weather. But he added that the process also may bring a flooding threat to some parts of Eastern seaboard cities.

MacMillan explained in an interview:

"There are now six million square miles of ice in the Arctic. There once were 12 million square miles.

"Another thing, almost every glacier, with one exception, has retreated—going back into the hills—is smaller than it was.

1952년 2월 18일
Newcastle Herald

1955년 3월 10일
Democrat and Chronicle

3월은 북극해가 연중 최저 기온을 나타내기 때문에 보통 빙하가 가장 두껍고 바다 전체가 얼게 된다. 1955년 3월 미국 신문『데모크라트 앤 클로니클』[15]은 북극해 빙하의 면적이 절반으로 줄었다고 보도했다.

15 Democrat and Chronicle: 1833년에 창간된 미국 뉴욕주 신문

"현재 북극해에는 1,554만㎢(6백만 평방마일)의 빙하가 있다. 한때는 3,108만㎢(1천 2백만 평방마일)의 빙하가 있었다."

1958년 여름철 미 해군 잠수함(USS Skate, SSN-578)이 북극해에서 작전을 수행하면서 북극 지점(North Pole)에서 수면 위로 올라와 찍은 사진이 미국 해군연구소(U.S. Naval Institute)에 의해 공개됐다.[16] 이 사진은 그 시기 여름철 북극해에는 빙하가 두껍지 않았다는 사실을 입증해주는 좋은 자료가 되고 있다.

1958년 8월 11일 USS Skate at North Pole

1958년 10월 『뉴욕 타임스』는 "북극해의 변화하는 얼굴"이라는 제목의 기사로 "과학자들은 북극해의 빙하가 50년 전보다 두께가 40%나 얇아졌고 면적이 12% 정도 줄어든 것으로 예측한다."라면서 "독자들의 자녀 생애에는 배가 북극 지점까지 항해할 수 있을 것"이라는 소식을 알렸다. 또 기사는 최근 잠수함 노틸루스(Nautilus)와 스케이트(Skate)가 북극 지점까지 항

The New York Times

SUNDAY, OCTOBER 19, 1958

The Changing Face of the Arctic

Some scientists estimate that the **polar ice pack is 40 per cent thinner and 12 per cent less in area than it was a half-century ago, and that even within the lifetime of our children the Arctic Ocean may open, enabling ships to sail over the North Pole, as the submarines Nautilus and Skate recently sailed under it. A ship bound from New York to Tokyo would save 2,500**

Although the idea that a solid ice sheet covers the central Arctic has lingered stubbornly in the popular fancy, the northern cap of ice worn by our planet is actually a thin crust—on the whole, only about seven feet thick—over an ocean two miles deep in places.

1958년 10월 19일 New York Times

16 https://truthinenergyandclimate.com/ice-free-north-pole

해했음을 기록으로 남겼다.

독자들의 자녀 생애에는 북극해 여름철 빙하가 사라질 것이라는 1958년의 예측은 그로부터 62년 뒤인 2020년 『내셔널지오그래픽』의 다음 예측과 크게 다르지 않았다.[17]

> **"걸음마를 시작한 아이들이 고등학교를 졸업할 무렵이면 북극해 여름철 빙하는 과거에나 있었던 일로 될 수 있을 것이다."**

북극해 빙하 선동과 진실

지금까지 언론 보도에서 짐작할 수 있듯이 북극해 빙하는 확장과 축소를 반복해왔다. 그림 1은 1985년 12월에 발간된 미국 에너지부 보고서에 기재된 북극해 빙하의 양으로 1920년 관측이 시작된 이래 변동이 매우 심했음을 보여주고 있다. 그림을 보면 빙하의 양은 1880년대에 시작해서 1940년대

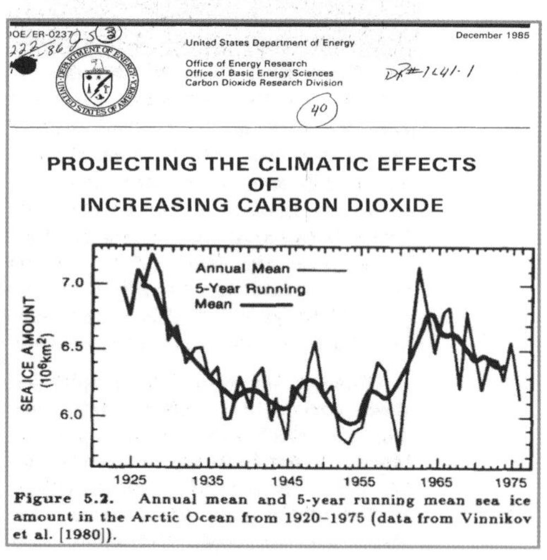
United States Department of Energy

December 1985

Office of Energy Research
Office of Basic Energy Sciences
Carbon Dioxide Research Division

PROJECTING THE CLIMATIC EFFECTS OF INCREASING CARBON DIOXIDE

Figure 5.2. Annual mean and 5-year running mean sea ice amount in the Arctic Ocean from 1920–1975 (data from Vinnikov et al. [1980]).

그림 1 1920년부터 1975년까지북극해 빙하 변화 (미국 에너지부, 1985년 12월)

17 Arctic summer sea ice could disappear as early as 2035, August 13, 2020 https://www.nationalgeographic.com

에 끝난 온난화 기간에는 700만㎢에서 600만㎢를 약간 넘는 수준으로 감소했다. 그러다가 1950년대 이후 나타난 냉각기에는 빙하의 양이 안정화되기 시작하다가 다시 700만㎢ 이상으로 정점을 찍은 뒤 600만㎢로 떨어졌다.

북극해의 빙하가 녹게 되면, 햇빛을 반사할 얼음이 없어져 바닷물은 더욱 많은 열을 흡수할 것이고, 그렇게 되어 지구온난화는 더욱 가속화될 것이라고 여겨졌다. 미국 지구변화 연구 프로그램(U.S. Global Change Research Programme)은 2018년에 출간한 국가기후평가 4차 보고서에서 "기후변화 지표(Climate Change Indicators)"라는 다이어그램을 제시했다(부록 1 참조).[18] 그림 2는 미국 국가기후평가 4차 보고서에 있는 기후변화 지표 중 하나인 북극해 빙하 그래프다. 1979년 이후 북극해 빙하의 양이 상당히 급감했다는 것은 기후 선동가들이 주장하는 대재앙이 임박했음을 확인시키는 것처럼 보인다.

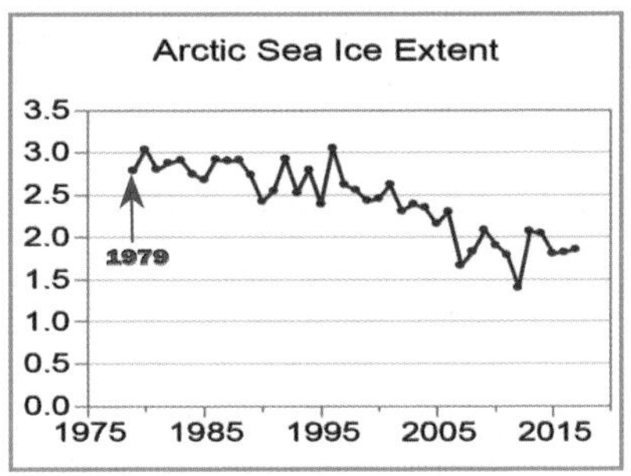

그림 2 1979년부터 2017년까지 북극해 빙하의 변화

그래프가 1979년에 시작된 이유는 인공위성이 이때 처음으로 북극해 빙하의 면적을 측정하기 시작했기 때문이라고 기후 선동가들은 주장한다. 하지만 이 주장이 거짓임을 입증하는 세 가지 명백한 증거가 있다. 첫 번째 증거 자료는 미국 국립해양대기청

18 부록 1 참조

Sea-ice conditions are now reported regularly in marine synoptic observations, as well as by special reconnaissance flights, and coastal radar. Especially importantly, satellite observations have been used to map sea-ice extent routinely since the early 1970s. The American Navy Joint Ice Center has produced weekly charts which have been digitised by NOAA. These data are summarized in Figure 7.20 which is based on analyses carried out on a 1° latitude x 2.5° longitude grid. Sea-ice is defined to be present when its concentration exceeds 10% (Ropelewski, 1983). Since about 1976 the areal extent of sea-ice in the Northern Hemisphere has varied about a constant climatological level but in 1972-1975 sea-ice extent was significantly less.

1990년에 나온 IPCC 1차 보고서의
빙하 위성 관측 설명

(NOAA)이 제공한 데이터를 사용한 기후변화에 관한 정부 간 협의체(IPCC)의 1990년 제1차 보고서다. IPCC 1차 보고서는 인공위성 관측이 1979년이 아니라 1970년대 초에 시작했음을 기술하고 있다.

"인공위성 관측자료는 1970년대 초부터 바다가 빙하로 덮인 범위를 정기적으로 지도화하는 데 사용됐다. 미 해군 합동빙하센터(American Navy Joint Ice Center)는 매주 NOAA의 데이터로 그래프를 작성해왔다."

두 번째 반박 불가 증거는 1974년에 나온 가디언 기사에 있다. 이것은 제2장에서 이미 언급한 적이 있다. "인공 위성들은 새로운 빙하기가 빠르게 도래하고 있음을 보여준다(Space satellites show new Ice Age coming fast)"라는 기사 제목은 1974년, 어쩌면 그 이전에 위성들이 지구 관측에 전반적으로 사용되고 있었음을 분명히 하고 있다. 더군다나, 가디언 기사는 1974년에 북극해 빙하가 증가하고 있다는 사실을 알리고 있다.

THE GUARDIAN Tuesday January 29 1974

Space satellites show new Ice Age coming fast

By ANTHONY TUCKER, Science Correspondent

1974년 1월 29일 Guardian

세 번째 증거는 미항공우주국(NASA)이 1966년부터 북반구의 눈 덮인 면적을 인공위성으로 관측해오고 있었다는 사실이 이미 널

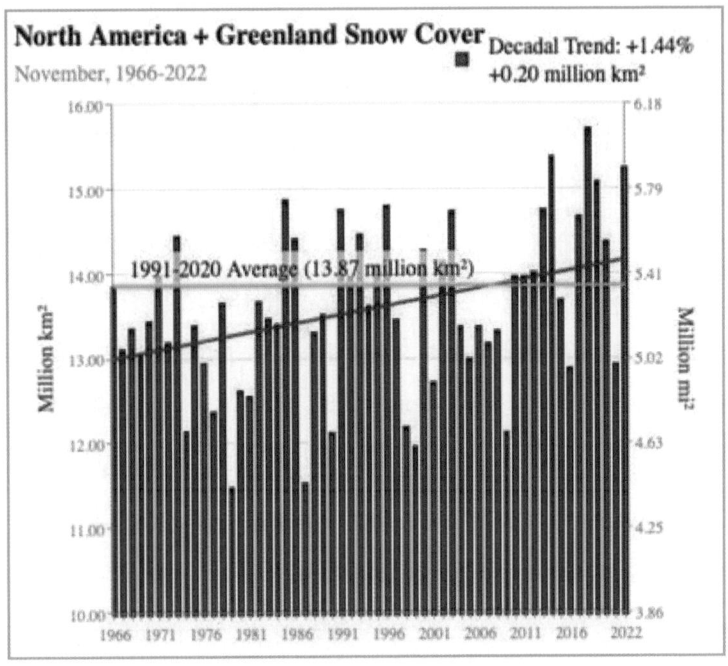

그림 3 겨울철 북반구 눈 덮인 면적 변화

리 알려져 있었다는 것이다.[19] 그리고 관측 결과는 1966년부터 지금까지 월별 또는 계절별로 공개하고 있다.[20] 이러한 관측 기록으로 볼 때 북극해 빙하의 위성 관측은 1970년대 초 또는 그 이전부터 시작되었음을 짐작할 수 있다. 그림 3은 1966년부터 2022년까지 북아메리카와 그린란드의 눈 덮인 면적을 보여주는 그래프다. 시기별로는 증가와 감소 추세를 나타내기도 하지만 전체적으로는 약간의 증가 추세를 보인다. 인간에 의한 재앙적 지구온난화가 일

19 Climate at a Glance for Teachers and Students: Facts on 30 Prominent Climate Topics, Heartland Institute, 2022.
20 https://climate.rutgers.edu/snowcover

어났다면 눈 덮인 면적에 상당한 감소가 관측되었어야 할 것이다.

결론적으로 1979년 이후 북극해 빙하가 감소하고 있음을 나타내는 미국 국가기후평가보고서의 그래프(그림 2)는 잘못된 정보를 알리려는 의도가 숨어있음이 확실하다. 이 숨겨진 의도는 그림 4에 있는 IPCC 1차 보고서의 그래프가 폭로하고 있다. 그림 4를 보면 미국 국립해양대기청(NOAA)이 1972/3년부터 북극해의 빙하 크기를 측정하기 시작했음을 알 수 있다. 또 1972년부터 1975년 사이의 빙하 크기는 평균보다 작았음을 알 수 있다. IPCC 보고서에서도 "1972년부터 1975년까지의 빙하 크기는 상당히 작았다."는 내용이 확인됐다. 그 후 빙하의 크기는 1979년 최고조에 이를 정도로 증가했다. 작았던 빙하의 크기가 증가한 부분은 "빼버리고", 수치가 기록적으로 높은 시점(1979년)부터 그래프를 시작

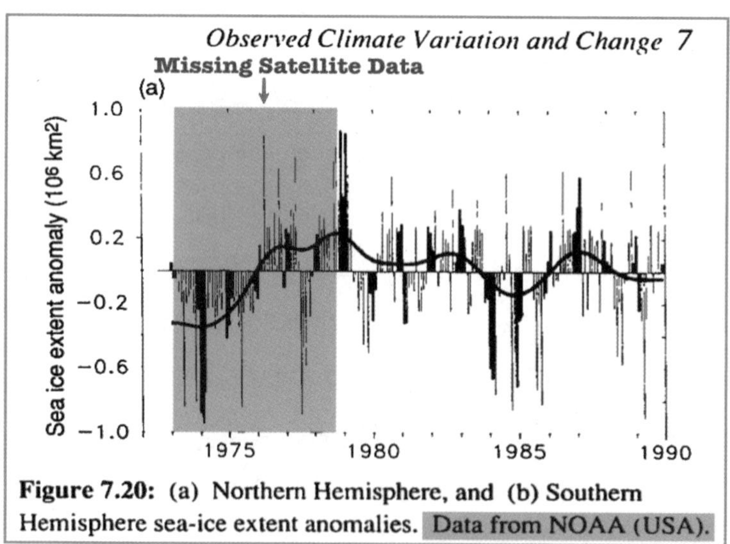

Figure 7.20: (a) Northern Hemisphere, and (b) Southern Hemisphere sea-ice extent anomalies. Data from NOAA (USA).

그림 4 IPCC 1차 보고서의 북반구 바다 빙하 그래프
(북반구 바다 빙하는 북극해 빙하를 의미한다)

함으로써 빙하가 급격히 녹고 있음을 보여주려는 것이다. 미국 국가기후평가보고서 그래프에서 제외된 1973년부터 1979년 최고점에 이르기까지 상승한 부분은 그림 4에서 음영 처리했다.

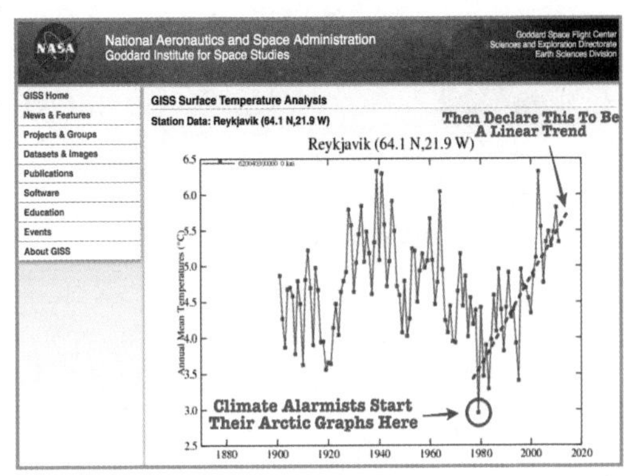

그림 5 NASA의 아이슬란드 레이캬비크 기온 관측치

북극해 빙하는 1975년부터 1979년까지 계속 증가했다. 더구나 북극해 빙하 수치가 1979년에 가장 높았음은 다른 자료를 통해서도 확인할 수 있다. 그림 5는 지난 120년 동안 아이슬란드 수도 레이캬비크(Reykjavik) 기온에 대한 미항공우주국(NASA)의 데이터다. 그림에서 볼 수 있듯이 1979년이 1900년 이후 가장 추운 해로 기록되어 있다. 미국 국가기후평가보고서는 빙하가 녹고 재앙적인 온난화가 일어난다는 공포를 조장하려고 의도적으로 가장 추운 해를 시작 시점으로 한 것이다. 1979년 이후 빙하의 크기가 줄어든다고 해도 놀라거나 걱정할 일은 아니다. 최고치로 올랐다가 정상적인 수준으로 줄어든 것이 실제로 일어난 현상이다.

기후 선동가들이 미국 국가기후평가보고서의 북극해 빙하 그래프를 곳곳에 전파하여 거의 모든 자료는 1979년을 시작 시점으로 하고 있다. 미국 콜로라도대학교에 있는 국가빙설데이터센터(NSIDC: National Snow and Ice Data Center)도 북극해 여름철 빙하 그래프를 그렇게 제시하고 있다(그림 6). 그런데 이 그래프를 자세히 보면 2012년

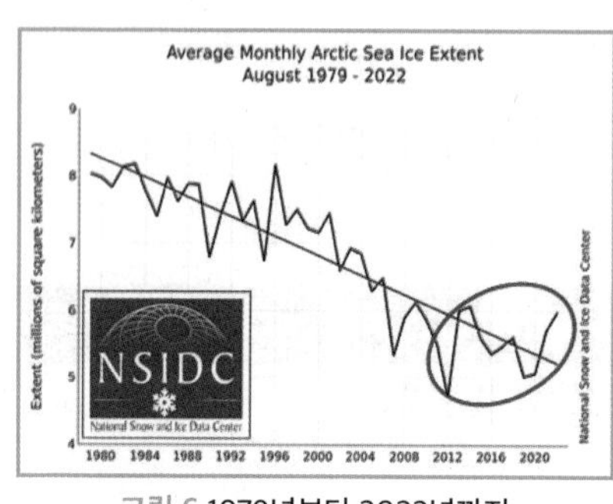

그림 6 1979년부터 2022년까지 북극해 빙하 변화

이후 지금까지 북극해 여름철 빙하가 증가 추세에 있음을 알 수 있다. 기후 선동가들은 2013년이면 북극해 여름철 빙하는 완전히 사라진다고 했는데, 그들 예측과는 반대되는 현상이 일어나고 있다.

그린란드와 남극대륙의 빙하

북극해 빙하는 지구의 기온 변화를 보여주는 좋은 지표가 될 수 있다. 하지만 빙하가 얼거나 녹거나, 혹은 녹지도 얼지도 않을 때는 쏟아지는 언론의 엄청난 관심에도 불구하고 지구의 총 빙하양으로 볼 때 북극해는 그다지 중요하지 않다. 미국 국가빙설데이터센터(NSIDC)는 지구 표면의 약 1,500만㎢를 빙하가 덮고 있다고 추정한다. 이는 지구 표면적의 약 3%, 육지 면적의 약 10%에 해당한다. 그러나 빙하에 관한 정말 중요한 수치는 약 3,050만㎦에 달하는 지구의 빙하 전체 부피다. 바다 빙하는 두께가 약 2m 정도여서 북극해 빙하 부피는 약 19,200㎦로 추산되고, 이는 지구 전체 빙하 부피의 0.06%에 불과하다. 더군다나 바다 빙하는 물 위에 떠있기 때문에 전부 녹는다고 해도 지구 해수면에는 아무런 변화가 없다.

지구에서 가장 많은 빙하가 축적되어있는 곳은 약 2600만㎦가 있는 남극과 약 400만㎦가 있는 그린란드다. 이 두 곳에는 각각 지구 전체 빙하의 85%와 13%가 있다. 만약 남극에 있는 모든 얼음이 녹는다면, 해수면은 58m까지 상승할 수 있을 것이고, 그린란드 얼음도 녹는다면 해수면은 8m 더 상승할 것이다.[21]

실망만 안겨주는 그린란드 빙하

앨 고어의 선동으로 북극해 빙하가 녹는다고 열을 올렸던 언론들이 실망한 나머지 눈을 돌린 곳이 그린란드 빙하다. 그린란드 빙하는 녹아내리기만 하면 세계 곳곳이 수몰될 수 있다는 상상으로 기후 선동가들과 언론들의 관심을 끌었다. 하지만 기대와는 크게 달랐다. 지난 400년 동안 빙하의 두께는 계속 증가해오고 있다는 사실이 밝혀졌다. 그림 7은 86개의 그린란드 빙핵에서 조사한 1600년부터 2009년까지의 빙하 축적률을 보여주고 있다.[22] 특히 1840년 무렵의 소빙하기 말부터 마지막 10년까지 빙하 축적률은 연간 12%(86기가톤) 증가했다. 또 1840년부터 1996년까지 추세는 1600년부터 2009년까지 추세보다 30%나 높은 수치이며 이는 축적 속도가 빨라지고 있음을 시사한다. 이 연구는 지난 수백 년 동안 그린란드 빙하 축적률은 대기 이산화탄소 수치의 상승과는 어떠한 상관성도 없었다는 결론을 내리고 있다.

그래도 언론과 기후 선동가들은 이런 학술 논문은 아랑곳하지

21 The Mythology of Global Warming Bruce C. Bunker Moonshine Cove Publishing 2018
22 Greenland ice sheet mass balance reconstruction 1600 to 2009 Jason E. Box et al https://www.jstor.org/stable/26192384

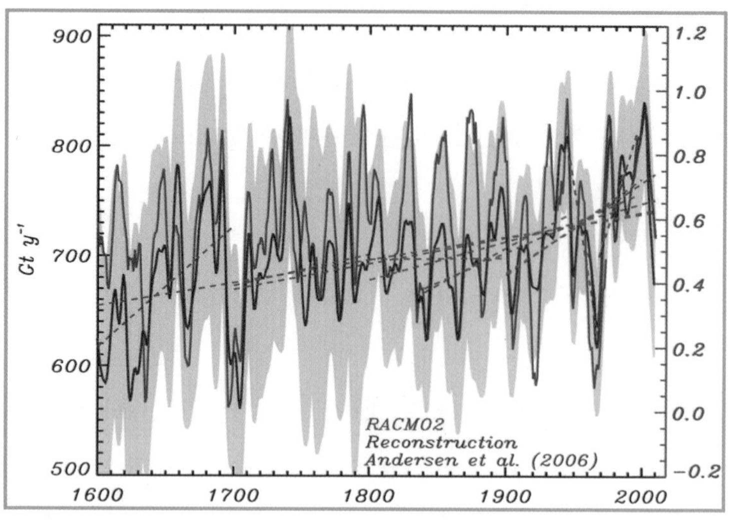

그림 7 그린란드 빙하의 연간 축적률

않고 그린란드 빙하가 녹는다며 계속 공포감을 조성하고 있다. 영국『가디언』은 2020년 다음과 같은 경고 기사를 보도했다.

> **"기온이 단 2℃ 정도만 올라도 그린란드의 모든 얼음 덩어리는 세계 지도에서 사라지게 되고, 전 세계 모든 국가에 심각한 피해를 초래하게 될 것이다. 그 붕괴는 북극에서 수천km 떨어진 곳에서도 느낄 정도이며, 지구 해수면의 7m(23 feet) 상승을 초래할 것이다."**[23]

하지만 그린란드 빙하가 녹아 전 세계 해안 도시들이 침수될 것이라는 경고는 걱정할 필요가 없다. 130,000~115,000BP(Before Present)에 있었던 에미안(Eemian) 간빙기에는 지금보다 8℃가 높

23 Guardian 10 August 2020

았지만 그린란드 빙하는 10% 정도만 녹았다.[24] 그림 8은 50만 년 전부터 지금까지 지구의 기온 변화와 그린란드 빙하의 변화를 보여주고 있다. 그림 8에서 A는 지금보다 8℃ 높았던 에미안 간빙기, B는 지금부터 2만 년 전 빙하 극대기(LGM: Last Glacial Maximum), C는 지금의 홀로세 간빙기를 나타낸다.

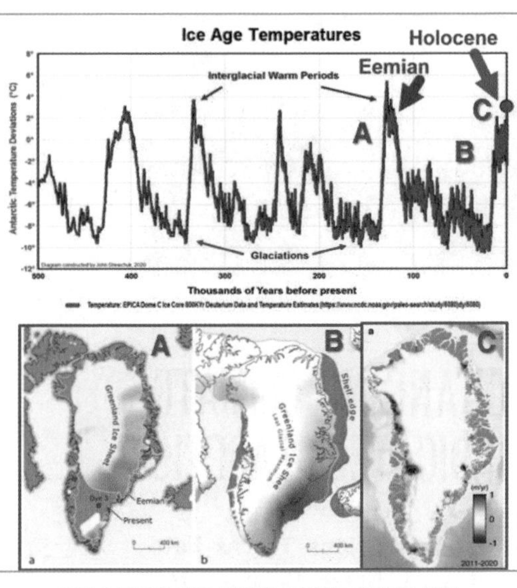

그림 8 지구의 기온 변화와 그린란드 빙하의 변화

그린란드에는 중세 온난기에 수천 명에 달하는 바이킹이 정착하여 살았고 15세기에 모두 떠났다는 역사적 사실은 『지구온난화에 속지 마라(Unstoppable Global Warming)』라는 책에 비교적 자세히 기술되어 있다.[25] 과학계에서 수십 년 동안 합의된 가설은 바이킹들이 서기 985년 경에 그린란드에서 관목을 베어내고 풀을 길러 목축을 하며 정착했다가 살인적인 추위가 닥치면서 더 이상 가축을 기를 수 없어 떠났거나 몰살했다는 것이다. 하지만 2022년 『사이언스 어드밴시스』에 오래된 "소빙하기 한랭 원인설"

24 Greenland ice cores reveal warm climate of the past, University of Copenhagen, Niels Bohr Institute https://nbi.ku.dk/english/news/news13/greenland-ice-cores-reveal-warm-climate-of-the-past/

25 프레드 싱어, 데니스 에이버리 저, 김민정 역, 2009년

흐바슬리(Hvalsey) 가톨릭교회

CHANGING CLIMATE INDICATED IN ARCTIC

Professor Griggs Traces Fate of Lost Norse Colonies to Increasing Greenland Cold.

TREE ROOTS PIERCE BODIES

They Could Not Have Grown in Now Perpetually Frozen Ground, He Holds—Alaska Warmer.

The New York Times
Published: January 22, 1934
Copyright © The New York Times

1934년 1월 22일 New York Times

을 뒤집는 논문이 실렸다.[26] 연구팀은 "바이킹이 그린란드를 떠나도록 한 것은 추위가 아니라 가뭄 때문"이라는 새로운 학설을 내놓고 있다. 떠난 원인이 추위냐 아니면 가뭄인가에 대한 논쟁은 여전히 남아있지만, 중세 온난기에 수천 명의 바이킹이 그린란드에 정착한 사실에는 많은 증거 자료가 있다. 그중 하나는 지금도 그린란드 최남단 흐바슬리(Hvalsey)에 있는 로마 가톨릭교회다(사진). 또 다른 것은 1934년『뉴욕 타임스』가 발간한 자료로 지금은 나무가 자랄 수 없는 곳에서, 나무뿌리가 매장된 시체를 뚫고 자라고 있었던 현장을 발견하여 알리고 있다.

좀 더 최근인 1880년대부터 1940년대까지 지속된 온난화 시기에도 그린란드 기온은 오늘날과 비슷했거나 높았다는 사실은 여러 자료로 입증되고 있다. 그림 9은 2009년 미국 기상학회(American Meteorological Society)의 학술지에 게재된 논문의 그래

26 Prolonged drying trend coincident with the demise of Norse settlement in southern Greenland, SCIENCE ADVANCES, 23 Mar 2022, DOI: 10.1126/sciadv.abm4346

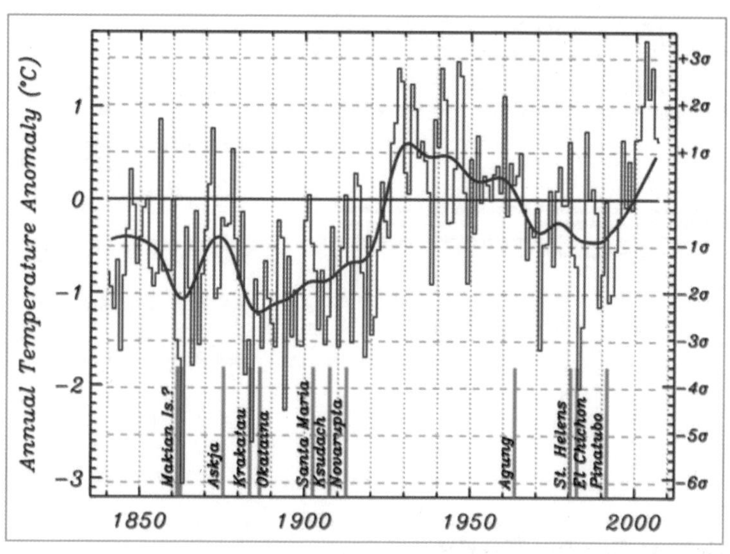

그림 9 그린란드 빙하 위에서 관측된 기온

프로 그린란드 빙하 위에서 관측된 기온을 나타내고 있다.[27] 이 그래프는 1930년대와 1940년대가 지금과 같거나 높았다는 사실을 분명하게 보여주고 있다. 그래프 아래쪽 글씨는 지구에 있었던 주요 화산 폭발을 나타내고 있다.

이러한 사실은 지난 2007년에 나온 미국 국립과학재단(NSF)의 보도에서도 확인될 수 있다. 앨 고어가 인간에 의한 지구온난화 대재앙 경고로 노벨평화상을 10월에 수상하고, 조만간 빙하가 모두 녹아 해수면이 6미터 상승할 것이라고 선동하고 있을 때 미국 국립과학재단(NSF)은 이를 반박하는 다음과 같은 보도 자료를 내놓았다.

27 Greenland Ice Sheet Surface Air Temperature Variability: 1840-2007, Box et al, 2009, Journal of Climate, https://doi.org/10.1175/2009JCLI2816.1

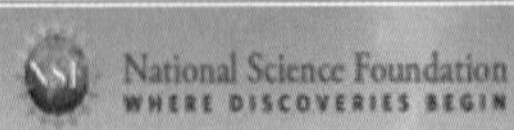

Current Melting of Greenland's Ice Mimicks 1920s-1940s Event

December 6, 2007

Two researchers spent months in Greenland scouring through old expedition logs and reports and reviewing 70 year-old maps and photos before making a surprising discovery. They found that the effects of the current warming and melting of Greenland's glaciers that has alarmed the world's climate scientists, occurred in the decades following an abrupt warming in the 1920s. Full Story

Source
Ohio State University

2007년 12월 6일 미국 국립과학재단(NSF)

"그린란드 빙하가 녹는 것(당시 이산화탄소 농도 약 380ppm)은 1920~1940년대(이산화탄소 농도 약 300ppm)에 일어났던 현상의 반복이기 때문에 인간에 의한 특이한 현상은 결코 아니다."

Harrisburg Sunday Courier

SUNDAY, DECEMBER 17, 1939

GREENLAND'S GLACIERS MELTING, SAYS SCIENTIST

Stockholm, Sweden, Dec. 16—All the glaciers in Eastern Greenland are rapidly melting, declared Prof. Hans Ahlmann, Swedish geologist, in a report to the Geographical Society here on his recent expedition to the Arctic sub-continent.

"Everything points to the fact that the climate in that region has been growing warmer during recent years," the professor said.

"It may without exaggeration be said that the glaciers, like those in Norway, face the possibility of a catastrophic collapse."

1939년 12월 17일
Harrisburg Sunday Courier:

그뿐만 아니라 1939년 12월 『해리스버그 선데이 쿠리어』[28] 기사도 이를 입증해주고 있다. 기사는 스웨덴 지질학자 한스 알만(Hans Ahlmann) 교수가 스웨덴 지리학회에서 발표한 자신의 북극 탐험에 대해 밝힌 다음 사실을 담고 있다.

"동부 그린란드(Eastern Greenland)의 모든 빙하가 급속히 녹고 있다. 그리고 그 빙하는 노르웨이에 있는 빙하와 마찬가지로 재앙적 붕괴에 직면해 있다고 해도 과장된 표현이 아닐 것이다."

28 The Harrisburg Sunday Courier: 1924년에 창간된 미국 펜실베이니아주 신문

한스 알만 교수는 학회 발표에서 그린란드 빙하 붕괴에 매우 우려하고 있었다. 하지만 그럴 필요가 없었다. 지구온난화로 인한 그린란드와 노르웨이 빙하의 "재앙적 붕괴"를 예측한지 불과 몇 년 만에 온난화는 멈추고 냉각화가 시작됐다. 이로 인해 1960년대와 1970년대에 새로운 빙하기가 온다는 공포에 빠지게 됐다(제2장 참조).

기후 선동가들은 혹시 그린란드에서 원하는 대재앙 소식을 기다리며 열심히 조사하고 있다. 덴마크는 그 반대의 관점에서 자국의 영토 그린란드 육상 빙하를 세밀하게 관측해오고 있다. 빙하가 녹으면 그린란드의 엄청난 지하자원과 활용 가능한 영토를 얻을 수 있기 때문이다. 그림 10은 덴마크 기상청(DMI)이 매년 보고하는 그린란드 빙하 변화다. 그림에서 볼 수 있듯이 그동안 녹고 있었던 그린란드 빙하는 덴마크에는 실망스럽게도 2012년 이후 뚜렷한 증가 추세를 보인다. 아마 기후 선동가들은 더 크게 실망하고 있을 것 같다.

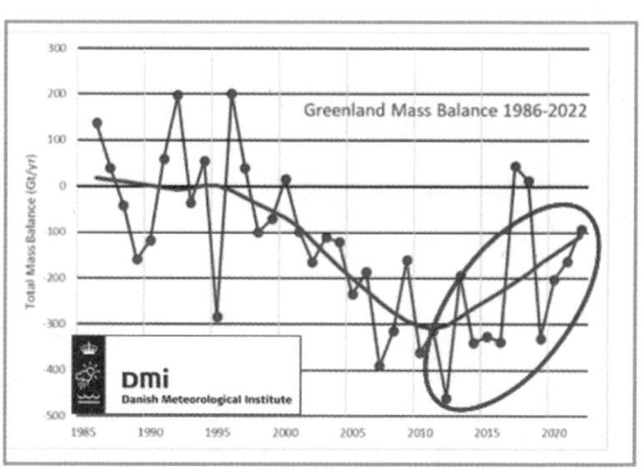

그림 10 1986년부터 2022년까지 그린란드 빙하의 변화 (DMI, 2022년)

앨 고어의 빙하 선동에 넘어간 영국의 한 저명한 과학자는 2008년 지구가 머지않아 너무 따뜻해져서 수백만 명의 기후 난민들이 남극대륙으로 피난 갈 것으로 예측했다. 영국 신문 『텔레그래프』[29]는 그의 예측이 타당하다고 판단하여 기사로 보도했다.

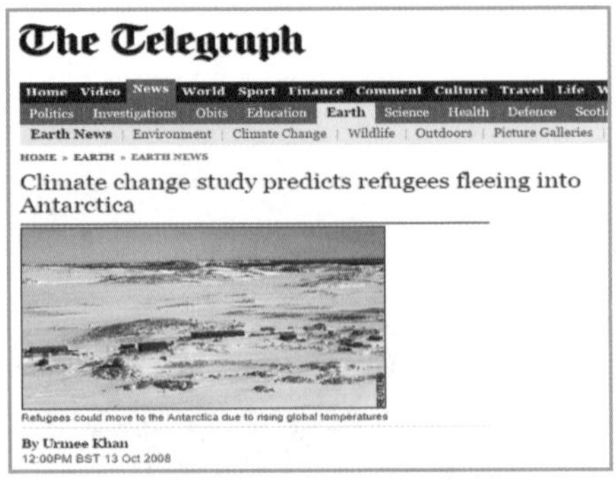

The Telegraph

Home Video News World Sport Finance Comment Culture Travel Life W

Politics Investigations Obits Education Earth Science Health Defence Scoti

Earth News | Environment | Climate Change | Wildlife | Outdoors | Picture Galleries

HOME » EARTH » EARTH NEWS

Climate change study predicts refugees fleeing into Antarctica

Refugees could move to the Antarctica due to rising global temperatures

By Urmee Khan

12:00PM BST 13 Oct 2008

2008년 10월 13일 Telegraph

2014년 1월 3일 Guardian

2013년에는 급기야 52명의 용감한 과학자들은 녹고 있는 남극 빙하를 조사하기 위해 러시아 선박 아카데믹 쇼칼스키(Akademik Shokalskiy)를 타고 출발했다.[30] 하지만 이 배는 남극대륙 해안에 접해있는 아주 두꺼운 얼음덩어리에 갇혀버렸다(사진). 그러자 승객 구조를 위해 중국 선박 쉬에롱(Xue Long)이 투입되었는데 이 배도 그 두꺼운 얼음에 갇혔다. 마침내 52명의 탐험대는 헬리콥터로 구출되어 3번째 배로 옮겨져 다행히 생명은

29 The Telegraph: 1855년에 창간된 영국 일간지

30 https://www.theguardian.com/world/2014/jan/03/ antarctica-ice-trapped-academik-shokalskiy-climate-change

구했다. 남극의 더운 시기에 해당하는 2013년 12월부터 2014년 1월까지 일어난 이 사건은 기후 선동에 속은 용감한 과학자들의 웃지 못할 해프닝으로 남게 됐다.

남극대륙에 눈과 얼음이 점점 증가하자 2015년에는 드디어 미 항공우주국(NASA)도 이를 인정하는 발표를 했다. NASA는 남극 대륙에는 1만 년 전부터 눈이 계속 쌓여오고 있으며, 적설량 속도에는 시기별로 다소 차이가 있음을 발표했다. 그리고 위성 데이터 분석 결과를 자세히 알리고 있다.

"남극대륙의 빙하는 1992년부터 2001년까지 매년 1120억 톤의 얼음이 증가하는 것을 보여줬다. 2003년과 2008년 사이에는 그 증가량이 연간 820억 톤으로 줄었다."

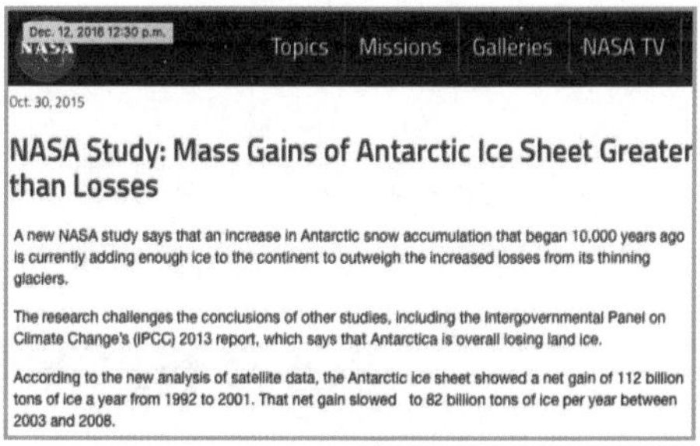

Dec. 12, 2016 12:30 p.m.

NASA Topics Missions Galleries NASA TV

Oct. 30, 2015

NASA Study: Mass Gains of Antarctic Ice Sheet Greater than Losses

A new NASA study says that an increase in Antarctic snow accumulation that began 10,000 years ago is currently adding enough ice to the continent to outweigh the increased losses from its thinning glaciers.

The research challenges the conclusions of other studies, including the Intergovernmental Panel on Climate Change's (IPCC) 2013 report, which says that Antarctica is overall losing land ice.

According to the new analysis of satellite data, the Antarctic ice sheet showed a net gain of 112 billion tons of ice a year from 1992 to 2001. That net gain slowed to 82 billion tons of ice per year between 2003 and 2008.

2015년 10월 3일 미국 항공우주국(NASA)

증가하는 양은 변동이 있지만 계속 쌓이는 것은 관측된 사실이다. 남극 빙하가 녹아서 줄어들고 있다는 기후 선동가들의 주장은 명백한 거짓말이다. 미국이 세운 남극 연구기지 두 곳이 증가하는 눈과 얼음으로 덮이게 되자 다시 세 번째 연구기지를 세웠다는 보도가 있었다. 새로운 기지는 계속 쌓이는 눈과 얼음의 높이에 대처할 수 있도록 상하 이동이 가능한 수압식 기둥 위에 건설됐다.

2021년 10월 미국 『워싱턴 포스트』는 남극대륙은 2021년이 지난 50년 동안 가장 추웠다는 소식을 알렸다. 남극대륙에서 추운 시기인 4월부터 9월까지 남극 지점의 평균 기온이 섭씨 -61도였으며

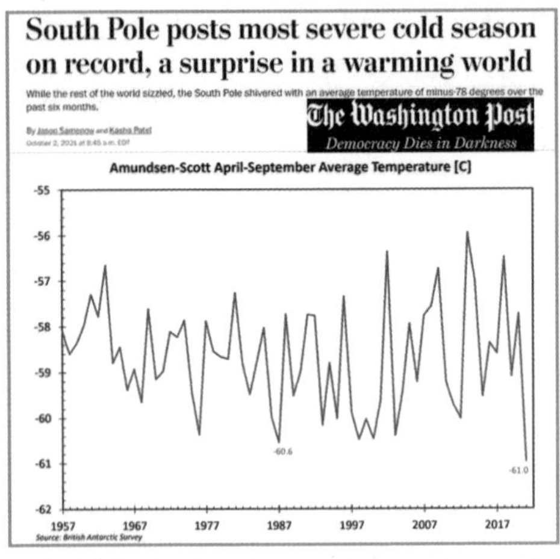
South Pole posts most severe cold season on record, a surprise in a warming world

While the rest of the world sizzled, the South Pole shivered with an average temperature of minus-78 degrees over the past six months.

By Jason Samenow and Kasha Patel
October 2, 2021 at 8:45 a.m. EDT

The Washington Post
Democracy Dies in Darkness

2021년 10월 2일 Washington Post

이는 지난 1987(섭씨 -60.7도) 다음으로 낮은 기온이다. 기후 선동가들의 주장과는 정반대의 현상이 관측되고 있다.

이러한 관측자료에도 불구하고 기후 선동가와 언론들은 계속해서 남극대륙에는 빙하가 녹고 조만간 해안 도시는 수몰될 것이라고 주장하고 있다. 이들이 포기하지 않고 계속하는 이유는 실제로 남극대륙의 서쪽 해안에서 빙하가 붕괴하는 현상이 일어나고 있기 때문이다. 그런데 문제는 붕괴 원인이 인간에 의한 이산화탄소 때문이 아니라는 사실을 이들이 인정하지 않고 있다는 것이다. 진짜 원인은 대륙의 서쪽에 있는 화산활동, 지열, 바람, 해류 등이다. 2017년 영국 에든버러대학교(University of Edinburgh) 연구팀이 남극대륙 서쪽 지역에서 91개의 화산을 새롭게 발견했음을

SCI NEWS

HOME ASTRONOMY SPACE EXPLORATION ARCHAEOLOGY PALEONTOLOGY BIOLOGY PHYSICS

91 New Subglacial Volcanoes Discovered in West Antarctica

Aug 15, 2017 by News Staff « Previous | Next »

Published in Featured Geoscience

A team of geoscientists from the University of Edinburgh, UK, has discovered an extensive volcanic range beneath West Antarctica's massive ice sheet.

2017년 8월 15일 SCI NEWS

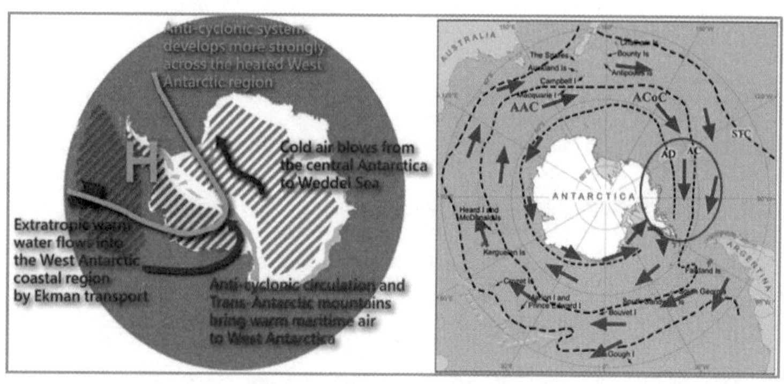

그림 11 남극대륙의 바람과 해류

『SCI 뉴스』가 보도했다.[31] 기존에 발견된 것과 합쳐 현재 남극대륙에는 총 138개의 화산이 있는 것으로 알려져 있다. 2개는 현재 활화산이고 나머지는 휴화산이다. 그리고 남극대륙은 동판(East Plate)과 서판(West Plate)이 붙어있기 때문에 중간의 지구대(Rift System)에 마그마 지열이 지표면 가까이 올라올 가능성이 있다. 이러한 지질학적인 요인뿐만 아니라 바람과 해류의 영향도 크다. 그림 11은 남극대륙의 바람과 해류를 표현한 것이다. 대륙의 동쪽보다 서쪽에 비교적 따뜻한 바람과 해류가 밀려 들어오고 있다. 또 남극대륙에 내리는 눈은 얼음이 되어 일부 바다 쪽으로 밀려가게 된다. 그리고 그 빙하는 해안에서 중력에 의해 붕괴할 수밖에 없다. 이는 매우 정상적인 지구의 물순환이다.

기후 선동가와 언론들은 남극대륙의 화산활동, 지열, 바람, 해류, 물순환 등에는 관심이 없다. 인간이 배출한 이산화탄소로 지구에 대재앙이 온다는 망상에만 몰입해 있다. 그래서 남극대륙 해

31 https://www.sci.news/featurednews/volcanoes-west-antarctica-05129.html

안의 바다 빙하 붕괴로 조각난 거대한 얼음덩어리가 떨어지는 것을 보여주는 일련의 극적인 장면들을 연출하여 우리를 공포에 떨게 하려고 한다. 영국 BBC 방송의 환경 및 과학 담당자였던 데이비드 슈크 먼(David Shukman)은 자신의 저서 『Reporting Live from the End of the World, 2010년』에 일부 영상 제작자들은 빙하 붕괴의 극적인 명장면을 만들어내기 위해 사용하는 속임수를 폭로했다. 제작자들은 빙하 가장자리 가까이 헬리콥터로 접근하여 폭발물을 깊이 갈라진 빙하 틈 사이로 떨어뜨린 후 안전한 거리로 후퇴하여 카메라를 설치하고는 원격 조종장치를 이용하여 폭발물을 작동시킨다. 그 결과는 당연히 거대한 크기의 빙하가 현재 지구온난화가 일어나고 있음을 증명하고 깊은 인상을 남기며 바다로 침몰한다. 슈크만의 설명에 따르면 그들의 태도는 "언젠가 그 빙하는 떨어져 나갈 것이기 때문에 별거 아니다."라고 여긴다는 것이다.

다음 링크는 BBC의 『Frozen Planet』 다큐멘터리에서 빙하가 붕괴하여 바다로 떨어져 나가는 과정을 담은 짧은 유튜브 동영상이다.[32] 이 장면을 주의 깊게 보면(특히 약 40초 부분), 예리한 사람은 빙하 붕괴가 지구온난화로 자연스럽게 발생하는 것이 아니라 가장 극적인 장면을 연출하기 위해 설정된 시간에 맞추어 연속적인 강제적 폭발로 인해 일어났다는 느낌을 받을 수 있다. 이 장면에서 빙하의 능선을 따라 진행되는 치밀하게 계획된 일련의 폭발 현상으로 인해 얼음과 눈이 솟아오르는 것을 볼 수 있다. 하지만 해

32 https://www.youtube.com/watch?v=BxT9TUyH_zk

설자는 이러한 것들이 "빙하의 깊은 곳에서 일어나는 파열"이라고 설명하고 있다.

북극곰 개체 수는 증가하고 있다

북극곰을 언급하지 않고서는 빙하 녹는 이야기는 완성될 수 없을 것이다. 수년 동안 지구온난화의 주요 상징은 작은 유빙 위에 외로이 서 있는 북극곰이었다. 우리는 기후 선동가들이 빙하가 녹아 북극곰이 물개를 사냥할 능력이 떨어져 기아와 멸종에 직면해 있다는 말을 끊임없이 들었다. 늘 그렇듯, 지구의 상태는 기후 선동가들의 주장과는 아주 다르다. 일단, 북극곰은 15만 년 전부터 생존해왔고 기온이 오늘날보다 훨씬 더 춥거나 더웠던 20번의 기후 변동 시기에도 번성했다. 특히 지금보다 8℃가 높았던 에미안(Eemian) 간빙기(130,000~115,000BP)에도 북극곰은 잘 살아있었다.[33]

과거 북극곰의 개체 수가 위험한 수준으로 감소했다. 원인은 인간의 무분별한 사냥이었다. 그래서 1973년 북극을 둘러싼 5개국(미국, 캐나다, 노르웨이, 네덜란드, 구소련)이 노르웨이 오슬로에 모여 북극곰 보

Agreement on the Conservation of Polar Bears

Oslo, 15 November 1973

The Governments of Canada, Denmark, Norway, the Union of Soviet Socialist Republics and the United States of America,

Recognizing the special responsibilities and special interests of the States of the Arctic Region in relation to the protection of the fauna and flora of the Arctic Region;

Recognizing that the polar bear is a significant resource of the Arctic Region which requires additional protection;

Having decided that such protection should be achieved through co-ordinated national measures taken by the States of the Arctic Region;

Desiring to take immediate action to bring further conservation and management measures into effect;

Having agreed as follows:

1973년 11월 15일 노르웨이 오슬로 북극곰 보호 조약

33 https://co2coalition.org/facts/the-last-interglacial-was-8c-14f-warmer-than-today/

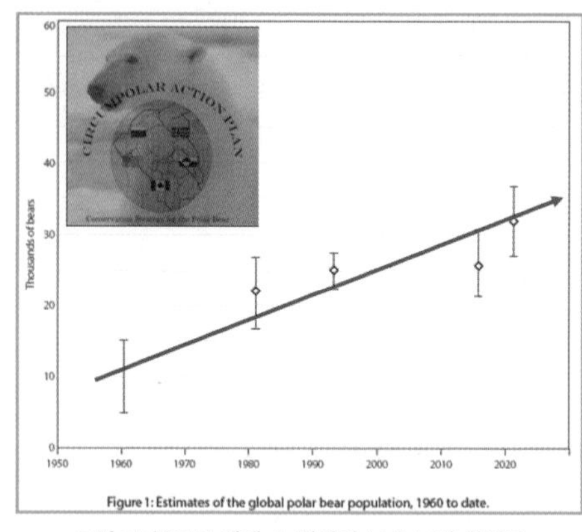

그림 12 북극곰 개체 수 변화와 보호 조약 참여국

호 조약을 체결했다. 조약은 지역 주민들이 전통적인 사냥 방법을 사용하여 일 년에 약 900마리만 잡을 수 있도록 제한했다. 이후 북극곰 개체 수는 빠르게 증가했다. 1960년에 5,000~15,000마리에서 2005년 약 24,500마리에서 2019년 경에는 28,000마리 이상 증가한 것으로 추정하고 있다(그림 12).[34]

그림 12에서 보듯이 북극곰 개체 수 증가 규모에 대해서는 다소 불확실성이 있다. 하지만 확실한 것은 기후 선동가들이 예측한 것처럼 개체 수의 재앙적 감소는 일어나지 않았고 더욱 번성하고 있다는 사실이다. 한때 북극곰의 멸종이 임박했음을 전 세계에 알렸던 기후 선동가들은 이제 그들의 인간에 의한 지구온난화 대재앙 목록에서 슬며시 빼버렸다.

34 The polar bear catastrophe that never happened, Susan J. Crockford 2019

제4장

해수면이 상승하고 산호초가 사라진다

기후 선동가들은 지구온난화로 해수면이 상승하여 해안 도시가 수몰되고 섬이 사라지는 대재앙이 온다고 주장한다. 또 바닷물이 더워져 산호초가 사라진다며 걱정이 태산이다. 해수면 상승 원인으로는 크게 두 가지를 들고 있다. 첫째는 남극대륙과 그린란드의 빙하, 그리고 고산지대 만년설이 녹아 바다로 가는 것이고, 둘째는 바닷물이 더워져 부피가 늘어나는 것(열팽창 현상)이다.

첫째 원인은 제3장에서 봤듯이 남극대륙에 계속 쌓이는 연간 약 820억 톤의 빙하가 녹아내리는 다른 모든 빙하와 만년설을 상쇄하고 오히려 해수면 하강을 걱정해야 하는 상황이다.[1] 둘째 열팽창 현상은 지난 1970년대부터 지금까지 0.65℃ 상승한 것으로 관측되었기 때문에 어느 정도 기여할 것 같다.[2] 그렇다면 해수면 상승의 원인은 무엇인지 과연 기후 선동가들의 주장대로 이산화탄소가 영향을 주고 있는지 알아보자.

먼저 앨 고어가 지난 2006년 『불편한 진실』 다큐멘터리에서 선동용으로 사용했던 뉴욕 맨하탄과 플로리다 해안의 해수면을 보

---

1 Mass gains of the Antarctic ice sheet exceed losses, Journal of Glaciology, Vol. 61, No. 230, 2015 doi: 10.3189/2015JoG15J071

2 NOAA National Center for Environmental Information, https://www.ncei.noaa.gov

자. 그림 1은 미국 뉴욕의 해수면 상승을 보여주고 있다. 뉴욕의 해수면은 연간 약 2.84㎜씩, 100년에 약 28cm씩 상승하고 있다.

그림 2는 미국 플로리다주 키웨스트도 유사한 추세의 해수면 상승이 일어나고 있음을 보여준다. 플로리다의 해수면은 연간 2.42㎜씩, 100년에 24.2cm씩 뉴욕보다는 약간 느린 속도로 상승하고 있다. 두 그래프는 해수면 상승이 확실히 일어나고 있고 앨 고어의 주장을 지지해주는 것처럼 보인다. 하지만 대기 이산화탄소 증가로 지구온난화가 일어나고 다시 바다 수온과 해수면 상승으로 이어진다는 기후 선동가들의 주장에는 문제가 많다.

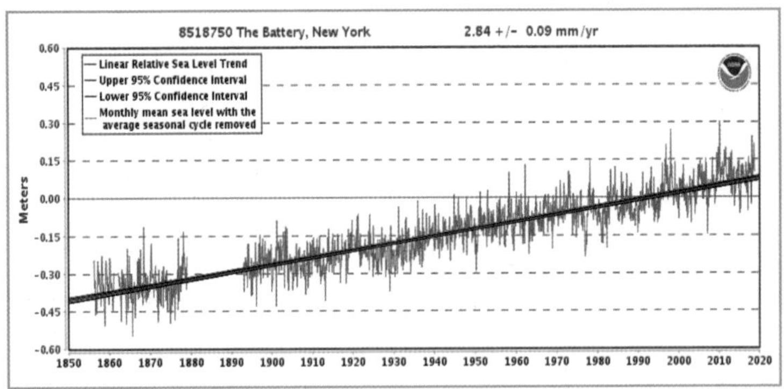

그림 1 미국 뉴욕 맨하탄 바테리 해안의 해수면 상승

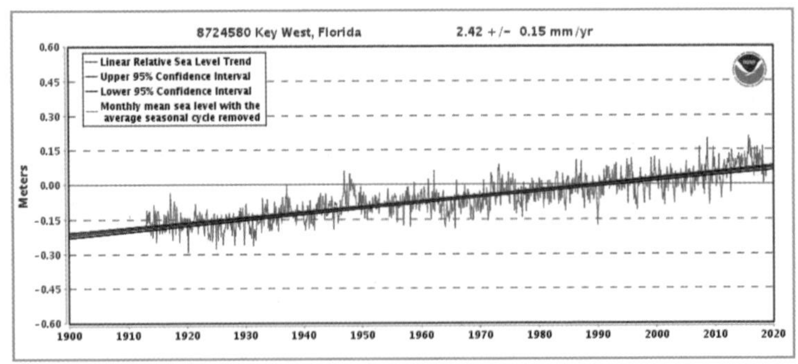

그림 2 미국 플로리다주 키웨스트 해수면 상승

문제점 1 – 가속화는 없다

인간 활동에 의한 이산화탄소 배출량 그래프를 보면, 1950년 이후에야 증가하기 시작했음을 알 수 있다(그림 3). 만약 해수면 상승이 이산화탄소 증가에 의한 지구온난화와 직접 관련이 있다면 상승에 가속화가 일어나야 한다. 하지만 가속화는 전혀 없다.

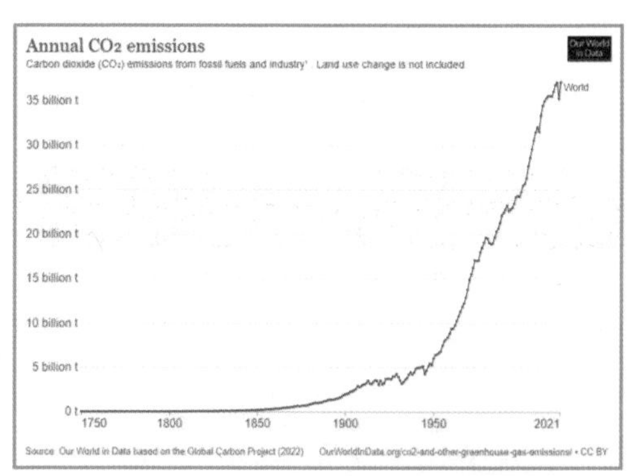

그림 3 인간의 활동에 의한 연간 이산화탄소 배출량

이산화탄소 농도와 해수면 상승을 직접 비교해보자. 지구 이산화탄소 관측소 마우나로아가 있는 하와이의 해수면을 나타내는 그림 4를 먼저 보자. 이 그래프는 대기 이산화탄소 농도의 1950년 이후 급격한 상승과 연간 1.482㎜씩 아주 일정한 해수면 상승 사

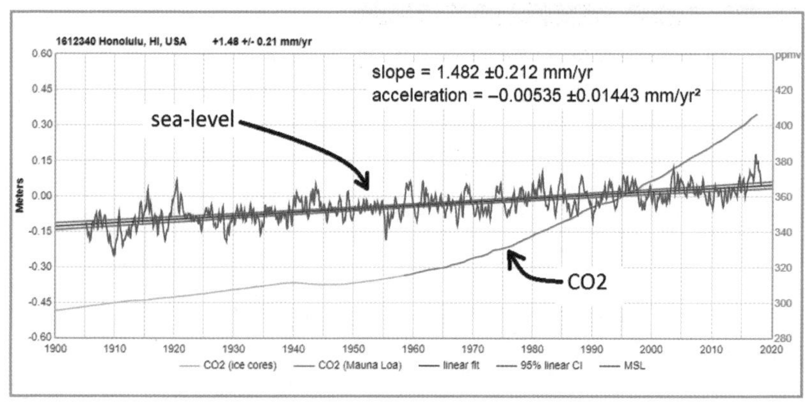

그림 4 하와이의 해수면 상승과 대기 이산화탄소 농도

이에는 분명한 인과 관계가 없음을 보여준다. 그래서 1990년에 나온 기후변화에 관한 정부 간 협의체(IPCC) 1차 보고서에서는 다음과 같이 말하고 있다.

WORLD METEOROLOGICAL ORGANIZATION UNITED NATIONS ENVIRONMENT PROGRAMME

INTERGOVERNMENTAL PANEL ON CLIMATE CHANGE

9.3.3 Accelerations in Sea Level Rise

Is there evidence of any "accelerations" (or departures from long-term linear trends) in the rate of sea level rise? From examinations of both composite regional and global curves and individual tide gauge records, there is no convincing evidence of an acceleration in global sea level rise during the twentieth century For longer periods, however, there is weak evidence for an acceleration over the last 2-3 centuries

1990년 IPCC 1차 보고서

"20세기 동안 지구 해수면 상승이 가속화되었다고 확신할 수 있는 증거는 없다. 좀 더 장기적인 관점에서도 지난 2~3세기 동안 가속화 되었다는 증거는 매우 희박하다."

그런데 2016년 『워싱턴 포스트』는 기후 선동에 동참한 NASA 과학자들의 위성사진 관측 결과를 인용하면서 해수면 상승에 가속화가 일어난다는 보도를 다음과 같이 했다.

The Washington Post

Energy and Environment

Seas are now rising faster than they have in 2,800 years, scientists say

By Chris Mooney
February 22, 2016

A group of scientists says it has now reconstructed the history of the planet's sea levels arcing back over some 3,000 years — leading it to conclude that the rate of increase experienced in the 20th century was "extremely likely" to have been faster than during nearly the entire period.

"We can say with 95 percent probability that the 20th-century rise was faster than any of the previous 27 centuries," said Bob Kopp, a climate scientist at Rutgers University who led the research with nine colleagues from several U.S. and global universities. Kopp said it's not that seas rose faster before that – they probably didn't – but merely that the ability to say as much with the same level of confidence declines.

The study was published Monday in the Proceedings of the National Academy of Sciences.

Seas rose about 14 centimeters (5.5 inches) from 1900 to 2000, the new study suggests, for a rate of 1.4 millimeters per year. The current rate, according to NASA, is 3.4 millimeters per year, suggesting that sea level rise is still accelerating.

2016년 2월 22일 Washington Post

"해수면 상승이 1900년부터 2000년까지는 연간 1.4mm에서 2000년 이후에는 연간 3.4mm로 일어나고 있다."

하지만 해수면 상승이 매우 일정하게 유지되는 뉴욕

(연간 2.42㎜), 플로리다(연간 2.84㎜), 하와이(연간 1.48㎜) 같은 해안은 NASA의 주장과는 전혀 다르다. 또 지구로부터 1,300㎞~1,400㎞나 떨어진 위성이 지구 궤도를 돌면서 조석현상이 일어나고 변화무쌍하게 파도치는 해수면의 높이를 1㎜ 미만의 수치까지 정확하게 측정할 수 있는지 의문이다.

설령 NASA가 위성사진으로 추정한 것처럼 해수면이 2000년 이후 연간 3.4㎜씩 상승한다고 하더라도, 이는 100년에 34cm씩 상승한다는 것을 의미할 뿐이다. 이 정도로는 저지대가 수몰되고 해안 도시들이 파괴되고, 전 국토가 소실되어 수천만 명이 집을 떠나는 대재앙을 일으키기에는 턱없이 부족하다.

문제점 2 – 해수면이 낮아지는 곳도 있다

두 번째 문제점은 해수면 상승이 전 세계 모든 곳에서 일어나는 것은 아니라는 사실이다. 실제로 스웨덴 스톡홀름에서는 해수

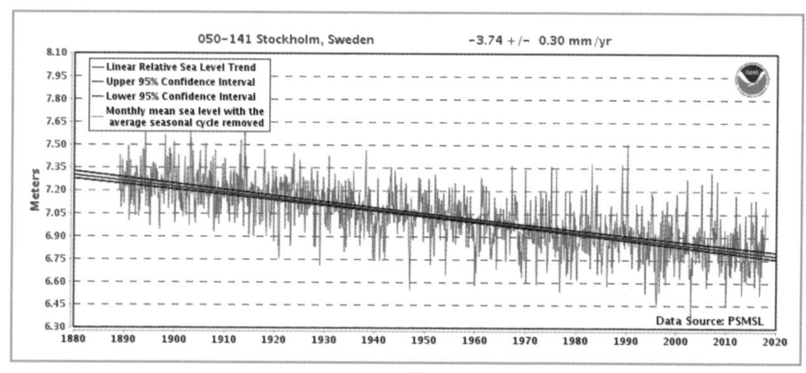

그림 5 스웨덴 스톡홀름 해수면 하강

면이 낮아지고 있다(그림 5). 스톡홀름의 해수면은 연간 3.74㎜씩 내려가고 있다. 스웨덴 스톡홀름의 하강 속도(연간 3.74㎜)는 분명히 미국 동부 해안의 상승 속도(연간 2.42~2.84㎜)와 하와이의 상승 속도(연간 1.48㎜)보다 훨씬 빠르다.

해수면 상승 속도는 해류가 크게 변하면 지리적 위치에 따라 다를 수 있다. 하지만 지구온난화로 인한 바닷물 열팽창과 녹는 빙하 때문이라면 해수면 상승 속도는 모든 지리적 위치에서 유사할 수밖에 없다. 그러나 관측된 데이터에 따르면 해수면 상승(또는 하강)이 해역에 따라 상당한 차이가 난다. 그림 6에 있는 표의 두 번째 열이 100년당 센티미터(cm)단위로 해수면 상승과 하강을 보여준다. 특히 이 표는 스칸디나비아 반도는 100년에 37cm로 하강하고 있음을 나타내며 이 값은 지구 평균에도 포함하지 않고 있음을 지적하고 있다.

Table 1. Sea level trends, 1880 to 1980, including correction for long-term (6000-year) trends.

Region	Sea level trend, 1880 to 1980			Corrected sea level trend, 1880 to 1980		
	Number of stations	Linear trend (cm/100 years)	95 percent confidence limit (cm/100 years)	Number of stations	Linear trend (cm/100 years)	95 percent confidence limit (cm/100 years)
West coast, North America	16	10	2	1	8	3
Gulf Coast and Caribbean	6	23	4	4	16	5
East coast, North America	32	30	2	30	15	2
Bermuda	1	26	16	1	20	16
West coast, South America	8	19	31	2	−3	3
East coast, South America	5	4	11	2	16	11
Africa	2	32	31	0		
Southern Europe	15	32	2	7	7	2
West central Europe	7	13	2	5	4	2
Southern Baltic	21	4	2	14	5	2
Scandinavia	47	−37*	3*	10	10	3
Asia	9	4	3	2	22	4
Australia	9	13	3	0		
Pacific Ocean	15	19	3	6	6	4
Global mean	193	12	1	86	10	1

*Not included in the global average.

그림 6 해수면 상승 추세(1880년부터 1980년까지)

문제점 3 – 상승 및 하강 원인은 따로 있다

실제 관측되는 수치로 보는 해수면 상승 또는 하강에는 다른 요인이 있다. 예를 들어 지각판의 움직임(Tectonic Plate Movement), 빙하 등압 조절(Glacial Isostatic Adjustment), 후빙기 반등(Post-Glacial Rebound), 그리고 주요 도시 주변에서 취수로 인한 침강과 같은 요인들이 해수면에 영향을 줄 수 있다. 지구의 지각판은 끊임없이 움직인다. 그 결과 지진이나 해일을 일으키기도 한다. 빙하 등압 조절은 적어도 2백만 년 동안 계속되어왔다. 거대한 빙하가 형성되고 다시 녹는 과정을 번갈아 가며 지구의 지각이 눌렸다가 다시 반등하는 현상이 일어나게 된다. 지금은 간빙기다. 이로 인해 얼음이 녹고 스칸디나비아반도의 육지는 서서히 상승하고 있다. 그래서 스톡홀름의 해수면은 하강하는 것처럼 보인다. 스웨덴에서는 해안가에 있었던 석기시대 움막이 현재는 발트해로부터 200㎞ 떨어진 곳에 있다.

북미 대륙 동부 해안의 많은 부분을 가라앉게 한 후빙기 반등(Post-Glacial Rebound)은 최후 빙기(Last Glacial Period) 때 거대한 빙상의 무게가 캐나다와 미국의 방대한 면적의 육지를 눌렀기 때문에 발생하고 있다. 26,500년 전부터 7000년 전까지 북미 대륙 중심부를 눌렀던 빙상이 녹으면서 땅은 융기하기 시작하여 그 주변 지역은 일종의 시소 효과(Sea-Saw Effect: 한쪽은 올라가고 다른 쪽은 내려가는 현상)에 따라 내려앉는 중이다.[3] 이런 이유로 미국 동부 해안

3 Wood Hole Oceanographic Institution 19 December 2018

의 해수면은 세계의 많은 다른 지역들보다 더 빠르게 상승하고 있는 것처럼 보인다. 실제로 뉴욕(연간 2.84㎜)과 플로리다(연간 2.42㎜)가 하와이(연간 1.48㎜)보다 빠른 것이 수치로 확인된다. 한편 미국 서부 해안 캘리포니아에서는 약 4천만 명 중 약 8백만 명이 지반 침강이 일어나는 곳에 살고 있는 것으로 추정된다. 침강하는 이유는 부분적으로는 지각 운동 때문이고 취수량 증가도 일부 원인이 된다.

그림 6의 표를 보면 지난 100년 동안 가장 큰 해수면 상승 폭 중 하나는 북미 동부 해안의 30cm 상승이다. 이는 후빙기 반등으로 인해 땅이 내려앉기 때문이다. 스칸디나비아의 해수면은 빙하 등압 반등으로 인해 땅이 융기함에 따라 100년 동안 37cm나 하강했다. 2021년 초에 완료된 핀란드 국가토지조사(National Land Survey of Finland)에 따르면 스웨덴의 남부 해안은 연간 최소 1㎜, 북부 해안은 연간 2~3㎜, 핀란드 중부는 연간 8~9㎜까지 육지가 융기한 것으로 나타났다.

인도네시아 자카르타(Jakarta)는 지하수 추출로 인해 지반이 매년 25cm씩 내려앉는다. 휴스턴은 그 아래에 있는 석유 유정이 고갈되면서 내려가고 있다. 태국 방콕과 중국 상하이의 초고층 빌딩들은 도시를 짓누르고 있다. 스코틀랜드는 스웨덴과 핀란드처럼 마지막 빙하기 때 빙하 무게로 지반이 내려앉은 이후 다시 서서히 상승하고 있다. 런던이 서서히 내려앉는 이유는 부분적으로는 스코틀랜드 상승 때문이고 취수도 부분적 원인이 된다.

해수면 상승, 선동 목록에서 제외해야

2019년에 나온 한 연구 논문은 지구온난화에 따른 열팽창으로 나타나는 실제 해수면 상승은 연간 0.7㎜에 불과하다며 다음과 같이 언급하고 있다.[4]

"열팽창으로 인한 해수면 상승은 연간 0.7mm 미만일 가능성이 크다. 세계 많은 곳에서 나타나는 해수면 상승의 주요 원인은 지반 침하다."

만약 이 추정치가 정확하다면, 이는 100년에 7cm 상승에 불과하며 실제로는 아무 우려할 상황을 초래하지 않는다. 이 속도라면, 앨 고어가 2006년에 뻔뻔스럽게 경고한 영화 『불편한 진실』에서 예측한 6m 상승에 실제로 도달하려면 대략 9000년이 걸릴 것이다. NASA의 기후 선동가들이 주장한 것처럼 연간 3.4㎜(100년에 34cm)씩 상승한다고 해도, 앨 고어가 경고한 6m에 도달하려면 1700년 이상 걸릴 것이며, 그때쯤이면 기후는 분명 변했을 것이고 지구는 적어도 한 차례의 새로운 빙

A realistic expectation of sea level rise in the Mexican Caribbean

Albert Boretti

Show more

https://doi.org/10.1016/j.joes.2019.06.003

Under a Creative Commons license

Highlights

- Sea level rise by thermal expansion is likely less than 0.7 mm/yr.
- Subsidence is main contributor of sea level rise in many areas of the world
- The sea level rise is assessed for Cancun and Playa del Carmen
- The likely relative sea level rise is 67 to 76 mm higher by 2050
- The likely relative sea level rise is 201 to 223 mm higher by 2100

J. Ocean Eng. Sci.(2019)

---

4 A realistic expectation of sea level rise in the Mexican Caribbean, 2019 Journal of Ocean Engineering and Science, https://doi.org/10.1016/j.joes.2019.06.00

기(Glacial Period)에 접어들었을 것이다.

기후 선동에 앞장서고 있는 내셔널지오그래픽은 2010년 『물에 잠긴 지구(Earth Under Water)』라는 황당한 다큐멘터리를 제작했다. 여기 나오는 모든 과학자들은 21세기 말까지 해수면이 1.2m에서 1.8m가량 상승할 것이며, 22세기에는 4.9m 추가 상승할 것임을 주장했다. 이 다큐멘터리는 주요 해안 도시에는 바닷물이 넘쳐나고, 플로리다의 상당 부분이 바다 아래로 사라지고, 방대한 면적의 농지는 파괴되고 수천만의 사람들이 고지대로 피신하게 되는 일련의 끔찍한 결과들을 보여주면서 아주 신이 난 것 같았다.

만약 바다가 100년에 7cm씩 상승한다면, 이 다큐멘터리에서 상승할 것으로 예측한 해수면 높이에 도달하는 데는 앞으로 1,700년에서 2,600년 정도 시간이 걸릴 것이다. NASA가 예측한 가장 우려할 만한 수치인 연간 3.4㎜(100년에 34cm) 정도 상승한다고 하더라도, 앞으로 350년에서 530년은 걸릴 것이다. 이 영화는 기본적으로 전혀 현실적인 근거가 없고 공포만 조성하는 쓰레기였다. 그런 쓰레기를 찍어내는 영화제작자들이 소위 "과학자"라고 불리는 사람들을 찾아냈다는 사실이야말로 정말 놀라운 일이다. 분명 그 "과학자"라는 자들은 카메라 앞에서 제 잘난 맛에 거들먹거리며 대중 앞에 얼굴 내미는 기쁨을 즐겼겠지만, 21세기 말에 해수면이 1.2~1.8m가량 상승할 것으로 예측한 그들은 간단한 계산조차 할 수 없는 저능아에 불과했다.

해수면 상승에서 반드시 명심해야 할 사실은 지금까지 관측된 자료에 기초하면 더워지는 바다의 열팽창 때문에 100년에 7cm 정도 수위가 올라가지만 이것은 대기 이산화탄소와는 전혀 무관하다는 것이다. 지난 1860년부터 지금까지 관측된 모든 데이터가 이를 확인시켜준다(제12장 참조). 따라서 이산화탄소 배출량을 줄여 해수면 상승을 막아야 한다는 주장은 어처구니없는 기후 사기로 결론지을 수밖에 없다.

해수면 상승 선동가들의 위선

미국 오바마 대통령은 인간에 의한 재앙적 기후변화가 해수면을 위험한 수준까지 상승시킨다는 주장을 열렬히 옹호하는 사람 중 하나였다. 첫 번째 대선에서 승리한 직후에 있었던 2008년 연설에서 오바마는 다음과 같은 불길한 경고를 했다.

> **"과학은 논쟁의 여지가 없다. 해수면은 상승하고 해안은 가라앉는다. 우리는 기록적인 가뭄, 기근의 확산, 그리고 매년 허리케인 시기마다 점점 더 강력해지는 폭우를 경험해오고 있다."**

하지만 오바마가 해수면 상승과 더욱 강력해지는 폭우에 관해 자신이 한 발언을 정말로 믿는다면, 그 후 11년이 지난 뒤(임기를 마치고 백악관을 떠나 얼마 뒤)에 자신과 그의 가족이 매사추세츠주 케이프 코드(Cape Cod) 남쪽의 부자들이 사는 섬 마사 빈야드(Martha's Vineyard)에 30에이커 규모의 1,175만 달러짜리 해안가 주택을 구입한 것은 정말 이상한 일이다. 오바마의 새로운 주택은 해수면이 급속히(자신의 말대로 라면) 상승한다는 바다 가까이 있을 뿐만 아니라, 심지어 그 주택에는 개인 소유 해변까지 딸려 있다.

오바마는 『마사 빈야드 타임스』[5] 2019년 10월 1일 기사를 읽지 않은 것 같다. 그 기사는 마사 빈야드 섬은 이미 해수면 상승으로 인한 위험에 처해 있다고 다음과 같이 경고했다.

"기후변화에 관한 정부 간 협의체(IPCC)에 따르면, 평균 해수면은 2050년이면 0.3~1.22m, 2100년이면 0.3~1.83m가량 상승할 것으로 예측됐다."

만약 기사 내용이 사실이라면 오바마 가족이 사들인 것과 같은 해안가 주택들은 조만간 조석간만에 따라 정기적으로 물에 잠기게 될 것이다.

더구나 연간 두 차례의 열대성 폭우가 매번 매사추세츠주를 강타한다. 2019년에 있었던 허리케인 도리안(Dorian)은 카리브해 바하마를 초토화한 뒤 마사 빈야드 섬에 도달했다. 이 허리케인은 바하마 역사상 최악의 자연재해를 유발한 것으로 평가됐다. 『마사 빈야드 타임스』는 폭우가 몰아칠 때마다 이 섬의 일부 지역은 항상 물에 잠겼다며 다음과 같이 보도했다.

"미래 해안침수위원회의 우려는 근거가 없는 것이 아니다. 수많은 연구와 충분히 입증된 과학에 기초하고 있다."

오바마 대통령이 수영을 잘 할 수 있기를 기도하자.

---

5 The Martha's Vineyard Times: 1984년에 창간된 매사추세츠주 지역 신문

1989년, 호주 『캔버라 타임스』[6]는 "온실효과를 막을 대책이 필요하다(Call for anti-greenhouse action)"는 제목의 기사에서 다음과 같은 보도를 했다.

THE CANBERRA TIMES, THURSDAY, JANUARY 26, 1989 - 7

Call for anti-greenhouse action

From JOHN ARDILL, in London

GOVERNMENTS must yield national sovereignty to multilateral authorities able to enforce laws "across environmentally invisible frontiers" if the greenhouse effect, which threatens the future of whole nations, is to be overcome, the Commonwealth Secretary-General, Sir Shridath Ramphal, said on Tuesday.

A Commonwealth Expert Group set up to look at climate change estimated there was a 90 per cent certainty that the planet would become warmer by at least 1-2 degrees, perhaps much more, and that sea levels would rise by between one and four metres, by the year 2030. Global warming and sea level rises would continue for decades, perhaps centuries.

There was a prospect of widespread, perhaps catastrophic flooding across large areas of Egypt, India, China, the United States, Britain and Holland, and atolls in the Indian and Pacific oceans.

"Surveys of some of these areas conducted for the Commonwealth Group suggest brutal options. One is the large scale abandonment of land; conceivably whole countries," Sir Shridath said.

Who would house the displaced populations of low lying areas like the Maldives, a chain of 1200 islands barely above sea level? Current attitudes to refugees and immigrants in most countries did not suggest that large population movements were feasible. Acceptance of an enhanced risk of large scale drowning was clearly not an option. Building defences was simply beyond the means of most poor countries.

"The cost of doing nothing to prevent climate change is simply unacceptable," he said. "But the problems of progressing from collective study to collective action are immense.

"The need to curb emissions of carbon dioxide, the main greenhouse gas, has prompted many environmentalists to advocate a world of slower economic growth. So long as large-scale poverty and rapid population growth remained, this was no solution."

He added, "A large and growing number of environmental issues are cross-border problems which simply cannot be solved nationally. Unless there is a regional or global framework for handling such issues we will see them escalating dangerously, in some cases to conflict."

Sir Shridath was giving the first of a series of Cambridge lectures on the theme of the Brundtland Report on environment and development. He was a member of the UN commission headed by the Norwegian Premier, Gro Harlem Brundtland, whose 1987 report argued that environmental problems could be tackled successfully only in parallel with economic growth.

"Underlining the report's message of a common future," he said, "is the unspoken premise . . . that we must be ready to nurture tomorrow's concepts of global governance."

This required a change of habit by some of the major powers, which were undermining embryonic forms of multilateral control. An effective law of the sea had been frustrated by the refusal of the US to conform; Russia and Japan had shown a cavalier disregard for the need to observe fishing agreements, and African states were denied a voice in the future of Antarctica.

"Regulation of all the world's commons face similar problems of inequity and unrepresentative control," he added.

— The Guardian

1989년 1월 26일 Canberra Times

"기후변화를 검토하기 위해 설립된 영연방 전문가 그룹(Commonwealth Expert Group)은 2030년 경에 이르면 지구가 적어도 1-2℉(아마 이보다 훨씬 더) 따뜻해질 것이기 때문에 1~4m 정도 해수면 상승은 90% 확신할 수 있다고 추정했다."

큰 폭의 해수면 상승이 예측된 2030년까지는 얼마 남지 않았다. 마사 빈야드 해안의 넓은 고가 저택에 사는 부유층과 오바마 대통령에게는 다행스럽게도 2030년까지 해수면이 1~4m가량 상승할 것이라는 과학자들의 90% 확신은 100% 잘못된 판단이 될 것으로 보인다.

지구 반대편으로 가보자. 1988년 호주 『캔버라 타임스』는 30년 뒤에는 인도양에 있는 1,196개의 작은 섬들이 모두 물속으로 사라질 것이라는 아래 기사를 냈다. 그 기사 옆에는 30년이 지난 2018년 12월에 찍은 몰디브(Maldives) 쿠레두섬(Kuredu Island) 리조트의 웹

6 The Canberra Times: 1926년에 창간된 호주 일간지

The Canberra Times
MONDAY, SEPTEMBER 26, 1988

Threat to islands

MALE, Maldives: A gradual rise in average sea level is threatening to completely cover this Indian Ocean nation of 1196 small islands within the next 30 years, according to authorities.

The Environmental Affairs Director, Mr Hussein Shihab, said an estimated rise of 20 to 30 centimetres in the next 20 to 40 years could be "catastrophic" for most of the islands, which were no more than a metre above sea level.

The United Nations Environment Project was planning a study of the problem.

But the end of the Maldives and its 200,000 people could come sooner if drinking water supplies dry up by 1992, as predicted.

— AFP

1988년 9월 26일 Canberra Times와 2018년 12월 19일 몰디브 크레두섬 리조트

캠 사진이 있다. 기후 선동가들은 분명 물속으로 잠길 것이라고 했는데 아무 탈이 없다.

기후 선동가들이 계속해서 몰디브가 바닷물에 잠긴다고 주장했음에도 불구하고 중국, 인도, 사우디아라비아에서 온 기업들은 교량이나 관광 휴양지와 같은 새로운 기반 시설을 건설하기 위해 수십억 달러를 투자하고 있다. 더군다나 2018년에는 몰디브 공항에 대형제트기를 수용할 수 있는 세 번째로 긴 활주로가 완공됐다. 2022년에는 총공사비 8억 달

MALDIVES INSIDER

Maldives to open four new airports in 2020

2020년 1월 5일 Maldive Insider

러 규모의 여객 터미널이 완공될 것이며 터미널의 연간 수용인원이 현재 100만 명에서 730만 명으로 증가할 것으로 예상된다.

투발루(Tuvalu)는 해수면 상승에는 반드시 등장하는 섬나라다. 태평양 한가운데 8개의 섬으로 된 이 나라는 해수면 상승으로 나라가 사라진다고 국제사회에 호소하더니 2002년에는 이웃 나라 뉴질랜드로 국민 전체 이주도 허가받았다. 하지만 투발루 국토 면적은 위성사진으로 분석해본 결과 지난 40년 동안 2.9% 증가했다는 사실이 2018년 학술지 논문으로 밝혀졌다.[7] 가짜 국토 수몰 홍보로 관광 수입을 올려 지난 30년간 연평균 10% 경제성장률을 보였으며, 인구도 지난 1960년대 약 6천 명에 불과했지만 지금은 1만 2천 명을 넘었다. 기후 선동 관광에 재미를 본 투발루 정부는 지난 2021년 글래스고우 COP26 기후회의 직전에는 외무부 장관(Simon Kofe)이 직접 바다에 빠져 연설하는 장면을 연출하여 전 세계 언론에 보냈다.

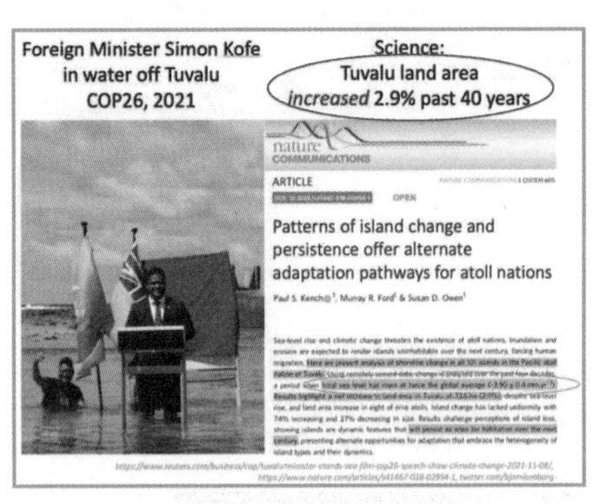

2021년 COP26 직전에 영상과
국토면적 증가를 입증하는 논문

7 Patterns of island change and persistence offer alternate adaptation pathways for atoll nations, Kench et al, 2018, Nature Communications, https://www.nature.com/articles/s41467-018-02954-1

산호초가 멸종한다

해수면 상승 다음에 나오는 바다 주제가 "산호초 멸종"이다. 산호초는 적도 부근의 더운 바다(호주, 인도네시아, 필리핀 해안)에 삼각지대를 형성하면서 발달해 있다. 인간이 배출한 이산화탄소로 인해 이 산호초가 멸종한다며 공포감을 조성한다. 특히 호주의 그레이트 배리어 리프(Great Barrier Reef) 종말은 자주 예측됐다.

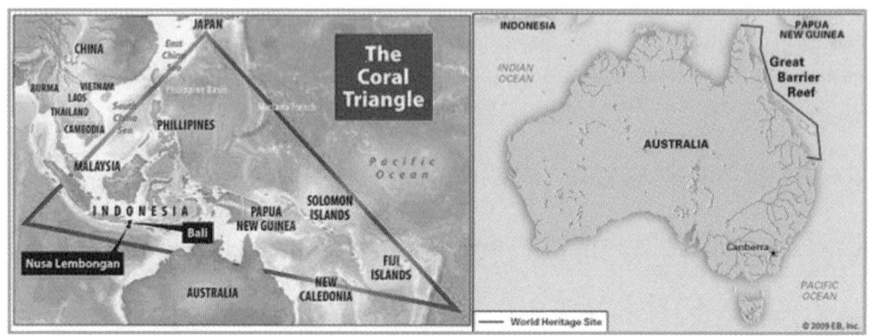

산호초 삼각지대와 호주의 그레이트 배리어 리프

2011년 호주 ABC 뉴스는 전문가 말을 인용해 그레이트 배리어 리프에 대해 다음과 같은 경고를 보냈다.[8]

ABC NEWS

Expert warns of reef climate change deadline

Kirsty Nancarrow
Posted Sun 3 Apr 2011 at 4:00pm

Share

A Queensland climate change scientist says the world has only another decade to reduce greenhouse gasses to save the Great Barrier Reef.

The director of the Global Change institute at the University of Queensland, Professor Ove Hoegh Guldberg, is addressing a climate change conference in Cairns in the far north today.

Professor Hoegh says coral bleaching events are becoming more frequent because of rising sea temperatures and levels.

2011년 4월 3일 호주 ABC News

"그레이트 배리어 리프(대보초)를 살리기 위해 앞으로 온실가스를 줄일 수 있는 기간이 겨우 10년 밖에 남지 않았다."

8 Expert warns of reef climate change deadline, 2021, www.abc.net.au/news/

2017년 4월에는 『가디언』을 시작으로 『내셔널지오그래픽』, 『포브스』 등 여러 언론에서 그레이트 배리어 리프는 마지막(Terminal Stage)이라며 멸종이 임박했음을 전 세계에 알렸다.

2017년 4월 Guardian, National Geographic, Forbes

2011년 이후 대기 이산화탄소는 계속해서 증가했다. 하지만 재앙이 있을 것이라 경고한지 10년이 지난 2022년 호주 해양연구소(AIMS: Australian Institute of Marine Science)는 그레이트 배리어 리프의 산호초는 1986년 이후 가장 왕성하게 번성하고 있다고 발표했다. 과거보다 3분의 2나 더 넓은 바다를 산호초로 덮고 있는 것으로 관찰됐다(그림 7).

언론은 산호초가 줄어들면 원인이 지구온난화라고 하고, 늘어나면 왜 늘어났는지 설명이 없다. 미국 CNN은 지난 2018년 4월 호주 그레이트 배리어 리프 산호초가 2016년과 2017년에 비해 줄어들자 지구온난화가 원인이라고 전 세계에 알렸다. 하지만 2022년 8월 산호초가 급증하자 36년 만에 최고치라고 보도하면서 늘어난 원인은 언급하지 않고, 그것도 그레이트 배리어 리프의 부분

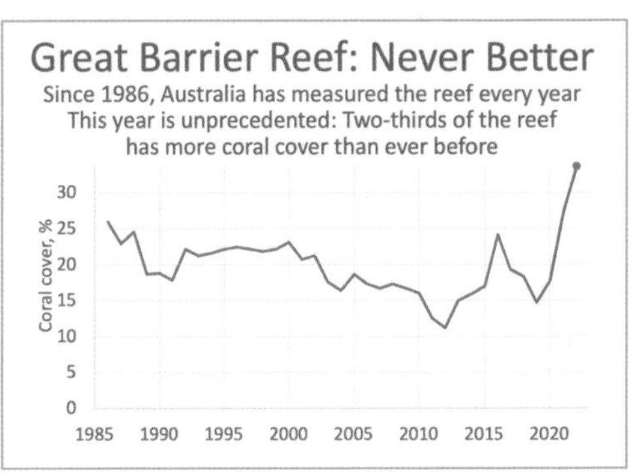

그림 7 그레이트 배리어 리프의 산호초 면적 비율 변화

2018년 4월 19일 미국 CNN 방송

2022년 8월 4일 미국 CNN 방송

(Parts)이 늘어났다고만 하고 있다. 산호초를 조사할 때 전 해역을 다 확인할 수는 없다. 감소나 증가 모두 대표치가 되는 부분만을 조사하기 마련이다. 지구온난화를 생각하는 언론의 선동 본성을 잘 보여주고 있다.

산호초 멸종 선동은 시작부터 잘못됐다. 기후 선동가들의 마구잡이식 지구온난화 원인 몰이가 자신들의 무지를 스스로 폭로하는 꼴이 된 것이다. 산호는 오늘날 기후보다 훨씬 따뜻했던 2억 2천 5백만 년 전에 지구에 출현했다. 그래서 더운 바다를 선호하고 적도 부근 산호초 삼각지대(Coral Triangle)에서 거대한 군락을 형성하고 있다. 그런데 지구온난화로 바다가 더워지면 멸종한다는 주장은 과학을 떠나 상식적으로도 말이 안 된다.[9] 다시 추워지길 기다렸다가 선동용으로 사용해야 할 것 같다.

흥미로운 것은 실제로 지난 1960년대와 1970년대 지구냉각화

9 『종말론적 환경주의』, 패트릭 무어 저, 박석순 역, 2021, 어문학사

/ The Canberra Times (ACT : 1926 - 1995) / Thu 2 Dec 1971 / Page 15 /

REEF MAY BE 'IMPOVERISHED FOR EVER'

BRISBANE, Wednesday. — A world expert on the crown-of-thorns starfish said today that some parts of the Great Barrier Reef "could be impoverished for ever".

Dr R. Endean, reader in zoology at Queensland University, was giving evidence at the Royal commission on oil drilling on the reef.

He could see no reason why parts of the reef already invaded by starfish and just beginning to recover could not be re-invaded.

"Residual populations of the starfish exist on some devastated reefs" he said.

"The recovery of reefs of the Barrier Reef devastated by crown-of-thorns starfish has been slight".

Dr Endean said it appeared that recovery would be a prolonged process. Studies over years, and possibly decades, would be needed to assess the probably recovery time of those devastated parts of the reef.

Dr Endean showed the commission a film made during an expedition to the coral with hundreds of areas hit by the starfish.

pua New Guinea Post-Courier (Port Moresby : 1969 - 1981) / Fri 19 Nov 1971 / Page 23 / THE ODDS ARE AGAINST SURVIVAL

THE ODDS ARE AGAINST SURVIVAL

Post-Courier WEEKEND MAGAZINE NEW BOOKS

The battle of Barrier Reef

The Struggle for the Great Barrier Reef. By Patricia Clare. Collins.

One reason for the average Australian's careless attitude toward his country in the past has probably been the sheer size of the place.

With so much land at the disposal of so few people, what does it matter if here and there some of it is despoiled?

So trees have been torn down, wildlife savaged, beaches littered and vast areas of beautiful land desecrated in the name of so-called progress.

Slowly, many people are coming to realise the importance of conservation, but there are still parts of the continent faced with grim threats.

None is grimmer than the danger of destruction to the Great Barrier Reef.

The potential destroyers are so numerous and persistent that the odds are that this remarkable phenomenon will not survive into the 21st Century unless the bulk of Australians act strongly to protect it.

This is why Patricia Clare's book, setting out the battle which is being waged by a comparatively small number of idealists to save the reef, is one of the most important to have appeared for a long time.

It is particularly essential reading for young people, who will have the task of preserving their country in the decades ahead.

Though only a minority of Australians have seen the reef, all should realise its uniqueness.

As the American marine scientist, Dr J. F. Grassle, has said, "If we did not know of the Reef and it were suddenly discovered today, it would be like discovering an area from the age of dinosaurs.

"Not only does the reef have many species found nowhere else; it is the most varied, the most complex and perhaps the most productive biological system in the world."

In spite of these facts, many politians and industrialists and even some scientists seem prepared to accept the risks that would be entailed to the reef by commercial exploitation.

Eighty per cent of the area, measuring about 70,000 square miles, is already covered by oil-drilling per-

... used to blow a hole in the reef and deepen Torres Strait in order to facilitate shipping.

There have been other moves to extract mineral sands and to take the lime secreted by the coral polyps to the lime-hungry canefields of northern Queensland.

Even some members of the Great Barrier Reef Committee believe controlled utilisation of the reef is desirable.

They seek a compromise with the would-be exploiters on the ground that it is unreasonable to exclude commercial interests completely from so immense an area.

1971년 12월 2일 Canberra Times　　1971년 11월 9일 Post-Courier

시기에 산호초가 사라질 것을 우려했다는 사실이다. 지난 1971년 호주 신문 『캔버라 타임스』와 파푸아뉴기니 신문 『포스터 쿠리어』는 그레이트 배리어 리프의 산호초가 영원히 사라질지 모른다는 불길한 예측과 살리기 위한 노력을 기사화하고 있다.

해수면 상승의 과거, 현재, 미래

해수면에 관한 네 가지 핵심 데이터를 설명하면서 이 장을 마무리해야 할 것 같다. 첫 번째는 최후 빙기(Last Glacial Period) 이후의 해수면 그래프다. 이 그래프는 해양학자, 지리학자, 기후과학자에 의해 공식 인정된 것으로 해수면이 약 16000년 전부터 8000년 전까지 급격히 상승했고 그 이후로 변동이 없음을 보여준다(그림 8).[10] 16000년 전부터 8000년 전까지 자연적 주기에 의한 온난화

10 https://commons.wikimedia.org/w/index.php?curid=479

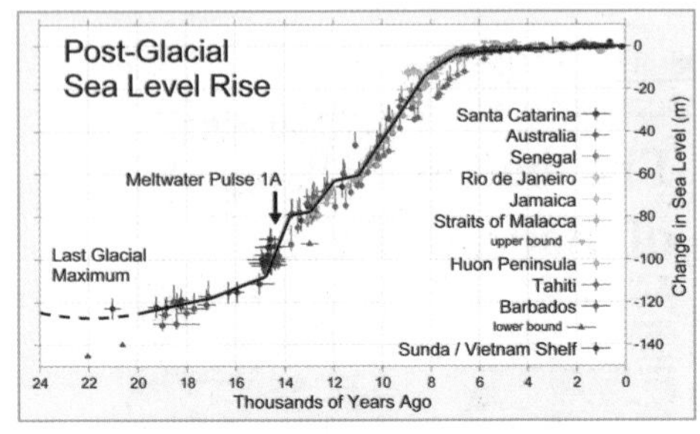

그림 8 최후 빙기 이후의 해수면 변화

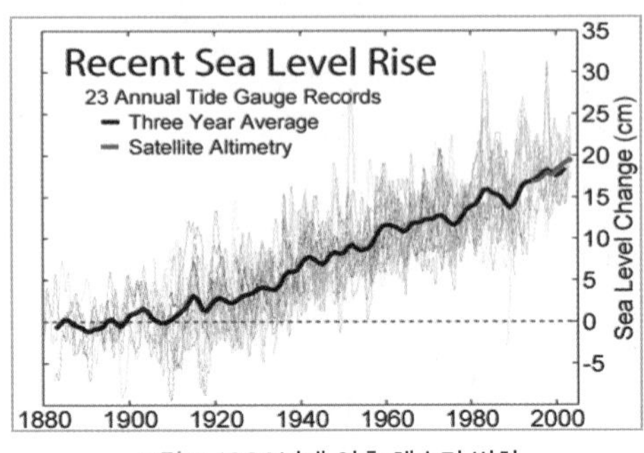

그림 9 1880년대 이후 해수면 변화

와 해빙으로 인해 빙기 이후 100m 높이의 엄청난 해수면 상승기가 있었다. 이 시기는 탄소를 뿜어내는 자동차나 석탄화력발전소는 없었다는 사실을 기후 선동가들도 인정하기를 바란다.

다음은 1880년 이후의 해수면 그래프인데, 대부분 조위 측정기로 실측한 것이고 이후 수십 년간은 인공위성으로 관측한 것이다(그림 9).[11] 이 그래프는 해수면이 1년에 약 2㎜(100년에 20cm)씩 상당히 일정한 비율로 상승하고 있음을 보여준다. 기후 선동가들은 금세기말에 1.22m(4피트)에서 1.83m(6피트)까지 해수면이 상승할 것이라고 주장하지만, 이 속도로 그 정도 상승하려면 600년에서 900년가량 걸릴 것이다.

그림 10에 있는 1993년 이후 관측된 위성 데이터는 상승률이 연간 약 3.3㎜로 가속화되었음을 시사한다. 연간 3.3㎜의 속도라면, 기후 선동가들이 금세기 말에 도달할 것으로 예측한 1.22m(4피트)에서 1.83m(6피트)까지 해수면이 상승하려면 370년에서 550년가량 걸릴 것이다.

11 http://en.wikipedia.org/wiki/File:Recent_Sea_Level_Rise.png

하지만 다른 의견도 있다. 다음은 학술지 『해양공학 및 과학 저널(Journal of Ocean Engineering and Science)』 2019년 논문을 발췌한 것이다(107쪽 주석 4).

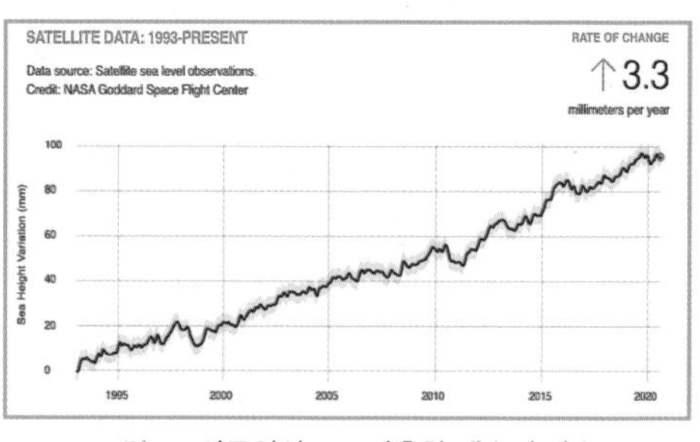

그림 10 인공위성으로 관측한 해수면 상승

이 논문은 모든 사람들이 반드시 읽어야 하는 것은 아니다. 하지만 이 논문은 지나치게 열정적인 기후 선동가나 극도로 흥분한 저널리스트보다 진정한 과학자들을 위해 작성된 것 같아서 여기서 약술한다. 논문은 다음과 같은 설명과 함께 결론을 내린다.

> **"세계 곳곳에 있는 모든 장기 추세 조위 변화 측정기로 1800년대 후반 또는 1900년대 초반부터 기록을 시작한 이래 무시해도 될 정도의 일관된 가속도를 보여주는데, 이는 연간 +0.022mm보다 훨씬 적다. 그래서 바다의 상태는 1870년 이후로 급격히 온난화되거나 가속화되고 있다고 말할 수 없다. 기후 모델이 예측한 급격한 온난화와 해수면 상승의 가속화 징후가 아직 없기 때문이다."**

많은 사람들은 최후 빙기 이후 자연적인 온난화로 인해 무시할 수준의 해수면 상승이 있고 여기에 인간에 의한 이산화탄소로 해수면 상승이 가속화되고 있는지 또는 없는지 확신하지 못한다. 하지만 모두가 확신할 수 있는 것은 기후 선동가들이 주장하는 당장 물에 잠길 것이라는 아마겟돈과 상반되는 연구는 자칭 주류 언론의 "저널리스트"들이 절대로 다루지 않고 있다는 점이다. 그들은

2. The long-term trend tide gauges

Despite many works claim the ocean warming has dramatically accelerated, Zanna *et al.* [61] the latest, and consequently the sea levels rise at an even larger accelerating rate because of the warming and the melting of ice on land, the empirical evidence behind these claims is, however missing. Ocean temperature measurements of reasonable quality and coverage are only available since 2005 (ARGO). Tide gauge records, that are an indirect measurement of the ocean heat content, and direct measurement of sea level rise and acceleration, are very scattered especially for the past, and they tell us a different story.

The time series of Rahmstorf [50] or Zanna *et al.* [61] start in 1870. However, not a single tide gauge has been operational since 1870 in the southern hemisphere, and very few tide gauges have been operational since 1870 in the northern hemisphere.

Because of the well-known multi-decadal natural oscillations of periodicity up to quasi-60 years Chambers et al., 2012, Schlesinger and Ramankutty, 1994, not less than 100 years of continuous recording in the same location and without quality issues are needed to compute rates and accelerations by linear and parabolic fittings.

All the long-term-trend (LTT) tide gauges of the world consistently show a negligible acceleration since the time they started recording in the late 1800s/early 1900s, much less than the +0.022 mm/yr^2.

The negligible acceleration of the LTT tide gauges of this world is well-known. As mentioned before, the lack of a significant sea level acceleration has been shown in many works Beenstock et al., 2012, Beenstock et al., 2015, Boretti, 2012a, Boretti, 2012b, Boretti and Watson, 2012, Dean and Houston, 2013, Douglas, 1992, Douglas and Peltier, 2002, Holgate, 2007, Houston and Dean, 2011, Jevrejeva et al., 2006, Jevrejeva et al., 2008, Mörner, 2004, Mörner, 2007, Mörner, 2010a, Mörner, 2010b, Mörner, 2010c, Mörner, 2011a, Mörner, 2011b, Mörner, 2013, Mörner, 2016, Parker, 2013a, Parker, 2013b, Parker, 2013c, Parker, 2013d, Parker, 2013e, Parker, 2014a, Parker, 2014b, Parker and Ollier, 2015, Parker, 2016a, Parker, 2016b, Parker, 2016c, Parker, 2016d, Parker, 2016e, Parker and Ollier, 2017a, Parker and Ollier, 2017b, Parker, 2018a, Parker, 2018b, Parker, 2018c, Parker, 2019, Scafetta, 2014, Schmith et al., 2012, Watson, 2011, Wenzel and Schröter, 2010, Wunsch et al., 2007.

Hence, the state of the oceans cannot be described as sharply warming and accelerating since 1870, as there is yet no sign of the climate models predicted sharply warming and accelerating sea level rise.

2019년 Journal of Ocean Science and Engineering

인간에 의한 재앙적인 온난화 공포를 조장하는 기후 종말 기사로 조회 수를 늘릴 수 있는 헤드라인을 마구잡이로 만들어내는 일에만 관심이 있다. 그들은 인간의 탐욕과 이기심으로 조만간 대재앙과 세상 종말이 올 것이라는 지구온난화 이론을 반박하는 증거는 아무리 좋은 연구 결과물이라도 무조건 무시하고 있다.

해수면 상승은 이렇게 결론을 내리자. 더워지는 바다로 미미한 해수면 상승이 있는 지금 이 시대를 살아가는 우리는 축복 받은 세대다. 지금의 상승이 멈추고 내려가는 시기가 언젠가는 지구에 올 것이다. 그 시기가 좀 더 먼 미래에 오도록 신이 도와주고 오더라도 그때를 살아야 할 불행한 후손들이 추위를 잘 극복할 수 있도록 기도하자.

제5장

폭염이 증가하고 호수가 마른다

이산화탄소로 인해 지구가 점점 더워져 생물 대멸종과 인류 종말의 날이 얼마 남지 않았다는 경고를 받아온 시간이 이미 30년도 넘는다. 1988년 미국 신문『랜싱 스테이트 저널』[1]은 미항공우주국(NASA)의 기후과학자 제임스 한센(James Hansen)이 2050년이 되면 기온은 화씨 6~7도(섭씨 3.3~3.9도) 올라갈 것이라고 주장한 사실을 보도했다. 그는 2050년이 되면 "해수면이 1~6피트(30~180cm)까지 상승할 것"이라고 확신했다. 인간이 해수면을 관측하기 시작한 것은 100년이 조금 넘었다. 그동안 관측 자료를 보면 100년 동안 약 7cm정도 상승했음에도 불구하고 그는 그렇게 주장했다(제4장 참조).

Today Lansing State Journal ■ Monday, Dec. 12, 1988

Prepare for long, hot summers

By EDWARD STILES
Gannett News Service

If you liked last summer's record temperatures, you're going to love the 1990s, says James Hansen, the NASA scientist who, during congressional hearings on the Midwestern drought, linked greenhouse warming to the heat wave.

Last summer was a preview of the average summer 10 years from now, and the hottest summers during the '90s will be even hotter and drier than the one we just struggled through, he says.

Although many scientists argue that the dry, hot summer of '88 was not caused by greenhouse warming, it's hard to find a climate expert who will claim that the greenhouse effect is not on its way.

When Hansen, head of the Goddard Institute for Space Studies, spoke recently to researchers at the University of Arizona Lunar and Planetary Laboratory, he ticked off several unpleasant changes in the weather most scientists agree probably will occur during the next 50 to 60 years:

■ If we do nothing to cut down on pumping carbon dioxide into the atmosphere, temperatures in 2050 will be 6 to 7 degrees higher than they are today.

Washington, D.C., for instance, would go from its current 35 days a year over 90 degrees to 85 days a year.

■ The level of the ocean will rise anywhere from one to six feet.

■ The frequency and severity of storms would increase. If the amount of carbon dioxide in the atmosphere doubles — the worst-case scenario between now and 2050 — the maximum strength of hurricanes may increase by 50 percent, Hansen says.

While a few degrees warmer or cooler may not seem like much, such a change can result in huge differences in climate. Hansen notes that during the last ice age the earth was only about 9 or 10 degrees cooler on average than it is now.

1988년 12월 12일 Lansing State Journal

1 Lansing State Journal: 미국 미시건주 신문

The Argus-Press • Owosso, Michigan • Tues., June 24, 2008

By SETH BORENSTEIN
AP Science Writer

NASA scientist: 'We're toast'

"We see a tipping point occurring right before our eyes," Hansen told the AP before the luncheon. "The Arctic is the first tipping point and it's occurring exactly the way we said it would."

Hansen, echoing work by other scientists, said that in five to 10 years, the Arctic will be free of sea ice in the summer.

Longtime global warming skeptic Sen. James Inhofe, R-Okla., citing a recent poll, said in a statement, "Hansen, (former Vice President) Gore and the media have been trumpeting man-made climate doom since the 1980s. But Americans are not buying it."

But Rep. Ed Markey, D-Mass., committee chairman, said, "Dr. Hansen was right. Twenty years later, we recognize him as a climate prophet."

2008년 6월 24일 Argus-Press

2008년에는 미국 신문 『아르구스 프레스』[2]는 "우리는 더위에 구워질 것이다."라는 과격한 제목의 기사로 NASA 과학자 제임스 한센의 더욱 과장된 기후 재앙 공포를 보도했다. 그는 기사에서 "지금 우리는 재앙의 한계점에 와 있으며 5~10년 이내에 북극해 여름철 빙하는 사라질 것이다."라고 주장했다. 어떤 정치인은 그의 말이 옳다고 옹호하면서 "20년 후에는 우리는 그가 대단한 기후 예언가였음을 인정하게 될 것이다."라고 했다.

2021년 3월, 영국 『가디언』은 "2014년 이후 유럽의 극심한 가뭄과 폭염이 지난 2000년 동안 가장 극심했다는 연구 결과가 나왔다."라고 보도했다. 이 기사는 마치 1980년 이후에 발생한 폭염과 가뭄이 가장 끔찍했다고 확신하는 듯했다. 기사는 계속해서 다음과 같이 주장했다.

"폭염은 엄청나게 충격적인 결과를 초래했다. 수천 명에 이르는 조기 사망자, 농업의 황폐화, 산불 발생을 가져왔다. 강 수위가 낮아져 선박 운송을 일부 중단시

2 The Argus-Press: 1854년에 창간된 미국 미시건주 신문

키고 원자력 발전소에서 나오는 온배수를 식히는데도 피해가 발생했다. 기후과학자들은 앞으로 폭염과 가뭄이 더욱 극심하고 빈번해질 것으로 예측하고 있다.”

2021년 『가디언』이 보도한 그 연구는 “로마제국까지 거슬러 올라가는 아주 긴 역사적 기온 자료를 복원하기 위해 나무의 나이테를 분석한 것”으로 보인다. 하지만 가디언 기자가 나무의 나이테 분석자를 신뢰하지 말고 가디언의 자매지인 『옵저버』[3]를 읽었더라면 자신이 보도한 기사가 상당히 부정확했다는 것을 알았을 것이다.

1852년 7월 18일자 『옵저버』 기사는 1132년 이후 발생한 수많은 재앙적 여름철 폭염에 관해 상세히 보도했다. 여기 제시된 사례에는 1132년에 발생한 폭염에 관해 이렇게 적고 있다. “땅이 갈라지고, 라인강은 말라버렸다. 알자스(독일 Alsace)에서는 강과

Climate change

Climate crisis: recent European droughts 'worst in 2,000 years'

Study of tree rings dating back to Roman empire concludes weather since 2014 has been extraordinary

Damian Carrington
Environment editor

The series of severe droughts and heatwaves in Europe since 2014 is the most extreme for more than 2,000 years, research suggests.

The study analysed tree rings dating as far back as the Roman empire to create the longest such record to date. The scientists said global heating was the most probable cause of the recent rise in extreme heat.

The heatwaves have had devastating consequences, the researchers said, causing thousands of early deaths, destroying crops and igniting forest fires. Low river levels halted some shipping traffic and affected the cooling of nuclear power stations. Climate scientists predict more extreme and more frequent heatwaves and droughts in future.

2021년 3월 15일 Guardian

THE OBSERVER, JULY 18, 1852.

STATISTICS OF HOT SUMMERS.

The excessive heat which prevails at present (says a Paris paper) gives some interest to the following account of remarkably hot summers:—“In 1132 the earth opened, and the rivers and springs disappeared in Alsace. The Rhine was dried up. In 1152 the heat was so great that eggs were cooked in the sand. In 1160, at the battle of Bela, a great number of soldiers died from the heat. In 1276 and 1277, in France, there was an absolute failure of the crops of grass and oats. In 1303 and 1304, the Seine, the Loire, the Rhine, and the Danube, were passed over dry-footed. In 1393 and 1394, great numbers of animals fell dead, and the crops were scorched up. In 1440 the heat was excessive. In 1538, 1539, 1540, 1541, the rivers were almost entirely dried up. In 1556 there was a great drought over all Europe. In 1615 and 1616, the heat was overwhelming in France, Italy, and the Netherlands. In 1646 there were fifty-eight consecutive days of excessive heat. In 1678 excessive heat. The same was the case in the first three years of the 18th century. In 1718 it did not rain once from the month of April to the month of October. The crops were burnt up; the rivers were dried up, and the theatres were closed by decree of the Lieutenant of Police. The thermometer marked 36 degrees Réaumur (113 of Fahrenheit). In gardens which were watered, fruit trees flowered twice. In 1723 and 1724, the heat was extreme. In 1746, summer very hot and very dry, which absolutely calcined the crops. During several months no rain fell. In 1748, 1754, 1760, 1767, 1778, and 1788, the heat was excessive. In 1811, the year of the celebrated comet, the summer was very warm and the wine delicious, even at Suresnes. In 1818 the theatres remained closed for nearly a month, owing to the heat. The maximum heat was 35 degrees (110·75 Fahrenheit.) In 1830, whilst fighting was going on on the 27th, 28th, and 29th July, the thermometer marked 36 degrees centigrade (97·75 Fahrenheit). In 1832, in the insurrection of the 5th and 6th of June, the thermometer marked 35 degrees centigrade. In 1835 the Seine was almost dried up. In 1850, in the month of June, on the second appearance of the cholera, the thermometer marked 34 degrees centigrade. The highest temperature which man can support for a certain time varies from 40 to 45 degrees (104 to 113 of Fahrenheit.) Frequent accidents, however, occur at a less elevated temperature.”

1852년 7월 18일 Observer

3 The Observer: 1791년 창간된 가디언 미디어 그룹의 일요신문

샘이 사라졌다." 또 1303년과 1304년 폭염은 이렇게 적고 있다. "센느(Seine)강, 루아르(Loire)강, 라인강, 다뉴브강도 말라 발이 젖지 않은 채 강을 건넜다." 가디언 기자가 최근 몇 년 동안 발생한 가뭄이 지난 2000년 만에 최악의 가뭄이었다고 주장했지만, 만약 이 네 강 중 어느 강이라도 걸어서 건너려고 했다면 몸 전체가 완전히 흠뻑 젖었을 것이다.

여기에 『게일라드 의학저널』의 1884년 7월호 기사에서는 과거(서기 627)에 있었던 극도로 더운 여름을 이렇게 언급하고 있다. 서기 627년 여름에는 "프랑스와 독일에서 더위가 너무 심해 모든 샘은 말라버렸고, 물이 너무 부족해서 수많은 사람들이 갈증으로 사망했다."라고 적었다. 그리고 1000년에는 "장기간 지속된 더위로 강바닥이 드러나고 물고기 떼가 말라 몇 시간 내로 썩었다."라고, 1022년 여름은 "태양이 내리쬐는데도 겁 없이 지나가던 인간과 동물들은 쓰러져 죽었다."라고 묘사했다. 1625년 유럽 전역을 덮친 폭염은 너무 심해서 항상 춥고 습하며 우중충했던 스코틀랜드마저 다음과 같이 기록하고 있다. "특히 고통에 시달린 사람과 짐승들이 수없이 죽었다. 고기는 그저 태양 아래 내놓는 것만으로도 익을 지경이었다. 정오부터 오후 4시까지는 감히 아무도 밖으로 나갈 수 없었다."

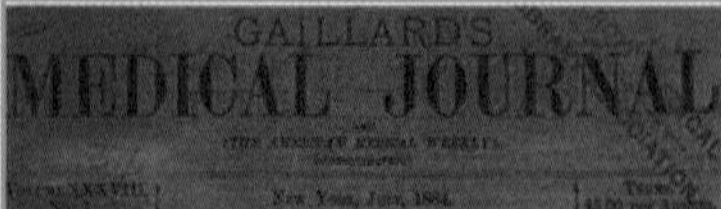

Hot Weather.—Many a man has mopped his brow during the summer months of 1884, declaring it was the hottest weather the world ever knew, which, of course, would not be true, for the extreme heat in the record of the past has not been approached during the late summer.

In 627, the heat was so great in France and Germany, says the *London Standard*, that all springs dried up; water became so scarce that many people died of thirst.

In 879, work in the field had to be given up; agricultural laborers persisting in their work were struck down in a few minutes, so powerful was the sun. In 993, the sun's rays were so fierce that vegetation burned up as under the action of fire. In 1000, rivers ran dry under the protracted heat, the fish were left dry in heaps and putrefied in a few hours. Men and animals venturing in the sun in the summer of 1022 fell down dying.

In 1132, not only did the rivers dry up, but the ground cracked and became baked to the hardness of stone. The Rhine in Alsace nearly dried up. Italy was visited with terrific heat in 1139; vegetation and plants were burned up. During the battle of Bela, in 1200, there were more victims made by the sun than by weapons; men fell down sunstruck in regular rows. The sun of 1277 was also severe; there was an absolute dearth of forage.

In 1303 and 1304, the Rhine, Loire and Seine ran dry. In 1615, the heat throughout Europe became excessive. Scotland suffered particularly in 1625; men and beasts died in scores. Meat could be cooked by merely exposing it to the sun. Not a soul dared to venture out between noon and 4 P.M. In 1718, many shops had to be closed; the theatres were never opened for several months. Not a drop of water fell during six months.

In 1753 the thermometer rose to one hundred and eighteen degrees. In 1779, the heat at Bologna was so great that a large number of people died. In July, 1793, the heat became intolerable. Vegetables were burned up and fruit dried upon the trees. The furniture and woodwork in dwelling-houses cracked and split up; meat became bad in an hour.

In Paris in 1846, the thermometer marked one hundred and twenty-five degrees in the sun. The summers of 1859, 1860, 1869, 1870, 1874, etc., although excessively hot, were not attended by any disaster.

1884년 7월 Gaillard's Medical Journal

20세기에 들어와 1911년에도 폭

염이 심했다. 독일, 프랑스, 영국, 미국에서 수많은 사망자가 발생했다(제1장 참조). 1911년 폭염은 미국 뉴잉글랜드 역사상 최악의 기상재해였으며, 사망자 수는 최대 2,000명에 이르렀다. 미국 뉴잉글랜드 역사학회(New England Historical Society)는 "1911년 7월 폭염으로 수천 명의 뉴잉글랜드 사람들이 죽었고 수많은 사람들이 광기를 일으키기 직전까지 갔다."라고 보고했다. 당시 상황을 이렇게 묘사하고 있다.[4]

A July 1911 heat wave killed thousands of New Englanders and sent many over the brink of madness.

During 11 hellish days, horses dropped in the street and babies didn't wake up from their naps. Boats in Providence Harbor oozed pitch and began to take on water. Tar in the streets bubbled like hot syrup. Trees shed their leaves, grass turned to dust and cows' milk started to dry up.

In every major northeastern city, the **sweltering heat drove people to suicide**.

On July 4, **temperatures hit 103 in Portland, 104 in Boston (a record that still stands), 105 in Vernon, Vt., and 106 in Nashua, N.H.**, and Bangor, Maine. At least 200 died from drowning, trying to cool off in rivers, lakes, ponds and the ocean – anything wet. Still more died from heat stroke. The 1911 heat wave was possibly the worst weather disaster in New England's history, with **estimates of the death toll as high as 2,000**.

New English Historical Society 기록물

"지옥 같았던 11일 동안, 말들은 길거리에서 쓰러지고 어린 아기들은 낮잠에서 깨어나지 않았다. 프로비던스 항구의 배들은 진흙 바닥으로 가라앉기 시작했다. 도로의 아스팔트 타르는 뜨거운 시럽처럼 끓어올랐다. 나뭇잎은 떨어지고, 풀은 먼지로 변하고, 젖소의 우유는 마르기 시작했다. 북동부의 모든 주요 도시에서, 찌는 듯한 더위가 사람들을 자살로 몰아붙였다."

상황이 너무 나빠서 어떤 신문들은 매일매일 폭염으로 인한 사망자 수를 보도하기 시작했다. 직접적인

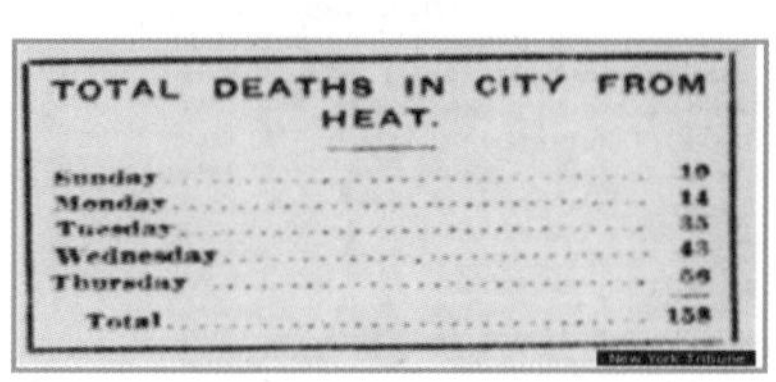

TOTAL DEATHS IN CITY FROM HEAT.

Sunday	10
Monday	14
Tuesday	35
Wednesday	43
Thursday	56
Total	158

뉴욕 트리뷴지에 발표된 1911년 당시 뉴욕시의 요일별 폭염 사망자 수

4 https://newenglandhistoricalsociety.com/the-1911-heat-wave-was-so-deadly-it-drove-people-insane/

원인은 이렇게 추정하고 있다.

> "최소 200명은 강, 호수, 연못, 바다 등 어디서나 물이 있는 곳에서 더위를 식히려다 익사로 사망했다. 이보다 더 많은 사람들이 열사병으로 사망했다."

1930년에는 1911년 이후 최악이었던 또 한 차례의 폭염이 유럽을 강타했다. 호주 『퀸즐랜드 타임스』[5]는 다음과 같은 런던발 기사를 보도했다.

> "오늘은 1911년 8월 9일 그리니치에서 기록적인 기온인 화씨 100도(섭씨 37.8도)에 도달한 이래 8월 중 가장 더운 날이었다."

하루 뒤인 1930년 8월 30일 영국 신문 『텔레그래프』는 영국과 프랑스의 폭염과 사망자에 대해 다음과 같은 보도를 했다.

> "프랑스도 영국처럼 예사롭지 않은 더위에 시달리고 있다. 오늘 파리의 그늘 온도는 화씨

THE QUEENSLAND TIMES
FRIDAY, AUGUST 29, 1930.

DEATHS REPORTED.

RECORD SINCE 1911.

HEAT WAVE IN ENGLAND

(Australian Cable Service.)
LONDON, August 28.

After weeks of unsettled weather, the greater part of England to-day and yesterday has been sweltering in a heat wave. The shade temperature at 3 o'clock yesterday afternoon was 86 degrees, and to-day at the same hour was 92. This has been the hottest day in August since 1911, when the record temperature of 100 degrees was reached at Greenwich on August 9.

There have only been five other Augusts in this century in which London's temperature has gone into the nineties, and in only two of these was such extreme of heat registered as late in the month as 27th.

A number of heat wave deaths have been reported, including a Grenadier Guardsman, route-marching in Surrey, who sustained sunstroke. There were bathing queues in the Serpentine all day long, and seaside resorts were crowded. The temperatre at 9 o'clock to-night was 82 degrees. The heat follows an exceptionally cool and rainy August.

1930년 8월 29일 Queensland Times

THE TELEGRAPH,
AUGUST 30, 1930.

Extraordinary Heat in France

PARIS, August 28.

France, like England, is suffering from extraordinary heat. The shade temperature in Paris to-day was 100 degrees Fahrenheit, which is the greatest heat experienced in late August since 1870. Numbers of cases of collapse are reported from the Loire region, where a temperature of 122 degrees was registered.

In Paris the police were granted special permission to return to their stations every hour for refreshing drinks.

1930년 8월 30일 Telegraph

5 The Queensland Times: 1859년에 창간된 호주 퀸즐랜드주 신문

100도(섭씨 37.8도)로, 이것은 1870년 이후 8월 말에 경험한 가장 큰 더위다. 화씨 123도(섭씨 50.6도)가 기록된 루아르 지역에서는 쓰러진 사람들의 수가 보고되고 있다. 파리에서는 경찰이 음료수를 마실 수 있도록 매시간 파출소로 돌아갈 수 있는 특별 허가를 받았다."

그 후 1934년 미국의 "황진(Dustbowl)" 시기에 끔찍한 폭염이 있었다. 이때 폭염은 존 스타인벡(John Steinbeck)의 소설 『분노의 포도(The Grapes of Wrath)』에서 영원한 기록으로 남게 되었다. 그 시기 『배리어 마이너』[6], 『애드버타이저』[7] 등과 같은 신문들은 미국을 비롯하여 호주, 영국, 남아프리카, 러시아 등 세계 곳곳에서 심각한 가뭄과 폭염이 있었던 사실을 보도하고 있다.

THE BARRIER MINER: WEDNESDAY, JANUARY 3, 1934.

GRIPPED BY DROUGHT

South Africa Hard Hit

South African farmers have been severely hit by drought, which has caused an estimated loss of 10 million sheep—about one-fifth of the country's sheep population. The following account of the conditions is given in a letter from the Capetown correspondent of the "Times" under date of September 20:—

Throughout South Africa the people are praying for rain. Almost the whole country is in the grip of a drought, whose like no South African can remember.

There have been disastrous droughts in South Africa before, but in these there has always been some part of the country that has escaped. This time, except for a narrow belt round the coast, the whole country has dried up. The Cape Province has lost thousands of sheep; the Free State is a wilderness of dust storms; the Kruger National Park in the Transvaal has become so dry that the wild animals are trekking in great numbers into Portuguese East Africa in search of water and grazing; in South-West Africa wild animals from uninhabited parts are invading the farms and devouring the little grazing which the farmers have managed to preserve for their stocks. Even the fields of sugar cane in Natal are wilting for lack of rain.

DESPERATE HUNGER

The sheep districts of the Cape and the Free State have felt the drought most. Terrible stories of the hardships of men and animals have come from there. It is the custom in this country, when his grazing and water gives out, for a farmer to take to the road with his flocks in search of pasture. He is allowed by law to graze his sheep for a certain distance—from 100 to 200 yards, according to the district regulations—on each side of the road; and he must move at least six miles a day. Sometimes he rails his stock to districts where he can hire grazing.

THE ADVERTISER, ADELAIDE, THURSDAY, MAY 31, 1934

CROP FAILURES IN RUSSIA

More Purchases Of Wheat From Australia

DROUGHT IN GRAIN BELT

Price Of Bread Increased

Special Cables To "The Advertiser"

LONDON, May 29.

The "Daily Telegraph" reports:—"The Soviet organisation in London is buying Australian and Argentine wheat for shipment to Vladivostock, the Soviet port in Siberia. One Argentine and two Australian cargoes, totalling 22,500 tons, have already been bought and ships chartered for its transport. Further buying is expected.

"Russia's sudden appearance as a buyer is believed to be due to widespread crop failures. In addition, it is probable that wheat consumption in the Vladivostock area has abnormally increased owing to the maintenance of troops there because of tension between Russia and Japan."

The Moscow correspondent of the "Daily Telegraph" reports that a decree announcing a general rise in the price of bread admits for the first time that severe drought has spoilt part of the crop in the southern grain belt.

1934년 1월 3일 Barrier Miner　　1934년 5월 31일 Advertiser

6 The Barrier Miner: 1888년에 창간된 호주 신문(1974년 폐간).

7 The Advertiser: 1858년에 창간된 호주 신문

어설픈 폭염 조작 보고서

기후 선동가들이 지구가 이산화탄소로 인해 더워진다는 거짓말을 하려다 어처구니없는 실수를 한 보고서가 있다. 2018년에 나온 미국 국가기후평가 제4차 보고서는 이산화탄소가 증가한 시기에 폭염이 증가했음을 입증하려고 그림 1을 제시하고 있다. 1960년대부터 2010년대까지 10년 단위의 폭염 일수를 나타내는 이 그래프는 폭염이 계속 증가하는 것처럼 보인다.

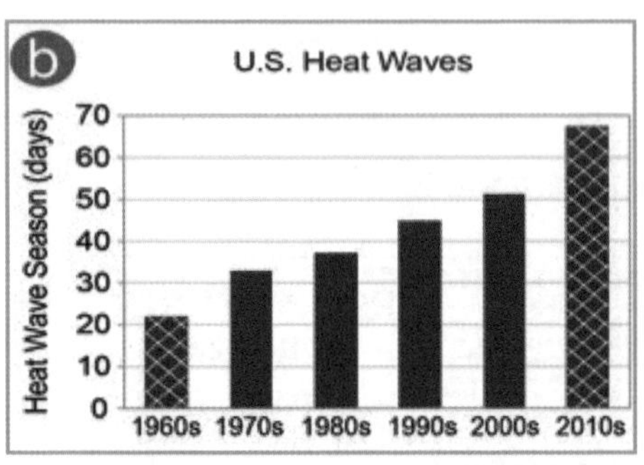

그림 1 미국에서 관측된 10년 단위의 폭염

하지만 1900년대 초부터 폭염 일수를 보면 전혀 다른 모습을 볼 수 있다. 미국은 48개 인접 주(하와이와 알래스카를 제외한)에 1,218개 기후역사측정망(HCNS: Historical Climatology Network Stations)을 정해두고 지금까지 관측된 기온, 강우량, 강설량 등 주요 기상 자료를 기록으로 남겨두고 있다. 그림 2는 1918년 이후 미국의 모든 HCNS에서 관측된 여름철 평균 최대 기온을 보여주고 있다. 그림 2를 그림 1과 비교하면 전혀 다르다. 이산화탄소가 더위를 가져온 것이 아니라는 확신을 준다. 다시 말하면 1920년대와 1930년대가 1950년대와 1960년대보다 훨씬 더 더웠음을 보여준다. 이는 제1장에 제시한 미국 연방환경보호청(EPA)의 폭염 지수에서도 확인할 수 있을 뿐만 아니라 그동안 살펴본 언론 보도 자료와도 일치한다.

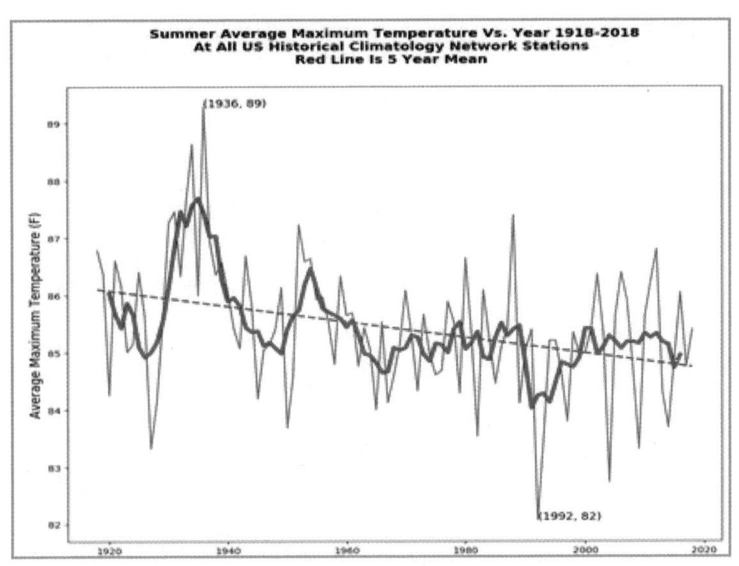

그림 2 평균 여름 최고 기온(1918년부터 2018년까지)

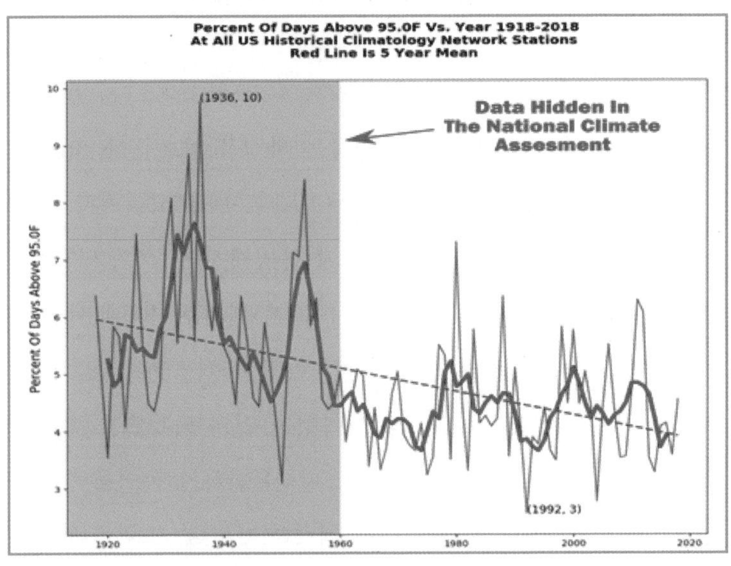

그림 3 국가기후평가보고서가 1960년대부터 데이터를 보여준 이유

사실을 재확인하기 위해 기온이 아주 높았던 일수를 나타내는 그래프를 보자. 그림 3은 HCNS에서 관측된 기온에서 화씨

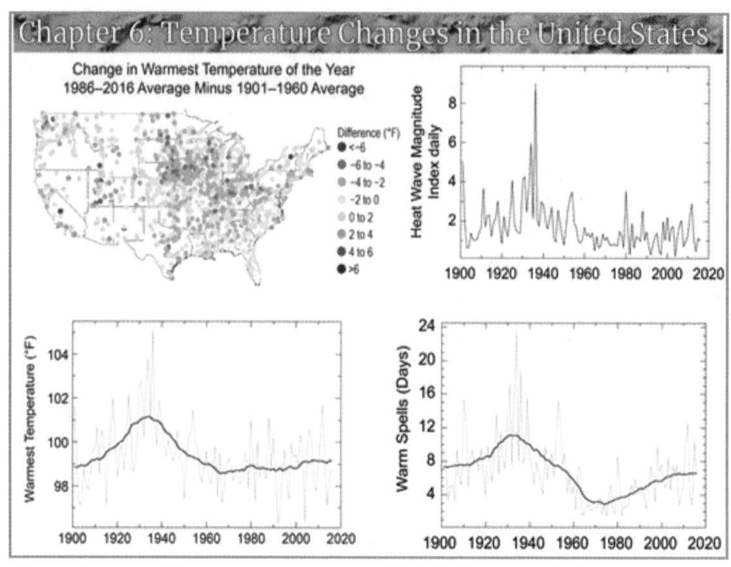

그림 4 미국의 기온 변화(1900년부터 2016년까지)

95.0도(섭씨 35도) 이상의 일수의 비율을 나타낸 그래프다. 이 그래프도 1960년대 이전이 훨씬 더웠다는 사실을 보여준다. 더웠던 부분을 붉은색으로 음영 처리하면 국가기후평가보고서에서 왜 폭염 일수를 1960년대부터 나타냈는지 분명해진다. 국가기후평가보고서는 더웠던 20세기 전반부를 숨겨서 실제로 지구에서 일어난 기후변화에 관해 완전히 잘못된 정보를 주려는 것이다.

미국 국가기후평가보고서의 어이없는 일은 이것으로 끝나는 것이 아니다. 이 보고서는 그림 1로 지구온난화가 폭염을 증가시켰다고 주장하면서 그림 4를 다시 제시하고 있다. 그림 4에서 왼쪽 위의 지도는 관측 지점별 1986년부터 2016년까지 평균에서 1901부터 1960년까지 평균을 뺀 것으로 어디가 더워지고 추워졌는지를 보여준다. 이 지도는 대체로 미국 서부 산악지역을 제외하면 20세기 전반기가 더웠음을 의미한다. 나머지 3개의 그래프는 최고 기온, 폭염 강도 지수, 폭염 일수를 보여준다. 이 그래프들은 1920년대와 1930년대가 지난 60년보다 실제로 훨씬 더 더웠음을 나타내고 있다. 같은 보고서에 상반된 주장의 그래프가 들어있는 것이다. 1960년대 이후의 자료만으로 기후 선동가를 옹호하는 발표를 했다가 다시 전체 기간의 자료를 보여주면서 그와 반대되는 현상이 사실임을 밝혀준 셈이다. 다시 말하면 조작과 자백을 같은 보고서에 보여준 것이다. 실수인지 아니면 의도적인지 정말 실소를 금치 못할 보고서다. 같은 보고서이지만 각 장에 따라 다른 전문가가 작성함으로 인해 발생한 결과로 추정된다. 이를 다시 한번 확인할 수 있는 그래프도 있다. 그림 5는 1895년부터 2018년까지 미국 기후역사관측망(HCNS)에 기록된 기온을 매년 여름철 화씨 90도(섭씨 32.2도), 95도(섭씨 35도), 100도(섭씨 37.8도)를 넘었던 날짜 수의 비율(%)로 나타낸 그래프다. 그림에서 보듯이 미국에서 가장 더웠던 시기는 1930년대가 분명하다. 특히 1937년은 여름철 거의 모든 날이 화씨

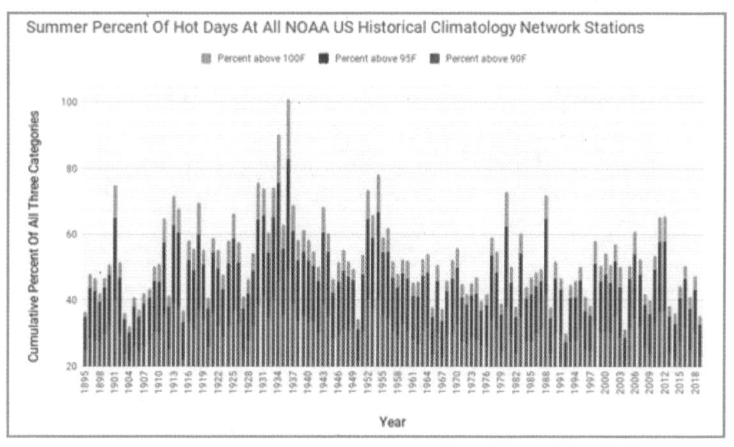

그림 5 미국의 폭염 강도와 빈도 변화

90도를 넘었다. 그리고 이 그래프도 미국에서 폭염의 강도와 빈도는 1930년대 이후 떨어지고 있음을 보여주고 있다.

대부분의 사람들은 지구온난화는 더 더운 날씨와 더 심한 가뭄으로 이어지는 것이 자연 현상이라고 생각할 것이다. 하지만 사실은 그 반대 현상이 나타나고 있다. 지구 표면의 약 71%가 물로 덮여 있기 때문에, 더운 공기는 바다에서 더 많은 증발을 일으켜 더 많은 구름을 형성하고, 그 결과 육지의 강우량은 증가하게 된다(그림 6). 물의 증발과 강우는 지구 기온 상승의 완충 역할을 하여 폭염을 막아준다. 1900년부터 지구의 강수량 변화를 보여주는 그림 6은 왜 20세기 전반기에 폭염이 그렇게 심했는지를 짐작할 수 있게 해준다.

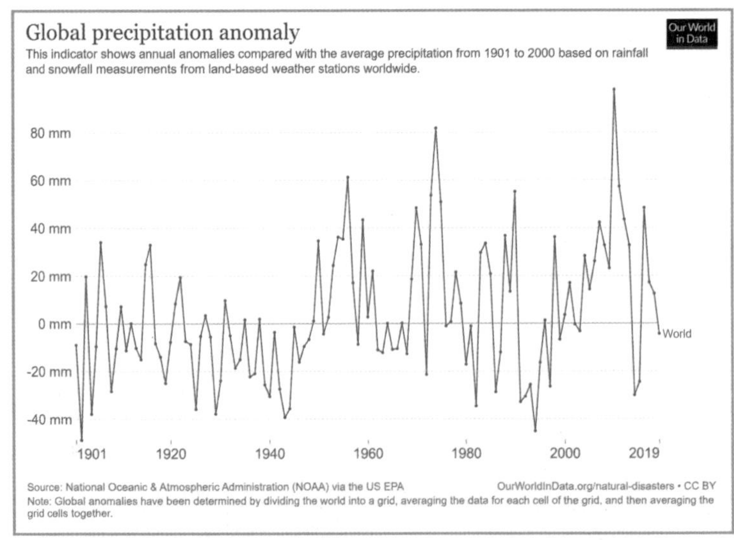

그림 6 지난 120년 동안 지구의 강수량 변화

지구온난화로 더위와 가뭄이 심해져 호수가 마른다는 선동 역시 앨 고어의 『불편한 진실』에서 시작됐다. 아프리카 4개국(나이제리아, 니제르, 차드, 카메룬)으로 둘러싸인 차드호(Lake Chad)의 물이 점점 줄어들고 있다는 사실을 위성사진으로 확인하고 앨 고어는 그럴듯한 선동용으로 사용했다. 기온이 올라가면 증발량이 늘어나기 때문에 호수의 물은 마를 수밖에 없다는 간단한 논리다. 하지만 차드호의 물이 마른 이유는 주변 4개국에서 살아가는 2억 명에 이르는 인구의 식량 생산을 위한 농업용수 때문이었다. 먹고 살기 위한 인간의 물 사용을 앨 고어는 지구온난화 탓으로 돌린 것이다. 2020년 논문에서 최근에는 관리 대책으로 다시 수량이 증가하는 것도 밝혀졌다.[8]

앨 고어의 차드호 선동에 넘어간 미국의 상원의원들은 2013년 지구온난화로 오대호가 마른다고 소동을 벌였다. 2013년 8월 NRDC(Natural Resources Defense Council)의 기자는 다음과 같이

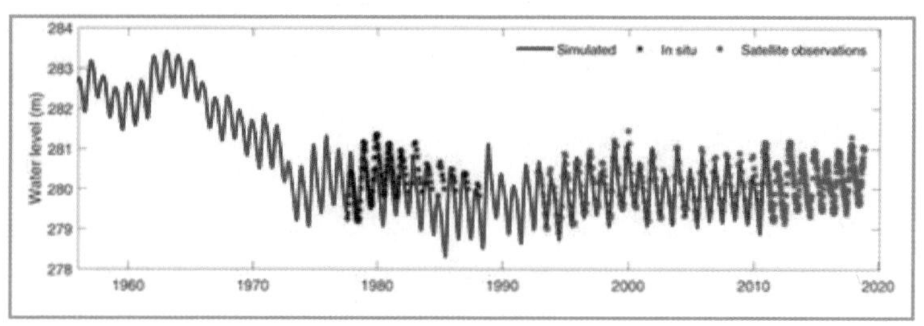

차드호의 수위 변화

8 The Lake Chad hydrology under current climate change, Nature March 2020, https://www.nature.com/articles/s41598-020-62417-w

보도했다.[9]

> "기후변화가 원인이 되어 오대호(Great Lakes)의 수위가 크게 떨어지고 있다는 것은 잘 알려져 있다. 수위 하강은 심각한 문제가 되어 오대호를 둘러싼 주들의 상원의원 6명(Levin, Durbin, Franken, Brown, Schumer, Stabenow)은 오바마 대통령의 기후 대응 방안(Climate Action Plan)에서 오대호를 간과한 것에 대해 유감을 표명했다."

상원의원들은 오바마 대통령께 다음과 같은 내용의 서한을 보냈다.

> "올해 오대호의 수위는 상업용 선박 운항을 심각하게 저해하고, 레저용 보트와 어업을 위태롭게 하며, 관광 산업을 황폐화하고, 전력 발전을 위협하고, 수자원 공급 인프라를 위태롭게 하며, 외래종 유입 문제를 더욱 악화시키는 기록적인 최저치에 도달했습니다. 특히 기후변화가 선박 운항과 통상에 미치는 영향은 가장 중요하게 다루어져야 합니다. 오대호의 선박 운항 시스템은 연간 1억 6천만 톤 이상의 화물을 수송합니다. 기후변화가 오대호 지역에 미치는 영향에 대해 언급하는 것은 미국의 장기적인 국민 건강, 안전, 번영을 위해 필수적입니다."

상원의원들은 기후변화로 물이 더워지고 증발로 이어져 기록적으로 낮은 수량에 도달했다고 믿어졌던 시기에 위스콘신주 밀

9 Climate change is lowering Great Lakes water levels. Should Waukesha be allowed to tap into the Lakes? https://www.nrdc.org/experts/aliya-haq

워키시 외곽에 있는 워케샤(Waukesha)가 하루 약 4,164만 리터(1,100만 갤런)의 물을 미시간호(Lake Michigan)로부터 우회시키는 계획에 대해 우려를 나타낸 것이다. 당시 상원의원들이 우려했던 점은 온난화가 오대호에 미치는 영향이 미국의 날씨 채널(Weather Channel) TV 방송 웹사이트 기사에 자세히 설명되어 있다.[10]

"기온 상승, 극한 기상, 생태계 훼손, 해수면 상승 등이 세계 곳곳에 영향을 미치고 있으며 오대호도 예외는 아니다. 오대호에는 북미 지표 담수의 84%가 담겨있다. 이는 전 세계 지표 담수(강과 호숫물)의 21%나 된다. 지구 기온이 계속 상승함에 따라 이 호수는 점점 더 위협받고 있다. 오대호 지역의 평균 기온은 1900년 이후 2℉(1.1℃) 상승했다. 최근 몇 년 동안, 오대호의 수온은 주변 대기 온도보다 더 빨리 상승했고, 특히 슈피리어호(Lake Superior)의 수온은 1980년 이후 대기보다 두 배 더 빨리 상승했다."

하지만 기후란 선동가들의 엉터리 예측과는 정반대로 하는 것을 좋아하기 때문에 때로는 답답할 정도의 고집불통이 될 수도 있다. 기후 선동가들이 온난화로 인한 오대호 수위 하락이 가져올 생태계 재앙에 대해 공포의 절규를 시작하자마자 미국 지질조사국(US Geological Survey)은 오대호의 수위 하락은 멈추고 새로운 기록이 될 수준으로 상승하기 시작했음을 보여주었다(그림 7).

그러나 현재 오대호의 수위가 상승하고 있다고 해서 기후 선동가, 종말론자, 그리고 그들과 같은 부류들은 잠잠하지 않을 것이

---

10 Here's What Climate Change Is Doing to the Great Lakes, August 15, 2017 https://weather.com/science/environment/news/

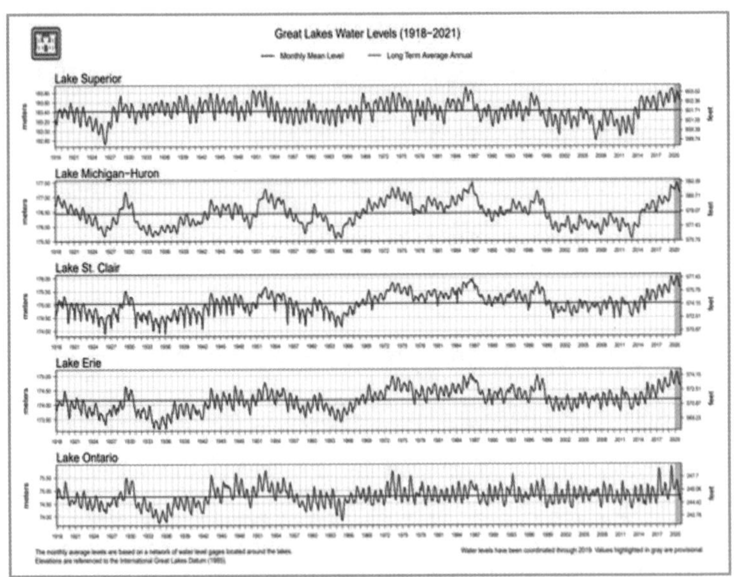

그림 7 미국 오대호의 수위 변화(1918년부터 2021년까지)

다. 그들은 우리 모두 그리 오래 기억하지 않는다는 것을 알고 있다. 그들은 인간에 의한 지구온난화가 오대호의 수위를 떨어뜨려 환경 재앙으로 이어지고 있다고 우리에게 확실히 경고해왔다. 이번에는 그들은 인간에 의한 지구온난화는 기록적인 높은 수위와 그로 인해 호반 도시와 농지가 범람하게 되어 오대호 지역에 환경 재앙을 초래한다고 선동할 것임이 분명하다. 수위가 내려가도 또 올라가도, 그들은 무조건 지구온난화 아니면 기후변화 때문이라고 할 것이 틀림없다.

제6장

산과 들이 불타고 있다

산과 들이 불타는 장면은 광분하기 쉬운 기후 선동가와 자극적인 것을 선호하는 언론인이 가장 좋아하는 것 같다. 화석연료를 태워 지구를 불타는 용광로로 만드는 사악하고 이기적인 인간을 표현하는데, 숲과 야생동물, 집, 자동차, 심지어 사람도 불타는 현장 사진과 영상보다 더 극적이고 자극적인 증거는 없을 것이다. 그래서 신문 사진 기자와 TV 뉴스 카메라맨은 이 현장 증거를 보는 이들에게 생생하게 전달하기 위해 필사의 노력을 다한다. 지난 몇 년 동안 가장 충격적인 산불과 들불 기사를 제공한 나라는 미국과 호주다.

우리는 기후 선동가들로부터 두 나라의 산불과 들불이 점점 심해지고 있고, 이는 모두 인간에 의한 지구온난화 때문이라는 말을 계속해서 들었다. 그래서 이번 장에서는 두 나라의 산과 들에서 발생하는 불에 관한 기후 선동가들의 주장을 살펴보고 실제로 일어나고 있는 사실과 이들의 주장을 비교해 볼 것이다.

그래프를 속이는 수상한 미국

2018년 11월에 발간된 제4차 미국 국가기후평가보고서에는 1983년부터 미국에서 산불(Wildfires: 산불과 들불, 이하 미국의 경우 산불로 표현)이 엄청나게 증가했음을 보여주는 그래프가 게재되어 있다(그림 1).

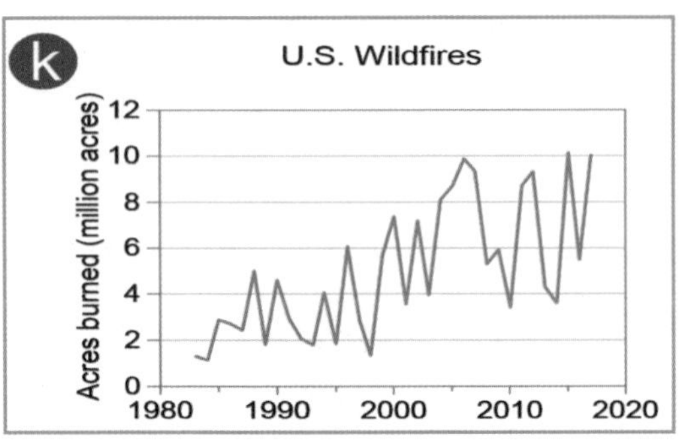

그림 1 1983년부터 2017년까지 미국의 산불 증가(단위: 백만 에이크)

이 그래프는 연간 불탄 면적이 2백만 에이커 이하에서 1천만 에이커로 증가한 것을 보여주면서 산불이 점점 심해지고 있음을 표현하고 있다. 이는 주어진 기간 동안 5배나 증가한 셈이다. 인간이 오랜 기간 고통받아온 지구를 소각하고 있다는 매우 놀랍고 확실한 증거처럼 보인다.

미국에서 가장 높이 평가되는 몇몇 신문의 보도는 인간은 스스로 초래한 불로 자멸의 길을 가고 있음을 확인시켜주는 듯하다. 2015년 9월 2일 『워싱턴 포스트』는 다음과 같이 보도하고 있다.

"국립소방청(National Interagency Fire Center)에 따르면, 2015년 미국에서 산불로 8백만 에이커 이상 불탔다. 정확히 말하면 8,202,557에이커가 불에 탔다."

이 기사는 그처럼 넓은 면적이 불에 탄 것이 최근의 현상이라는 점을 강조하기 위해 다음과 같이 계속하고 있다.

The Washington Post

Climate and Environment

Wildfires have now burned a massive 8 million acres across the U.S.

By Chris Mooney
Reporter

September 2, 2015 at 3:00 a.m. MDT

This story has been updated.

As of Tuesday, according to the National Interagency Fire Center, more than 8 million acres have burned in U.S. wildfires in 2015. 8,202,557 of them, to be precise. That's an area larger than the state of Maryland.

And the numbers are still growing: 65 large fires are currently raging across the country, particularly in California, Oregon, Washington, Idaho and Montana. That includes three Washington state fires or fire complexes that are larger than 100,000 acres burned.

As of this writing, the United States remains at wildfire preparedness level 5 — the highest level — where it has been since Aug. 13.

There are only six other years that have seen more than 8 million acres burned — 2012, 2011, 2007, 2006, 2005, and 2004 — based on National Interagency Fire Center records that date back to 1960. It is hard not to notice that all of these years came since the year 2000.

2015년 9월 2일 Washington Post

"1960년대까지 소급한 국립소방청의 자료에 의하면 8백만 에이커 이상의 면적이 불탄 경우는 단 6차례(2004년, 2005년, 2006년, 2007년, 2011년, 2012년)였다. 이 모든 화재가 전부 2000년 이후에 발생했다는 것을 쉽게 알 수 있다."

이 이야기는 『뉴욕 타임스』도 다루었다. 2016년 4월 12일자에 다음과 같이 보도했다.

"지난해 미국에서 불탄 1,010만 에이커의 산과 들의 면적은 기록상 최고였으며, 가장 넓은 면적이 연소된 것으로 기록된 상위 5개 연도는 지난 10년 동안에 있었다."

그리고 당연히 기후변화를 원인으로 지목했다.

"화재의 주범은 기후변화다. 더욱 건조해진 겨울은 토양에 수분이 적다는 것을 의미하며, 따뜻한 봄은 습기를 공기로 더 빠르게 끌어당겨 풀과 관목, 가시덤불을 불쏘시개로 만든다."

The New York Times

By MATT RICHTEL and FERNANDA SANTOS APRIL 12, 2016

The 10.1 million acres that burned in the United States last year were the most on record, and the top five years for acres burned were in the past decade. The federal costs of fighting fires rose to $2 billion last year, up from $240 million in 1985.

A leading culprit is climate change. Drier winters mean less moisture on the land, and warmer springs are pulling the moisture into the air more quickly, turning shrub, brush and grass into kindling. Decades of aggressive policies that called for fires to be put out as quickly as they started have also aggravated the problem. Today's forests are not just parched; they are overgrown.

2016년 4월 12일 New York Times

이 기사를 쓴 기자는 자신이 일하는 『뉴욕 타임스』의 옛날 기사도 읽지 않았던 것 같아 안타깝다. 만약 그가 과거에 자기 신문사가 보도한 산불에 관한 기사를 확인하려 했었다면, 아마 1938년 10월 9일의 다음 기사를 접했을 것이다.

만약 그랬다면 그는 1937년에 미국에서 산불로 인해 21,980,500에이커가 불타버렸고 당시 돈으로 엄청난 액수인 2천만 달러가 넘는

The New York Times

SUNDAY, OCTOBER 9, 1938

Forest Fires, One Every 3 Minutes in 1937, Burned 21,980,500 Acres at $20,668,880 Loss

Special to THE NEW YORK TIMES.

WASHINGTON, Oct. 8.—Every three minutes on the average, during 1937, a forest fire started in the United States, but the year's total of losses was considerably under that of 1936.

The Forest Service of the Department of Agriculture reported today that 185,209 forest fires last year burned 21,980,500 acres of timber and caused damage estimated at $20,668,880.

The number of fires in 1937 was 18 per cent less than in the previous year while the burned acreage was only slightly more than half the acreage burned in 1936.

The Service attributed the reduction to more favorable weather, improved fire-fighting technique, better fire detection, more cooperation by private woodland owners, the work of the Civilian Conservation Corps and less carelessness on the part of forest workers and visitors.

Ninety-four per cent of all the acreage burned consisted of unprotected forest areas and more than 11 per cent of all unprotected forested land was burned over. The 121,449 fires on lands not protected burned approximately 20,637,000 acres, causing damage of more than $18,000,000.

The average number of fires annually on unprotected areas during 138,776,000 acres of Federally owned annual loss was 33,129,000 acres valued at $33,613,000.

Fire protection is now given to 130,776,000 acres of Federally owned forest land needing protection, but only three-fifths of the 423,070,000 acres of private and State forest areas needing protection is protected by organized fire control systems.

Fires on Federal land in 1937 were restricted to an average area of 9.5 acres, as compared with the 1933-37 average of 43.3 acres. Fires on private lands showed a reduction from 48.6 acres to 23.1 acres.

1938년 10월 9일 New York Times

피해도 있었다는 기사를 봤을 것이다. 불탄 면적은 기록적이라는 2015년도에 연소된 1,010만 에이커의 거의 두 배다. 아무리 기후 선동을 전문으로 하는 기자라고 해도 2,198만 에이커는 1,010만 에이커보다 훨씬 넓다는 사실은 알 수 있었을 것이다.

그래프 조작의 비결은 시작 시기

산불에 관련된 또 다른 문제점은 왜 국가기후평가보고서의 그래프가 1983년부터 시작했는지에 있다. 간단히 인터넷을 검색하면 미국 국립소방청의 웹사이트(www.nifc.gov)를 방문할 수 있다. 이 웹사이트는 다음과 같이 설명하고 있다.

> **"1983년 이전에는 산불을 관리하는 연방정부 차원의 기관이 오늘날 사용되는 보고 방식을 통한 공식적인 데이터를 기록하지 않았다. 그 결과 여기서는 1983년 이전의 공식 데이터는 게시하지 않았다."**

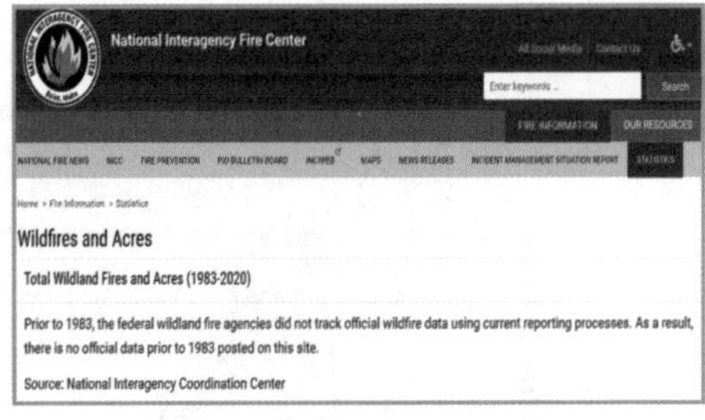

미국 국립소방청 웹사이트(www.nifc.gov)

웹사이트에 따르면 불탄 면적을 비교하고 보고하는 방법이 1983년에 바뀐 것 같다. 하지만 그것이 1983년 이전에는 공식 데이터가 집계되지 않았다는 것을 의미하지는 않는다.

그림 2는 1916년 이후 연간 산불로 연소된 총면적을 보여주는 미국 농무부(USDA) 산림국의 그래프다. 이 그래프를 보면 1920년대와 1930년대의 더운 시기에는 연소 면적이 한 해에 5천만 에이커에 달했음을 분명하게 알 수 있다. 그리고 그림 2에서 불탄 면적의 장기적인 추세를 살펴보면, 제4차 국가기후평가보고서에서 왜 1983년을 그래프의 시작 해로 정했는지, 그리고 왜 1983년 이전의 모든 데이터는 숨기기로 했는지 알 수 있다. 음영 처리한 숨긴 부분을 눈여겨보면 더욱 확실해진다. 1983년은 불탄 면적이 90년 만에 최저점을 기록했고 이후 소폭 증가하기 시작했다.

제4차 국가기후평가보고서는 최근 몇십 년 동안 불탄 면적이 기록적으로 높은 수준이었다는 인상을 언론과 정치인들에게 심어

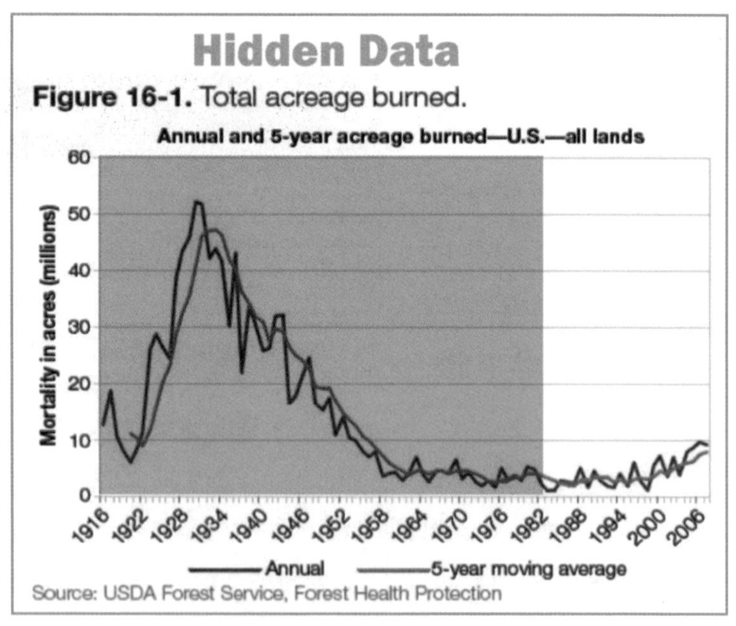

그림 2 미국 농무부 산림국의 연간 산불 연소 면적

주길 원했음을 짐작할 수 있다. 하지만 지난 몇십 년 동안 불탄 면적은 실제로 1920년대와 1930년대에 비하면 기록적으로 낮은 수준이었고 최근에 아주 약간 증가한 정도에 불과하다.

미국 산불에 관한 결론은 제4차 국가기후평가보고서(2018년)가 나오기 훨씬 전인 2001년 연방산불관리정책(Federal Wildland Fire Management Policy) 보고서에 명확하게 제시되어있다. 아래 사진은 그 보고서의 첫 번째 부분을 복사한 것이다. 미국에서 산불로 연소된 면적은 대기 이산화탄소 농도가 지금보다 훨씬 낮았던 산업화 이전 시기에 훨씬 더 높았다는 사실을 명시하고 있다.

REVIEW AND UPDATE OF THE 1995 FEDERAL WILDLAND FIRE MANAGEMENT POLICY

JANUARY 2001

U.S. DEPARTMENT OF THE INTERIOR
Bureau of Land Management
National Park Service
U.S. Fish and Wildlife Service
Bureau of Indian Affairs
Geological Survey
Bureau of Reclamation

U.S. DEPARTMENT OF AGRICULTURE
U.S. Forest Service

DEPARTMENT OF ENERGY

DEPARTMENT OF DEFENSE

DEPARTMENT OF COMMERCE
National Oceanic and Atmospheric Administration/National Weather Service

U.S. ENVIRONMENTAL PROTECTION AGENCY

FEDERAL EMERGENCY MANAGEMENT AGENCY

NATIONAL ASSOCIATION OF STATE FORESTERS

IMPORTANT FIRE MANAGEMENT ISSUES

HISTORICAL CONTEXT

Historically, fire has been a frequent and major ecological factor in North America. In the conterminous United States during the preindustrial period (1500-1800), an average of 145 million acres burned annually. Today only 14 million acres (federal and non-federal) are burned annually by wildland fire from all ignition sources. Land use changes such as agriculture and urbanization are responsible for 50 percent of this 10-fold decrease. Land management actions including land fragmentation and fire suppression are responsible for the remaining 50 percent.

This decrease in wildland fire has been a destabilizing influence in many fire-adapted ecosystems such as ponderosa pine, lodgepole pine, pinyon/juniper woodlands, southern pinelands, whitebark pine, oak savanna, pitch pine, aspen, and

2001년에 발표된 미국 연방산불관리정책 보고서

“역사적으로 북미 대륙에서 화재는 자주 발생했고 생태학적 주요 변수였다. 산업화 이전 기간(1500~1800)에 인접한 미국(Conterminous US: 하와이와 알래스카를 제외한 미국 48개 주)에서는 연평균 1억 4500만 에이커가 불탔다. 오늘날에는 각종 원인으로 발생한 산불로 연간 1,400만 에이커 정도만 연소된다.”

호주의 기후변화와 가뭄

호주에서는 화재가 풀과 관목이 자라는 숲에서 주로 발생하기 때문에 산불이라는 용어보다 들불(Bush Fires)이 더욱 적합하다. 또 호주의 여름철은 12월에서 다음 해 2월까지 이어지며 들불은 이 시기에 주로 발생한다. 2019/2020년 여름철은 불탄 면적과 인명 피해 측면에서 사상 최악의 시기 중 하나였다. 기록적으로 높은 기온, 비정상적인 강풍, 장기간에 걸친 가뭄 등으로 인해 발생한 들불은 호주의 모든 주에 피해를 주었고 29명의 목숨을 앗아갔으며 희생된 동물도 12억 5천만 마리 이상으로 추정된다. 이 시기에 불탄 전체 면적은 4600만 에이커가 넘는 것으로 추산하고 있다.

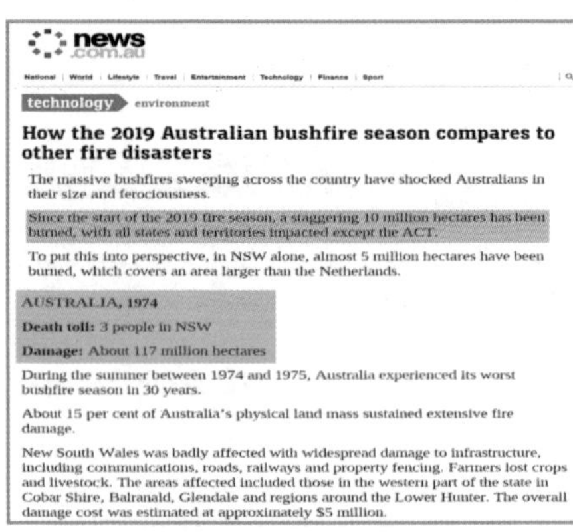

news.com.au

National | World | Lifestyle | Travel | Entertainment | Technology | Finance | Sport

technology > environment

How the 2019 Australian bushfire season compares to other fire disasters

The massive bushfires sweeping across the country have shocked Australians in their size and ferociousness.

Since the start of the 2019 fire season, a staggering 10 million hectares has been burned, with all states and territories impacted except the ACT.

To put this into perspective, in NSW alone, almost 5 million hectares have been burned, which covers an area larger than the Netherlands.

AUSTRALIA, 1974

Death toll: 3 people in NSW

Damage: About 117 million hectares

During the summer between 1974 and 1975, Australia experienced its worst bushfire season in 30 years.

About 15 per cent of Australia's physical land mass sustained extensive fire damage.

New South Wales was badly affected with widespread damage to infrastructure, including communications, roads, railways and property fencing. Farmers lost crops and livestock. The areas affected included those in the western part of the state in Cobar Shire, Balranald, Glendale and regions around the Lower Hunter. The overall damage cost was estimated at approximately $5 million.

2020년 1월 8일 호주 news.com 보도 화면

불탄 면적을 기준으로 본다면 최악의 시기는 1억 1700만 헥타르(2억 9천만 에이커)가 불에 탔던 1974/1975년으로 추정된다. 이때는 단 3명의 인명 피해만 있었다. 이러한 비교 자료는 2020년에 호주 인터넷 언론(www.news.com)이 보도했다.

그뿐만 아니라 호주의 숲이 불로 황폐해진 시기는 그 외에도 수없이 많다. 예를 들어 1974/1975년에는 기록적인 화재에도 3명만 사망했지만, 2008/2009년의 화재에서는 불과 110만 에이커가 불탔는데 173명이나 목숨을 잃었다. 1938/1939년에 있었던 호

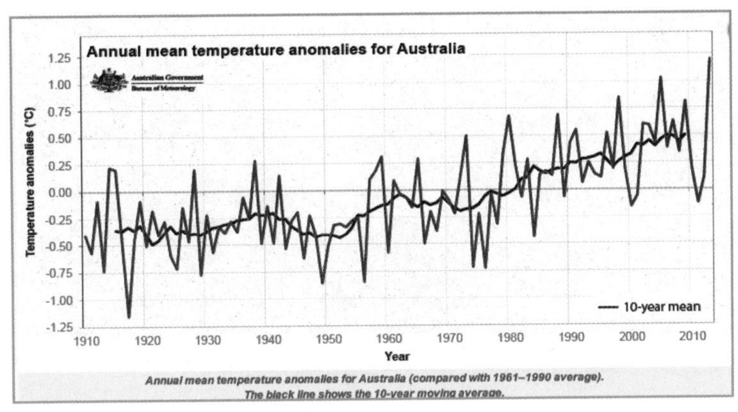

그림 3 1910년 이후 호주의 연평균 기온

주 산불 시기에는 거의 500만 에이커나 불에 타고 71명이 사망했다. 인구 10만 명당 사망자 수 측면에서 따져보면 최악의 사망자는 1938/1939년에 발생했다.

호주의 기후에 무엇이 실제로 일어나고 있는지 규명하기란 매우 어렵다. 호주 기상청(BOM: Bureau of Meteorology)에서 발표한 1910년부터 관측된 공식적인 수치를 보면 분명히 기온이 상승하고 있는 것처럼 보인다(그림 3). 하지만 호주 기상청 그래프가 시작한 1910년 이전에 관측된 기온 자료를 보면 매우 다른 모습을 볼 수 있다. 그림 4는 1877년부터 2020년까지 호주의 지구기후역사측정망(GHCN: Global Historical Climatology Network)에서 관측된 기온이 38℃가 넘는 날짜 수의 연중 비율(%)을 나타내고 있다. 이 그래프를 보면 지난 50여 년간 기온이 상승하긴 했지만 1900년 수준으로 다시 돌아가고 있음을 알 수 있다. 왼쪽 아래에 있는 작은 원은 대부분 호주 기온 그래프가 시작되는 바로 그 1910년을 나타낸다. 정사각형 안의 점들은 1910년 이전에 기온이 상당히 높

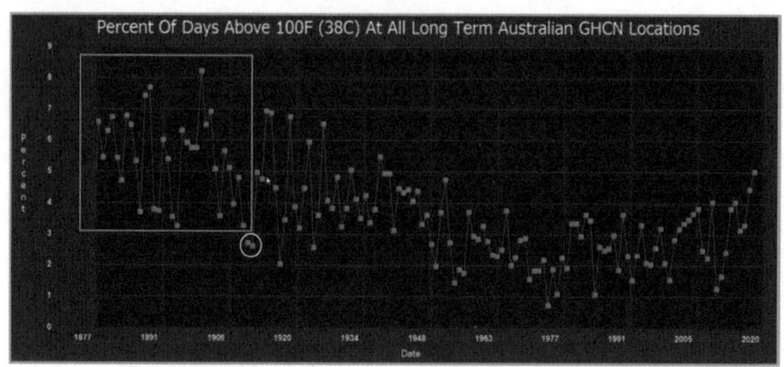

그림 4 38℃가 넘는 날짜 수의 연중 %(호주 GHCN 관측지점)

왔음을 추측할 수 있게 한다.

지구온난화로 호주의 기온이 상승하고 그로 인해 들불이 더욱 극심해지고 있다는 주장은 전혀 사실이 아니다. 호주 기상청에 따르면 1910년 이후 기온이 약 1.5℃ 상승한 것으로 보인다. 하지만 이 기간 강우량 또한 증가했다(그림 5). 이 그래프는 지구온난화로

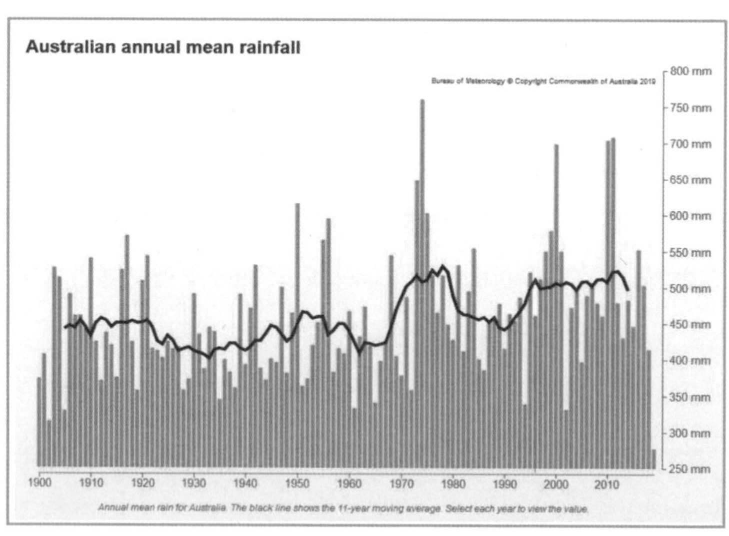

그림 5 1900년 이후 호주의 연평균 강우량

호주는 덥고 건조해져 가뭄이 발생하고 숲이 심하게 불타게 된다는 기후 선동가들의 이론이 사실과 맞지 않음을 확인시켜 준다.

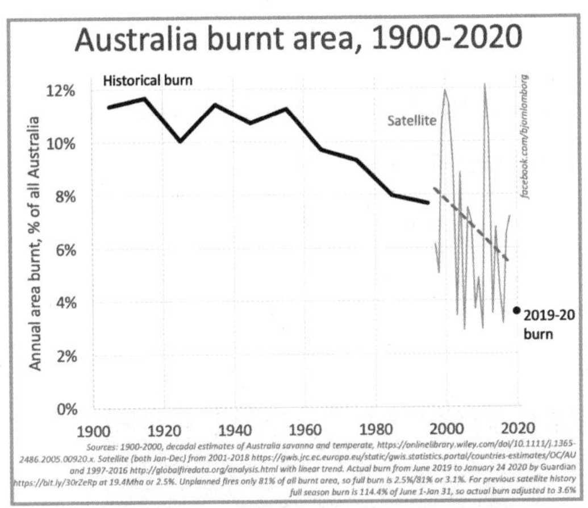

그림 6 지난 120년 동안 호주의 불탄 면적

실제로 호주의 들불로 연소된 면적은 감소하고 있다. 그림 6은 1900년부터 2020년까지 불탄 면적으로 이산화탄소 배출량이 급속히 증가하기 시작했던 1950년 이후 면적은 크게 줄어들었다.[1] 1997년 이후 위성으로 관측된 정확한 면적을 보면 연도별 변이가 매우 크다는 사실을 알 수 있다. 이는 광활한 숲이 펼쳐진 호주의 지리적 특성에 따른 것으로 한번 화재가 발생하여 통제 능력을 벗어나면 크게 확대될 수밖에 없기 때문이다. 이 자료를 통해 분명히 확인할 수 있는 점은 이산화탄소나 지구온난화는 호주의 숲에서 발생하는 화재와는 아무런 인과 관계가 없다는 사실이다.

호주 신문『시드니 모닝 헤럴드』[2]는 2002년부터 2008년까지 특히 건조했던 시기에 다음과 같은 보도를 했다. "이 가뭄은 영원히 종식되지 않을 수도 있다." 또 호주에서는 저명한 기상학자라는 호주 기

1 Bjorn Lomborg Fighting Australia's Fire Myths, 2020 https://notalotofpeopleknowthat.wordpress.com

2 Sydney Morning Herald: 1831년에 창간된 호주 시드니 신문

상청의 기후분석국장은 "우리는 이 가뭄을 아마 호주의 새로운 기후라고 불러야 할 것이다."라고 경고했다

하지만 그 기상학자가 2008년에 그러한 가뭄이 새로운 정상으로 될 것이라고 경고했음에도 불구하고, 호주는 2010년과 2011년에 기록적인 홍수로 물에 잠겼다. 영국 『가디언』은 그 홍수는 너무나 엄청나서 일부 해양학자들은 그런 홍수 때문에 수증기가 대기로 증발하여 지구의 해수면 높이가 "7㎜"나 낮아졌다고 말했다는 보도를 했다.

smh.com.au
The Sydney Morning Herald

News Entertainment Life & Style Business Sport Travel Tech Other Sections

Home » Environment » Article

This drought may never break

Richard Macey
January 4, 2008

IT MAY be time to stop describing south-eastern
Australia as gripped by drought and instead accept the extreme dry as permanent, one of the nation's most senior weather experts warned yesterday.

"Perhaps we should call it our new climate," said the Bureau of Meteorology's head of climate analysis, David Jones.

2008년 1월 4일 Sunday Morning Herald

theguardian

Australian floods of 2010 and 2011 caused global sea level to drop

Puzzled oceanographers who wondered where the sea level rise went for 18 months now have their answer - it went to Australia

An aerial view of flood waters around Wagga Wagga, New South Wales, Australia, on 6 December 2010. Photograph: Les Smith/pool/EPA

Rain - in effect, evaporated ocean - fell in such colossal quantities during the Australian floods in 2010 and 2011 that the world's sea levels actually dropped by as much as 7mm.

2013년 8월 23일 Guardian

그뿐만 아니라 호주에서는 텔레비전으로 전국에 끔찍한 장면을 생생하게 방송했던 2019/2020년 들불 시기 바로 직후에 기록적인 농업 생산성을 가져온 풍부한 강우를 경험했다는 사실이다. 아마 기후 선동가들은 이러한 사실을 일반인에게 알리는 것을 잊어버렸을 수도 있다. 호주 웹사이트 『성공적인 농업(Successful Farming)』[3]은 다음과 같이 보도했다.

3 https://www.agriculture.com/

"호주 정부의 원자재 예보국장은 주요 곡창 지역에 내린 풍부한 강우량으로 생산량이 증가하여 농부들은 2020/2021년 추수기에 기록적으로 많은 양의 밀을 수확하게 될 것이라고 말했다."

"호주 농업자원경제과학국(ABARES: Australian Bureau of Agricultural and Resource Economics and Sciences)은 수확이 거의 끝나는 2021년 7월에 생산량은 사상 최고인 3,334만 톤을 기록할 것이며, 이는 2016/2017년 수확량 3,180만 톤을 초과할 것이라고 말했다. ABARES는 12월에는 올해의 밀 총생산량은 3,117만 톤이 될 것으로 기대한다고 말했다."

"기록적인 수확량은 최근 몇 년 동안의 생산량과는 아주 거리가 멀다. 뉴사우스웨일즈(New South Wales)를 비롯한 호주 동부 주를 강타한 지난 3년간의 가뭄이 올해에 끝이 나면서 이러한 주들도 현재 농업 생산성 회복이 일어나고 있다. 코로나19 확산 방지를 위해 지난 1년 동안 많은 사업체가 일시 문을 닫게 되면서 30년 만에 처음 겪는 경기 침체에 들어가게 됐다. 이제 농업 생산성 회복이 경기 침체로부터 벗어나는데 도움이 될 것이다."

"ABARES는 2020/2021년 추수 시기의 보리 생산량도 늘어날 것으로 예측했다. 총생산량은 1,310만 톤이 될 것이며, 이는 2016/2017년에 수확한 역대 최고 기록인 1,340만 톤에 약간 못 미친다."

호주가 불타는 진짜 이유

2019/2020년에 들불로 연소된 총면적은 1974/1975년을 제외하고 대부분 평년을 훨씬 웃돈다. 하지만 호주에서는 엄청난 면적이 불탄 원인에 대해서는 분명한 의견 차이를 보인다. 기후 선동

을 주도하는 환경 운동가들은 보통 불탄 면적이 증가하는 것을 지구온난화로 인한 기온 상승과 연관 짓는다. 하지만 호주의 일반 국민들은 생각이 다르다. 환경 운동가들은 바닥에 있는 가연성 물질을 제거하기 위해 통제된 조건에서 고의로 불을 지르는 행위와 화재 차단용 지면 청소를 위한 "규정에 정해진 소각"에 대해 엄격한 규제를 추진했다. 그 결과 가연성 물질은 바닥에 쌓이고 지면 청소 소각은 어렵게 되었다. 호주의 일반 국민들은 환경 운동가들이 오히려 숲에 더 자주 더 위험한 불을 발생하게 했다고 믿고 있다. 그림 7은 1950년 이후 청소 소각 면적(Prescribed Burning, 그래프 위쪽 선)과 산불 연소 면적(Bushfire Burning, 그래프 아래쪽 선)의 변화를 보여준다.

그래프를 보면, 청소 소각이 줄어들면서 지면에 축적된 가연성 물질로 인해 화재가 증가했다는 결론을 내릴 수 있다. 2002년 호주에서 가연성 물질 제거로 인한 유명한 법정 소송이 있었다. 리암 시한(Liam Sheahan)이라는 주택 소유주가 숲에서 불이 날 경우를 대비하여 방화선을 구축하기 위해 자신의 집으로부터 약 100미터 이내에 있는 나무와 가시덤불을 제거함으로써 그 소송 사건은 시작됐다. 그는 벌금으로 호주 달러 5만 불과

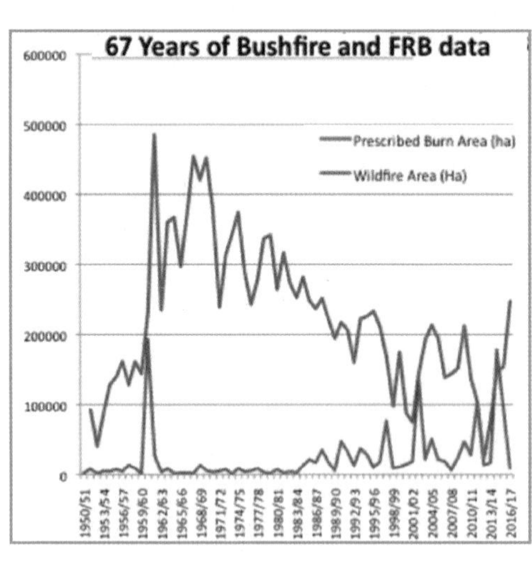

그림 7 청소 소각 면적과 산불 연소 면적의 변화

"불법 벌목"에 대한 비용으로 5만 불을 추가로 추징당했다. 하지만 2009년 검은 토요일 화재(Black Saturday Bushfire)로 최소 173명의 사망자가 발생한 대형 참사에서 그의 집은 그곳 작은 마을에서 유일하게 남아있었다. 그는 10년 뒤 2019년 대형 들불로 다시 한 번 언론의 주목을 받게 되었다.[4] 2019년 그는 언론과의 인터뷰에서 다음과 같이 말했다.

> **"집 주변을 깨끗하게 정리하지 않았다면 우리는 사라졌을 것입니다. 우리는 유일하게 그곳에서 살아남았습니다. 이것이 오늘 당장은 아닐 수 있고, 아마 10년 동안도 아닐 수 있지만, 실상은 하루아침에 타버린다는 것입니다. 이것이 호주에서 일어날 수 있는 실상입니다."**
>
> 『데일리 메일(Daily Mail)』 2019년 11월 14일

2019년부터 2020년까지 호주의 들불로 2,400채 이상의 가옥이 파손되고 9명의 소방관을 포함한 33명의 인명 피해가 발생했다. 이 시기 발생한 화재에서 한 자원봉사 지역소방관 타이슨 스미스(Tyson Smith)는 환경 운동가들이 청소 소각과 방화선 구

Mail Online News

Home | News | U.S. | Sport | TV&Showbiz | Australia | Femail | Health | Science | Money | Travel | Video | Best Buys | Discounts

'Illegally' clearing his property cost him $100k in fines. But when the Black Saturday fires killed 173, his family and home survived while his neighbours died - so LIAM SHEAHAN asks, why can't we control our own homes?

- Liam Sheahan was fined $50,000 by his local council for illegally clearing trees
- His decision was vindicated when his house remained after Black Saturday fires
- Every other home at Strath Creek, in central Victoria, was destroyed in the blaze
- Mr Sheahan, 64, believes property owners should be allowed to clear their land
- As fires rage in NSW, politicians refuse to discuss if preparations were adequate

By JOSH HANRAHAN FOR DAILY MAIL AUSTRALIA
PUBLISHED: 23:41 GMT, 14 November 2019 | UPDATED: 03:47 GMT, 15 November 2019

2019년 11월 14일 Daily Mail

---

4 Black-Saturday-survivor-fined-cutting-trees-supports-hazard-reduction, 2019
https://www.dailymail.co.uk/news/article-7678955/

MailOnline News

Furious firefighter claims 'muppet' environmentalists are directly responsible for catastrophic bushfires that have killed three

- Rural firefighter Tyson Smith called out authorities for stopping reduction burns
- His impassioned post has been shared more than 4,500 times on Facebook
- Mr Smith said the heat given off from the recent bushfires 'kills everything'

By ALANA MAZZONI FOR DAILY MAIL AUSTRALIA
PUBLISHED: 04:36 GMT, 11 November 2019 | UPDATED: 04:58 GMT, 11 November 2019

2019년 11월 11일 Daily Mail

축을 제한하라고 압력을 계속 증가시키는 것에 대해 자신의 의견을 좀 더 솔직하게 피력했다.[5] 그는 실제로 직접 체험하면서 숲에서 발생하는 화재에 관한 지식을 갖게 되었고 어떻게 방지하는지 알게 된 사람이다. 그는 컴퓨터 모델을 가지고 놀며 하루를 보내는 과학자 또는 기타 전문가로 여겨지길 바라는 사람도 아니다. 그는 언론에서 다음과 같이 말했다.

> **"환경 당국이 내린 결정의 직접적인 결과로 사람들이 목숨을 잃었습니다. 왜 이런 '환경 탈레반'들이 재판정에 살인죄로 기소되지 않는 이유를 말해 주세요. 얼마나 많은 주택, 얼마나 더 많은 숲과 초지가 불타야 합니까? 얼마나 더 많은 인명이 희생되어야 합니까? 그 멍청이들이 모든 것을 엉망진창으로 만들었다는 사실을 알 때까지 우리는 얼마나 더 참아야 합니까?"**

5 Rural-firefighter-posts-furious-rant-environmentalists-blaming-bushfire-crisis, 2019 https://www.dailymail.co.uk/news/article-7671565/

제7장

기상이변이 급증한다

인간에 의한 지구온난화로 기상이변이 위험 수준으로 급증하고 있다고 경고하는 사이비 전문가들이 넘쳐나고 있다. 여기에는 진짜 전문가들도 끼어들고 있다.

> "인류는 시한폭탄 위에 앉아있다. 만약 전 세계 과학자들 대부분이 하는 말이 옳다면, 우리가 자초한 재앙으로 인해 지금까지 한 번도 경험해 보지 못한 기상이변, 가뭄, 홍수, 전염병, 그리고 살인적인 폭염으로 이어지는 지구의 기후 시스템 전체에 엄청난 파괴가 일어나고, 그 대재앙을 막을 수 있기까지는 단 10년 밖에 남지 않았다."
>
> 앨 고어(Al Gore)

> "기상이변, 가뭄, 홍수의 빈도가 증가하는 것은 기후과학자들이 수십 년 동안 예측해 온 것과 일치한다. 현재 일어나고 있는 일들은 예측한 것보다 더 심각하며 증거는 계속 쌓여가고 있다. 만약 우리가 지금 대응하지 못하면 훨씬 더 악화될 것이다."
>
> 데이비드 스즈키(David Suzuki, 캐나다 방송인)

> "우리가 확신할 수 있는 한 가지가 있다면, 슈퍼 태풍 샌디(Sandy), 필리핀을 강타한 태풍 하이옌(Haiyan), 영국의 대홍수와 같은 기상이변들이 계속 발생하여, 해안선을 흔적도 없이 파괴하고 수백만 채의 집을 황폐화하며 수

천 명의 목숨을 앗아가는 재난으로 이어지게 된다."

나오미 클라인(Naomi Klein, 캐나다 작가)

"기상이변은 부유한 나라와 가난한 나라 가리지 않고 계속해서 더 빈번하고 강렬해지며, 생명뿐만 아니라 기반 시설, 제도와 예산마저 송두리째 날려 버린다. 이는 위험한 안보 공백 상태를 만들 수 있는 끔찍한 결합체가 될 것이다."

반기문(Ban Ki-moon, 유엔사무총장)

"이제 우리는 계속 늘어나는 이산화탄소를 대기로 방출할 수 없다는 것을 안다. 행동에는 결과가 따른다. 사실, 과거 행동의 결과는 이미 드러나고 있다. 지구 기온이 상승하고 있다. 빙하가 녹고 있다. 해수면이 상승하고 있다. 기상이변이 폭증하고 있다."

캐리 파울러(Cary Fowler, 미국 농업전문가)

"이 재앙은 먼 미래 과학 소설에서 일어나게 되어 있는 것이 아니라, 우리가 살아있을 동안 일어날 것이다. 지금 우리가 행동하지 않는 한 그 결과는 처참하고 돌이킬 수 없을 것이다."

안토니 블레어(Anthony Blair, 영국 수상)

"지금 우리가 행동하지 않는다면, 세계는 지금까지 보지 못한 전 지구적 규모의 대재앙을 목격하게 될 것이다."

알록 샤르마(Alok Sharma, COP26 의장)

하지만 이런 주장을 뒷받침하는 증거가 있나?

1971년 이후 반세기 동안 전 세계적으로 열대성 폭우(그림 1의 위쪽 선)와 허리케인(그림 1의 아래쪽 선)의 수를 보면 둘 다 약간 감소하는 것처럼 보인다. 1800년대 후반 이후 미국에 상륙한 허리케인 수에 초점을 맞추면 분명한 감소가 있다(그림 2).

2016년 『워싱턴 포스트』는 미국 해안에 도달하는 허리케인 발생

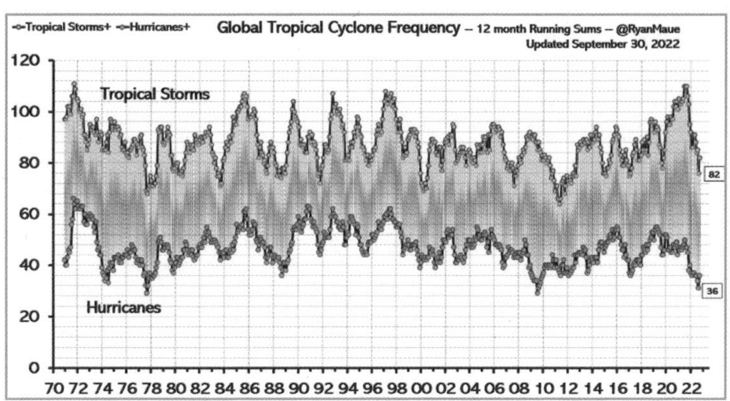

그림 1 연도별 열대성 폭우와 허리케인

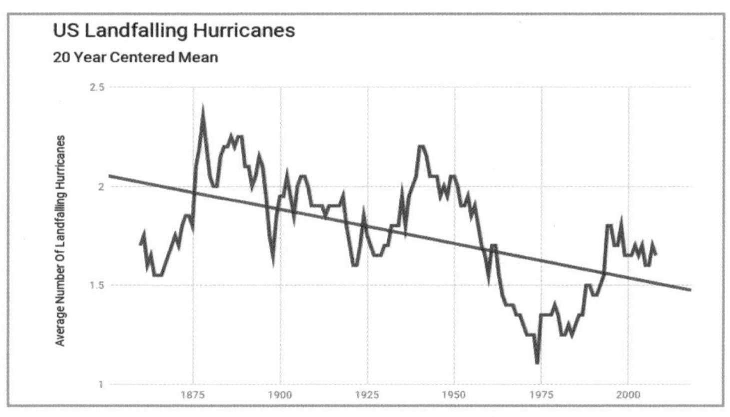

그림 2 미국에 상륙한 허리케인

The Washington Post

Capital Weather Gang

The U.S. coast is in an unprecedented hurricane drought — why this is terrifying

Hurricanes, large and small, have eluded U.S. shores for record lengths of time. As population and wealth along parts of the U.S. coast have exploded since the last stormy period, experts dread the potential damage and harm once the drought ends.

Three historically unprecedented droughts in landfalling U.S. hurricanes are presently active.

A major hurricane hasn't hit the U.S. Gulf or East Coast in more than a decade. A major hurricane is one containing maximum sustained winds of at least 111 mph and classified as Category 3 or higher on the 1-5 Saffir-Simpson wind scale. (Hurricane Sandy had transitioned to a post tropical storm when it struck New Jersey in 2012, and was no longer classified as a hurricane at landfall, though it had winds equivalent to a Category 1 storm.) The streak has reached 3,937 days, longer than any previous drought by nearly two years.

2016년 8월 4일 Washington Post

The Washington Post

Another hurricane is about to batter our coast. Trump is complicit.

By Editorial Board

September 11, 2018 at 5:45 p.m. MDT

YET AGAIN, a massive hurricane feeding off unusually warm ocean water has the potential to stall over heavily populated areas, menacing millions of people. Last year Hurricane Harvey battered Houston. Now, Hurricane Florence threatens to drench already waterlogged swaths of the East Coast, including the nation's capital . If the Category 4 hurricane does, indeed, hit the Carolinas this week, it will be the strongest storm on record to land so far north.

President Trump issued several warnings on his Twitter feed Monday, counseling those in Florence's projected path to prepare and listen to local officials. That was good advice.

[Category 4 Hurricane Florence drawing closer to Carolinas and threatens 'catastrophic' flooding]

Yet when it comes to extreme weather, Mr. Trump is complicit. He plays down humans' role in increasing the risks, and he continues to dismantle efforts to address those risks. It is hard to attribute any single weather event to climate change. But there is no reasonable doubt that humans are priming the Earth's systems to produce disasters.

2018년 9월 11일 Washington Post

건수가 너무 부족하자 "전례 없는 허리케인 가뭄"이라는 기사를 내며 당황하기 시작했다.

워싱턴 포스트에게는 다행스럽게도, 2017년 8월에 허리케인 하비(Harvey)가 남부 텍사스와 루이지애나 해안을, 2018년 9월에는 허리케인 플로렌스(Florence)가 동부 해안을 강타했다. 덕분에 워싱턴 포스트는 몇몇 허리케인 기사를 쓸 수 있었다. 워싱턴 포스트에게 더 좋았던 것은, 두 번의 허리케인으로 트럼프 대통령을 비난할 수 있었다. 이 기사에서 『워싱턴 포스트』는 "하지만 기상이변에는 트럼프 대통령이 공범이다. 그는 위험을 증가시키는 인간의 역할을 무시한다."라고 썼다.

허리케인뿐만 아니라 멕시코만에서 발생하여 미국 중서부 지역을 강타하는 토네이도 역시 뚜렷한 감소 추이를 보인다. 그림 3은 1970년부터 2020년까지 연간 강도 높은 토네이도(F3+)[1] 수를 제시한 것이다. 관측 기술의 발달로 더 많은 발생 건수가 기록되어야 하지만 오히려 줄어들고 있다.

미국의 허리케인과 토네이도만 감소하는 것이 아니다. 그림 4는

1 토네이도는 6등급(F0~ F5)으로 나누며 시속 218㎞ 이상일 경우(F3+) 피해가 크다.

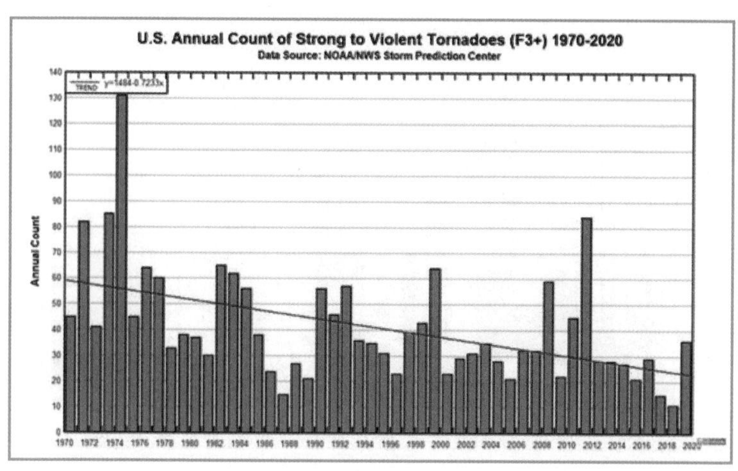

그림 3 미국의 연간 강도 높은 토네이도 수

지난 1951년부터 2020년까지 우리나라, 일본, 중국, 필리핀 등을 강타하는 서태평양에서 발생하는 태풍의 수를 나타내고 있다. 전체적으로 뚜렷한 감소 추이를 보여주고 있다. 이 기간 이산화탄소는 315ppm에서 415ppm으로 약 100ppm(30%)이나 증가했다.

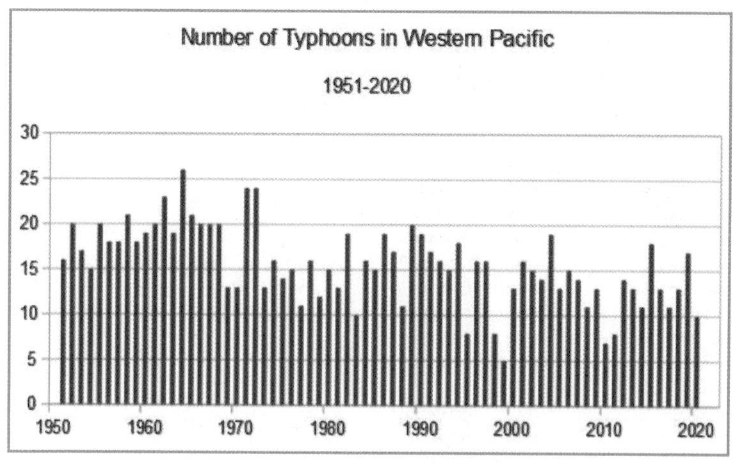

그림 4 서태평양에서 발생하는 태풍의 수

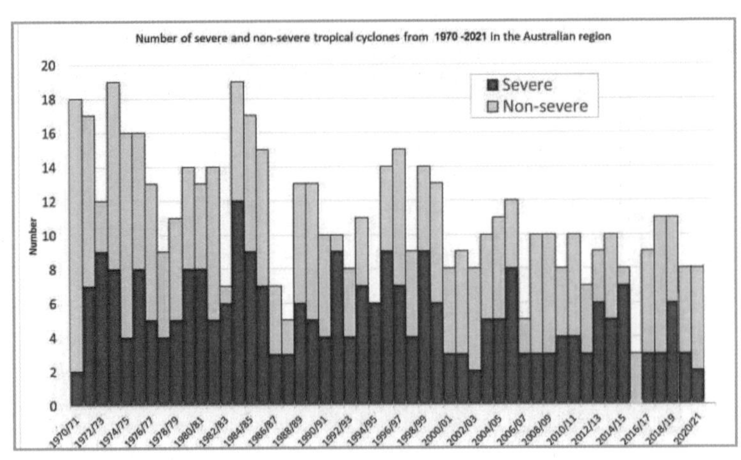

그림 5 호주의 열대성 사이클론 수

그림 5는 호주 주변에서 발생하는 열대성 사이클론 수의 변화를 보여준다. 그림에서 보듯이 강(Severe)과 약(Non-severe) 구분 없이 모두 뚜렷한 감소 추세가 나타나고 있다. 이산화탄소는 1971년부터 2021년까지 326ppm에서 416ppm으로 증가했다.

태풍과 허리케인이 더욱 극심해지고 있는지를 평가하는 또 다른 방법은 사망자 수를 따져보는 것이다. 가장 많은 사망자를 낸 태풍 10개 중 7개는 1959년 이전에 발생했다(그림 6). 대기 이산화탄소 농도가 현재 수준으로 상승하기 훨씬 이전에 발생했다. 가장 많은 사망자를 낸 10대 허리케인에서도 유사한 그림을 볼 수 있다(그림 7). 그림 7의 10개 허리케인 중 7개는 대기 이산화탄소 농도가 350ppm에

Deadliest Pacific typhoons

Rank	Typhoon	Season	Fatalities
1	"Haiphong"	1881	300,000[1]
2	Nina	1975	229,000[1]
3	July 1780 Typhoon	1780	100,000[2]
4	"Swatow"	1922	60,000[1]
5	"China"	1912	50,000[1]
6	July 1862 Typhoon	1862	40,000[2]
7	September 1881 Typhoon	1881	20,000[2]
8	"Hong Kong"	1937	10,000[1]
9	Haiyan	2013	6,340[3]
10	Vera	1959	5,238[1]

그림 6 최다 사망자를 낸 태평양 10대 태풍

도달하기 전에 발생했다.

가장 많은 사망자를 낸 태풍과 허리케인에 관한 표(그림 6과 그림 7)만으로는 그 강도가 떨어지는 이유에 관해 의문이 제기될 수 있다. 한편으로는, 더 정확한 일기예보와 관측, 더 현대적인 통신, 그리고 더 향상된 건물 기준과 같은 것들이 최근의 낮은 사망률에 주요하게 기여했다고 할 수 있다. 반면에, 세계 인구가 1950년 25억 명에서 2021년까지 70억 명 이상으로 급증하고, 더 많은 사람들이 해안 가까이에 살고 있다. 따라서 기상이변이 정말로 더 심각하게 변했다면, 사망자 수는 증가해야 한다.

Deadliest Atlantic hurricanes			
Rank	Hurricane	Season	Fatalities
1	"Great Hurricane"	1780	22,000–27,501
2	Mitch	1998	11,374+
3	Fifi	1974	8,210–10,000
4	"Galveston"	1900	8,000–12,000
5	Flora	1963	7,193
6	"Pointe-à-Pitre"	1776	6,000+
7	"Okeechobee"	1928	4,112+
8	"Newfoundland"	1775	4,000–4,163
9	"Monterrey"	1909	4,000
10	"Dominican Republic"	1930	2,000–8,000

그림 7 최다 사망자를 낸 대서양 10대 허리케인

극한 기온이 더욱 강해지고 잦아졌다는 거짓말

기후변화에 관한 정부 간 협의체(IPCC)는 최근 보고서에서 다음과 같이 적고 있다.

> "요약하자면, 1950년 이후 충분한 데이터가 있는 육지를 대상으로 한 전 지구적 규모로, 추운 낮과 밤의 수가 전반적으로 감소했고 따뜻한 낮과 밤의 수가 전반적으로 증가했을 가능성이 매우 높다. 북미, 유럽, 호주에서도 이러한 변화가 대륙 전반적으로 일어났을 것이다."

하지만 장기 관측 기온이 가장 잘 보관된 미국을 보면, 따뜻한 낮과 밤이 많아졌고 더 추운 낮과 밤이 줄어들었다는 IPCC의 주장이 관측 사실과 다르다는 것을 알 수 있다. 그림 8은 미국의 기온이 화씨 90도(섭씨 32.2도)를 넘은 1918년부터 2018년까지의 연간 일수 비율을 보여준다. 지난 100년 동안 더운 날의 비율이 떨어지고 있음이 분명하다. 그리고 그림 9는 1918년부터 2018년까지의 연도별 평균 최저 기온을 보여준다.

미국에서 일어난 변화는 평균 최고 기온이 떨어지고 평균 최저 기온이 약간 상승하고 있다는 것이다. 실제 데이터는 인류 종말을 선동하는 기후 선동가들이 컴퓨터 모델로 점을 치는 것과는 정반대 현상을 보인다. 실상을 보면 대기 이산화탄소가 증가하고 있음에도 불구하고 날씨가 더욱 안정되고 극단적인 기상이변이 줄어들고 있음이 관측되고 있다.

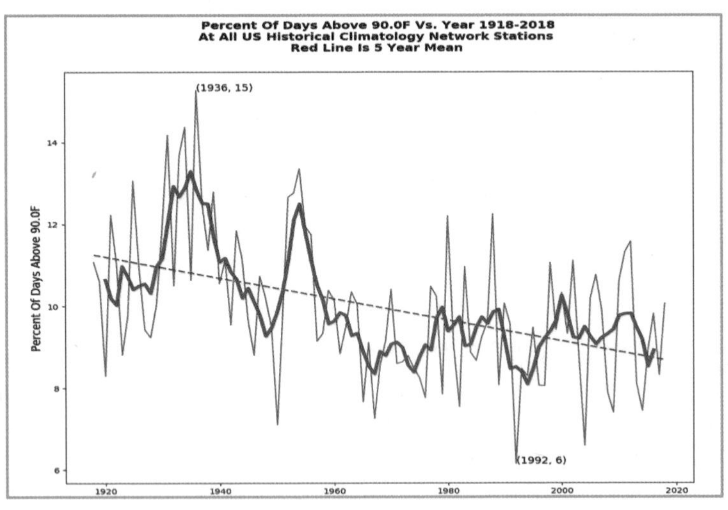

그림 8 미국에서 90°F 이상인 연중 일수의 비율(%)

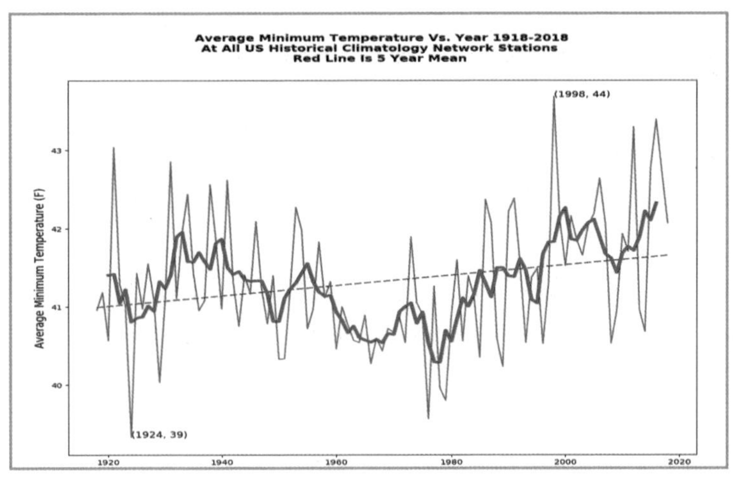

그림 9 미국에서 관측된 100년 동안 평균 최저 기온

홍수와 가뭄이 더욱 많아졌다는 거짓말

기후 선동가들과 종말론자들의 또 다른 예측은 인간 활동으로 인한 이산화탄소 증가가 더 많은 홍수로 이어진다는 것이다. 관측된 증거는 이들의 주장과 또 다시 모순된다. 1931년 미국 신문『피츠버그 포스트 가제트』[2]는 중국에서 일어난 대홍수를 보도하고 있다. 당시 중국 후난성과 후베이성에서 대홍수로 200만 명의 사망자와 700만 명의 난민이 발생한 소식을 전하고

Pittsburgh Post-Gazette
MONDAY MORNING, AUGUST 24, 1931.

2,000,000 FEARED DEAD IN CHINA

Famine, Pestilence Pushing Flood Toll Higher.

HANKOW, Aug. 23.—(AP)—Relief was rushed to the flooded Yangtse river valley today but with the knowledge that many more thousands will die before any measures can prove effective for the homeless, starving and pestilence ridden millions.

Careful surveys reveal that at least 1,000 persons are dying each day in the district which centers around Wuchang, Hanyang and Hankow. Sixty thousand square miles of Hupeh and Hunan provinces are covered by water five to 20 feet deep. Seven million people were homeless and destitute in those provinces.

It was a physical impossibility to estimate the number of deaths but there was little doubt they would reach 2,000,000 in Hupeh and Hunan provinces before the floods abate and ravages of disease and famine end.

1931년 8월 24일
Pittsburgh Post-Gazette

2 Pittsburgh Post-Gazette: 1786년에 창간된 미국 펜실베이니아주 피츠버그 지역 일간 신문

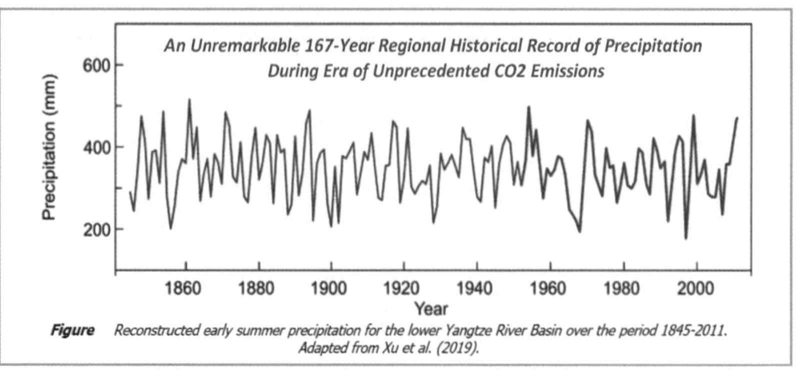

그림 10 1845년부터 2011년까지 양쯔강 유역의 강수량(mm)

있다. 그림 10에서 1845년부터 2011년까지 중국 양쯔강 유역에서 지난 160여 년 동안의 강우량을 살펴보면 산업화 이전부터 21세기까지 상승 추세는 없다.

과거 미국에서도 수많은 홍수 재난이 있었다. 1913년, 1927년, 1932년, 1936년, 1937년, 1938년, 1972년, 1976년, 1977년에 대홍수가 있었고, 1930년대와 1970년대에는 특히 심했던 것 같다. 1936년 홍수가 최악 중 하나였다. 1936년 3월 20일 뉴욕 『데일리 뉴스』는 서부지역에는 지독한 황사가 계속되고 미시시피강 동쪽 14개 주 수도 워싱턴 DC를 포함하는 100개 도시에서 홍수가 발생했다고 지도와 함께 보도하고 있다. 같은 날 『뉴욕 타임스』

The Daily News FINAL

ALL EASTERN AMERICA UNDER FLOOD WATERS

Terrible Duststorm Rages In West

PRESIDENT SIGNS APPEAL AS CAPITOL FLOODED

100 Cities And 14 States Affected

Washington Inundated

1936년 3월 20일 Daily News

는 주별 홍수 상황을 보도하면서 134명이 사망하고 20만 명이 집을 잃었다는 소식을 전하고 있다.

그림 11에서 1895년 이후 미국의 강우량을 살펴보면, 대기 이산화탄소 농도가 급격히 상승했음에도 불구하고 큰 변화는 없었다. 강우량은 그래프 왼쪽에 눈금이 있는 중앙의 평평한 선이고 대기 이산화탄소 농도는 오른쪽에 눈금이 있는 가파르게 상승하는 선이다.

The New York Times

134 DEAD, 200,000 HOMELESS IN FLOODS; WHEELING DELUGED, WASHINGTON HIT, WIDE NEW ENGLAND AREA IS CUT OFF

Flood Situation by States

By The Associated Press.

From the Ohio and Potomac Valleys to Maine, the greatest floods of this century in the northeastern section of the country rolled on unchecked last night in eleven States. The death toll had mounted to 134 or more. Thousands were fleeing from newly threatened communities and the ravaged sections were fighting to combat widespread disease, hunger and looting.

Casualty lists and damage tolls mounted hourly. The homeless were estimated at 200,000; the property damage had passed the $150,000,000 mark.

The situation by areas:

WEST VIRGINIA—Floods from Pennsylvania strike State with vast damage; many lives lost; Wheeling inundated and isolated, with 17 dead; State's total dead 21.

PENNSYLVANIA—In the western part floods were subsiding at Pittsburgh, Johnstown and other points; property damage was $100,000,000; transportation and communications were still paralyzed. Looting was serious at Vandergrift. In the eastern part many cities were hit; 50,000 were homeless; property damage ran into the millions, and the Susquehanna carried fresh threats. The State's death toll was estimated at 86.

CONNECTICUT—Hartford faced the worst flood of its history as the Connecticut River continued to rise.

WASHINGTON, D. C.—President Roosevelt asked contributions to a $3,000,000 Red Cross relief fund, and surveyed the feverish work of building defenses of the capital against the Potomac flood, which was visible from the White House. Dikes were constructed. Two lives were lost.

NEW YORK—4,000 were homeless, two were dead, many roads

1936년 3월 20일 New York Times

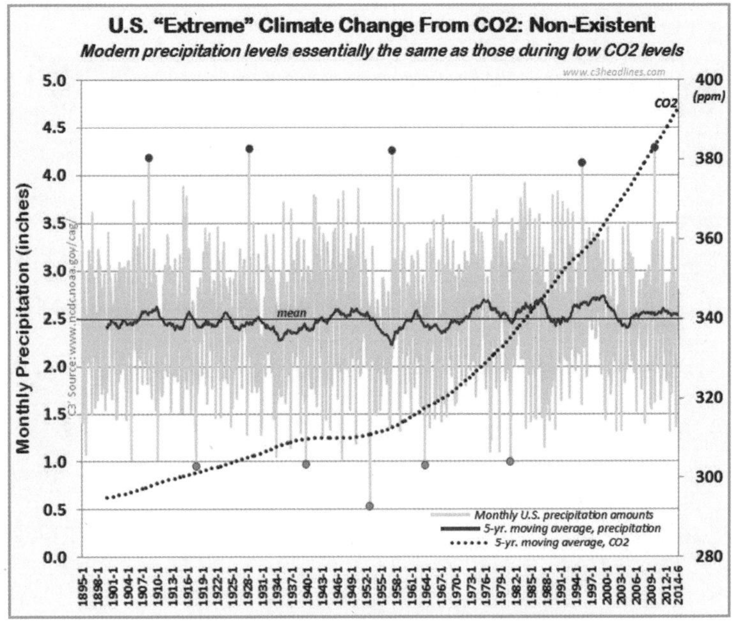

그림 11 미국의 월별 강수량과 대기 이산화탄소 농도

2011년 미국 ABC 방송은 뉴스에서 "텍사스 가뭄은 끝이 보이지 않는다며 전 세계 모든 농부들이 기후변화의 영향을 받을 것"이라고 보도했다. 그리고 한 과학자는 "텍사스가 현재 겪고 있는 지옥 같은 가뭄은 기후변화로 인해 더욱 악화되고 있는 것이 거의 확실하다."라고 말했다. 같은 해 텍사스 신문 『휴스턴 크로니클』[3]은 새로 나온 책에 관한 기사를 이렇게 썼다. "올여름 수영장 옆에 앉아서 땀 흘리며 읽어야 할 책은 『지구온난화가 텍사스에 미치는 영향(The Impact of Global Warming on Texas)』이다."

Chron | Local | US & World | Sports | Business | Entertainment | Life

Texas is vulnerable to warming climate

ANDREW DESSLER
, HOUSTON CHRONICLE Published 5:30 am, Sunday, July 10, 2011

As you sit by the pool and sweat this summer, one book you should be reading is *The Impact of Global Warming on Texas* (University of Texas Press, June 2011, second edition). This book, written by a group of Texas academics, is a sober analysis of our state's vulnerability to climate change — and the things we can do about it.

It is a particularly appropriate read as we suffer through the hellish summer of 2011. While it is unknown exactly how much human activities are contributing to this summer's unpleasant weather, one lesson from the book is clear: Get used to it. The weather of the 21st century will be very much like the hot and dry weather of 2011. Giving extra credibility to this forecast is the fact that the weather extremes that we are presently experiencing were predicted in the first edition in 1995.

2011년 7월 16일 Houston Chronicle

신문은 이 책을 "우리 주의 기후변화 취약성에 대한 냉정한 분석"이라고 칭송했다. 계속해서 무더위에 땀 흘리는 독자들에게 "이 책을 숙독하라. 다가올 21세기의 날씨는 2011년의 덥고 건조한 날씨와 매우 비슷할 것이다."라며 경고성 메시지를 보냈다.

2011년은 텍사스에서 특히 건조한 해였던 것은 사실이다. 하지만 지구온난화 광신자들의 예언에서 자주 일어나는 것처럼, 그들

3 Houston Chronicle: 1901년에 창간된 미국 텍사스주 휴스턴 신문

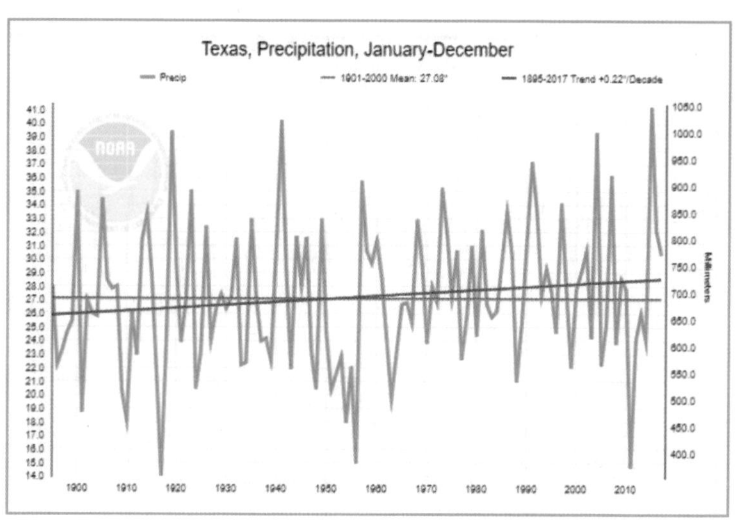

그림 12 텍사스 강수량 변화(1895년부터 2017년까지)

이 무언가를 예측하는 즉시, 그 반대 현상이 일어난다. 그림 12는 1895년부터 2017년까지 텍사스의 강수량을 보여주고 있다.

분명 2011년은 매우 건조한 해였지만, 2012년이 되자 강수량은 거의 평년 수준으로 돌아왔다. 그리고 2015년에는 엄청난 비가 내리기 시작했고 텍사스는 관측 이래 가장 많은 강수량을 기록했다. 텍사스의 강수량은 전반적으로 감소하지 않고 있다. 지난 100여 년 동안 10년에 약 0.56cm(0.22인치)씩 증가하고 있다. 따라서 텍사스에 끝없는 가뭄이라는 기후 선동가들의 공포 예측은 아마 시기상조였다.

마지막으로 강우량에 대한 이 부분을 끝내기 위해 세계의 또 다른 지역인 아마존 유역 데이터를 검토해볼 필요가 있다. 2015년 영국 『데일리 메일』은 다음과 같이 보도했다. "지구의 허파라고 불리는 아마존에서 악화되는 가뭄이 기후변화로 가속화

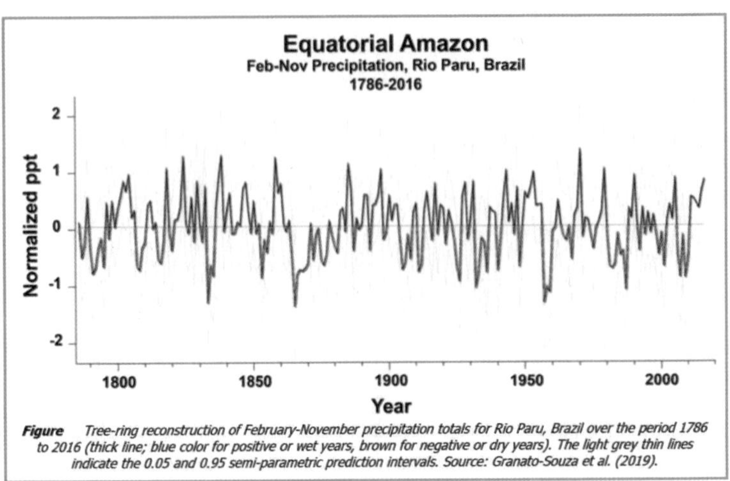

그림 13 2월부터 11월까지 아마존 강수량(1786년부터 2016년까지)

되고 있다고 과학자들은 경고했다."[4] 이 기사는 건조했던 2010년에 관해 과학자들이 수행한 연구에 근거하고 있다. 하지만 그림 13에 있는 1786년부터 2016년까지 아마존 유역의 강수량 그래프를 보면 2010년 수준의 건조한 기간을 여러 시기에서 볼 수 있다. 2010년이 1832년, 1865년, 1930~1940년, 1960년, 1990년의 건조 시기(수평선 '0' 아래 선)보다 나쁘지 않다. 더구나 기후 선동가들이 예측하는 것처럼 가뭄이 심화되고 있다는 징조는 없다.

가뭄과 홍수의 참혹한 디스토피아

호주는 가뭄과 홍수가 자주 발생하기 때문에 기후 선동가들에

4 Daily Mail 5 March 2015

게 인간에 의한 지구온난화 대재앙 공포를 퍼뜨릴 수 있는 충분히 설득력 있는 소재를 제공한다. 2021년 3월 영국『가디언』의 기사에서, 하키 스틱으로 악명 높은 마이클 만은 호주의 미래 날씨에 대해 인간에 의한 기후변화로 가뭄에 시달리는 불모지와 홍수로 수몰되는 침수지 사이를 번갈아 오가는 "참혹한 디스토피아"로 예측했다.

Opinion
Climate change

It's not too late for Australia to forestall a dystopian future that alternates between Mad Max and Waterworld

Michael Mann

Catastrophic fires and devastating floods are part of Australia's harsh new climate reality. The country must do its part to lower carbon emissions

A year ago I lived through the Black Summer. I had arrived in Sydney in mid-December 2019 to collaborate with Australian researchers studying the impacts of climate change on extreme weather events. Instead of studying those events, however, I ended up experiencing them.

2021년 3월 23일 Guardian

하지만 만약『가디언』편집자가 약간의 조사만이라도 하려 했다면, 약 150년 전인 1876년 1월 4일에 있었던『시드니 모닝 헤럴드』기사를 발견했을 수도 있다. 그 기사는 호주의 날씨가 적어도 1789년부터 이미 200년 넘게 가뭄과 홍수가 교대로 일어났고, 미래 어느 시점에서 다시 나타날 것을 예측할 수 있게 해준다. 그 예측의 미래는 바로 지금이라고 할 수 있을 것이다.

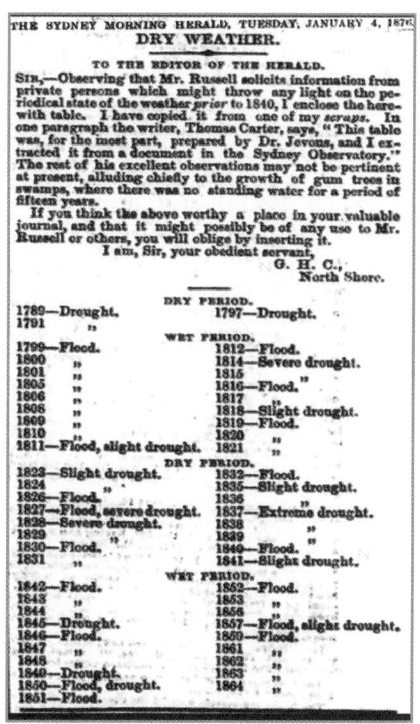
THE SYDNEY MORNING HERALD, TUESDAY, JANUARY 4, 1876.

DRY WEATHER.

TO THE EDITOR OF THE HERALD.

SIR,—Observing that Mr. Russell solicits information from private persons which might throw any light on the periodical state of the weather *prior* to 1840, I enclose the herewith table. I have copied it from one of my *scraps*. In one paragraph the writer, Thomas Carter, says, "This table was, for the most part, prepared by Dr. Jevons, and I extracted it from a document in the Sydney Observatory." The rest of his excellent observations may not be pertinent at present, alluding chiefly to the growth of gum trees in swamps, where there was no standing water for a period of fifteen years.

If you think the above worthy a place in your valuable journal, and that it might possibly be of any use to Mr. Russell or others, you will oblige by inserting it.

I am, Sir, your obedient servant,

G. H. C.,
North Shore.

DRY PERIOD.	
1789—Drought.	1797—Drought.
1791 "	
WET PERIOD.	
1799—Flood.	1812—Flood.
1800 "	1814—Severe drought.
1801 "	1815 "
1805 "	1816—Flood.
1806 "	1817 "
1808 "	1818—Slight drought.
1809 "	1819—Flood.
1810 "	1820 "
1811—Flood, slight drought.	1821 "
DRY PERIOD.	
1823—Slight drought.	1832—Flood.
1824 "	1835—Slight drought.
1826—Flood.	1836 "
1827—Flood, severe drought.	1837—Extreme drought.
1828—Severe drought.	1838 "
1829 "	1839 "
1830—Flood.	1840—Flood.
1831 "	1841—Slight drought.
WET PERIOD.	
1842—Flood.	1852—Flood.
1843 "	1853 "
1844 "	1856 "
1845—Drought.	1857—Flood, slight drought.
1846—Flood.	1859—Flood.
1847 "	1861 "
1848 "	1862 "
1849—Drought.	1863 "
1850—Flood, drought.	1864 "
1851—Flood.	

1876년 1월 4일 Sydney Morning Herald

I have been dismayed. First by the willingness of some climate scientists—abetted by the media and politicians—to misrepresent what the science says, and then by the many other scientists who are silently complicit in those misrepresentations.

-

Steven Koonin, Caltech Professor, Undersecretary of US DOE, under the Obama Administration, in His Book 「Unsettled」

제3부

부패와 조작

일부 기후과학자들이 언론과 정치인들의 부추김으로
과학적 사실을 거짓 전달하려고 자원하는 것에 나는 크게 실망했다.
또 그런 거짓말에 침묵으로 공모하는
다른 많은 과학자들이 있다는 사실에 경악을 금치 못했다.

-

스티브 쿠닌, 캘리포니아공대 교수, 미국 오바마 행정부 에너지 차관보
저서 『지구를 구한다는 거짓말』에서

제8장

관측 기온 조작하기

지난 20세기 초에 온난화가 시작됐던 지구는 1940년대 후반을 지나면서 냉각화로 가더니 1980년대 중반에 다시 온난화로 돌아섰다. 20세기 두 번째 온난화가 시작될 무렵 미국 항공우주국(NASA)의 제임스 한센(James Hansen)은 지구는 더워지고 있으며 이는 화석연료 사용으로 인한 대기 이산화탄소가 증가하기 때문이라고 했다. 미국 의회는 1988년 6월 NASA의 제임스 한센을 초청하여 청문회를 개최하고 지구온난화를 중요한 정치적 이슈로 만들었다. 『뉴욕 타임스』는 이를 1면 기사로 보도하면서 온난화는 온실효과로 인한 것으로 추정되며 이에 대처하기 위해서는 화석연료 사용을 줄여야 한다는 내용을 게재했다. 유엔은 그해 11월 더워지는 지구에 대한 원인을 찾고 대책을 마련하기 위하여 기후변화에 관한 정부 간 협의체(IPCC)를 설립하도록 했다.

The New York Times

NEW YORK, FRIDAY, JUNE 24, 1988

Global Warming Has Begun, Expert Tells Senate

Sharp Cut in Burning of Fossil Fuels Is Urged to Battle Shift in Climate

By PHILIP SHABECOFF
Special to The New York Times

WASHINGTON, June 23 — The earth has been warmer in the first five months of this year than in any comparable period since measurements began 130 years ago, and the higher temperatures can now be attributed to a long-expected global warming trend linked to pollution, a space agency scientist reported today.

Until now, scientists have been cautious about attributing rising global temperatures of recent years to the predicted global warming caused by pollutants in the atmosphere, known as the "greenhouse effect." But today Dr. James E. Hansen of the National Aeronautics and Space Administration told a Congressional committee that it was 99 percent certain that the warming trend was not a natural variation but was caused by a buildup of carbon dioxide and other artificial gases in the atmosphere.

1988년 6월 24일 New York Times

1992년에 개최된 리우환경정상회의에서 유엔기후변화 협약이 체결되고 이를 주도해온 앨 고어(Al Gore)가 1993년에 미국 부통령에 취임하면서 바야흐로 지구온난화 시대가 열렸다. 미국에서는 담당 국가기관인 국립해양대기청(NOAA)이 관련 업무를 주도하게 됐다. 특히 NOAA의 토마스 칼(Thomas Karl)은 1990년 IPCC 1차 보고서(AR1)부터 주도적으로 참여하기 시작했다. 지구는 분명 더워지고 있었고 유럽을 비롯한 다른 서방국가들도 여기에 매우 적극적으로 동참했다. 당시 시대적 분위기는 인간은 지구를 파괴하고 있고 석탄과 석유는 무조건 종말을 고해야 하며 재생에너지가 인류의 밝은 미래를 열어 간다는 것이었다. 그런데 지구온난화 이론을 옹호하고 있었던 NASA나 NOAA와 같은 국가기관들은 한 가지 큰 문제가 생겼다. 지구온난화가 이산화탄소 때문이라면 과거에 있었던 온난화와 냉각화는 이론에 맞지 않는다는 것이다. 지구온난화 이론을 무조건 받아들일 수 있는 유일한 방법은 과거 데이터를 조작하는 것이었다. 수십 년 또는 수백 년 전에 더웠거나 추웠던 기록 따위는 인류의 미래(화석연료 사용 중단)를 위해 크게 중요하지 않다는 생각이었다. 그것이 많은 정치인과 일부 과학자의 신념이기도 했다. 티모시 워스(Timothy Wirth) 유엔재단(UN Foundation) 이사장은 그 상황을 이렇게 표현했다.

"우리는 지구온난화를 무조건 받아들여야 한다. 설령 지구온난화 이론이 틀리더라도 경제 및 환경 정책 측면에서 옳은 일을 하게 되는 것이다."

이 장에서는 인간에 의한 재앙적인 지구온난화 이론을 위해 어떻게 의도적으로 지구의 관측 기온이 조작되었는지 살펴보겠다. 지난 1000년 전부터 지금까지 있었던 온난화와 냉각화를 숨기기 위해 어떤 조작을 했는지 증거 자료와 함께 설명하겠다. 또 지난 1880년대부터 지금까지 140여 년에 해당하는 이 기간에는 관측된 기온과 당시 신문 기사를 이용하여 범죄 수사기법으로 조작을 밝히고, 이러한 조작이 가능하게 된 이유도 알아보겠다.

조작된 하키 스틱과 기후 게이트

유엔 기후변화에 관한 정부 간 협의체(IPCC)가 1990년에 제출한 제1차 보고서는 지난 1000년 동안의 기온 변화를 아래 그래프 (c)와 같이 제시했다. 그리고 (a)와 (b)에 각각 100만 년과 1만 년 동안 기온 변화도 함께 제시했다. 주목할 점은 오늘날(청색 원)보다 8℃가 높았던 에미안 온난기(130,000~115,000BP[1], 붉은 원)와 2℃가 높았던 홀로세 최적기(Holocene Maximum, 9,000~5,000BP, 붉은 타원)를 그래프 (a)와 (b)에 뚜렷이 표현했다는 사실이다.

세 그래프 모두 세로축(y축)은 실제 기온 값이 없는 "도식적인 표현"에 불과하지만, 오늘날 기온보다 높은 시기가 있었다는 사실은 충분히 짐작할 수 있다. 특히 그래프 (c)는 두 가지 주요 사항을 보여준다. 20세기 초(점선)보다 기온이 상당히 높았던 서기 950년부터 1400년 경에 이르는 중세 온난기(Medieval Warm Period)

1 BP: Before Present, 지금부터 과거를 표시하는 연대.

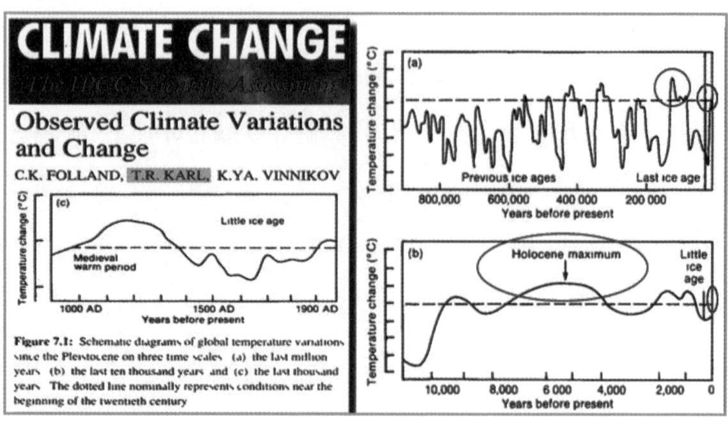

CLIMATE CHANGE

The IPCC Scientific Assessment

Observed Climate Variations and Change

C.K. FOLLAND, T.R. KARL, K.YA. VINNIKOV

Figure 7.1: Schematic diagrams of global temperature variations since the Pleistocene on three time scales (a) the last million years (b) the last ten thousand years and (c) the last thousand years The dotted line nominally represents conditions near the beginning of the twentieth century

IPCC 제1차 보고서(1990년)

와 1400년 경부터 1860년대까지 "소빙하기(Little Ice Age)"라고 불렸던 기온이 떨어졌던 시기가 있었다.

지난 1000년의 기후변화에 관한 이러한 견해는 40개국 450개 연구 기관의 750명이 넘는 과학자들이 작성한 전문가 상호 검증 조사로 확인됐다. 게다가 2003년 1월『기후 연구(Climate Research)』학술지에 게재된 지난 1000년의 기후 역사에 관한 140편의 전문가 연구 리뷰(검토 분석) 논문은 중세 온난기와 소빙하기 모두 있었다는 다음과 같은 결론을 내렸다.

> **"이 논문에서 검토한 광범위한 지리적 증거는 중세 온난기와 소빙하기가 있었음을 지지한다. 그리고 이 기간들은 지난 1000년 동안에 있었던 지구의 기후 역사를 복원하는데 유용한 검증 지표로 사용되어야 한다."[2]**

2 Proxy climatic and environmental changes of the past 1000 years Soon and Baliunas

하지만 IPCC가 1990년에 수용한 지난 1000년의 기후변화에 관한 이러한 견해는 현대 온난화가 화석연료로 인한 대기 이산화탄소 농도 상승이 주요인으로 작용하여 발생했다는 기후 선동가들의 확신에 문제를 제기했다. 다시 말하면 인간에 의한 재앙적 지구온난화 이론은 대기 이산화탄소가 산업화 이전 수준이었던 중세 온난기의 기온이 오늘날 수준 이상으로 상승한 이유와 이산화탄소 농도가 낮았고 변동도 없었던 소빙하기에 지구가 냉각된 이유를 설명할 수 없었다. 더구나 이 그래프는 기후변화가 산업화 이전에 온난화와 냉각화를 번갈아 가며 주기적으로 이루어졌음을 보여준다. 따라서 오늘날의 온난화는 또 다른 온난화 주기의 일부일 뿐이며 대기 이산화탄소 증가와 전혀 관련이 없다는 결론에 도달하게 된다.

그런데 1999년 당시 대학원 박사과정 학생이었던 마이클 만(Michael Mann)은 나무의 나이테를 사용하여 지난 1000년 동안의 기온을 복원한 그래프가 들어있는 논문을 발표했다. IPCC 1차 보고서에 실망했던 기후 선동가들은 만의 그래프를 열렬히 환영했다. 이 그래프는 기온이 서기 1000년부터 20세기 초 급상승을 시작할 때까지 기온이 떨어졌음을 나타낸다. 이후 "하키 스틱"이라는 유명한 이름을 갖게 될 정도로 영향력이 커졌다(그림 1).

하지만 이 그래프가 나오는 과정에서 사용된 방법, 통계 처리, 그리고 결과에 대해 수많은 학계의 비판이 있었다. 지금은 교수가 된 만(Mann)은 매우 노골적으로 비판했던 사람들을 상대로 두 건의 명예 훼손 법정 소송을 제기하기도 했다. 2015년에는 만의 하키 스틱을 비판하는 『A Disgrace to the Profession』라는 책이

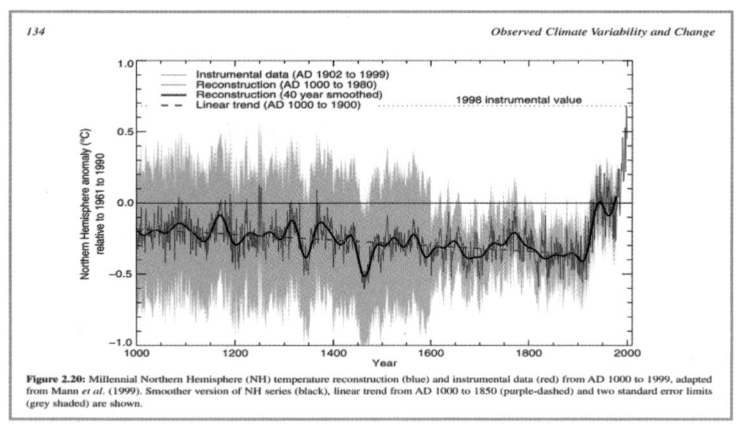

그림 1 하키 스틱 그래프

출간되기도 했는데, 저자들은 주요 기후과학자들을 인터뷰하여 하키 스틱에 대해 다음과 같은 결론을 내렸다.

"하키 스틱 그래프는 중세 온난기와 소빙하기를 모두 사라지게 하고 현대 온난화만 두드러지게 하여 지금의 기온이 과거 1000년보다 높다는 기후 선동가들의 주장을 대단히 강화했다. 즉, 최근 기온 상승의 원인이 지구 기후의 주기적인 변화보다는 화석연료 연소와 같은 인간 활동으로 인한 대기 이산화탄소의 증가라는 사실을 확실하게 만들었다. 하키 스틱은 엄청난 주목을 받았고 IPCC 2001년 3차 보고서에서 대대적으로 사용됐다. 특히 하키 스틱은 자칭 기후 전문가 앨 고어의 2006년 영화 『불편한 진실』의 핵심 내용이 됐다."

인류가 온도계를 발명하여 처음 사용하기 시작한 것은 1659년 영국이었다. 이후 영국 잉글랜드 중부 지방(Central England)을 중

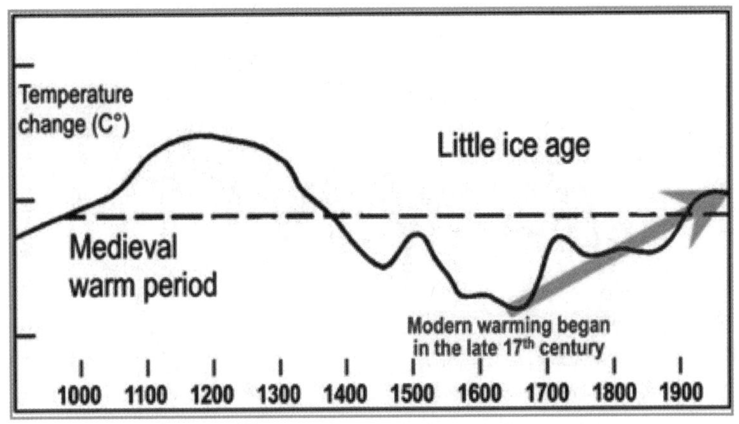

그림 2 휴버트 램의 과거 1100년 동안의 지구 기온 그래프[3]

심으로 관측된 기온 데이터는 지구의 기후 역사를 연구하는 소중한 자료가 됐다. 1972년 당시 세계적인 기후과학자 휴버트 램(Hubert Lamb) 영국 이스트앵글리아대학교 교수는 기후연구센터(CRU: Climatic Research Unit)를 설립하고 관측된 기온 자료를 정리하고 지구의 기후 역사를 연구하기 시작했다. 그는 과거 1100년 동안 지구 기온 변화는 중세 온난기와 소빙하기가 존재했고 지금은 소빙하기가 끝나면서 더워지는 현상이 나타나고 있음을 밝혔다. 그리고 당시 기후과학자들은 그의 주장에 동의하고 있었다. 그래서 1990년에 나온 IPCC 1차 보고서에서는 그의 곡선(Lamb Curve)이 채택되었으며 1998년까지 인정됐다(그림 2). 공교롭게도 휴버트 램 교수가 1997년 사망하자 그의 위대한 업적을 뒤집는 하키 스틱이 등장하게 된 것이다.

3 『불편한 사실』, 그레고리 라이트스톤 저, 박석순 역, 2021년, 어문학사

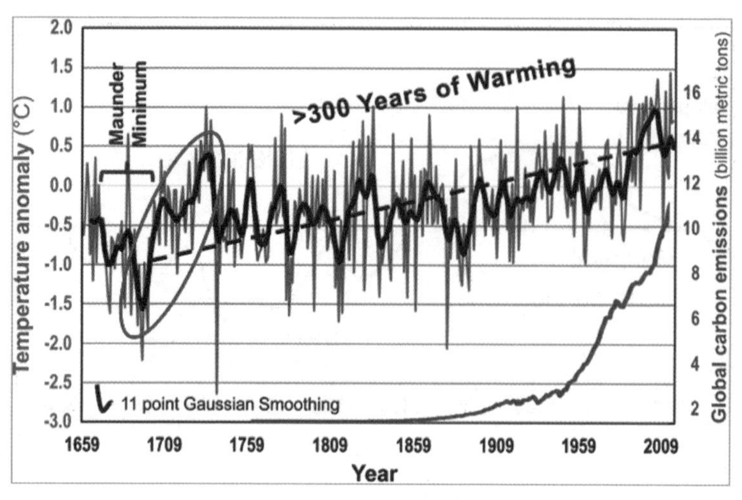

그림 3 온도계 발명 이후 관측된 기온 변화

램 교수는 오늘날 전 세계적인 기후 소동을 예견이나 한 듯이 지구의 기온은 소빙하기가 끝나면서 계속해서 조금씩 증가해 왔음을 증거로 남겼다(그림 3). 그림 3에서 주목할 점은 기온 상승은 화석연료 사용으로 인한 이산화탄소 배출과는 전혀 무관하게 일어나고 있으며, 소빙하기의 마운더 극소기(Maunder Minimum) 마지막 시기 1694년부터 1729년까지 35년 동안 약 2℃ 증가했다는 사실이다. 지금 벌어지고 있는 이산화탄소로 인해 150년 동안 1.5℃ 이상 증가하면 대재앙이 온다는 기후 선동가들의 주장을 정면으로 반박하는 기후 역사가 이미 300년 전 인간이 만든 온도계로 기록되어 있었다.

2009년 11월 19일 지구 기후의 소중한 역사를 간직해온 영국 이스트앵글리아대학교에서 세상을 놀라게 한 충격적인 사건이 발생했다. 기후연구센터(CRU)의 서버가 해킹당해 지난 10여년 간의 연구 자료와 소속 과학자들이 주고받은 이메일 등 1천여 건이 유출된 것이다. 그중 언론에 공개되어 크게 문제가 된 것은 1999년 CRU 소장이었던 필 존스(Phil Jones) 교수가 동료 과학자들에게 보낸 메일로 하키 스틱을 옹호하기 위해 1960년대 이후 냉각화 기간에 나타난 기온 하강을 숨기려고(Hide the Decline) 가짜 기온을 더하는 트릭(Trick)을 사용했다는 내용이었다.

Dear
Once Tim's got a diagram here we'll send that either later today or first thing tomorrow.
I've just completed Mike's Nature trick of adding in the real temps to each series for the last 20 years (ie from 1981 onwards) amd from 1961 for Keith's to hide the decline. Mike's series got the annual land and marine values while the other two got April-Sept for NH land N of 20N. The latter two are real for 1999, while the estimate for 1999 for NH combined is +0.44C wrt 61-90. The Global estimate for 1999 w data through Oct is +0.35C cf. 0.57 for 1998.
Thanks for the comments, Ray.

Cheers
Phil Date: Tue, 16 Nov 1999 13:31:15 +0000

Prof. Phil Jones
Climatic Research Unit Telephone +44 (0) xxxxx
School of Environmental Sciences Fax +44 (0) xxxx
University of East Anglia

Hide the Decline
Deleted
Archived
0.5
0
-0.5
-1
1400 1500 1600 1700 1800 1900 2000

유출된 1999년 이메일과 숨겼던 기온 데이터

기후 게이트(Climategate)라 불리는 이 사건은 미국과 영국 등에서 주요 언론 매체의 보도가 있

The Washington Post

Hackers post scientists' e-mails
Climate change skeptics say content proves data rigged to pin cause of global warming on humans.
▸ Juliet Eilperin

The New York Times

Hacked E-Mail Is New Fodder For Climate Change Dispute

npr

Climate Skeptics Pounce On E-Mails Hackers Got From U.K. Scientists' Files

By Mark Memmott

There's a storm brewing on the Web over e-mails that hackers got hold of in which some scientists at one of the world's leading research centers say things such as the need to "hide the decline" in data about temperatures. Skeptics who have doubts about whether humans are contributing to global warming are pouncing on the revelations.

Hackers leak e-mails, stoke climate debate

By DAVID STRINGER (AP) – 5 hours ago

LONDON — Computer hackers have broken into a server at a well-respected climate change research center in Britain and posted hundreds of private e-mails and documents online — stoking debate over whether some scientists have overstated the case for man-made climate change.

2009년 기후 게이드 보도 기사

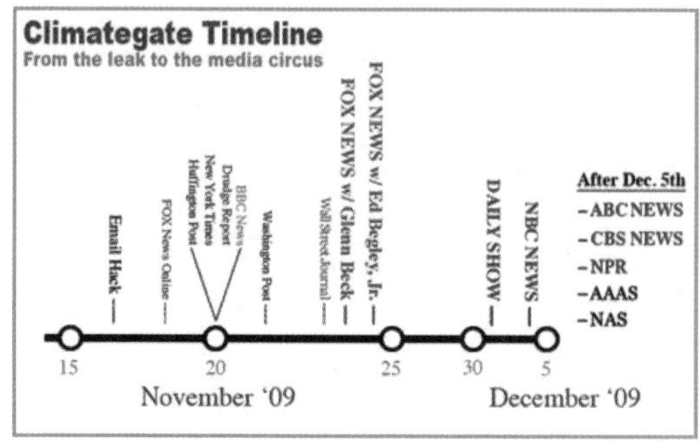

2009년 기후 게이트 언론 보도 타임라인

었다. 이메일로 폭로된 또 다른 내용은 CRU가 1999년에 데이터 조작에 관여했다는 것 외에 지구온난화의 주요인은 인간 활동에 의한 대기 이산화탄소 증가라는 이론을 의심하는 과학자들을 억누르기 위해 공모했다는 사실도 있었다.

이 충격적인 사건에도 불구하고 IPCC의 2001년 보고서와 앨 고어의 2006년 『불편한 진실』에서 핵심 내용이 된 하키 스틱은 무너지지 않았다. 달라진 점이 있다면 IPCC는 이후 말을 바꿔 중세 온난기와 소빙하기는 전 지구적이지 않고 일정 지역에서만 일어난 기후 현상이라며 다음과 같이 주장했다.

"고산지대의 빙하에서 나온 증거는 20세기 이전에 알래스카, 뉴질랜드, 파타고니아(Patagonia)를 비롯한 유럽이 아닌 광범위한 지역에서 빙하가 증가했음을 보여주고 있다. 하지만 이러한 지역에서 빙하가 최대로 생성된 시기는 상당히 다르다. 이는 전 세계적으로 동시에 빙하가 발생한 것이 아니라 지역적으로 달리 기후변화가 나타날 수 있음을 시사한다. 따라서 지금까지 나온 증거는 지난 1000년 동안 전 세계적으로 같은 시기에 이례적으로 따뜻하거나 추운 현상이 발생했다는 사실을 뒷받침하지 않으며, '중세 온난기'와 '소빙하기'라는 전통적인 용어는 과거 수 세기 동안의 북반구 또는 지구 전체 평균 기온 변화를 설명하기에는 제한된 효용성을 가지는 것으로 보인다."

하지만 중세 온난기와 소빙하기 둘 다 일어났다는 엄청난 양의 역사적 증거가 있다. 중세 온난기는 앞서 제3장에서 기술한 그린란드 바이킹 정착을 비롯하여 당시 유럽 사회에 번창했던 문명사에서도 볼 수 있다. 소빙하기의 시작과 끝은 영국 템즈강의 결빙 기록(15세기 2회, 16세기 5회, 17세기 10회, 18세기 6회, 19세기 1회)이 잘 보여주고 있다. 이 기록은 가장 추운 시기가 1600년대였음을 확인시켜 준다. 중세 온난기와 소빙하기가 지구의 기후 역사에 확실히 존재했다는 사실은 너무나 증거가 많아 누구도 부인할 수 없다.[4]

우리나라 조선왕조실록에도 소빙하기의 흔적을 찾아볼 수 있다. 1670년과 1671년에 발생한 경신 대기근에는 당시 조선 인구 500만 중 20%에 달하는 약 100만 명이, 1695년과 1696년의 을병 대기근에는 약 140만 명이 사망했으며, 그 외에도 1626년과 1627년의 병정 대기근과 1653년과 1654년의 계갑 대기근 등이 기록으로 남아있다. 태양의 활동이 떨어져 곡식이 아물지 않았고 여름에도 눈이 내렸다는 기록이 조선왕조실록에 있다. 그림 4는 실록에 나와 있는 기상이변을 표현한 것이다.[5] 15세기를 시작으로 19세기 중반까지 유럽의 기록과 거의 일치한다.

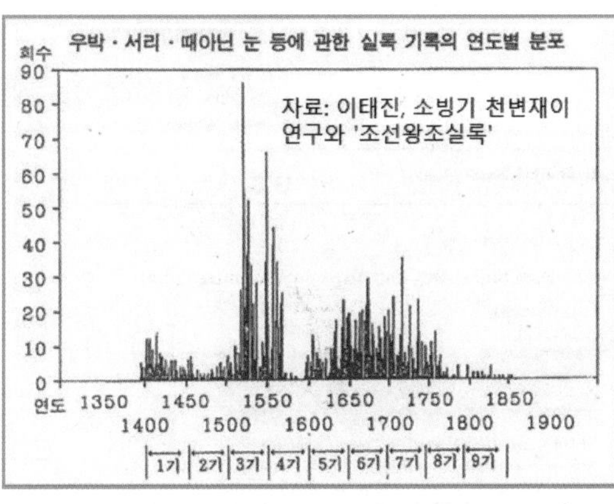

그림 4 조선왕조실록에 나와 있는 소빙하기 기상이변

4 『불편한 사실』, 그레고리 라이트스톤 저, 박석순 역, 2021년, 어문학사
5 『소빙기 천변재이 연구와 조선왕조실록』, 이태진, 1996년, 역사학회

전 세계에 산재하고 있는 엄청난 증거 자료에도 불구하고 IPCC는 2001년에 나온 3차 보고서부터 2021년 6차 보고서에 이르기까지 하키 스틱 그래프를 기본 자료로 사용하고 있다. 더구나 하키 스틱 그래프가 만들어지는데 사용된 방법, 그래프 뒤에 있는 컴퓨터 알고리즘, 그리고 결과에 대해 수많은 과학적 비판이 있지만 IPCC는 이를 무시하고 있다.

기온 추세는 그때그때 달라요

미국에서 기온이 온도계로 널리 관측되기 시작한 19세기 후반부터 지금까지 어떻게 데이터가 기록되고 상승 또는 하강 추세가 추정되는지를 살펴보면 훨씬 더 확고하게 조작되었다는 사실을 알고 증거도 찾아낼 수 있다.

시작하기 좋은 것은 1989년 1월 26일자 『뉴욕 타임스』 기사다. 이 기사는 1897년과 1987년 사이에 미국에서는 기온이 상승하는 온난화 추세가 없었다고 보도했다. 기사 내용은 다음과 같다.

The New York Times

U.S.

WORLD | U.S. | N.Y. / REGION | BUSINESS | TECHNOLOGY | SCIENCE | HEALTH | SPORTS | OPINION

POLITICS EDUCATION TEXAS

U.S. Data Since 1895 Fail To Show Warming Trend

By PHILIP SHABECOFF, Special to the New York Times

Correction Appended

WASHINGTON, Jan. 25-- After examining climate data extending back nearly 100 years, a team of Government scientists has concluded that there has been no significant change in average temperatures or rainfall in the United States over that entire period.

While the nation's weather in individual years or even for periods of years has been hotter or cooler and drier or wetter than in other periods, the new study shows that over the last century there has been no trend in one direction or another.

The study, made by scientists for the National Oceanic and Atmospheric Administration was published in the current issue of Geophysical Research Letters. It is based on temperature and precipitation readings taken at weather stations around the country from 1895 to 1987.

1989년 1월 26일 New York Times

"1895년 이후의 미국 기온 데이터는 온난화 추세를 보여주지 못한다. 약 100년 전으로 거슬러 올라가는 기후 데이터를 검토한 후, 정부 기관의 과

학자들은 이 시기에 미국의 평균 기온이나 강우량에 큰 변화가 없었다는 결론을 내렸다. 이 연구는 국립해양대기청(NOAA)의 과학자들에 의해 이루어졌다."

하지만 NOAA가 발표한 1895년부터 1987년까지의 미국 기온 그래프를 보면 10년 동안 0.06℉(0.033℃)의 뚜렷한 온난화 추세를 보여준다. 이것을 보여주는 것은 그림 5에서 위로 향하는 경사선이다. 상반되는 NOAA의 기온 변화 주장이 나오게 됐다. 『뉴욕 타임스』에서는 1897년에서 1987년 사이에 온난화가 없었다고 인터뷰해놓고는 다시 같은 시기에 10년에 0.06℉(0.033℃)의 온난화가 있었다고 발표했다. 그런데 기후 선동의 시발점이 된 NASA의 제임스 한센은 1986년 『이브닝 타임스』[6] 인터뷰에서 더욱 황당한 주장을 했다.

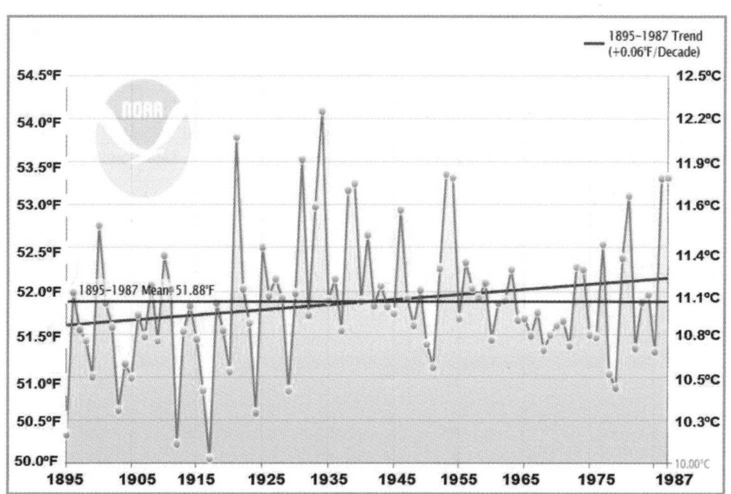

그림 5 미국의 기온 변화(1895년부터 1987년까지)

6 The Evening Times: 1876년에 창간된 영국 글래스고우 신문

12 — THE EVENING TIMES, THURSDAY, JUNE 12, 1986

calculated that if no action is taken to curb chemical emissions, "the greenhouse warming predicted to occur during the next 50 years should be about twice that which has occurred during the previous 130 years."

Hansen said the average U.S. temperature has risen from 1 to 2 degrees since 1958 and is predicted to increase an additional 3 or 4 degrees sometime between 2010 and 2020.

He said that with an expected doubling of atmospheric carbon dioxide by 2040, the number of days each year with temperatures over 80 degrees would rise from 35 to 85 in Washington, D.C., and Omaha, Neb.

Stephen Leatherman of the University of Maryland said that in the last 100 years the sea level has risen about one foot, with about half the increase attributed to global climate warming.

A one-foot rise, he said, generally will produce 100 feet of shoreline erosion on the Atlantic and Gulf coasts. "Within the next 40 to 50 years, sea level will probably have risen by a foot, resulting in major impacts to coastal environments," he said.

Under this projection, the resort town of Ocean City, Md., will lose 39 feet of shoreline by 2000 and a total of 85 within the next 25 years, according to Leatherman.

1986년 6월 12일 Evening Times

"미국의 평균 기온은 1958년 이후 화씨 1~2도(섭씨 0.56~1.11도)로 상승했으며 2010년에서 2020년 사이에 추가로 화씨 3~4도(섭씨 1.67~2.22도) 상승할 것으로 예상된다."

한센은 상당한 수준의 온난화가 발생했음을 주장하기 위해 기온이 낮았던 1958년을 시작 기준으로 선택한 것으로 보인다(그림 5). "2010년에서 2020년 사이에 추가적인 화씨 3~4도 상승을 예측했지만" 실제로는 미국 기온은 1958년부터 2020년까지 약 1℉(0.56℃) 상승했을 뿐, 그가 예측한 화씨 4~5도가 아니었다.

NOAA나 NASA와 같은 국가 기관에서도 "그때그때 달라요"식의 데이터 추세를 말할 수 있는 것이 기온임을 알 수 있다. 어디를 시점으로 어디를 종점으로 잡느냐에 따라 전혀 다른 결론을 낼 수 있음을 보여주는 사례다.

두 종류의 데이터를 만든다

미국 국립해양대기청(NOAA)은 두 종류의 데이터를 사용하여 기온 그래프를 발표한다. 직접 측정한 기온을 기초로 한 "원(Raw)" 데이터와 좀 더 실질적인 기온 그림을 제공하기 위한 "조정

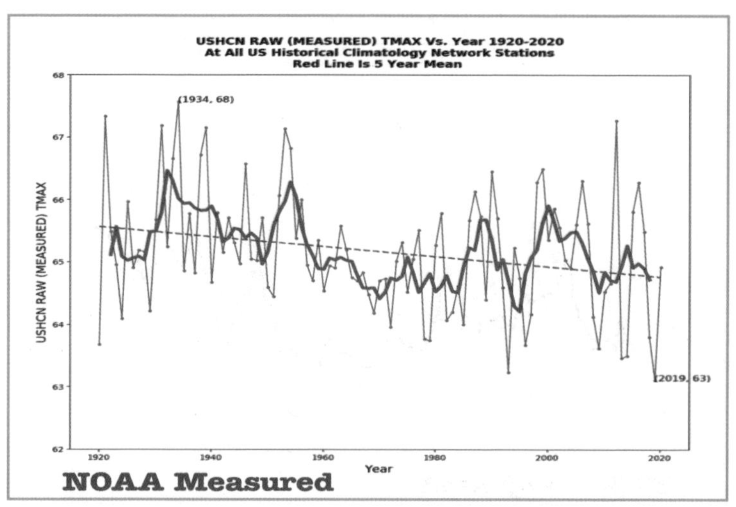

그림 6 원(측정) 일일 최고 기온(1920년부터 2020년)

된(Adjusted)" 데이터가 바로 그것이다. 데이터를 조정하는 이유는 관측소 이동, 1960년 이후 관측 시간 변경, 1980년대에 와서 수은 온도계 사용에서 전자식 최소 최대 기온 시스템으로의 전환과 같은 문제를 보정해야 하기 때문이다. 그림 6은 1920년부터 2020년까지 미국의 "원(관측된 그대로)" 일일 최고 기온 데이터 그래프를 보여준다. 이것은 100년 동안 약 화씨 0.5도 정도의 뚜렷한 냉각 추세를 보여준다.

그림 7은 같은 데이터이지만, NOAA에 의해 조정되어 1920년부터 2020년까지의 기온 변화를 제공한다. 이 그래프는 100년 동안에 약 화씨 0.5도의 온난화 추세를 보여준다. 미국 기온은 20세기 첫 30년 동안 폭염으로 인해 엄청난 사망자가 발생했고 수많은 농업 황폐화도 기록되어 있다. 그런데도 이 시기가 지금 21세기 기온보다 훨씬 더 낮은 것으로 그래프가 만들어졌다. 더구나 그

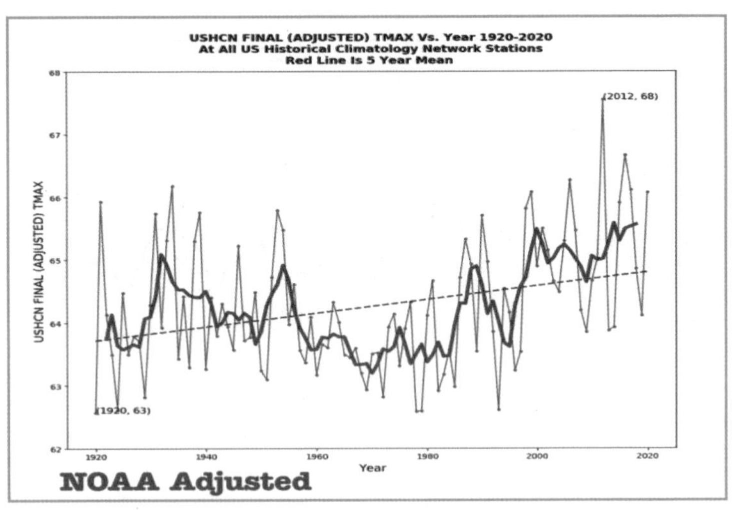

그림 7 1920년부터 2020년까지 조정된 일일 최고 기온

림 6에 제시된 1921년과 1934년에 치솟았던 불볕더위 기록도 내려앉았다. 정말 놀라운 일이다.

『버클리 어스』[7]는 NOAA가 데이터를 어디에 얼마나 조정했나를 알기 쉽도록 원 데이터와 조정 데이터 간의 차이를 보여주는 그래프를 만들었다(그림 8).[8] 위쪽 선은 최대 기온이 조정된 것을, 아래쪽 선은 최소 기온이 조정된 것을 나타낸 것이다.

이 그래프에서 흥미로운 부분은 최고 기온이 조정된 것이다. 조정을 통해 1980년까지는 약 0.1℃를 추가하여 상당히 평평해졌음을 알 수 있다. 그러나 그 후 점점 더 크게 상향 조정을 하여 결국 연간 0.5℃에 도달했다. 이러한 조정은 최고 기온을 위로 올렸고, 그렇게 해서 관측된 원 데이터 보다 훨씬 큰 폭의 온난화를 나

7 Berkeley Earth: 2010년에 창립된 미국의기후 데이터 분석 전문 비영리 기관.
8 http://berkeleyearth.org/understanding-adjustments-temperature-data/

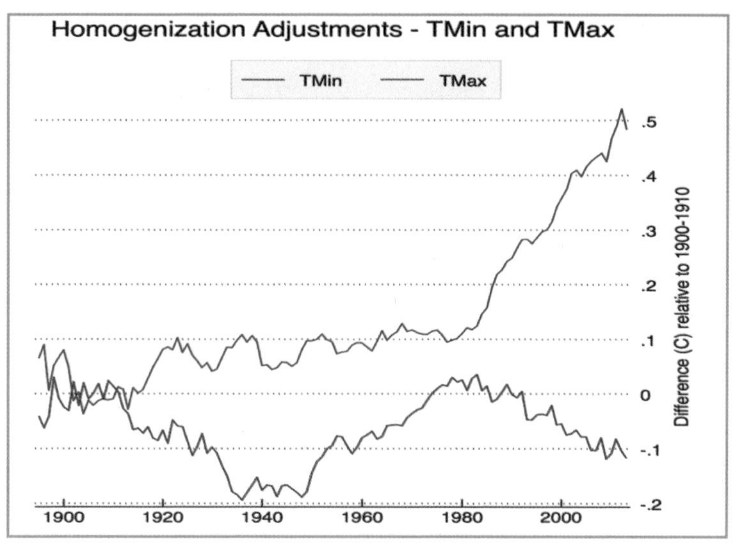

그림 8 최저 및 최고 기온에 대한 조정

타내도록 했다.

최저 기온은 1920년대와 1930년대(과학자들이 지구온난화 재앙을 예측했던 시기 제1장 참조)의 더웠던 해의 기온을 조정함으로써 실제보다 기온이 더 내려간 것처럼 보이도록 했다. 그런 다음 1960년대와 1970년대(과학자들이 새로운 빙하기를 예측했던 시기, 제2장 참조)의 추웠던 해의 최저 기온을 상향 조정하여 기온을 높아 보이게 했다. 이렇게 해서 따뜻했던 해는 더 춥게 보이고 추웠던 해는 더 따뜻하게 보이도록 하여 기후 변동을 없애고 "원(관측)" 기온이 제공한 것보다 하키 스틱 그래프에 훨씬 더 잘 맞아떨어지게 했다.

물론 기온을 한날 0.5℃가량 추가로 올리는 것이 별로 많지 않은 것처럼 들릴 수 있다. 하지만 기온이 지난 50년 동안 0.3~0.4℃ 정도만 상승한 점을 고려하면, 기온 상승이 전혀 없던 상태에서 추가로 0.5℃ 올리는 것은 인간에 의한 재앙적 지구온난화이론에 대한 설득력 있는 증거로서 분명 굉장히 유용하다. "원(관측)" 데이터는 대기 이산화탄소로 인해 온난화가 가속화된다는 기후 선동가들의 주장과는 모순된다. 반면에 조정된 데이터는 기온이 통제 불능 상태로 급상승한다는 기후 선동가들의 주장을 완벽하게 지지해주기 때문에 조정은 기이할 정도로 잘 맞는 것처럼 보인다. 그래서 이 모든 조정은 조작일 수밖에 없다.

조작 흔적이 뚜렷한 그래프

이번에는 NASA의 그래프를 보자. 그림 9는 NASA가 1999년에 만든 1880년부터 1999년까지의 미국 기온 그래프다. 가장 더운 해는 기온이 1999년의 최고점을 훨씬 웃돌았던 1921년과 1934년이었다는 사실을 알 수 있다. 이 그래프는 진짜라는 것이

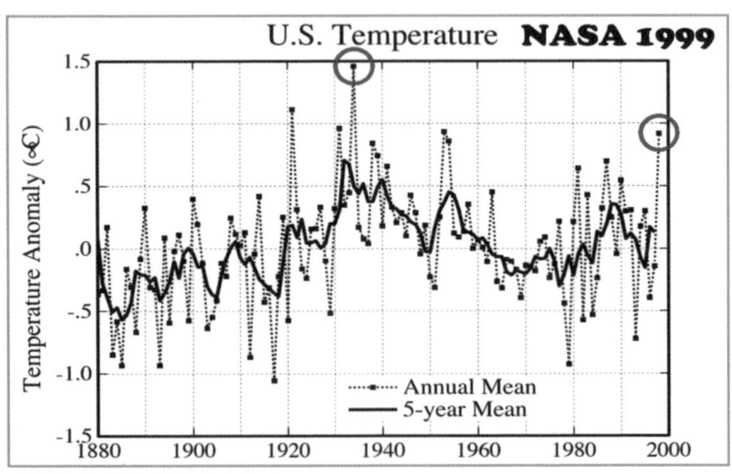

그림 9 NASA가 1999년에 발표한 미국 기온(1880년부터 1999년까지)

확실하다. 왜냐하면 이 그래프는 1999년에 NASA에서 "미국 기후는 어디로(Whither U.S. Climate)"라고 불리는 사이언스 브리프(그림 10)에 발표됐기 때문이다. 그림 10의 왼쪽 그래프다.

이 그래프는 1921년과 1934년에 미국이 살인적인 폭염에 시달렸다는 언론 보도와 일치하는 것으로 봐서 타당성이 입증된다(제5장 참조). 하지만 2019년에 게재된 1880년부터 2000년까지의 NASA의 미국 기온 그래프는 그림 11과 같다. 1999년의 최고 기온이 이번에는 과거 가장 더웠던 1921년과 1934년보다 기적적으로 완만하게 상승한 것을 볼 수 있다.

하지만 미연방환경보호청(EPA)의 폭염 지수에 따르면 1930년대는 최근보다 훨씬 더 더웠음을 보여주고 있다(제1장 그림 1, 33쪽 참조). 그뿐만 아니라 2018년에 나온 제4차 미국 국가기후평가보

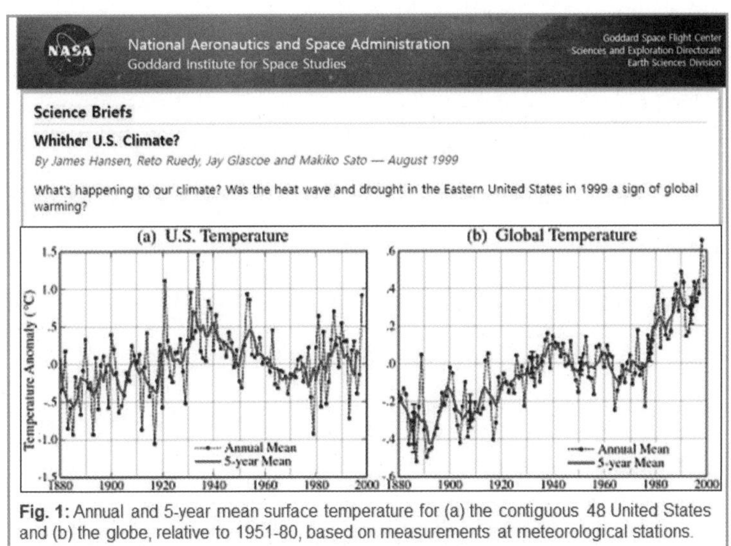

그림 10 NASA의 사이언스 브리프(1999년 8월)

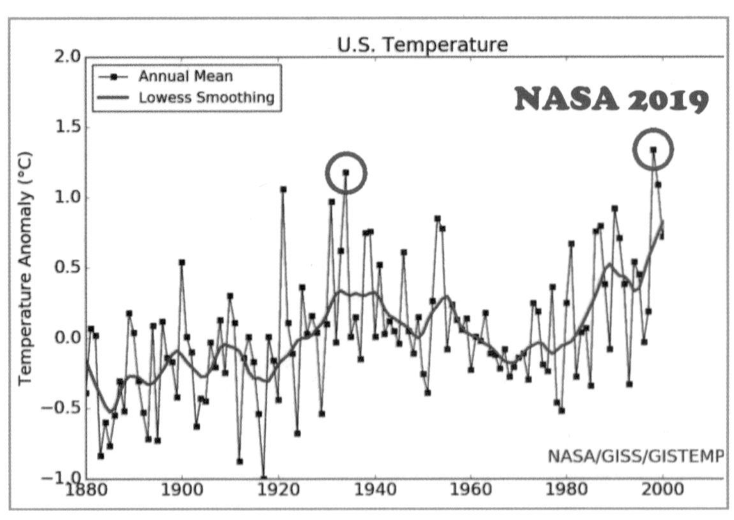

그림 11 1880년부터 1999년까지 NASA의 미국 기온(2019년 발표)

고서도 3가지 주요 기온 지표(최고 기온, 폭염 강도 지수, 폭염 일수) 모두 1960년대와 1970년대의 냉각화 시기보다 1930년대가 상당히 더 따뜻했음을 보여줬다(제5장 그림 4, 130쪽 참조).

미연방환경보호청의 폭염 지수(제1장 그림 1)와 미국 4차 국가기후평가보고서의 주요 기온 지표(제5장 그림 4)는 1999년이 1930년대보다 훨씬 더웠다고 조작하려는 NASA의 시도를 완전히 부숴버리는 결정적 증거를 제공하고 있다. 만약 미국에서 1920년대와 1930년대에 기온이 더 높았다면 당시 이산화탄소 농도가 약 300ppm(지금의 420ppm보다 훨씬 낮았을 때)이었기 때문에 기후 선동가들의 인간에 의한 재앙적 지구온난화 주장을 관통하는 치명적인 구멍이 생기게 된다.

다행히 미국은 1900년대부터 전국 곳곳에 있는 기후 역사 네트워크 관측소(HCNS: Historical Climatology Network Stations)에서 데이

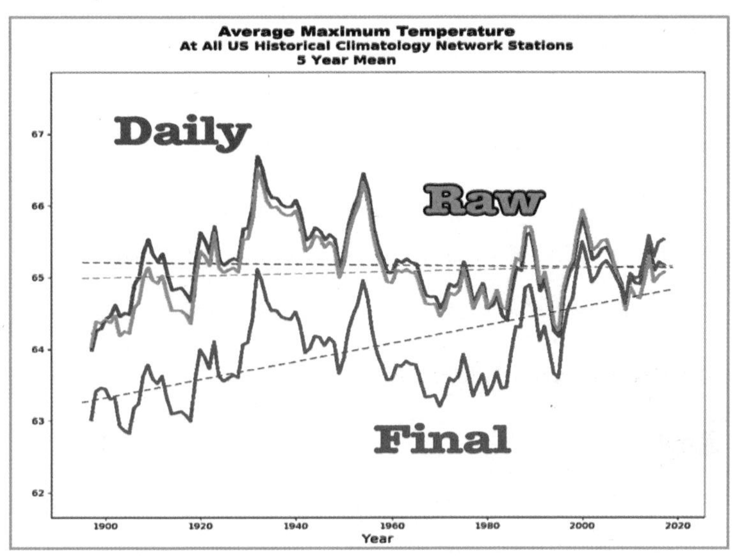

그림 12 '관측(Raw)'에서 '최종(Final)'으로 조정된 미국의 기온

터가 기록되어 있고, 연방정부 차원에서 EPA, NASA, NOAA 등 여러 기관이 데이터를 분석하기 때문에 조작이 드러나게 된 것이다. 여기에 제5장에서 봤듯이 같은 국가 기후평가보고서도 생각이 다른 여러 전문가가 각자 맡은 분야를 작성하기 때문에 조작과 자백이 동시에 포함된 황당한 보고서가 나오게 된 것이다. 그림 12는 약간의 냉각 추세를 보여주는 일별 관측 기온 데이터가 어떻게 온난화 경향이 확실한 월별 평균 기온으로 조정되었는지 분명하게 보여주고 있다.

미국 기온 그래프에 지난 수년 동안 이상하고 놀라운 일들이 많이 일어났다. 기묘하게도 조작 흔적이 뚜렷이 보이는 모든 그래프가 기후 선동가들이 예측한 이산화탄소로 인한 기온 상승과 임박한 지구 종말론을 강력하게 지지해주는 역할을 해준다.

더울 때 얼고 추울 때 녹는 기이한 현상이 있다. 지금까지 관측이 비교적 잘된 미국 데이터 조작만 살펴봤다. 다른 나라에서는 이용 가능한 기온 측정 자료가 거의 없어서 그동안 어떤 현상이 일어났는지 알기는 어렵다. 아래 그림은 1891년에서 1920년 사이의 전 세계 기온 관측소 분포도다. 음영 처리된 영역에는 관측소가 많이 있는 곳을 나타낸다.

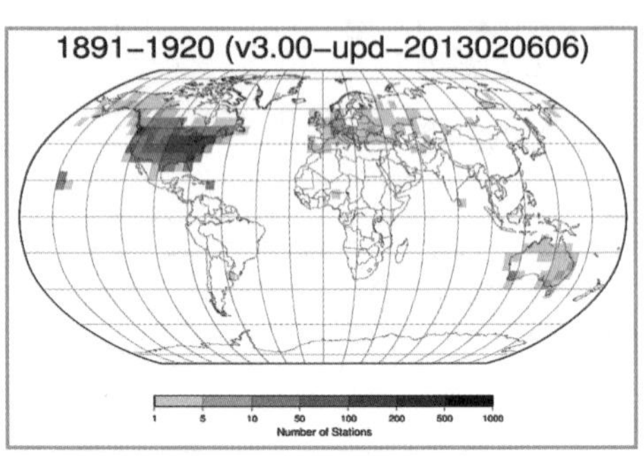

세계 기온 관측소 분포도(1891~1920)

아시아, 아프리카, 남아메리카에는 기온 관측소가 거의 또는 전혀 없다. 사실, 미국, 유럽, 호주 외에는 관측소가 거의 없었다. 이후 반세기가 지난 1978년, 지금은 온난화에 열광적인 『뉴욕 타임스』조차도 기상 관측소 상황이 믿을 만한 지구의 기온을 관측한 기록을 얻을 수 있을 만큼 충분히 향상되지 않았다고 보도했다.

THE NEW YORK TIMES, THURSDAY, JANUARY 5, 1978

International Team of Specialists Finds No End in Sight to 30-Year Cooling Trend in Northern Hemisphere

By WALTER SULLIVAN

An international team of specialists has concluded from eight indexes of climate that there is no end in sight to the cooling trend of the last 30 years, at least in the Northern Hemisphere.

In some, but not all cases, the data extend through last winter. They include sea surface temperatures in the north-central Pacific and north Atlantic, air temperatures at the surface and at various elevations as well as the extent of snow and ice cover at different seasons.

In almost all cases it has been found that the year-to-year variations in climate are far more marked than the long-term trend. The long-term trend often becomes evident only when data from a number of years are displayed.

The report, prepared by German, Japanese and American specialists, appears in the Dec. 15 issue of Nature, the British journal. The findings indicate that from 1950 to 1975 the cooling, per decade, of most climate indexes in the Northern Hemisphere was from 0.1 to 0.2 degrees Celsius, roughly 0.2 to 0.4 degrees Fahrenheit.

Data from the Southern Hemisphere, particularly south of latitude 30 south, are so meager that reliable conclusions are not possible, the report says. The 30th parallel of south latitude passes through South Africa, Chile and southern Australia. The cooling trend seems to extend at least part way into the Southern Hemisphere but there have been indications of warming at high southern latitudes.

The various indexes were reported as follows:

¶Average surface air temperatures recorded at 358 stations north of latitude 20 degrees south from 1951 to 1975 have been analyzed by Drs. R. Yamamoto and T. Iwashima of Kyoto University in Japan on regional and season bases. A general cooling is evident with "an intensive cooling episode" from 1961 to 1964.

¶Generally similar trends are evident in temperatures of the lower 18,000 feet of the atmosphere as charted by Dr. Horst Dronia of the Weather Office in Hannover, West Germany. For the period from 1949 to 1976, he has calculated, for 220 points in the Northern Hemisphere, the average temperature of the atmosphere from the separation between the pressure levels near the surface (at 1,000 millibars) and one high up (at 500 millibars). An increase in separation indicated expansion and hence warming. A decrease, for example, of 20 meters (66 feet) was taken to mean atmospheric shrinking, indicating a cooling in that case of 1 degree Celsius (almost 2 degrees Fahrenheit).

¶Observations extending higher into the atmosphere confirmed the trend. The authors were Drs. J. K. Angell and J. Korshover of the National Oceanic and Atmospheric Administration Laboratories in Silver Spring, Md.

¶North Pacific water temperatures compiled by the same agency's Marine Fisheries Service have been analyzed by Dr. Jerome Namias of the Scripps Institution of Oceanography at La Jolla, Calif. The original source was temperature readings of cooling water intake made

1978년 1월 5일 New York Times

이 기사는 "남반구, 특히 위도 30도 아래는 자료가 너무 빈약해서 신뢰할 수 있는 결론을 얻을 수 없다."라고 밝히고 있다. 그래서 지구 기온의 많은 그래프는 신뢰할 수 있는 관측이 이루어진 지역의 데이터로부터 추정하여 만들어질 수밖에 없다. 이런 방법은 넓은 지리적 범위에 걸친 기온 데이터 추정하기 위해서는 과거에 일어났을 수도 있고, 당연히 일어났거나, 또는 일어났어야만 하는 현상을 과학자들이 어떻게 생각하느냐에 따라 컴퓨터 모델 결과와 해석에 엄청나게 큰 차이를 가져오게 된다.

미국에서 관측된 기온과 마찬가지로, 전 지구적 기온 그래프도 인간에 의한 지구온난화 주장을 옹호하기 위해 다소 부적절하게 변경되었을 수 있다는 증거가 있다. 1974년 미국 국립대기연구센터(NCAR: National Centre for Atmospheric Research)는 1870년부터 1970년까지 100년 동안의 기온 변화를 그림 13과 같이 발표했다. 그림에서 보듯이 1900년 직후부터 1940년대까지 지구 기온은 상승했고, 이후 1950년대 중반에서 1960년대, 그리고 1970년대까지 하강했다. 기온 상승 시기에는 과학자들이 지구온난화 위협을 경고했고(제1장 참조), 이후 새로운 빙하기를 예측했다(제2장 참조). 당시의 언론들은 지구 기온이 상승과 하강을 거치는 과정에서 나타난 북극해, 그린란드, 스위스, 노르웨이 등의 빙하 변화에 주목하고 있었다. 그림은 1902년, 1922년,

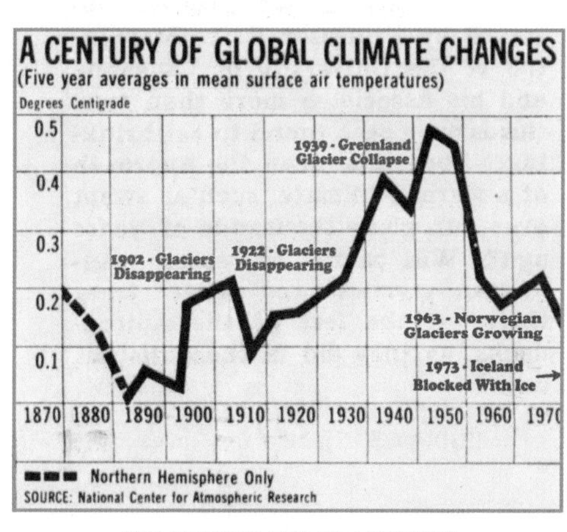

그림 13 100년 동안 지구 기온 변화 (1974년 미국 NCAR)

1939년에는 빙하가 녹고 있고, 1963년과 1973년에는 빙하가 확대되고 있다는 당시의 주요 언론 보도를 표시해두고 있다.

1902년, 호주 신문 『오스트레일리아 타운 앤드 컨트리』[9]은 스위스 고산지대에서 빙하가 녹고 있음을 보도하고 있다. 유명한 론(Rhone) 빙하가 지난 20년 동안 수천 피트(연간 100피트 이상) 줄어들고, 주변의 다른 빙하들도 비슷한 속도로 녹고 있음을 알리고 있다. 흥미롭게도 빙하가 사라지면서 관광객이 줄었다는 호텔 주인의 불만까지 신문 기사에 적고 있다.

1930년에는 『뉴욕 타임스』도 스위스의 고산지대 빙하가 녹고 있음을 보도하고 있다. 기사의 주 내용은 스위스 로잔느대학교(University of Lausanne)의 머캔튼(P. L. Merchanton) 교수와 동료들은 자신들이 관찰한

Australian Town and Country Journal (Sydney, NSW : 1870 - 1907) Sat 16 Aug 1902

Alpine Glaciers Disappearing.

Hotelkeepers in the Swiss Alps have a new trouble, and are complaining at the loss of patrons. The attractive glaciers are said to be actually passing from the landscape, and as they recede the hotels along their borders find their visitors becoming fewer. These glaciers are not running away, by any means, but they are deteriorating slowly, with a persistency that means their final annihilation. Hotels that a few years ago stood very near to a great river of slowly-moving ice, now find themselves a considerable distance away. The famous glaciers of the Rhone have shrunk several thousand feet in the last 20 years; considerably more than 100ft a year. A number of the well-known glaciers are also shrinking at about the same rate, and the fact is established that these reminders of the great glacial period are certainly disappearing.

1902년 8월 16일
Australian Town and Country Journal

The New York Times

SUNDAY, DECEMBER 21, 1930

WORD comes from Switzerland that the Alpine glaciers are in full retreat. Out of 102 glaciers observed by Professor P. L. Mercanton of the University of Lausanne and his associates more than two-thirds have been found to be shrinking. Does this mean the approach of a warmer climate, such as swept over our globe thousands of years ago? Will palms, cypresses, magnolias, myrtles and olive trees thrive at the feet of the Adirondacks, as they did in those distant days?

1930년 12월 21일 New York Times

9 The Australian town and country journal: 1870년 창간되어 50년 뒤 1919년 폐간된 호주 신문

고산지대 빙하 102곳 중 3분의 2가 줄어든 사실을 확인했다는 것이다. 기사는 흥미를 더하기 위해 "이것은 지구가 수천 년 전의 따뜻한 기후로 돌아가는 것을 의미하며, 종려나무, 상록수, 목련, 소귀나무, 올리브와 같은 식물이 자랄까?"라는 내용까지 언급하고 있다. 주목할 점은 당시 일반인들도 지구가 수천 년 전에는 그 시기 기후보다 더웠다는 과학적 상식을 알고 있었다는 것이다.

1947년 호주 신문『디 에이지』[10]는 미국 로스앤젤레스발 기사로 북극해와 그린란드 빙하가 녹고 있음을 보도하고 있다. 그때와 같은 속도로 녹으면 해안 지역에 사는 사람들은 침수로 인한 피해가 엄청날 것이라는 경고도 하고 있다. 또 기사는 과거 유명한 스위스 지구물리학자였으며 당시 캘리포니아대 지구물리학 연구소에 재직하는 한스 알만(Hans Ahlmann) 박사의 다음 말을 인용하고 있다.

The Age

MELBOURNE, SATURDAY, MAY 31, 1947

MELTING ICE CAP DANGER

Warmer Arctic Temperatures

LOS ANGELES, May 30 (A.A.P.).

A mysterious warming of the climate is slowly manifesting itself in the Arctic, and if the Antarctic ice regions and the major Greenland ice cap should reduce at the same rate as they are at present melting, oceanic surfaces would rise to catastrophic proportions, and people living in the lowlands along the shores would be inundated.

This was the view expressed by Dr. Hans Ahlmann, noted Swedish geophysicist, to-day at the University of California's Geophysical Institute.

Dr. Ahlmann added that temperatures in the Arctic have increased 10 degrees Fahrenheit since 1900, an "enormous" rise from the scientific standpoint.

1947년 5월 30일 The Age

"북극 기온은 1900년부터 화씨 10도(섭씨 5.6도)가 상승했으며, 이는 과학적인 관점에서 엄청난 기온 상승이다."

10 The Age: 1858년에 창간된 호주 멜버른 신문

The Daily News (Perth, WA : 1882 - 1955) / Mon 12 Apr 1948 / Page 4 /

Says Austrian Glaciers Are Disappearing

VIENNA, Mon (AP) — Austria's famous alpine glaciers are "dying," according to geologist Dr. Rudolf Von Klebelsberg of the University of Innsbruck.

Surveys conducted during the past few years have proved, Dr. Von Klebelsberg says, that all glaciers in the Tyrolian Alps have been steadily diminishing in both circumference and volume since 1944.

He would not say whether this was only a temporary phase or meant that some day the glaciers would entirely disappear.

The largest Austrian glacier the Pasterzenkees on the Great Glockner—Austria's highest mountain—is shrinking at an annual rate of 16 metres. Smaller glaciers are shrinking up to 100 metres or more per year.

1948년 4월 12일 Daily News

1948년 미국 뉴욕 『데일리 뉴스』는 오스트리아의 빙하가 녹고 있다는 비엔나발 기사를 보도하고 있다. 인스부르크대학교(University of Innsbruck)의 지질학자 루돌프 클레벨스버그(Rudolf Von Klebelsberg) 박사의 조사에 따르면 1944년 이후 빙하의 둘레와 부피가 꾸준히 감소하고 있다. 하지만 그는 이것이 일시적인 현상인지 아니면 언젠가는 완전히 사라질 것인지에 관해서는 말하지 않았다. 오스트리아의 가장 큰 패스터젠키스(Pasterzenkees) 빙하는 연간 16미터 속도로 줄어들고, 작은 빙하들은 연간 100미터 또는 그 이상으로 줄어들고 있다고 밝히고 있다.

오스트리아 알프스 사진을 보면 1903년에 많았던 빙하는 50년 동안 꾸준히 감소해온 것을 알 수 있다. 또 노르웨이 빙하도 1869년부터 1946년까지 줄어들었음을 알 수 있다. 두 고산지대 빙하 사진은 1900년대 초의 지구온난화를 잘 입증해주고 있다.

오스트리아 Alps 빙하

1960년대로 접어들면서 냉각화로 빙하는 다시 확대되기 시작했다. 호주 신문 『캔버라 타임스』는

1963년 오슬로발 기사로 노르웨이에서는 200년 동안 녹았던 빙하가 다시 두꺼워진다고 보도하고 있다. 1963년에는 인도네시아 아궁산(Mount Agung)에서 발생한 대규모 화산폭발로 약 1,600명이 사망했으며 하층 대기권이 0.5℃까지 냉각된 것으로 알려졌다.

노르웨이 Abrekke 빙하 변화

1970년에 이르러 미국과 구소련은 지구냉각화가 너무 걱정스러워 "북극해 빙하 일부가 최근에 불길하게 더 두꺼워진 이유와 빙하의 확장 범위가 빙하기 시작을 의미하는지"를 조사했다. 『뉴욕 타임스』는 두 나라가 시작한 프로젝트에 관해 비교적 상세하게 보도하고 있다. 최소 7년간 지속될 이 프로젝트를 위해 미국 측에는 워싱턴대학교(University of Washington)가 국립과학재단(NSF)의 지원을 받아 300평방마일의 빙하에 관해 AIDJEX(Arctic Ice Dynamics Joint Experiment)를 통해 집중 연구를 하며, 러시아 측에서는 얼마나 많은 에너지가 바람, 해류, 햇빛을 통해 북극으로 유입되고 얼마나 많은 에너지가 우주로 손실되는지를 연구할 계획이었다. 당시 냉전 상태였던 두 나라가 지구냉각화에 대한 두려움으로 대규모 연구 협력을 추진했다는 사실은 매우 놀랍다.

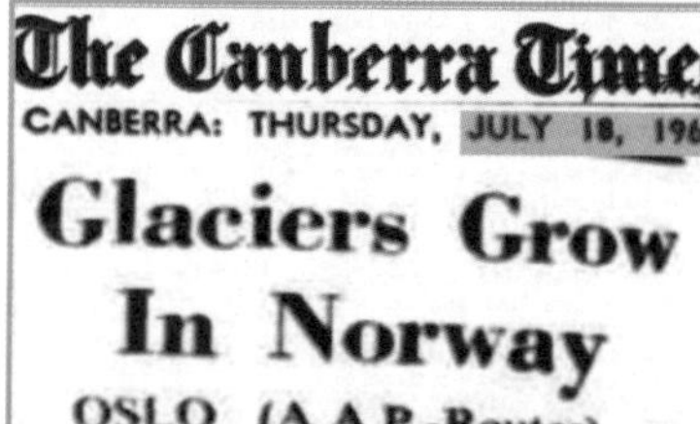
The Canberra Times
CANBERRA: THURSDAY, JULY 18, 1963

Glaciers Grow In Norway

OSLO (A.A.P.-Reuter). — Norway's glaciers are in the process of becoming thicker again after a period of 200 years of gradually melting down, according to glaciologist, Mr. Olav Liestol

1963년 7월 18일 Canberra Times

The New York Times

NEW YORK, SATURDAY, JULY 18, 1970

U.S. and Soviet Press Studies of a Colder Arctic

By WALTER SULLIVAN

The United States and the Soviet Union are mounting large-scale investigations to determine why the Arctic climate is becoming more frigid, why parts of the Arctic sea ice have recently become ominously thicker and whether the extent of that ice cover contributes to the onset of ice ages.

The projects, which involve nuclear submarines, earth satellites, aircraft and numerous manned and unmanned stations

Soviet Union and in view of heavier demands for late-season shipping, the Soviet Ministry of Shipbuilding is studying plans for a series of new icebreakers.

The icebreakers would be half again — or even twice — as powerful as the Lenin, the world's most powerful. Driven by nuclear reactors, the Lenin has 40,000 horsepower. The new ships may be driven by diesel-electric or gas turbine engines.

The American plan, which is being developed by the University of Washington with support from the National Science Foundation, is known as AIDJEX, for Arctic Ice Dynamics Joint Experiment. An area of the pack ice some 300 miles square would be studied intensively.

The Soviet plan is known as N.E.I. for Natural Experiment on Interactions. It seeks an understanding of factors that control how much energy en-

1970년 7월 18일 New York Times

당시 신문 보도를 통해서도 1965년부터 1975년까지 10년 동안 북극해 빙하가 상당히 증가했음을 알 수 있다. 1973년 경에는 아이슬란드 항구들이 늘어난 얼음으로 선박 진입이 막혔다. 1975년 3월 2일, 『시카고 트리뷴』은 다음과 같이 보도했다.

Chicago Tribune

THE WORLD'S GREATEST NEWSPAPER

Sunday, March 2, 1975

It's getting colder

B-r-r-r-r: New Ice Age on way soon?

WASHINGTON (AP)—In the last decade, the Arctic ice and snow cap has expanded 12 per cent, and for the first time in this century, ships making for Iceland ports have been impeded by drifting ice.

In England, the average growing season is a week shorter than in 1950, and in the United States, the warm-blooded armadillo is retreating from the Midwest to the South.

In Africa, the Sahara is creeping southward and six years of drouth in the Sahel region have only recently been interrupted by rain.

In the U. S., corn crops fell off last year because of a freakish combination of excess spring rains and summer drouth: great floods ruined the Bangladesh harvest: drouth ravaged large parts of India.

MANY CLIMATOLOGISTS see these signs as evidence that a significant shift in climate is taking place—a shift that could be the forerunner of an Ice Age like that which gripped much of the Northern Hemisphere before retreating 10,000 years ago.

During that period, massive ice sheets half a mile thick spread down from the Arctic burying what is now Canada and the northern part of the U. S. Ice covered Scandinavia and reached into France, Germany, Austria and central Russia.

Equatorial regions became extremely dry because of the upset in weather balance and changing patterns of wind which create climate around the globe.

No scientists is forecasting a full-scale Ice Age soon, but some predict that in a few decades there might be little ice ages like the ones which plagued Europe with severe winters from 1430 to 1850.

At the very least, some experts foresee troublesome changes in global

1975년 3월 2일 Chicago Tribune

"지난 10년 동안 북극해 빙하와 만년설은 12% 증가했으며, 금세기 들어 처음으로 아이슬란드 항구로 향하는 선박들이 떠다니는 빙하에 의해 입항이 막혀버렸다."

조작된 그래프와 언론의 불일치

앞에 나온 모든 언론 기사들이 1974년에 미국 국립대기연구센터(NCAR: National Centre for Atmospheric Research)가 발표한 1870년부

터 1970년까지 100년 동안 기온 변화 그래프와 잘 들어맞는다.

하지만 오늘날 수상쩍은 과학자들은 지금까지 계속해서 지구의 기온 그래프를 조작해오고 있다. 그들은 아주 심하게 더웠던 1920년대와 1930년대를 춥게 만들었다. 기온을 떨어뜨려 온난화를 냉각화로 바꾸었다. 그때의 과학자들은 그 시기에 극지방에는 빙하가 녹고 해안 도시에는 대규모 침수를 예측했다. 또 그들은 1960대와 1970년대의 20년간 냉각화 시기를 대부분 없애버렸다. 당시 과학자들은 이 시기에 새로운 빙하기 도래를 예측했다. 1963년 아궁산(Mount Agung) 화산폭발로 인한 0.5℃의 냉각 현상 역시 사라졌다. 그렇게 조작해서 나온 그래프가 그림 14다.

이렇게 해서 증가하는 대기 이산화탄소가 지구 기온을 상승시킨다는 자신들의 이론을 지지하는 것으로 보이는 기온 그래프를 만들었다. 하지만 이 그래프는 1880년부터 1980년까지 100년 동

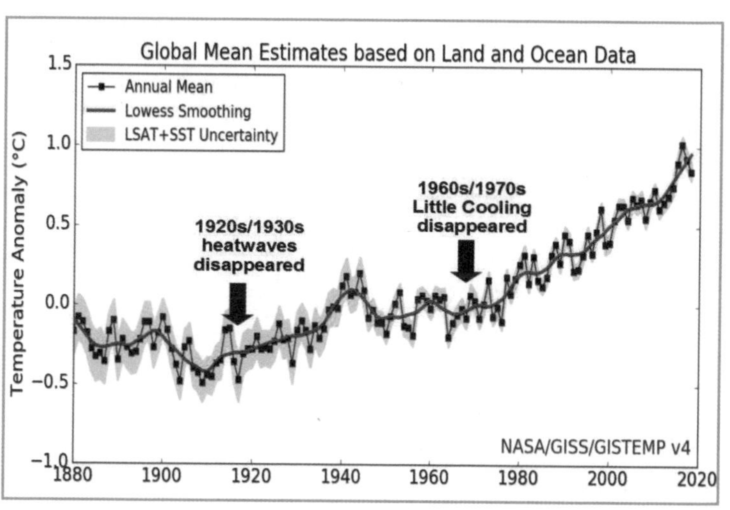

그림 14 1880년부터 2019년끼지의 지구 기온

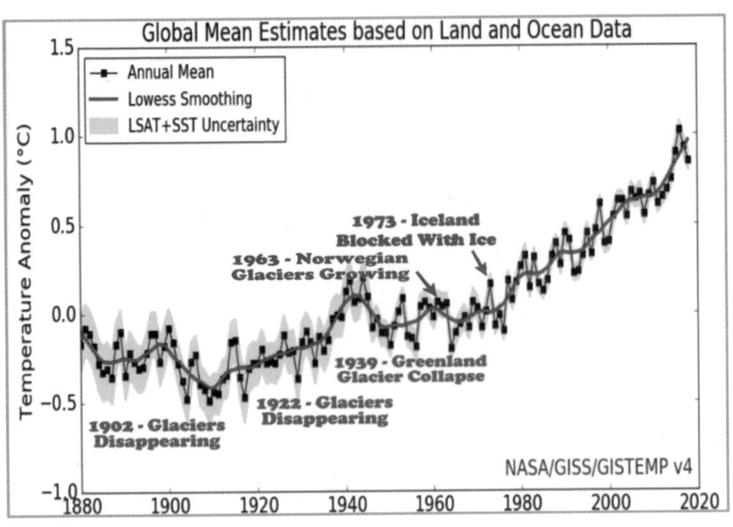

그림 15 실제 현상과 조작된 기온 그래프 간의 불일치

안 빙하와 만년설이 녹고 다시 형성되었다고 보도한 신문 기사와 비교해 보면 앞뒤가 맞지 않는다(그림 15).

예를 들어, 새로 "조작된" 지구 기온 그래프에서는 1902년과 1922년 사이에 기온이 기록적인 최저치로 떨어지게 했는데, 그때 빙하가 녹고 사라졌다. 이후 이 그래프에서 1939년까지 기온이 상승하면서 더 많은 얼음이 녹았다. 하지만 이때 조작된 그래프의 기온은 여전히 평균보다 낮았다. 조작된 그래프에서 더욱 놀라운 사실은 얼음이 녹고 빙하가 사라지는 평균 또는 그 이상의 기온에서는 오히려 빙하가 확대되고 아이슬란드의 항구들이 얼음으로 막혀버렸다는 것이다.

여기에 1880년부터 2018년까지의 지구 기온에 대한 미국 국립해양대기청(NOAA)의 두 데이터를 결합한 기온 그래프가 있다. 1978년에서 끝나는 아래 파란색 선에는 1960년대와 1970년대의 냉각화 시기에 기온이 떨어지는 것을 볼 수 있다. 하지만 2018년에 끝나는 검은색 선에서는 냉각화 시기는 기온 상승이 잠시 중단되는 것으로 조작됐다(그림 16).

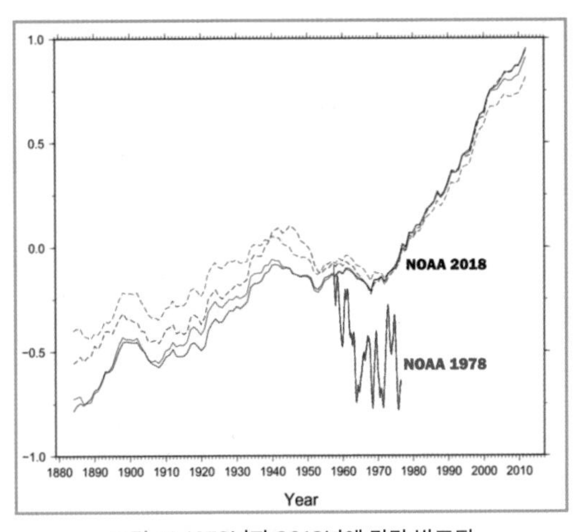

그림 16 1978년과 2018년에 각각 발표된 미국 국립해양대기청의 지구 기온

미국 국립해양대기청(NOAA)이 1920년대와 1930년대에 지구 기온이 장기적인 평균보다 낮았다고 주장하고 있지만, 당시 신문 보도를 통해서 과학자들은 지구온난화로 극지방의 빙하가 녹고 세계가 침수되는 것에 대해 심각한 우려를 나타내고 있음을 볼 수 있다. 이후 1978년의 NOAA 그래프는 1960년대와 1970년대의 냉각화 시기에 기온이 크게 떨어지는 것을 분명히 보여준다. 당시 과학자들과 심지어 미국 중앙정보국(CIA)조차 지구냉각화와 새로운 빙하기가 시작될 수 있음을 보고한 사실을 신문 기사를 통해 알 수 있다. 하지만 NOAA의 2018년 그래프는 이산화탄소 증가가 기온 상승을 일으켰다는 이론을 지지하는 그래프를 만들기 위해 1960년대와 1970년대의 냉각화를 지웠다. 하지만 새로 조작한 기온 선은 당시 신문 기사가 남긴 실제로 있었던 사실과 비교하면 도저히 말이 안 된다.

기후 대재앙을 외치는 자들은 대기의 이산화탄소 농도가 거실의 온도 조절 장치와 비슷하다고 주장한다. 이산화탄소 농도를

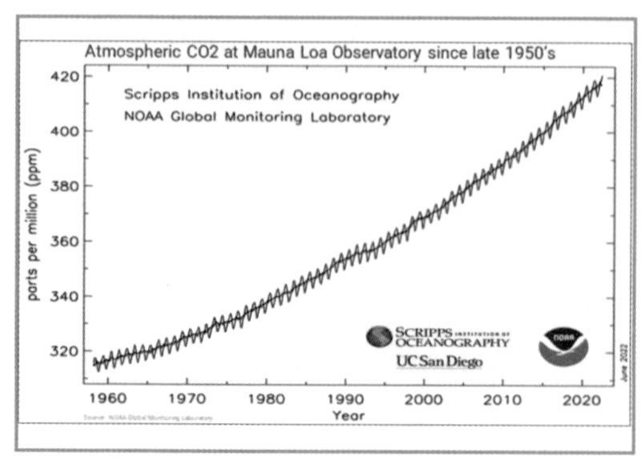

그림 17 이산화탄소 농도가 일정한 비율로 상승

증가시키면 기온이 올라가고 떨어뜨리면 기온이 내려간다고 생각하고 있다. 이 단순한 인과 관계 이론의 문제점은 이산화탄소 농도가 증가하고 있었던 1960년대와 1970년대에 어떻게 기온이 떨어질 수 있었는지를 설명하지 못했다는 점이다(그림 17).

1920년대와 1930년대의 무척 더웠던 날씨는 냉각화하고 1960년대와 1970년대의 냉각화 시기를 없애버림으로써 사이비 과학자들은 대기 이산화탄소가 증가하여 지구온난화를 초래한다는 기후 선동가들의 예언과 놀랍도록 잘 맞아떨어지는 것 같은 새로운 지구 기온 그래프(그림 18)를 만들어 냈다.

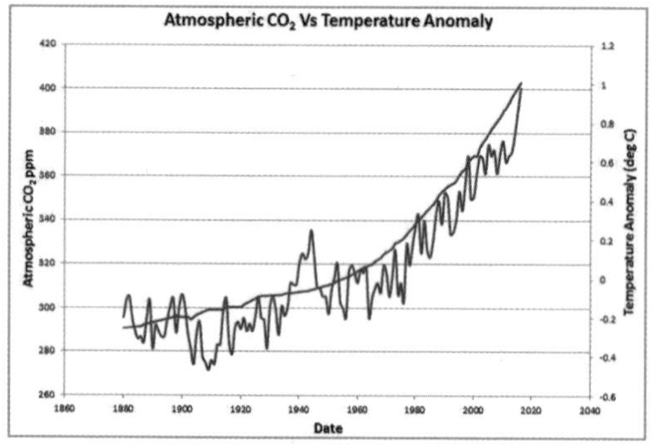

그림 18 이산화탄소 농도와 지구 기온

그러나 이 그래프가 보여주는 것은 거의 100년 동안의 신문 보도와 그 당시 실제로 무슨 일이 일어나고 있었는지에 대한 과학자들의 연구와는 완전히 상반된다.

지구온난화 중단이 상승으로 조작

그림 16에 있는 NOAA의 그래프를 다시 보면, 1980년 전후로 지구 기온이 무서운 속도로 상승한 것으로 보인다. 하지만 그림 19에 제시한 위성 관측자료 그래프는 1997년 5월부터 2015년 12월까지 확실한 온난화 중단을 보였기 때문에 그림 16은 더욱 이상하다.

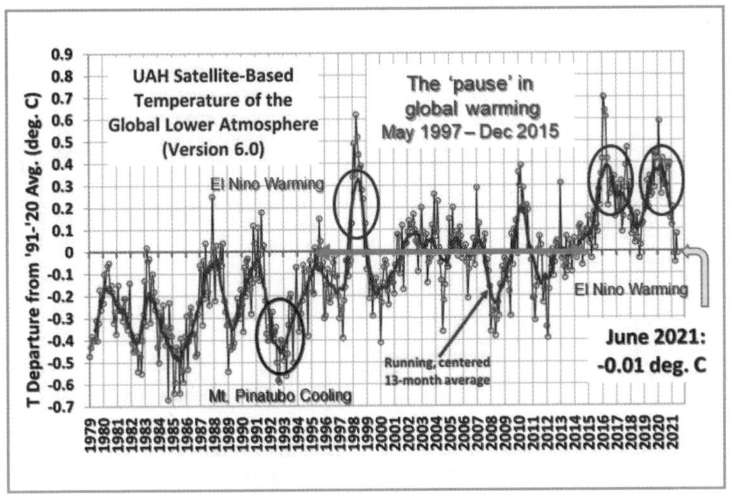

그림 19 위성 관측 기온 (1979년부터 2021년 6월까지)

IPCC는 "지구온난화 중단"을 보고서에 넣었고, 심지어 BBC와 같은 터무니없는 기후 위기 선동 언론 매체도 지구온난화 중단을 선언했다. 하지만 IPCC와 언론 매체 모두로부터 확인된 당시 온난화 중단은 기후 대재앙을 주장했던 자들에게 문제가 됐다. 이산화탄소가 계속 증가했던 이 기간에 기온 상승이 멈췄다면, 재앙론자들은 어떻게 이산화탄소가 기온 급상승을 야기했다고 주장

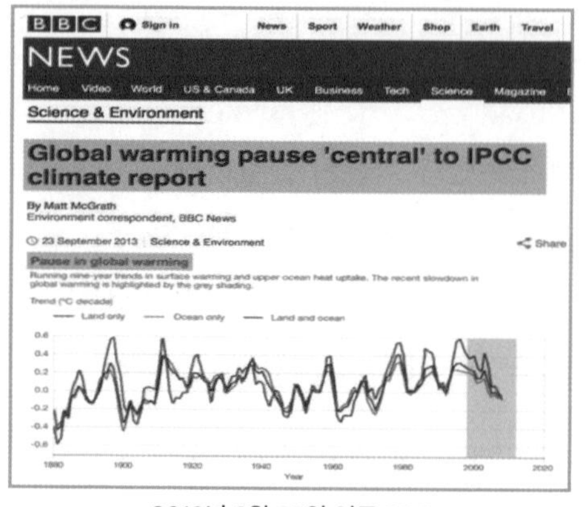

2013년 9월 23일 영국 BBC

할 수 있었을까? 특히 이 시기에 산업화 이후 인간이 화석연료 사용으로 배출한 이산화탄소 총량의 25~30%가량 대기에 추가됐다. 그들은 문제를 간단히 해결했다. 그들은 지구온난화 중단을 없애고 대신 급격한 기온 상승 기간으로 바꿨다(그림 20).

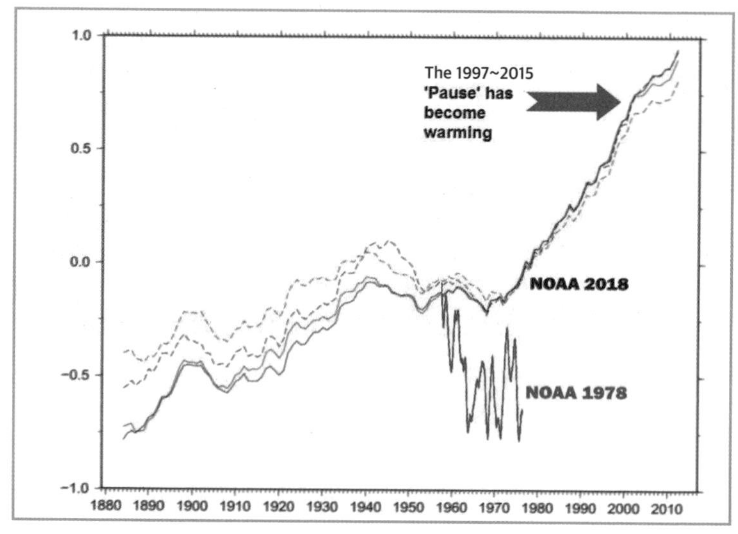

그림 20 1960~70년대 냉각화와 온난화 중단이 사라진 NOAA 그래프

데이터 조작과 기후 게이트 2

지금까지 본 데이터 조작이 "어떻게 NOAA나 NASA와 같

은 국가 기관에서 일어날 수 있겠나?"라는 의문이 당연히 들 수 있다. 앞서 언급한 티모시 워스(Timothy Wirth) 유엔재단(UN Foundation) 이사장의 주장처럼 지구온난화 이론이 틀렸더라도 인류의 미래를 위해 무조건 받아들여야 한다는 신념을 당시 과학자들도 동조하고 있었다. 또 같은 국가 기관에서 일하는 기후과학자들도 각자 생각이 다를 수 있고, 정책 방향에 따라 정부 보고서도 달라진다. 실제로 지구온난화 소동도 NASA의 기후과학자 제임스 한센이 시발점이 되었고 앨 고어라는 정치인이 유엔기후협약으로 끌고 가면서 시작됐다.

기후 선동을 열심히 한 미국 오바마 행정부에서 에너지부 차관보를 역임한 세계적인 물리학자 스티브 쿠닌(Steven Koonin) 전 캘리포니아공대(Caltech) 교수는 퇴임 후 지구온난화는 착각이자 오만이라고 양심선언하면서, 2021년에 출간된 저서 『Unsettled』[11]에서 "일부 기후과학자들은 거짓말을 하고, 또 다른 과학자들은 침묵으로 공모했다(169쪽 참조)."라고 폭로했다.

과학자들이 자신의 존재감과 연구비, 그리고 조직의 예산을 위하여 거짓말하고 침묵한다는 것이다. 어떤 이는 자신의 출세를 위해, 또 어떤 이는 필사적인 자기 보호를 위해, 때로는 무지, 탐욕, 또는 기후 마피아의 비웃음이 두려워서 그렇게 한다는 것이다.

2017년 정부 기관의 데이터 조작이 사실이었음을 입증해주는 충격적인 사건이 일어났다. 영국 신문『데일리 메일』이 전직 미국 NOAA의 과학자였던 존 베이트(John Bates) 박사의 내부 고발을

11 국내에서『지구를 구한다는 거짓말』(2022년, 한경BP 출판사)로 번역되었다.

Mail Online Science & Tech

Home | News | U.S. | Sport | TV&Showbiz | Australia | Femail | Health | Science | Money | Travel | Video | Best Buys | Discounts

Exposed: How world leaders were duped into investing billions over manipulated global warming data

- The Mail on Sunday can reveal a landmark paper exaggerated global warming
- It was rushed through and timed to influence the Paris agreement on climate change
- America's National Oceanic and Atmospheric Administration broke its own rules
- The report claimed the pause in global warming never existed, but it was based on misleading, 'unverified' data

By DAVID ROSE FOR THE MAIL ON SUNDAY
PUBLISHED: 22:57 GMT, 4 February 2017 | **UPDATED:** 00:28 GMT, 17 September 2017

2017년 2월 4일 Daily Mail과 기후 게이트 2의 핵심 내용

보도한 것이다. 지난 2009년에 이스트앵글리아대학교 CRU에서 이메일 해킹으로 인한 "기후 게이트 1"에 이어 "기후 게이트 2"로 불리게 된 이 사건은 2015년 파리기후협약 직전에 당시 NOAA의 국가환경정보센터(NCEI: National Centers for Environmental Information) 소장이었던 토마스 칼(Thomas Karl)의 지시에 따라 데이터를 조작했다는 내부 고발로 시작됐다. NOAA의 토마스 칼은 NASA의 제임스 한센에 견줄만한 열렬한 지구온난화 이론 옹호자였다. 1997년부터 계속되었던 "지구온난화 중지"를 보여주는 데이터(그림 19)를 그로서는 도저히 이해할 수 없자 기온이 계속 상승한 것으로 조작했다는 것이다. 기후 게이트 1과 2에 관한 자세한 내용은 유튜브 『기후변화 진실 게임: 해킹과 내부 고발』[12]을 참고하기 바란다. 이러한 사건을 통해서라도 국가 기관의 데이터 조작 가능성은 충분함을 짐작할 수 있다.

12 https://www.youtube.com/watch?v=dedQWShsocM&t=176s

제9장

과학자 합의 조작하기

인간에 의한 재앙적 지구온난화를 광적으로 추종하는 자들로부터 반복해서 많이 듣게 되는 주장 중 하나는 "97%의 과학자들이 동의한다."라는 것이다. 이렇게 주장해온 사람 중 한 명이 미국 오바마 대통령이다. 그는 이렇게 말했다.

"97%의 과학자들이 '기후변화는 진짜 일어나고 있고 인간에 의한 것이며 위험하다'라는 것에 동의했다."

미국 바이든 대통령의 기후 대사인 존 케리(John Kerry)도 보스턴대학(Boston College) 졸업식 연설에서 같은 소리를 했다.

"기후변화는 잔인한 결과를 가져올 것이며 전 세계 과학자 97%가 이것은 시급한 문제라고 우리에게 말하고 있다."

물론 앨 고어도 비슷한 메시지를 다음과 같이 전했다.

"과학자들 가운데 극히 일부만이 지구온난화 위기를 부인한다. 논쟁의 시간은 끝났다. 과학적으로 확정됐다."

이 주장은 널리 받아들여지고 있다. 하지만 통계적으로나 논리적으로 완전히 말이 안 되는 소리를 누군가 실제로 믿는다는 사실은 우리의 실패한 교육 시스템, 그리고 대부분의 주류 언론들이 보이는 편견과 터무니없는 속임수의 폐단을 입증하는 증거에 불과하다. 이제 이 "97%의 과학자"라는 수치가 어디에서 나왔는지 알아보자.

교묘한 통계적인 속임수

유명한 97% 수치를 제시한 논문은 2013년에 발표됐다.[1] 이 논문의 주 저자는 호주에서 웹 프로그래머이자 블로거로 활동하다가, 후에 웨스턴오스트레일리아대학교(University of Western Australia) 심리학부에서 박사 학위를 취득하고 기후 선동가 웹사이트를 만든 존 쿡(John Cook)이다.

그는 자원봉사자들을 모아 "지구의 기후변화" 또는 "지구온난화"라는 주제가 들어있는 1991년부터 2011년까지 게재된 논문의 요약문 "11,944건을 검토하는 과제"를 맡겼다. 자원봉사자들은 실제로는 과학 논문 자체는 읽지 않고 단지 요약문만 봤는데, 요약문이란 논문에 무엇이 실렸는지 설명하는 한두 문단에 불과하다. 그리고 그 자원봉사자들은 인간에 의한 지구온난화(AGW:

1 Quantifying the consensus on anthropogenic global warming in the scientific literature, Environmental Research Letter, 2013, https://iopscience.iop.org/article/10.1088/1748-9326/8/2/024024

Anthropogenic Global Warming)에 대한 자신들의 생각에 따라 요약문들을 7개의 범주로 분류했다: (1)AGW에 명시적 동의(정량화된 수치를 제시함), (2)AGW에 명시적 동의(정량화된 수치를 제시하지 않음), (3)AGW에 암묵적지지, (4)AGW에 의견이 없거나 불확실함, (5)AGW에 암묵적 거부, (6)AGW에 명시적 거부(정량화된 수치를 제시하지 않음), (7)AGW에 명시적 거부(정량화된 수치를 제시함).

그런 다음 요약문 검토자는 결과를 다음 네 가지 주요 범주로 "단순화"했다: (1)AGW를 인증하는 논문(Endorse), 3,896편(32.6%), (2)AGW에 대해 의견이 없는 논문(No Position), 7,930편(66.4%), (3)AGW를 부정하는 논문(Reject), 78편(0.7%), (4)AGW에 대해 불분명한 논문(Uncertain), 40편(0.3%). 이 결과를 보면 요약문 검토자가 AGW를 지지했다고 결론 낸 논문은 32.6%에 불과했다. 이 수치는 연구에서 확인했다고 주장하는 97%라는 놀라운 절대다수는 결코 아니다.

여기서 그들의 기발한 재주가 나온다. 이 연구팀은 AGW를 인정하는 논문 32.6%(사실상 요약문)는 받아들이는 대신 AGW에 의견이 없는 7,930편은 모두 연구 대상에서 제외하기로 했다. 그리고는 갑자기 마술을 부린다. 남겨진 요약문 4,014편 중 3,896편(97%)이 AGW를 "인증"했다고 주장한 것이다.

이것은 1,000명의 유권자 투표 의향을 조사하는 다음 사례와 같다. 예를 들어 90명은 민주당(미국의 경우) 또는 노동당(영국의 경우)에 투표할 것이고, 10명은 공화당(미국의 경우) 또는 보수당(영국의 경우)에 투표할 것이며, 나머지 900명은 "미결정"이라고 말했다고 하자. 이 경우 "미결정" 900명을 제거하고 유권자의 90%가 민주당(미국) 또는 노동당(영국)을 지지하고 10%만 공화당(미국) 또는 보수당(영국)에 투표할 것이라고 주장하는 것이나 다름없다. 물론 이것은 완전히 터무니없는 통계다. 왜냐하면 민주당이나 노동당에 투표하겠다고 말한 유권자는 1,000명의 표본 중 실제 비율은 90%가 아니라 9%에 불과하기 때문이다.

하지만 이것이 그 놀라운 수치 97%에 도달하기 위해 사용된 궤변의 끝이 아니다. 연구팀은 요약문의 세 가지 범주(정량화된 명시적 인증, 정량화되지 않은 명시적 인증, 암묵적 인증)를 하나로 합하기로 했다. 이렇게 하고는 97% 과학자가 AGW를 지지했다고 주장하는 자신들의 논문에서는 이 세 가지 범주에 각각 몇 편이 들어갔는지 알려주지 않았다.

미국 델라웨어대학교 데이비드 러게이트(David Legates) 교수와 동료들은 그들이 사용했던 논문 자료를 확보하고 논문 전체(요약문이 아님)를 재조사하여 결과를 2015년 학술지에 발표했다.[2] 이 논문은 "조사한 11,944편의 논문 중에서 41편만이 1950년 이후의 지구온난화는 실제로 인간에 의한 것이라고 인정하고 있음"을 밝히고 있다. 이러한 사실은 호주의 심리학자 존 쿡(John Cook) 팀이 요약문 검토로 만들어낸 "과학자 97.1% 동의"는 미국의 기후과학자 러게이트 교수팀이 논문 전체를 검토한 결과로 나온 "과학자 0.3% 동의"로 수정되어야 함을 의미한다. 이러한 사실은 표로 정리하여 오바마 대통령의 터무니없는 주장을 반박하고 있다.[3]

---

2 Climate Consensus and 'Misinformation': A Rejoinder to Agnotology, Scientific Consensus, and the Teaching and Learning of Climate Change, Science and Education, 2015. https://link.springer.com/article/10.1007/s11191-013-9647-9

3 https://co2coalition.org/media/97-consensus-what-consensus-2

0.3% consensus, not 97.1%

"The scientific consensus that human activity is very likely causing **most** of the **current** GW (global warming)" – Cook et al (2013)

11,944 abstracts (1991-2011) reviewed	100%
7,930 were arbitrarily excluded for expressing **no opinion**	66.4%
3,896 were marked as agreeing we cause **some** warming	32.6%
64 were marked as stating we caused most of the warming	0.5%
41 actually stated we caused most warming since 1950	0.3%
0 were marked as endorsing man-made catastrophe	0.0%

Legates et al 2015 (after Monckton)

출처: 미국 이산화탄소연맹(www.co2coalition.org)

이처럼 "97% 과학자" 주장은 약 11~12명으로 구성된 자원봉사자의 작업에 근거를 두고 있다. 자원봉사자들의 과학적 자질은 공개되지 않았고 그들 모두 확고한 AGW 신봉자들이었다. 그들은 각각 약 1,000편의 과학 논문 요약문을 자세히 살펴봐야 했는데, 그런 요약문들은 쉽게 이해할 수 있는 것이 아니다. 검토 과정에서 그들은 논문 전체는 읽지 않고 요약문만 대충 보고 AGW 이론을 명시적으로 또는 암묵적으로 동의했는지를 결정했다. 그러한 방법을 "과학적"이라고 주장하는 것은 과학을 모독하는 소리다. "97%의 과학자들이 AGW에 동의한다."라는 그들의 조사 결과를 쓰레기라고 부른다면 쓰레기에 대한 모욕으로 볼 수밖에 없다.

영국 서섹스대학교(University of Sussex) 리처드 톨(Richard Tol) 교수는 쿡의 논문에 대해 다음과 같은 말로 정리했다.

"쿡의 '97% 과학자 합의' 논문은 기후 학계의 잘못된 연구와 행태를 바로 잡으려면 아직도 갈 길이 멀다는 것을 보여주고 있다. 만약 당신이 기후변화 연구자들이 무능하고 편파적이며 투명하지 않다는 사실을 믿고 싶으면, 쿡의 논문이 그런 점에서는 탁월한 사례가 될 것이다."

하지만 "97%의 과학자가 인간에 의한 지구온난화에 동의한다."라는 주장은 널리 전파되어있다. 터무니없는 조작 과정을 폭로할 능력이나 의향이 있는 단 한 명의 주류 언론인이나 편집자도 없었다는 사실은 정말 믿기 어려운 일이다.

미국 하버드대학교 의과대학을 졸업하고 공상과학 소설가로 활동하면서 『쥬라기 공원』을 비롯한 26권의 소설을 저술한 마이클 크라이튼(Michael Crichton)은 "과학은 합의로 이루어지는 것이 아니다."라며 다음과 같은 명언을 남겼다.

> **"분명히 하자면, 과학이 하는 일은 합의(의견의 일치)라는 것과는 아무런 관련이 없다. 합의란 정치에서 하는 비즈니스다. 과학이란 이것과는 반대로 정답을 아는 단 한 명의 연구자만을 필요로 한다. 이 말은 실제 세계에서 증명할 수 있는 결과를 가진 연구자를 의미한다. 과학에서는 합의라는 것은 타당성이 없다는 것이다. 타당성이 있다는 것은 같은 결과를 재현할 수 있다는 것을 의미한다. 역사상 가장 위대한 과학자들은 정확하게는 그들이 합의라는 것으로부터 단절했기 때문에 위대한 것이다."**

지구온난화는 태양, 구름, 육지, 바다, 대기 등으로 이루어지는 매우 복잡한 지구의 열역학 시스템을 다루는 과학적 현상이다. 기후 선동가들이 합의를 내세우는 것은 자신들의 주장에 과학적 결함이 있음을 자백하는 셈이다.

"97% 과학자" 주장의 타당성에 대해 의문을 제기하는 또 다른 문제들이 있다. 첫째는 자원봉사자들은 11,944명의 개별 과학자의 의견이 아닌 논문의 요약문을 검토했다는 점이다. 검토한 11,944편의 요약문에는 동일한 과학자들이 작성한 여러 편의 논문도 있을 것이다. 이 경우 기후에 대해 논문을 많이 쓴 과학자들은 과도하게 반영되었을 것이다. 1991년부터 2011년까지 20년 동안 나온 논문이기 때문에 AGW에 동의한 41편 중 한 명의 과학자가 여러 편 반복해서 논문을 게재했을 가능성은 충분히 있다.

게다가 오늘날과 같이 모든 사실이 알려지고 통제될 수 있는 세계(Orwellian world, 조지 오웰의 1984에서 유래)에서, 인간에 의한 재앙적 지구온난화는 일어나고 있으며 그것이 모두 탐욕스럽고 환경을 파괴하는 인간의 잘못 때문이라는 것이 공식적으로 인증된 주장에 감히 의문을 제기하는 기후과학자는 연구비를 잃고 활동무대가 취소되며 심지어는 해고될 위험도 있다. 따라서 인간에 의한 재앙적 지구온난화에 대한 광적인 믿음에 의문을 제기하는 논문을 쓰는 것에 특별히 열성적인 과학자는 거의 없으며 감히 위험을 무릅쓴다고 하더라도 그들의 논문을 받아줄 학술지는 거의 없다. 이것은 인간에 의한 재앙적 지구온난화 주장에 의문을 제기하는 논문이 출판될 수 없는 놀라운 카프카적(Kafkaesque, 부조리하고 암울한) 상황을 만든다. 그렇게 되면 기후 재앙론자들은 거의 모든 과학자가 인간에 의한 재앙적 지구온난화에 동의한다는 증거로 이 주장에 의문을 제기하는 논문이 거의 없다는 점을 강조할 수 있다.

기후 선동에 반기를 든 과학자들

기후 위기를 선동하는 대부분의 언론들은 97% 과학자가 인간에 의한 재앙적 지구온난화를 인정하며 "과학적으로 확정됐다." 라는 주장을 지겹도록 하고 있다. 반면에 나머지 언론들은 인류 역사상 가장 최대 규모이자 비용이 많이 드는 과학적 사기에 경악하고 있는 수천 명의 과학자에 대해 거의 언급하지 않는 경향을 보이고 있다.

지난 1997년 교토의정서가 채택되자 1999년 미국에서 인간에 의한 지구온난화에 반대하기 위해 31,000명이 넘는 과학자들이 서명한 오리건 청원(Oregon Petition)이 있었다. 과학자들은 미국 정부가 1997년 12월에 채택된 교토의정서와 기타 유사 제안을 거부할 것을 촉구하고, 온실가스 배출 제한은 환경을 해치고 과학기술의 발전을 방해하며 인류의 건강과 복지를 해칠 것이라고 주장했다. 또 인간에 의한 이산화탄소, 메탄 또는 기타 온실가스 배출이 가까운 미래에 재앙적 지구온난화와 기후변화를 야기한다는 과학적 증거는 없으며, 대기에 이산화탄소가 증가하는 것은 자연 생태계에 많은 유익한 영향을 미친다는 상당한 과학적 증거가 있음을 알렸다.

2008년에는 맨해튼 선언(Manhattan Declaration)이 있었지만 놀라울 정도로 언론의 주목을 받지 못했다.[4] 전 세계 100여 명의 기후 전문가들이 2008년 3월에 뉴욕에서 다음 선언문을 이후 10월까지 40개국 1,200명이 넘는 과학자들로부터 서명을 받았지만, 언론 보도는 거의 없었다.

4 manhattan declaration on climate change: https://www.heartland.org/news-opinion/news

기후 및 관련 분야의 과학자와 연구자, 경제학자, 정책 입안자 및 비즈니스 리더로 구성된 우리는 2008년 기후변화 국제회의에 참가하면서 뉴욕 타임스 스퀘어에 모여 다음 사항을 결의합니다. “과학적 질문은 오로지 과학적 방법을 통해서만 답을 구해야 한다.” “지구의 기후는 인간의 행동과는 무관하게 항상 변화해 왔고 앞으로도 그럴 것이다.” “이산화탄소는 오염물질이 아니라 모든 생명체를 위해 반드시 필요한 물질이다.” 또 다음 사항을 확신합니다. “최근에 관찰된 기후변화의 원인과 정도는 기후 과학계의 격렬한 논쟁 대상이다.” “기후 전문가들이 이른바 의견의 일치를 이루었다고 앵무새처럼 반복하는 주장은 거짓이다.”

정부가 이산화탄소 배출 감축을 장려하기 위해 산업과 시민 생활에 많은 비용이 드는 규제를 입법화하려는 시도는 지구의 미래 기후변화에 별다른 영향을 미치지 않고 단지 인류 발전만 지연시킬 것임을 단언합니다. 그러한 정책은 미래의 인류 번영을 현저하게 약화시키고, 그로 인해 불가피한 기후변화에 적응하는 사회적 역량을 축소시켜 인간이 겪는 고통을 줄이는 대신 오히려 키우는 결과를 초래할 것입니다.

우리는 따뜻한 날씨가 추운 날씨보다 일반적으로 지구 생명체에 덜 해롭다는 점을 잘 알고 있습니다. 그래서 다음과 같이 선언합니다. 인간에 의한 이산화탄소 배출을 제한하려는 지금의 계획은 인류의 실질적이고 심각한 문제를 해결하는 데 집중해야할 지적 자본과 자원을 위험한 정도로 잘못 할당하는 것입니다. 현대 산업 활동으로 인한 이산화탄소 배출량이 과거, 현재 또는 미래에 치명적인 기후변화를 일으킬 것이라는 확실한 증거는 어디에도 없습니다. 정부가 이산화탄소 배출을 줄이기 위해 산업과 시민 생활에 세금과 값비싼 규제를 가하려는 시도는 기후에는 영향을 미치지 않고 서방 세계의 번영과 개발도상국의 발전을 무의미하게 축소시킬 것입니다.

필요에 따른 적응 대책이 어떤 완화 대책보다 훨씬 비용 효율적입니다. 현재 추진하는 완화 대책에 초점을 맞추면 정부의 관심과 자원은 국민의 실제 문제를 해결하지 못하는 결과를 초래합니다. 인간이 초래한 기후변화는 전 지구적 위기가 아닙니다.

그러므로 이제 우리는 다음 사항을 권고합니다. 세계 지도자들은 『불편한 진실(An Inconvenient Truth)』과 같은 대중적이지만 잘못된 정보로 만들어진 작품뿐만 아니라 유엔 기후변화에 관한 정부 협의체(IPCC)의 주장을 거부해야 합니다. 아울러 이산화탄소 배출량을 줄이기 위한 모든 세금, 규제, 기타 개입은 즉시 폐지되어야 합니다.

2008년 3월 4일 뉴욕에서 합의

MANHATTAN DECLARATION OPPOSES GLOBAL WARMING ALARMISM

OCTOBER 9, 2008
By E. Jay Donovan

Since its creation in March by the International Climate Science Coalition (ICSC) at the 2008 International Conference on Climate Change, the Manhattan Declaration on Climate Change has attracted more than 1,200 signatories from 40 countries, ICSC

2008년 10월 9일 Heartland Institute 홈페이지에 게시된 맨해튼 선언

2009년에는 166명의 과학자들이 유엔 사무총장에게 공개서한을 보냈다.

반기문 유엔 사무총장님 | 미국 뉴욕주, 뉴욕시 2009년 12월 8일

친애하는 사무총장님

기후변화에 관한 과학은 현재 '부정확한 발견(모르는 사실을 밝혀내는)'의 시기에 있습니다. 극히 예외적으로 복잡하고 급속히 발전하는 이 기후과학에 대해 더 많이 알게 될수록 우리가 아는 것이 거의 없다는 것을 깨닫게 됩니다. 과학적으로는 정말로 확립되지 않았습니다.

따라서 인간 활동이 자연적 원인 이상으로 위험한 기후변화를 일으키고

있다는 확실한 증거를 먼저 제시하지 않은 상태에서 세계 인류에게 많은 비용이 드는 규제적인 공공정책을 결정 내릴 합당한 이유가 없습니다. 어떤 경솔한 결정이 취해지기 전에, 우리는 최근의 기후변화가 과거에 관찰된 변화와는 상당히 다르며, 태양주기, 해류, 지구 공전궤도, 기타 자연 현상으로 인한 정상적인 변화를 훨씬 초과한다는 것을 입증하는 확실한 관측 자료를 확인해야 합니다.

기후 관련 과학 분야에 전문지식을 갖춘 우리는 UNFCCC와 유엔 기후변화 회의 지지자들에게 그들이 말하는 인간에 의한 재앙적 지구온난화와 기타 기후변화에 대한 설득력 있는 관측 증거를 제시해주길 요청합니다. 검증되지 않은 컴퓨터 기후 모델을 이용하여 미래에 일어날 수 있다는 시나리오에 따른 예측 결과는 편향되지 않고 엄격한 과학적 조사를 통해 얻은 실제 지구 관측 데이터를 대체할 수 없습니다.

그리고 2008년 11월 19일에 카토 연구소(Cato Institute)라는 기관은 지구온난화에 대한 버락 오바마 대통령 당선자의 확신을 반박하는 전면 신문광고를 냈다. 이 광고는 오바마의 다음 발언을 그대로 실었다. "미국을 비롯한 전 세계가 직면한 문제는 기후변화에 대처하는 것보다 더 시급한 것은 없습니다. 과학은 논쟁의 여지가 없으며 관련 사실들은 명백합니다."

"Few challenges facing America and the world are more urgent than combating climate change. The science is beyond dispute and the facts are clear."

—PRESIDENT-ELECT BARACK OBAMA, NOVEMBER 19, 2008

With all due respect Mr. President, that is not true.

We, the undersigned scientists, maintain that the case for alarm regarding climate change is grossly overstated. Surface temperature changes over the past century have been episodic and modest and there has been no net global warming for over a decade now.[1,2] After controlling for population growth and property values, there has been no increase in damages from severe weather-related events.[3] The computer models forecasting rapid temperature change abjectly fail to explain recent climate behavior.[4] Mr. President, your characterization of the scientific facts regarding climate change and the degree of certainty informing the scientific debate is simply incorrect.

2008년 11월 19일 Cato Institute 광고

"외람된 말씀이지만, 존경하는 대통령님 그건 사실이 아닙니다."라고 광고

문구는 굵은 글씨로 쓰여 있다. 그리고 그 문구 아래에는 100명이 넘는 과학자들이 다음과 같은 주장을 기술하고 서명했다.

"우리, 서명한 과학자들은 기후변화에 관한 경고 사례가 너무나 과장되어 있다고 주장합니다. 지난 세기 지구 표면에서 나타난 기온의 변화는 간헐적이었고 별로 대단하지도 않았습니다. 또 최근 10여 년 동안에는 지구 기온의 순증가는 없었습니다. 기상이변으로 인한 인명과 재산의 피해를 조사해본 결과, 증가되었다는 어떤 수치도 찾아볼 수 없었습니다. 급격한 기온 변화를 예측하는 컴퓨터 모델들은 최근의 기후 변동을 전혀 설명하지 못합니다. 대통령님, 당신은 기후변화에 관한 과학적 사실을 아주 잘못 알고 있으며 과학적으로 논쟁이 되고 있다는 것조차 모르고 있습니다."

2012년에는 49명의 전직 NASA 과학자들과 우주비행사들이 지구온난화에 관해 NASA에 편지를 보냈다. 2012년 4월 인터넷 매체『허프포스트』[5]에 소개되긴 했지만 많은 사람들은 들어보지 못했을 것이다.

HUFFPOST

SCIENCE

NASA Global Warming Stance Blasted By 49 Astronauts, Scientists Who Once Worked At Agency

Is NASA playing fast and loose with climate change science? That's the contention of a group of 49 former NASA scientists and astronauts.

On March 28 the group sent a letter to NASA administrator Charles Bolden, Jr., blasting the agency for making unwarranted claims about the role of carbon dioxide in global warming, Business Insider reported.

"We believe the claims by NASA and GISS [NASA Goddard Institute for Space Studies], that man-made carbon dioxide is having a catastrophic impact on global climate change are not substantiated, especially when considering thousands of years of empirical data," the group wrote. "With hundreds of well-known climate scientists and tens of thousands of other scientists publicly declaring their disbelief in the catastrophic forecasts, coming particularly from the GISS leadership, it is clear that the science is NOT settled."

2012년 4월 11일 Huffpost

편지 내용은 NASA가 명백히 인간에 의한 재앙적 지구온난화 강박관념에 사로잡혀 있음을 우려하고 있는 것으로 다음과 같다.

5 Huffpost: 2005년에 설립된 미국의 인터넷 신문

찰스 볼든 주니어(Charles Bolden, Jr.) 미항공우주국 국장님
2012년 3월 28일 미항공우주국(NASA) 본부 워싱턴 D.C. 20546-0001

친애하는 찰리

아래 서명한 우리는 미항공우주국(NASA)과 고다드 우주연구소(GISS: Goddard Institute for Space Studies)가 일반 정보공개와 웹사이트에 검증되지 않은 내용을 발표하지 않도록 정중하게 요청합니다. 우리는 인간이 배출한 이산화탄소가 지구의 기후변화에 재앙적 영향을 미친다는 NASA와 GISS의 주장이 근거 없다고 생각합니다. 특히 수천 년의 경험적 데이터를 고려할 때 더욱 그렇습니다. 수백 명의 저명한 기후 과학자들과 수만 명에 이르는 그 외 다른 과학자들은 특히 GISS 지도부에서 발표한 재앙적 예측을 신뢰할 수 없음을 공개적으로 선언하며, 그 발표 내용은 과학적으로 확정되지 않았음이 명백하다고 생각합니다.

이산화탄소가 기후변화의 주요 원인이라고 무조건 옹호하는 것은 무엇을 결정하거나 공개 성명을 내기 전에 이용 가능한 모든 과학적 데이터를 객관적으로 평가해온 NASA의 전통에 맞지 않습니다.

우리는 전직 직원으로써 NASA가 지구 기후의 자연적 변화 원인에 관해 철저한 연구를 하기도 전에 극단적인 입장을 옹호하는 것이 부적절하다고 생각합니다. 우리는 NASA가 앞으로 이 주제에 대한 입증되지 않고 지지받지 못하는 주장을 일반 정보공개와 웹사이트에서 언급하는 것을 자제해주길 요청합니다. NASA의 전·현직 과학자와 직원의 모범적인 평판, 심지어 과학 자체의 평판까지 훼손될 위험이 있습니다.

우리가 우려하는 과학에 대한 추가 정보는 해리슨 스미트(Harrison Schmitt)나 월터 커닝햄(Walter Cunningham), 또는 그들이 추천할 수 있는 사람에게 문의할 것을 제안합니다.

이 요청을 고려해 주셔서 감사합니다.

2019년에는 네덜란드 암스테르담에 본부를 둔 세계기후지성인

그룹(World Climate Intelligence Group)[6]이 설립되어 노르웨이 노벨 물리학 수상자 이바르 예베르(Ivar Giaever), 미국 MIT 교수 리처드 린젠(Richard Lindzen), 캐나다 그린피스 공동 창립자 패트릭 무어(Patrick Moore) 등이 참여하여 지금까지 활발한 활동을 해오고 있다. 지난 2021년 IPCC 제6차 기후평가보고서(AR6)의 심각한 과학적 결함을 지적하고 공개토론을 제안했으며, 2022년 이집트 샤름 엘 셰이크 COP27에 참석하는 세계 지도자들에게 다음과 같은 공개서한을 보냈다.

2022년 11월 1일 암스테르담 | 세계 기후지성인 그룹(CLINTEL)

존경하는 세계 지도자님

2030년이 되면, 역사가들은 유엔이 지난 수십 년 동안 지구온난화를 중단시키는데 완전히 실패하고, 대신 그로 인해 전 세계의 번영과 복지에 전례 없는 부정적인 영향을 주는 의도치 않은 결과를 초래하게 된 대대적인 기후 대책을 제안해왔다는 것에 대해, 어떻게 이런 일이 가능했는지 놀라움을 금치 못할 것입니다.

그들은 당시 많은 사람들은 왜 의심도 없이 '기후 위기의 실존'에 대해 믿고 있었는지 의아해할 것입니다. 기후위기설은 한물간 '과열 예측' 컴퓨터 모델에 기반을 두고 있었지만 결과는 주류 언론에 의해 광범위한 지지를 받았습니다.

그들은 2022년 9월 유엔의 한 고위 관리가 겁도 없이 "우리는 과학적인 데이터가 있다. 그리고 전 세계는 이것을 알아야 한다. 따라서 전 세계와 소셜 미디어(플랫폼)들도 알아야 한다고 생각한다."라고 선언한 것은 도저히 믿을 수 없을 수준이라 여길 것입니다.

6 https://clintel.org/

정말, 왜 유엔과 IPCC는 지난해 제6차 평가 보고서의 심각한 과학적 결함을 명확히 지적한 CLINTEL의 서한(2021년 10월)을 무시했습니까? IPCC는 왜 이러한 결함에 대한 공개 토론을 거부했습니까? 유엔은 CLINTEL의 전 세계적인 네트워크가 이제는 IPCC 내에 있는 것보다 더 방대한 양의 객관적인 과학적 정보들을 확보하고 있다는 것을 제대로 알지 못하고 있습니까?

역사가들은 왜 전 세계가 기후과학은 완전히 밝혀졌다("기후과학은 확립됐다."라고 유엔과 정치인들이 선언한 것)는 미신 수준의 잘못된 믿음을 퍼뜨리는 것에 대해 대대적인 반대를 하지 않았는지 의아해할 것입니다. 기후변화에 대한 잘못된 믿음은 유감스럽게도 탄소중립(이산화탄소 감축)을 향한 완전히 불필요한 사회공학적 조치를 시행하기 위한 법률 제정으로 이어졌습니다.

정말 왜 유엔은 자신들이 제시한 온실가스 감축 조치가 과학적으로 터무니없고, 기술적으로 실현 불가능하며, 경제적으로도 감당할 수 없고, 궁극적으로는 사회적으로도 받아들일 수 없다는 사실을 세상에 알리고 싶어 하지 않았습니까? 그리고 왜 IPCC는 전 지구적 차원에서의 온실가스 감축 조치는 - 이미 2020년 팬데믹에서 증명되었듯이 - 기후에는 영향을 줄 수 없다는 것을 인정하지 않았습니까? 그리고 왜 IPCC는 이산화탄소가 지구상의 생명체를 위한 필수 물질이라는 사실 또한 세상에 알려지는 것을 원하지 않았습니까? 더 많은 이산화탄소는 지구를 더 푸르게 하는데 반드시 필요합니다. 이러한 모든 사실을 보면, 더 많은 이산화탄소는 해로운 것보다 이로운 것을 훨씬 더 많이 가져오게 됩니다!

미래의 역사가들은 또한 엄청나게 비싼 간헐적 재생에너지로의 전환은 중대한 경제적 문제를 발생시키리라는 것도 알지 못한 채 추진되었는지 의아해할 것입니다. 또한, 왜 사람들은 태양광과 풍력 발전으로는 향후 실용 가능한 대규모 전기에너지 저장장치 없이는 안정적인 전기 공급이 기술적으로 불가능하다는 것을 알지 못했습니까? 그리고 왜 사람들은 태양과 풍력 에너지의 대량 생산이 구리와 네오디뮴과 같은 자원이 매우 부족하게 될 것을 인식하지 못했습니까? 그리고 기존의 화석발전소들은, 특히 아프리카에서는 아직 저렴하면서 안정적으로 공급할 수 있는 에너지 대안이 없음에도,

금지되었습니까? 심각한 에너지 위기의 대부분은 우크라이나 전쟁 탓으로 잘못 돌려졌습니다. 그러나 실제로는 세계 지도자들이 경제적 안녕과 사회적 안정을 유지할 수 있도록 기존의 신뢰할 수 있는 발전 설비에 대한 투자를 장려하지 않았다는 것에 있습니다.

다행히도, 아직 2030년이 아닙니다. 그래서 우리는 여전히 필요한 변화를 실현할 수 있는 시간이 있습니다. 그것을 실현하기 위해 무엇을 해야 할까요?

다음은 전 세계 정치 지도자들에게 전하는 3가지 제안입니다.

1. 기후 과학을 탈정치화하시길 바랍니다. 실제 현상과 맞지 않는 컴퓨터 모델을 폐기하고, 실제 현상 기후 관측과 최첨단 기후 과학에 초점을 맞추고, 정치화되지 않은 전문가들의 객관적인 해결방안에 귀를 기울이기 바랍니다.
2. 기후 정책을 바꾸길 바랍니다. 비합리적인 완화(온실가스 감축) 대책에서 성공적인 적응 대책으로 가야합니다. 완화는 엄청난 비용이 수반되고, 인류 역사상 단 한 명도 구하지 못했으며, 끊임없이 변하는 기후를 바꾸는데 아무런 영향도 미치지 못할 것입니다. 반면, 적응은 저렴한 비용으로, 정확하게 초점을 맞출 수 있고, 이미 수백만의 생명을 구했습니다. 적응은 기후 정책에서 추진해야 할 확실한 방향입니다.
3. 석탄과 석유, 원자력에 투자하길 바랍니다. 세계 석유와 가스 매장량을 늘리고 일정량 유지할 수 있도록 보충하는데 투자해야 합니다. 세계는 앞으로도 수십 년 동안 여전히 석유와 가스가 있어야 한다는 현실을 직시해야 합니다. 이와 동시에, 미래 에너지원인 원자력을 성장 발전시키는데 전력을 다해야 합니다.

존경하는 세계 지도자님

당신들은 11월 초 이집트에서 열리는 COP27에 참석합니다. 이는 분명 잘못된 기후 정책이 계속되는 것을 지원하기 위한 것입니다. 아프리카 국민들에게 그들의 에너지 기반이 간헐적인 풍력과 태양광이 되도록 요구하는 것은 아프리카인들에게 범죄를 저지르는 것이 될 것입니다. 결국, 그러한 요구는 아프리카에 사는 13억 명이 넘는 사람들을 한층 더 빈곤으로 몰아넣을 것입니다. 경제발전은 저렴하게 안정적으로 공급되는 에너지 없이는 이루어질 수 없습니다.

아프리카는 미래에 현대식 원자력 발전소들과의 연계하는 계획과 함께 지역적으로 가용할 수 있는 화석연료를 백분 활용해야 합니다. 풍부하고 저렴한 가용에너지는 깨끗한 식수 공급 또한 보장합니다. 다음에는, 적응 기술을 적용하는데 최선의 노력을 다해야 합니다. 특히 맞춤형 작물 재배("정밀 농업")와 극한 기후 대비("재해 피해 최소화") 기술이 필요합니다. 잘 알다시피, 아프리카는 이러한 기술들이 진짜 시급하게 필요합니다.

위의 사항들은 CLINTEL(클린텔)이 호화 휴양지인 Sharm El-Sheikh(샤름 엘 셰이크)에서 열리는 COP27 회의에 참석하기 위해 전용 제트기를 타고 도착하는 모든 세계 정치 지도자들에게 보내는 메시지입니다.

정치 지도자님,

당신의 비행경로 아래 그늘진 곳, 아프리카 대륙에서 현대문명으로부터 소외되고 끊임없이 반복되는 가난의 굴레에서 살아가는 사람들의 일상적 현실에 대해 제발 양심적으로 임해 주시기를 간청합니다.

그 외에도 미국 이산화탄소연맹(CO_2 Coalition), 영국 지구온난화 정책포럼(Global Warming Policy Forum), 캐나다 과학의 친구들(Friends of Science), 독일 유럽기후에너지연구소(Europäisches Institut für Klima und Energie) 등 세계 각국에서 진정한 과학자들이 많은 불이익을 감수하면서도 기꺼이 인간에 의한 재앙적 지구온난화 이론에 반기를 들고 있다.

There is no climate emergency. CO_2 is essential to all life on Earth. Photosynthesis is a blessing. More CO_2 is beneficial for nature, greening the Earth: additional CO_2 in the air has promoted growth in global plant biomass. It is also good for agriculture, increasing the yields of crops worldwide.

–

Guus Berkhout Professor Emeritus of Delft University of Technology, President of Climate Intelligence Group, in World Climate Declaration.

제4부

기후과학의 거짓과 진실

기후 위기는 없다. 이산화탄소는 지구 모든 생명체의 필수 물질이다.
광합성은 생명을 위한 축복이다.
더 많은 이산화탄소는 자연에 유익하며, 지구를 푸르게 한다.
증가한 대기 이산화탄소는 지구에 더 많은 식물이 자랄 수 있도록 한다.
이는 농업에도 좋은 영향을 주어 전 세계 모든 농작물의 수확량을 증가시킨다.

-

거스 버크하우트, 델프트 공대 명예교수, 기후지성인 그룹 회장,
세계기후선언에서

제10장

이산화탄소와 기후

기후 선동가들과 이에 추종하는 언론들은 증가하는 이산화탄소(CO_2)가 지구 대기에 과도한 온실효과를 일으켜 대재앙을 불러온다며 공포를 조성한다. 최근에는 메탄(CH_4)과 아산화질소(N_2O)도 온실효과가 있다며 공포 항목에 포함하고 있다.[1] 정말 이산화탄소, 메탄, 아산화질소가 기후 대재앙을 일으킬 수 있을까? 먼저 지구 대기에 얼마나 많은 이산화탄소와 메탄, 그리고 아산화질소가 있는지 알아보는 것이 순서에 맞는 것 같다. 이산화탄소는 "미량 가스"라고 불리는 물질이다. 대기에는 "백만분의 일(ppm)"의 단위로 측정해야 할 정도로 극히 소량이 있다. 대기의 대부분(99%)은 질소(78%)와 산소(21%)로 구성되어 있다. 그다음에 미량 가스가 있다. 미량 가스로 가장 흔한 것은 아르곤(0.9%)이다. 그리고 이산화탄소(0.04%)와 거의 무시할 수 있는 양의 네온, 헬륨, 메탄, 크립톤, 수소, 아산화질소 등이 있다(그림 1).[2] 이산화탄소 총량에서 96.8%는 자연현상에 의해, 3.2%는 인간의 활동에 의한 것으로 밝혀져 있다.

1 Atmospheric levels of all three greenhouse gases hit record high, 26 Oct. 2022, Guardian.

2 501_Oceanography and Climatology Unit-5 Structure and Chemical Composition of Atmosphere.

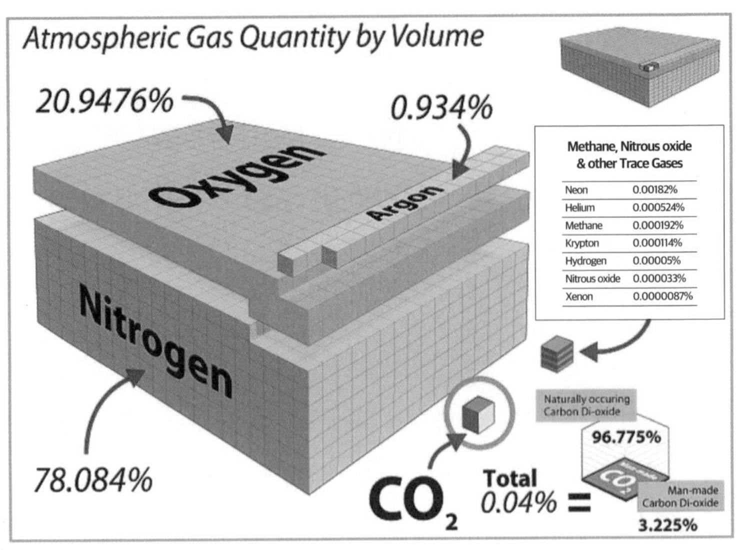

그림 1 지구 대기의 구성 성분과 인간에 의한 이산화탄소[3]

측정에 따르면 이산화탄소는 지난 140년 동안 280ppm에서 약 420ppm(2022년 현재)으로 증가했다. 무려 140ppm(50%)이 증가한 수치다. 하지만 미량 가스인 이산화탄소는 140년 동안 1만분의 1.4가 증가한 것에 불과하다. 이는 10년마다 10만분의 1씩 증가한 것을 의미한다. 기후 선동가들은 이 미량 가스가 대기 중 0.028%에서 0.042%, 그리고 좀 더 증가하면 지구 기후에 대재앙이 일어나고 인류 종말로 이어질 것이라며 전 세계를 대상으로 공포를 조성해왔다. 메탄과 아산화질소의 농도는 각각 0.000192%(1.92ppm)와 0.000033%(0.33ppm)로 초미량이다(그림 1). 두 물질은 미량 가스인 이산화탄소 농도를 1로 가정하면 0.0046(메탄)과 0.00079(아

3 Source: http://i.imgur.com/QzV7x8E.jpg

산화질소)에 불과하다. 두 물질이 인간의 활동으로 증가하는 것으로 관측되지만 증가 속도는 매우 느리다. 메탄과 아산화질소의 증가율은 각각 연간 8ppb와 0.8ppb(10억 분의 1)로 앞으로 두 배가 되려면 238년과 425년이 걸릴 것이다.[4] 기후 선동가들은 초미량 물질이 극히 느린 속도로 증가하는 사실은 숨기고 온실가스가 인간에 의해 증가한다는 말로 대재앙 공포를 전하고 있다.

대기 온실효과

대기에서 가장 흔한 가스인 질소(78%)와 산소(21%)는 "온실효과"가 없다. 이 말은 두 가스는 대기에 열을 가두어 지구를 따뜻하게 하지 않는다는 것을 의미한다. 따라서 온실가스가 지구 기후에 어떤 영향을 미치는지 이해하기 위해서는 주요 온실가스의 상대적인 양을 살펴볼 필요가 있다.

기후 선동가들은 이산화탄소가 주된 온실가스라고 주장하고 과학적으로 무지한 정치인들과 주요 언론들도 그렇게 알고 있다. 하지만 실제로 주된 온실가스는 대기 수증기다. 그림 2는 미국 에너지부(US DOE)가 발표한 지구 대기에서 가스별 온실효과 비율이다.[5] 그림에서 보듯이 대기 수증기는 지구 온실효과의 약 95%를 차지한다. 이산화탄소는 3.6%, 아산화질소는 0.95%, 메탄이

4 William van Wijngaarden, Is Global Warming Hot Air?, https://www.youtube.com/watch?v=WfwnKWIWPzk

5 https://www.geocraft.com

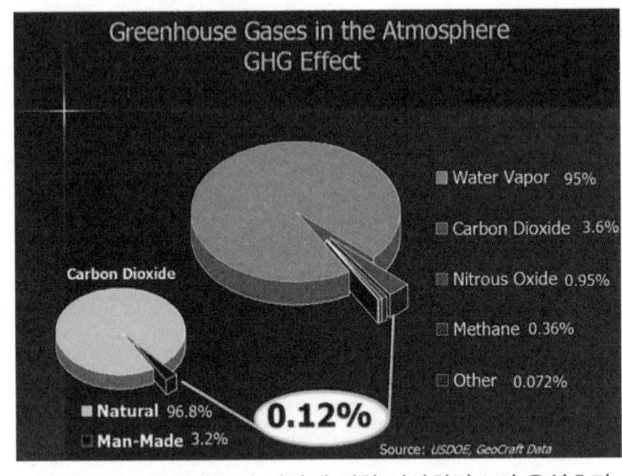

그림 2 주요 온실가스와 인간에 의한 이산화탄소의 온실효과

0.36%, 나머지 가스들이 0.072%를 차지한다. 실제로 인간에 의한 이산화탄소로 인한 온실효과는 0.12%(0.036×0.032)에 불과하다. 대기 수증기가 주된 온실가스라는 사실은 IPCC의 2007년 보고서에도 다음과 같은 문장으로 인정하고 있음을 확인할 수 있다. "수증기는 대기 중 가장 풍부하고 중요한 온실가스다." 수증기가 단연코 가장 중요한 역할을 하는 온실가스임에도 불구하고, 기후 선동가들은 그렇다고 얘기하지 않는다.

수증기, 이산화탄소, 메탄, 아산화질소는 모두 다른 수준의 열 차단력을 가지고 있다. 그러나 대기 중 수증기가 가장 큰 온실효과를 나타내기 때문에, 수증기가 적은 비율로 증가하더라도 이산화탄소, 메탄, 아산화질소가 더 많은 비율로 증가하는 것보다 지구 기온에 훨씬 더 큰 영향을 미칠 것이 분명하다.

최근 대부분의 온실효과는 수증기가 차지하고 인간에 의한 이산화탄소의 기여도는 극히 낮다는 사실이 알려지게 되자, 기후 선동가들은 메탄과 아산화질소를 대재앙 공포 항목에 넣기 시작했다. 인간 활동으로 두 물질의 대기 농도가 증가하고 있고 단위 분자당 온실효과가 이산화탄소의 각각 233배(아산화질소), 31배(메탄)나 된다면서 지구를 덥게 한다고 주장한다. 하지만 온실가스를 연구하는 과학자들은 두 물질은 초미량이고 증가율이 매우 낮기 때문에 온난화 유발 항목에 포함하는 것 자체가 억지라며 일축한다. 메탄과 아산화질소가 지금의 두 배가 되려면 수백 년이 걸리고 두 배가 된다고 하더라도 수증기나 이산화탄소의 온실효과에는 비교할 정도가 되지 못한다는 것이다. 또 메탄은 산소와 반응하여 이산화탄소가 되고, 아산화질소 또한 물질순환 과정을 거치면서 온실효과가 전혀 없는 질소(N_2)나 이산화질소(NO_2)로 변하기도 한다. 따라서 두 물질에 관해서는 더 이상 논의하지 않겠다. 추가 설명이 필요하면 주석 6번 자료를 참고하길 바란다.[6]

지구가 따뜻해짐에 따라 더 많은 수증기가 바다로부터 대기로 방출된다. 수증기가 주된 온실가스이기 때문에, 대기에 수증기가 증가하면 더 많은 열을 가두게 되어 기온이 상승한다. 수증기는 기후 선동가들이 이산화탄소가 온난화를 유발한다고 주장하는 것과 정확히 같은 방식으로 온난화 유발 원인으로 작용할 수 있다. 따라서 대기 수증기와 기온의 관계를 나타내는 그래프를 통해 주된 온실가스인 수증기가 지구온난화를 주도하고 있음을 증명할 수 있다. 그림 3은 인공위성에서 관측된 기온과 수증기를 보여주고 있다.[7] RSS V7 TCWV(Total Column Water Vapor)는 수증기 데이터이고 나머지는 기온 데이터이다. 각 선은 남반구 20도(20S)에서 북반구 20도(20N)의 바다 위를 관측한 데이터를 평균한 것이다. 그림에서 기온과 수증기가 매우 잘 일치하고 있음이 볼 수 있다.

---

6 van Wijngaarden and Happer, Methane and Climate, 2021, https://co2coalition.org/publications de Lange et al, Nitrous Oxide and Climate, 2022, https://co2coalition.org/publications

7 A Satellite-Derived Lower-Tropospheric Atmospheric Temperature Dataset Using an Optimized Adjustment for Diurnal Effects, AMS, 2017, https://doi.org/10.1175/JCLI-D-16-0768.1

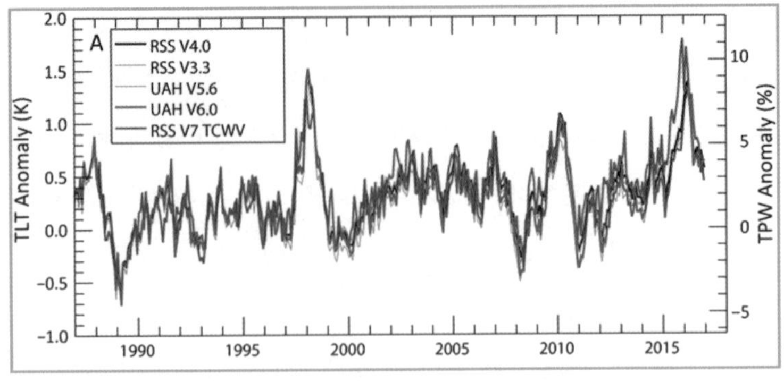

그림 3 기온과 대기 수증기와의 관계

기후 선동에 숨겨진 또 하나의 비밀은 이산화탄소의 온실효과는 농도 증가에 따라 지수적으로 감소한다는 사실이다(그림 4).[8] 그림에서 보는 바와 같이 2022년 현재 420ppm이며 지금과 같은 속도(연간 약 2ppm)로 상승할 경우 약 60년 뒤에 산업혁명 이전의 두 배(540ppm)에 도달하더라도 온실효과 증가는 극히 미미하다. 이유는 이산화탄소의 적외선 흡수 파장이 대기 수증기와 겹치기 때문

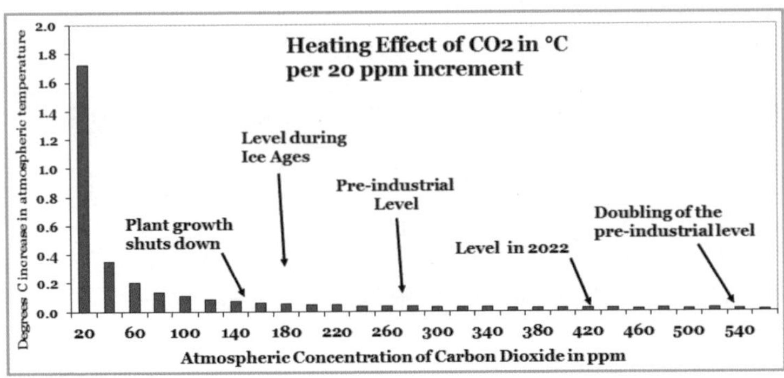

그림 4 이산화탄소 온실효과의 지수적 감소

8 『불편한 사실』, 그레고리 라이트스톤 저, 박석순 역, 2021년, 어문학사

이다.[9] 다시 말하면 이산화탄소가 증가하더라도 대기에 있는 수증기로 인해 온실효과를 거의 나타내지 못한다는 것이다. 그림에서 볼 수 있듯이 식물의 생존 가능한 한계 농도 150ppm에서부터, 2만 년 전 최후 빙기(Last Glacial Period) 때의 최저 농도 182ppm, 산업혁명 이전의 280ppm, 그리고 지금의 420ppm에 이르기까지 온실효과 증가는 크지 않았다.

이산화탄소의 미미한 온실효과는 지금까지 관측된 지구의 기후 역사에 잘 입증되고 있다. 첫째는 산업화 이후 지금까지 나타난 현상이다. 지난 1850년 이후 지금까지 대기 이산화탄소 농도는 꾸준히 증가해왔지만, 온실효과 증가는 거의 없었기 때문에, 지구 기온은 온난화와 냉각화를 반복할 수 있었다. 그림 5의 왼쪽 그래프는 산업화로 1850년부터 이산화탄소 배출량이 증가해오는 과정에서 세 번의 냉각화와 세 번의 온난화 현상이 나타나고 있다. 이산화탄소 배출량은 1945년 제2차 세계대전 이후 급속히 늘

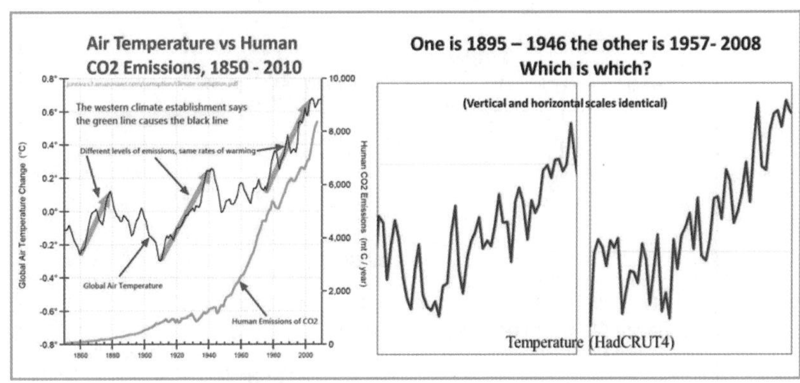

그림 5 기온 상승 패턴과 이산화탄소

9 Infrared Forcing by Greenhouse Gases, Wijngaarden and Happer, https://co2coalition.org/wp-content/uploads/2022/03/

어났지만, 지구의 기온 변화는 이와는 전혀 무관하게 일어나고 있다. 세 번의 온난화 기간에 일어나는 상승 속도는 모두 동일하다. 오른쪽 그래프에 있는 온난화가 일어나는 두 시기의 매우 유사한 기온 상승 패턴에도 주목할 필요가 있다. 이 시기 이산화탄소 농도를 보면 1895년부터 1946년까지는 310ppm이하에 머물러 있었고, 1957년부터 2008년까지는 315ppm에서 385ppm으로 급상승했다. 만약 이산화탄소의 온실효과가 가시적인 수준이었다면 동일한 상승 속도나 패턴은 나타날 수가 없다.

둘째는 2만 년 전 최후 빙기(Last Glacial Period) 이후 홀로세(Holocene) 간빙기에서 나타난 현상이다. 지구의 이산화탄소는 최후 빙기 최저점 182ppm에서부터 지금까지 약 230%(420ppm)나 증가했지만, 기온은 전혀 무관하게 변화해왔다. 그림 6은 11000년 전 지구가 홀로세로 접어들어 지금까지 이산화탄소와 기

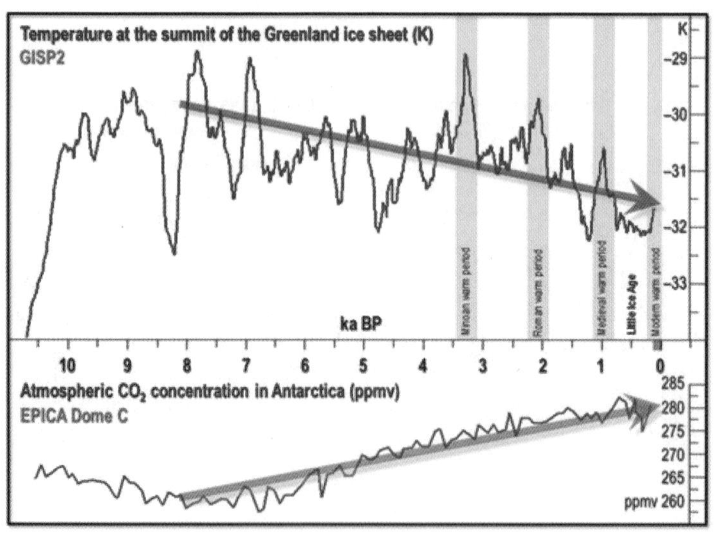

그림 6 지구의 기온과 이산화탄소 변화(11000년 전까지)11

온 변화를 보여준다. 기온과 이산화탄소는 각각 그린란드와 남극 대륙의 빙핵에서 밝혀진 자료다. 이 그래프로부터 이산화탄소는 지구 기온에 어떤 영향도 주지 못하고 있음을 다시 한번 입증됐다. 특히 8000년 전부터 이산화탄소는 증가했지만 오히려 기온은 떨어졌음을 명백하게 보여주고 있다.

셋째는 고기후학(고생대, 중생대, 신생대)에서 밝혀진 사실이다.[10] 지질학에서는 깊은 바다의 퇴적물을 채취하여 수억 년 전에 이르는 지구의 기후 상태를 밝혀내고 있다. 그림 7은 5억 7천만 년 전까지 지구의 기온과 이산화탄소 농도를 보여주고 있다. 그림에서 보듯이 지구 기온과 이산화탄소는 전혀 상관성이 없음이 분명하게 입증되고 있다. 주목할 점은 과거 높았던 이산화탄소 농도는 계속 줄어들고 있고 지구의 기온 역시 대부분의 시기가 지금보다 높았다는 사실이다. 다시 말하면 지금은 지구의 기후 역사에서 추

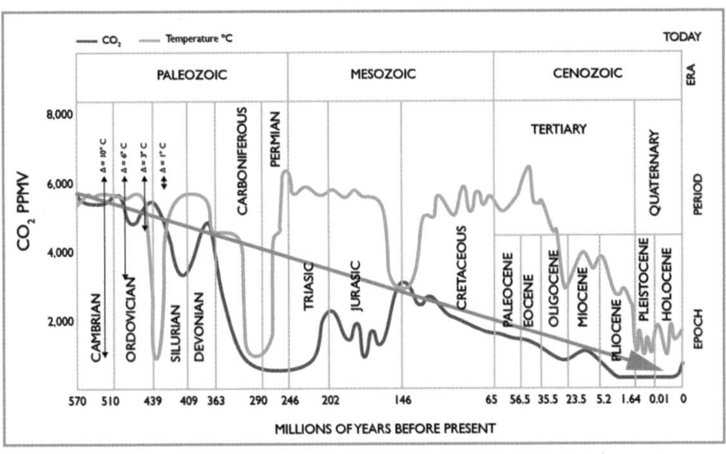

그림 7 지구의 기온과 이산화탄소 변화(5억 7천만 년 전까지)

10 『종말론적 환경주의』, 패트릭 무어 저, 박석순 역, 2021년 어문학사

운 시기이자 이산화탄소가 낮은 시기다. 세계적인 기후과학자 미국 MIT 리처드 린젠(Richard Lindzen) 교수는 다음과 같은 말로 이산화탄소와 기후와의 관계를 정리했다.

> **"이산화탄소가 지구의 기후를 조절한다고 믿는 것은 마술을 믿는 것과 아주 유사하다."**

앨 고어의 불편한 거짓말

앨 고어가 다큐멘터리 『불편한 진실(An Inconvenient Truth)』에서 사용한 주요 그림 중 하나는 1990년대에 남극대륙 보스토크 빙핵에서 밝혀진 지구 기온과 대기 이산화탄소 농도 변화 그래프였다. 이 그래프는 지난 40만 년 동안 있었던 네 번의 빙기와 세 번의 간빙기를 뚜렷이 보여주고 있다(그림 8). 그리고 세 번의 간빙기(에미안, 라부세, 프플렛) 모두 지금 우리가 살아가는 간빙기(홀로세)보다 더웠다는 것을 분명하게 보여준다.

앨 고어는 이 그래프로 이산화탄소가 기온을 상승시키는 요인인 것처럼 보여주면서 과거 65만 년 동안 지금보다 이산화탄소가 높은 적이 없었다며 임박한 대재앙을 선동했다.[12] 하지만 다음 두 가지 중요한 사실을 언급하지 않았기 때문에 『불편한 진실』은 거

11 The Positive Impact of Human CO_2 Emissions on the Survival of Life on Earth, Patrick Moore 2016, https://fcpp.org/wp-content/

12 Al Gore, An Inconvenient Truth, YouTube, May 23, 2012. https://www.youtube.com/ watch?v=8ZUoYGAI5i0.

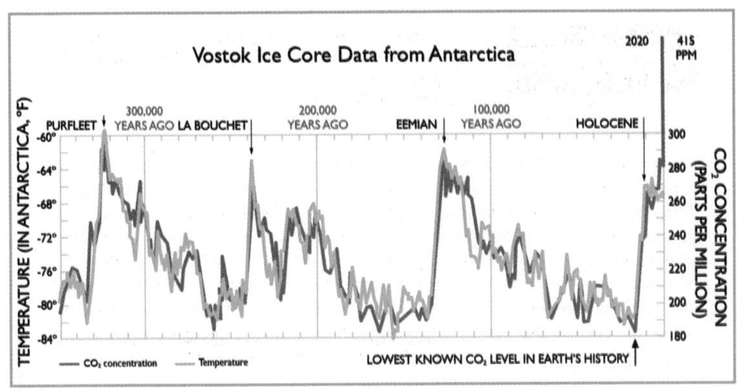

그림 8 남극대륙 보스토크 빙핵에서 관측된 기온과 이산화탄소

대한 사기극이 되고 말았다. 첫째는 지난 세 번의 간빙기는 지금보다 이산화탄소가 낮았지만, 기온은 높았다는 것이다. 특히 직전 간빙기인 에미안 온난기는 지금보다 8℃나 높았다. 이산화탄소가 기온 상승 주요인이라면 절대로 있을 수 없는 일이다. 둘째는 기온 상승이 먼저 일어나고 일정 기간 지난 후 이산화탄소 상승이 이어졌다는 사실이다. 이러한 사실은 이미 1999년부터 학술지 논문에서 밝혀지고 있었다.[13] 특히 제시한 2003년의 논문 요약문은 "이산화탄소는 남극의 빙하가 녹는 온난화가 먼저 일어난 후 800±200년 뒤에 상승한다(붉은 밑줄)."라고 명시하고 있다.[14]

그림 9는 직전 간빙기(에미안 온난기)를 포함하는 150000~100000년 전까지 기온과 이산화탄소의 변화로 이 현상을 뚜렷하게 보여주고 있다. 앨 고어는 2006년에 만든 『불편한 진실』에서 남극대륙의

13 Ice Core Records of Atmospheric CO2 Around the Last Three Glacial Terminations, Fischer et al. Science, 1999, https://www.science.org/doi/abs/10.1126/science.283.5408.1712

14 Timing of Atmospheric CO2 and Antarctic Temperature Changes Across Termination III, Caillon, et al. Science, 2003, DOI: 10.1126/science.1078758

Timing of Atmospheric CO2 and Antarctic Temperature Changes Across Termination III
Nicolas Caillon, *et al.*
Science **299**, 1728 (2003);
DOI: 10.1126/science.1078758

The analysis of air bubbles from ice cores has yielded a precise record of atmospheric greenhouse gas concentrations, but the timing of changes in these gases with respect to temperature is not accurately known because of uncertainty in the gas age–ice age difference. We have measured the isotopic composition of argon in air bubbles in the Vostok core during Termination III (~240,000 years before the present). This record most likely reflects the temperature and accumulation change, although the mechanism remains unclear. The sequence of events during Termination III suggests that the CO_2 increase lagged Antarctic deglacial warming by 800 ± 200 years and preceded the Northern Hemisphere deglaciation.

2003년 Science지 제299권, 논문 요약문

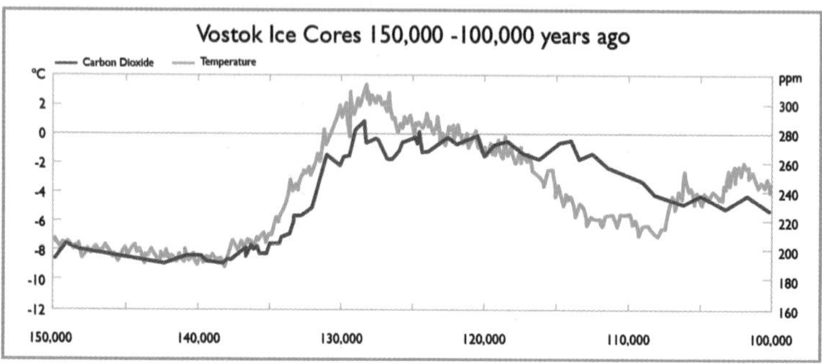

그림 9 보스토크 빙핵의 기온과 이산화탄소 변화(150000~100000년 전)

빙핵으로 밝혀진 기온과 이산화탄소의 관계라면서 그림 8을 제시했다. 그림 8을 핵심 그래프로 사용하면서 이미 1999년과 2003년에 밝혀진 이러한 과학적 사실을 몰랐을 리가 없다. 그는 거짓말 다큐멘터리 영화와 저서로 전 세계를 선동하고 아카데미 영화상에다 노벨평화상까지 수상하게 된 것이다. 그래서 그는 지금까지 세계인의 조롱거리가 되어있다.[15] 만약 모르고 했다면 지금이라도

15 Joanne Nova, "The 800-year lag in CO2 after temperature - graphed," August 18, 2013. http://joannenova.com.au/global-warming-2/ice-core-graph/.

전 세계를 향해 용서를 빌어야 한다. 이후 2019년에 재검토하는 연구가 있었지만 같은 결론이 나왔다.[16]

지구의 기온이 빙기와 간빙기를 반복하면서 8~10℃를 오르내리게 되는 이유는 태양의 주위를 도는 지구의 공전 궤도와 자전축의 기울기에 있다(제11장 밀란코비치 이론 참조). 그리고 대기 이산화탄소가 시차를 두고 기온을 뒤따르며 100ppm 정도 상승/하강하는 이유는 바다에 있다. 지구 대기에는 약 7,200~7,500억 톤의 이산화탄소가 있고 바다에는 약 374,000~380,000억 톤이 녹아있다. 바닷물은 따뜻해지면 이산화탄소를 대기로 방출하고, 차가워지면 대기로부터 이산화탄소를 흡수한다. 따라서 지구가 따뜻해지면 더워진 바다에서 더 많은 이산화탄소가 방출되어 대기 이산화탄소 농도가 증가한다. 다시 지구가 냉각되면 차가운 바다가 대기 이산화탄소를 더 많이 흡수함에 따라 대기 이산화탄소 농도는 떨어진다. 대기의 온난화/냉각화가 바다의 온난화/냉각화로 이어지기까지 시간이 걸리기 때문에 지구온난화/냉각화와 대기 이산화탄소 상승/하강 사이에는 수백 년의 시차가 발생하는 것이다.

빙핵에서 밝혀진 과학적 사실은 지구 기후에서 일어나는 기온과 이산화탄소 변화를 잘 설명하고 있다. 지구의 기후변화는 주기적이라는 것이 분명하다. 지구는 규칙적인 주기로 따뜻해지고 식는다. 현재와 좀 더 가까운 시기(서기 2000년)의 기온 변화에서도 이를 확인할 수 있다(그림 10). 서기 100년 경의 로만 온난기, 1000년 경 중세 온난기, 그리고 지금의 현대 온난기로 이어지고

---

16 Time and frequency analysis of Vostok ice core climate data, Hodzic and Kennedy, Periodicals of Engineering and Natural Sciences, 2019 http://pen.ius.edu.ba

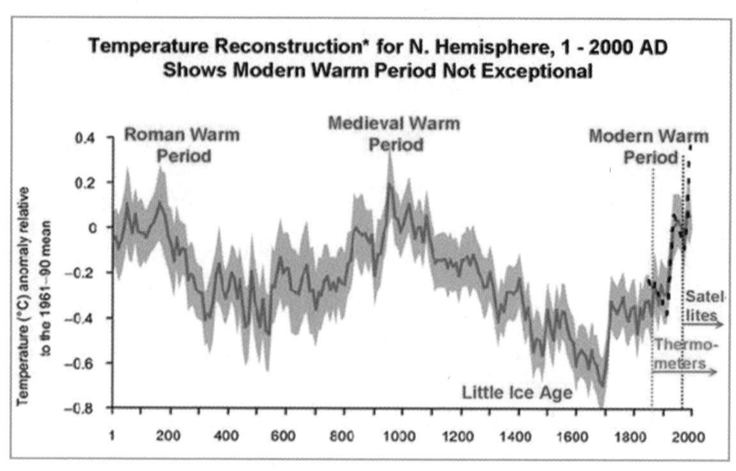

그림 10 서기 2000년 동안의 기온 주기

있다. 그리고 온난기 사이에는 냉각기가 나타나고 있다. 특히 지난 1600~1700년 경에는 좀 더 기온이 내려간 소빙하기가 나타나고 있다. 이는 태양의 활동이 주기적으로 변화하기 때문인 것으로 밝혀져 있다(제11장 참조).

대기 이산화탄소가 증가하여 기온이 상승한다는 이론이 사실이라면 이러한 온난화와 냉각화 주기를 갖지 못한다. 증가하는 이산화탄소가 기온 상승을 유발하면 그로 인해 더 많은 이산화탄소가 대기로 방출하게 되고, 이 과정이 계속되면 지구가 타버릴 때까지 기온이 상승하게 되었을 것이다. 지구의 기후 역사에서 기온의 주기적 변화가 있었다는 사실은 대기 이산화탄소는 기온 상승을 유발하지 못했음을 시사해준다. 이 단순한 과학을 앨 고어의 『불편한 진실』은 숨겼고 전 세계는 이산화탄소 대재앙 선동에 속아 넘어간 것이다. 아직도 이 쉽고 간단한 과학적 원리를 이해하지 못하는 기후 재앙론자들은 이산화탄소 농도가 지난 수십만 년에 비해 거의 50%(280ppm에서 420ppm으로)나 높아진 지금 지구는 대재앙을 맞이할 것이라며 무지한 선동을 계속하고 있다.

지구 생태계의 보약, 이산화탄소

기후 선동가들이 이산화탄소가 증가하면 일어난다는 대재앙 중 하나가 농업의 황폐화와 대기근이다. 그들이 예측한 대재앙의 긴 목록에서 세계 농업에 대한 위협은 가장 중요한 것 중 하나로 되어있다.[17] 옥스팜 인터내셔널(Oxfam International, 기아 퇴치를 위한 국제 구호단체)의 총괄책임자는 "기후변화는 기아 퇴치에서 우리가 승리할 가능성에 대한 가장 큰 위협이다."라고 말했다.[18] 아프리카의 인구가 매 21년 또는 22년마다 두 배씩 늘어나고, 2022년 약 13억 명에서 2060년 30억 명, 금세기 말까지 40억 명이 넘을 것으로 예상할 때, 농업의 황폐화와 대기근은 국제 사회가 심각하게 고려해야 할 사항이다.

하지만 이산화탄소 증가가 농업의 황폐화와 대기근을 가져올 것이라는 기후 선동가들의 주장은 그들의 다른 많은 충격적인 선동이 그랬던 것처럼 정반대 현상이 나타날 것이 분명하다. 약 100년 전 과학 잡지 『사이언티픽 아메리칸』은 이산화탄소가 풍부해진 공기가 식물 성장에 주는 혜택을 극찬하는 기사를 실었다.

기사에서 그림은 높은 이산화탄소를 주었을 때 나타난 감자와 양

17 Finance and Development William R. Cline March 2008
18 The Journal.ie 8 June 2014

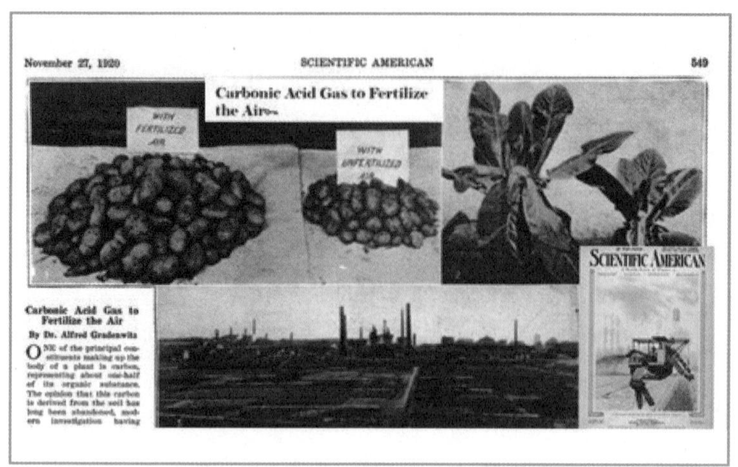

November 27, 1920 SCIENTIFIC AMERICAN 549

Carbonic Acid Gas to Fertilize the Air—

WITH FERTILIZED AIR

WITH UNFERTILIZED AIR

SCIENTIFIC AMERICAN

Carbonic Acid Gas to Fertilize the Air

By Dr. Alfred Gradenwitz

ONE of the principal constituents making up the body of a plant is carbon, representing about one-half of its organic substance. The opinion that this carbon is derived from the soil has long been abandoned, modern investigation having

1920년 11월 27일 Scientific American

배추 효과와 시험 농장을 보여주고 있다. 주요 내용을 다음과 같다.

> "지금의 대기에는 이산화탄소가 약 0.03%(300ppm)만 들어있어 상대적으로 열악하다. 옛날 지구 생성 초기에는 지금과 비교할 수 없을 정도로 엄청난 양의 이산화탄소가 있었고, 울창한 숲으로 덮여 있었다. 그 숲에서 지금 우리가 사용하는 석탄이 만들어졌다. 이 사실은 토양에 탄산(이산화탄소 용해) 함량을 증가시켜 태고의 시대와 유사한 조건을 만들어 비옥도를 높이는 아이디어를 제안하게 했다."

최근에 와서 대부분의 과학자들은 이산화탄소의 증가가 기후 선동가들이 그토록 열광적으로 주장했던 농업의 황폐화와 대기근을 초래하지 않는다는 사실을 인식하게 됐다. 또 이산화탄소의 증가는 지구의 "녹화"로 이어진다는 사실이 입증됐음을 알게 됐다.

2020년 2월 7일 노르웨이 온라인 매체 『Barents Observer』[19]은 다음과 같이 보도했다.

"NASA와 NOAA 위성이 1980년대 초반부터 매일 관측한 자료는 북극에서 온대 지방 위도에 이르는 지구의 광대한 식생 지대가 활발하게 성장하는 경향을 보인다는 사실을 밝혀주고 있다. 특히, NASA의 MODIS 센서는 21세기 동안 가장 인구가 많은 개발도상국 중국과 인도에서 뚜렷한 녹화를 관찰했다. 인간의 손길이 닿지 않는 멀고 먼 지역도 지구온난화와 녹화를 피하지 못하고 있다. 예를 들어, 북극 가까이 위치한 스발바르 제도도 녹화가 30% 증가했다."

다른 연구들도 대기 이산화탄소 증가가 지구 녹화에 기여하고 있다는 사실을 확인했다.[20] 그림 11은 위성 관측으로 밝혀진 1981년부터 2016년까지 대략 40% 지구가 더욱 녹화되었음을 보여주고 있다. 지금까지 관측된 자료에 따르면 지구에는 증가하는 이산화탄소로 인해 매 1초당 축구장 2.7개 정도, 연간 그레이트

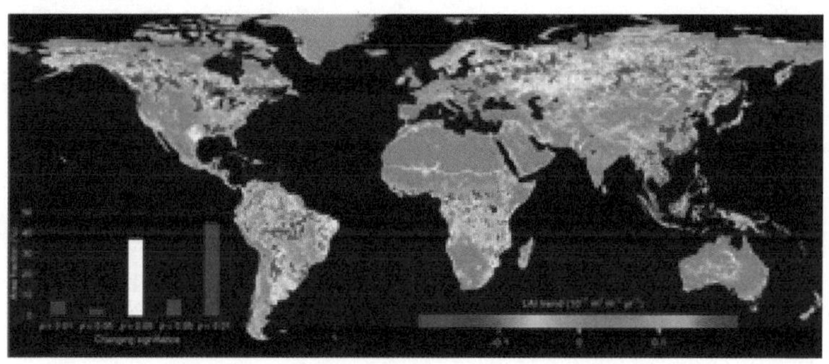

그림 11 위성 관측으로 밝혀진 지구의 녹화(1981부터 2016년까지)

19 The Barents Observer: 2002년 창립된 노르웨이 온라인 신문

20 Vegetation structural change since 1981 significantly enhanced the terrestrial carbon sink, Nature Communications, 2019

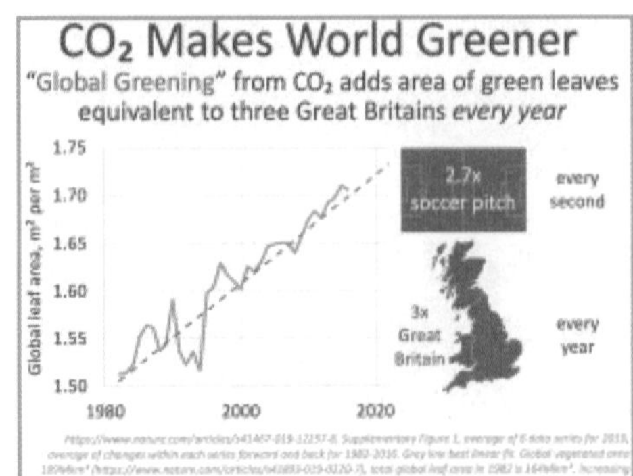

그림 12 **이산화탄소 증가에 따른 녹화 면적 증가율**

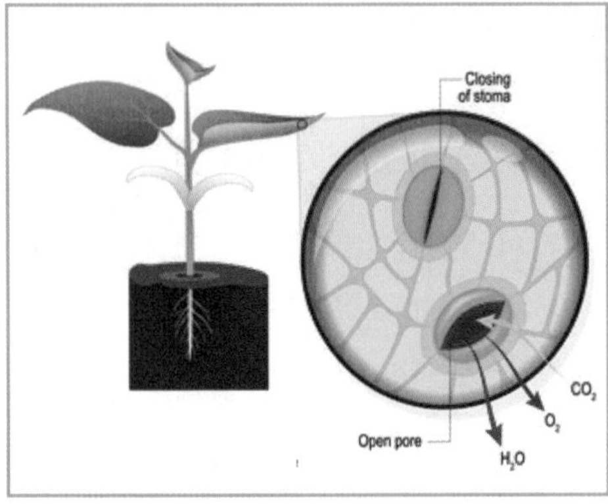

식물 잎의 기공을 통한 가스 교환과 증산 작용

브리튼 3개 면적만큼 푸르게 변화하는 것으로 밝혀져 있다(그림 12).[21]

이산화탄소가 증가하면 지구의 식생 지대가 늘어나는 과학적 이유도 밝혀졌다.[22] 식물은 기공을 통하여 대기로부터 이산화탄소를 흡수하고 산소를 배출한다. 이때 식물의 수분이 대기로 빠져나가는 증산 작용도 함께 일어난다. 대기에 이산화탄소가 높은 농도로 있으면 식물은 짧은 시간 동안 기공을 열어도 충분한 양을 흡입할 수 있기 때문에 증산 작용으로 배출되는 수증기가 줄어든다. 또 이산화탄소 농도가 높은 곳에서 자라는 식물의 잎은 성장 과정에서 적은 기공 수를 갖게 된다. 그래서 대기 이산화탄소 농도가 증가하면 증산 작용으로 나가는 수증기가 줄어들기 때문에 식물의 물 사용 효율성이 향상된다. 그림 13은 1982년부

21 https://twitter.com/bjornlomborg/status/1490347483007963138

22 Elevated CO2 increases soil moisture and enhances plant water relations in a long-term field study in semi-arid shortgrass steppe of Colorado, Plant and Soil, 2004

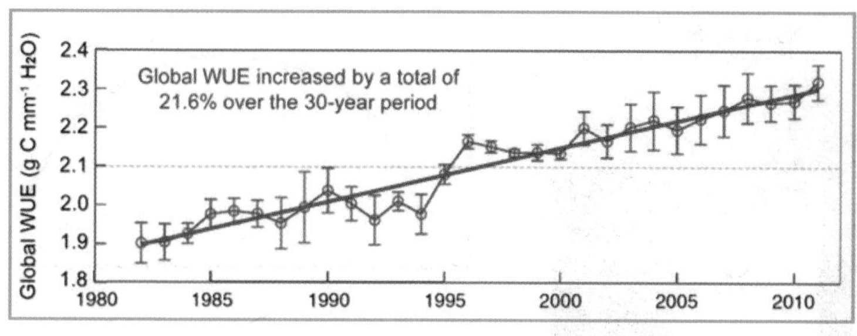

그림 13 이산화탄소 증가에 따른 물 사용 효율성 증가

터 2012년까지 30년 동안 이산화탄소가 340ppm에서 392ppm으로 증가함에 따라 지구 생태계의 물 사용 효율성(WUE: Water Use Efficiency)이 21.6%가 증가했음을 보여주고 있다. 식물은 물 사용 효율성이 증가하면 토양의 수분 함량이 적은 건조 지대도 녹화된다. 또 더 많은 수증기가 토양에 남게 되어 가뭄 피해를 줄이고 폭염과 산불 발생을 억제하는 효과도 나타나고 있음이 알려져 있다.[23] 또 식물은 잎의 기공 수가 적어지고 개폐 시간이 짧아지면 질병에도 강해진다. 이것은 분명한 과학적 사실이지만 기후 선동가들은 이산화탄소 증가는 사막화, 가뭄, 폭염, 산불로 이어진다며 목청을 높이고 있다.

이산화탄소 증가는 농업 기술의 발달과 함께 식량 생산 증가에도 상당한 기여를 하고 있다. 이미 많은 온실 농업자들은 이산화탄소의 식물 성장 효과를 잘 알기 때문에 자신들의 온실에 이산화탄소 발생기를 설치하고 있다. 이산화탄소 발생기는 온실의 대기 이산화탄소 수치를 1,000~1,500ppm으로 높여 작물 수확

23 https://co2coalition.org/facts/more-co2-means-moister-soil/

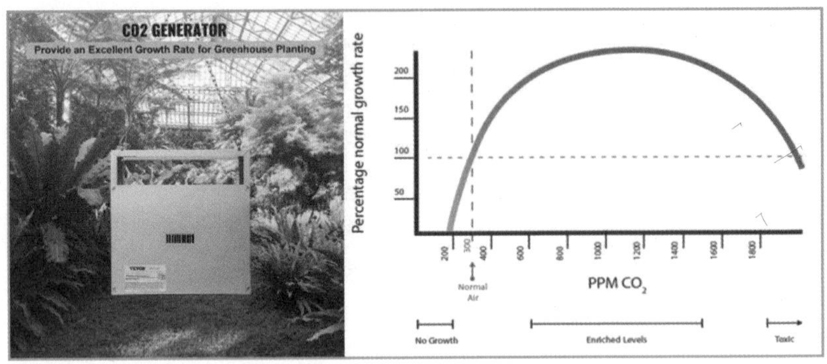

그림 14 온실에서 사용되는 이산화탄소 발생기와 식물 성장 속도

량을 30~40% 증가시킨다(그림 14). 기후 종말론자들은 대기 이산화탄소가 현재 수준인 420ppm(2022년)을 넘었다는 생각에 머리털을 쥐어뜯고 있지만, 이산화탄소 농도가 600ppm에 이른다면 상위 10개 식량 작물의 수확량이 3분의 1이상 증가할 것이다.[24] 미국 미시간주립대학교 농업실험소(Michigan State University, Agricultural Experimental Station) 소장 실반 위트워(Sylvan Wittwer) 박사는 이산화탄소 증가에 대해 다음과 같이 말했다.

> "지금 우리는 이산화탄소가 점점 증가하는 세상에 사는 것을 행운으로 생각해야 한다. 대기 이산화탄소가 증가하는 것은 전 세계 모든 곳에 골고루 공짜로 주어지는 혜택이며, 시간이 지나면서 점점 양이 많아지게 되어 미래 세대에는 더욱 좋다."

온실 농업에 사용하는 이산화탄소 발생기 역할을 우리 몸도 일

24 『불편한 사실』, 그레고리 라이트스톤 저, 박석순 역, 2021년, 어문학사

상생활에서 할 수 있다. 실내에서 기르는 화초는 우리가 자주 말을 하면 잘 자라게 되는 현상이 이를 증명하고 있다. 우리가 호흡할 때 뱉는 날숨에는 40,000ppm이나 되는 높은 농도의 이산화탄소가 들어있다. 그래서 화초를 향해 자주 말을 하면 눈에 띌 정도로 잘 자란다. 이산화탄소 농도가 높아지면 광합성 하는 식물에는 좋을지 몰라도 산소 호흡 하는 동물의 건강에는 나쁠 수 있다는 우려를 할 수도 있다. 하지만 과학적 사실은 걱정할 필요가 없음을 알려주고 있다. 실제로 우리가 일하고 잠자는 사무실이나 주택의 실내공기에는 호흡으로 인해 보통 1,000ppm이 넘는 이산화탄소가 있다. 그리고 잠수함에서는 8,000ppm, 우주선에서는 5,000ppm에 가까운 이산화탄소를 실내공기에 허용하고 있다. 미국 직업안전건강관리청(OSHA: Occupational Safety and Health Administration)은 작업장에서 8시간 동안 이산화탄소 기준으로 8,000ppm, 무제한 연속적인 노출에는 5,000ppm으로 정해두고 있다. 사람과 동물의 건강과 생존에 영향을 주는 것은 산소 농도이지 이산화탄소 농도가 아니라는 것이다.

객관적인 과학 정보를 제공해야 할 IPCC는 이산화탄소가 지구의 생명체를 위한 필수 물질이라는 사실이 세상에 알려지는 것을 원하지 않는다. 또 이산화탄소 수치가 150ppm으로 떨어지면 재앙적인 농작물 실패와 기근과 기아로 이어지고 지구는 생명이 살 수 없는 불모지로 변한다는 사실도 언급하지 않는다. 기후 선동가들은 더 많은 이산화탄소는 지구를 더욱 푸르게 한다는 식량 증산으로 이어진다는 사실을 세상 사람들이 알게 될까 두려워하고 있다. 그들은 더 많은 이산화탄소는 지구 생태계와 인류의 삶에 축복이라는 과학적 진실이 세상에 폭로되면 기후 위기 공황 상태는 멈추게 되고 자신들의 명성과 부의 원천은 물거품이 된다는 사실을 잘 알기 때문이다.

기후 선동가들은 지구 생태계와 농작물에 보약이 되는 이산화탄소를 인류 종말을 부르는 악마의 물질로 만들어버린 "마녀사냥"을 지금까지 계속해왔다. 그 결과로 생겨난 것이 배출권 거래제도다. 유럽연합, 우리나라 등 소위 깨어있는 선진국들[25]이 이를 입법화하여 시행하고 있다. 이것도 부족해서 이산화탄소 배출량에 세금을 부과하는 탄소세를 도입하는 국가도 등장했다. 또 대기로부터 이산화탄소를 제거하기 위한 "탄소포획 이용 및 저장(CCUS: Carbon Capture, Utilization and Storage)" 기술을 개발하여 실용화하고 있고, 2030년까지 1,000억 달러 시장이 될 것으로 추산하고 있다. 가짜 기후 대재앙 공포로 국민과 기업을 위협하여 만들어낸 엄청난 규모의 예산과 시장이다. 지구 모든 생명체의 필수 물질인 이산화탄소를 악마의 물질로 만들어 사고파는 "마녀 시장"은 과거 인간을 사고팔았던 "노예 시장"보다 더 부끄러운 역사로 미래 세대에 전해질 것이다. 미래 세대들이 특별히 이상하게 생각할 것은 과학과 기술이 발달했다는 21세기에 부유한 선진국을 중심으로 국민과 기업이 아무런 저항도 없이 "마녀 시장과 기술"의 희생 제물이 되어 자유와 재산을 박탈당했다는 사실일 것이다.

25 미국은 캘리포니아주를 비롯한 일부 주에서만 시행하고 있다.

제11장

태양 활동과 기후

기후 선동가들은 계속해서 "과학적으로 정립됐다."라고 하면서 인간에 의한 재앙적 지구온난화가 과연 일어나고 있는지에 의문을 제기하는 사람은 누구라도 『평평지구협회(The Flat Earth Society, 지구는 둥글지 않고 평평하다고 주장하는 사이비 과학단체)』 회원과 같다고 폄훼한다. 예를 들어, 미국 오바마 대통령은 화력발전소 이산화탄소 배출량 제한을 비롯한 일련의 기후변화 대책을 마련했을 때, 인간에 의한 재앙적 지구온난화를 부인하는 사람들과의 논쟁에 시간을 낭비하지 않을 것이라며 "우리는 평평지구협회와 회의를 할 시간이 없다."라고 말했다. 그는 또 "당신은 타조와 같이 모래에 머리를 집어넣으면 좀 더 안전하다고 느낄 수 있지만 다가오는 폭풍우로부터 당신을 보호하지는 못할 것이다."라고 경고했다.

하지만 기후 선동가들의 경전과도 같은 "기후변화에 관한 정부 간 협의체(IPCC)의 보고서"를 보더라도 오바마보다 더 많은 과학적 지식을 가진 사람들도 그 정도로 확실하게 표현하는 것을 찾아볼 수 없다. 1990년에 나온 첫 번째 IPCC 보고서의 과학적 현상 평가 부문에서는 지난 100년 동안의 온난화가 화석연료 연소로 인한 대기 이산화탄소 농도 증가에 의한 것인지, 아니면 인간의 활동과는 무관한 자연 현상의 결과인지에 대해 다음과 같이 어느 정도 의심의 여지가 있는 것처럼 보였다.

> "기후변화에 관한 불완전한 이해로 인해 우리의 예측에는, 특히 시기, 규모, 지역적 패턴에 많은 불확실성이 있다. 지구의 평균 지표면 기온은 지난 100년 동안 0.6℃에서 0.8℃ 증가했다. 이 정도 상승은 자연 현상으로 인한 기후 변동 수준이다. 따라서 관찰된 기온 상승은 자연적인 변동이 주요인이거나 아니면 자연적인 변동과 기타 인위적 요인들이 상호 작용하여 상쇄한 결과였을 수 있다."[1]

태양 활동의 영향

태양은 태양계 모든 질량의 99.85%를 차지하고 지구 기후를 결정하는 에너지의 약 99.98%를 공급하고 있다. 질량과 에너지의 절대적인 수치를 그림 1에서 짐작할 수 있다. 실제로 태양의 아주 미소한 활동 변화도 지구 기온에는 상당한 영향을 줄 수가 있다. 하지만 기후 선동가들

그림 1 태양과 지구

1 Scientific Assessment Fifth session of the IPCC AR1

이 대기 이산화탄소 증가가 지구온난화의 주동력임을 절대적으로 확신하고 태양의 활동을 무시하고 있다.

물론 기후 선동가들의 지구온난화 이론은 일반인들에게 설명하기에는 다음과 같이 매우 간단하고 쉽다. 이산화탄소는 적어도 지난 40만 년 동안 비교적 안정적이었다. 산업화 이후 인간이 화석연료를 태우고 지표면을 변화시켜 이산화탄소가 50%(280ppm에서 420ppm으로)나 증가했다. 이산화탄소는 온실가스다. 대기 이산화탄소가 증가하는 동안 지구 기온은 상승했다. 따라서 지구 기후에는 자연적인 변화가 있지만, 인간 활동으로 인한 이산화탄소 증가가 지구 기온 상승의 주요 원인임이 확실하다는 것이다.

하지만 이와 다른 이론이 있다. 지구의 기온 변화를 주도하는 태양의 활동이 원인이라는 것이다. 지금은 언론에서 거의 언급되지 않는 이 이론은 이산화탄소로 인한 온난화보다 좀 더 복잡할 수 있다. 태양이 지난 140년 동안 지구 기온이 약 1.1℃까지 상승한 주원인이 될 수 있었는지를 설명하는 수백 편의 과학 논문들이 있다. 이 논문들이 주장하는 태양이 지구 기후에 영향을 미치는 두 가지 핵심 요인은 흑점 활동의 변화와 지구 공전 궤도 및 지축 기울기의 변화라고 요약할 수 있다. 이는 IPCC 보고서에도 다음과 같이 설명되어 있다.

"어떤 요인이 기후를 변화시킬 수 있나? 기후에 영향을 미칠 수 있는 요인은 태양으로부터 내려오거나 우주로 사라지는 복사 에너지가 변화하는 것과 그 에너지가 대기권 안에서 그리고 대기, 육지, 바다 사이에서 재분산하는 양이 변화하는 것이다.태양에서 방출되는 에너지는 11년 주기로 조금씩 변

화하며, 장기간에 걸친 변화도 일어날 수 있다. 수만 년에서 수천 년에 걸친 지구 공전 궤도의 느린 변화는 태양 복사의 계절적인 변화와 위도에 따른 변화를 가져왔다. 이러한 변화들은 과거에 일어났던 기후 변동에 중요한 역할을 했다."

따라서 IPCC는 태양이 지구의 기후변화를 일으킬 수 있는 두 가지 가능성을 말해주고 있다. 11년(단기)과 수백 년(중기)에 걸친 태양 활동 변동으로 인한 지구 도달 태양 에너지의 변화, 그리고 수십만 년(장기)에 걸친 지구 공전 궤도의 변동으로 인한 지구 도달 태양 에너지의 변화다.

단기 및 중기 변화

태양이 지구의 기후변화에 수십 년에서 수백 년을 주기로 영향을 주는 것은 흑점 활동이다. 19세기 초 윌리엄 허셜(William Herschel)이라는 천문학자는 태양의 흑점 수와 밀 가격 사이의 상관관계를 발견했다. 흑점이 더 많은 시기에는 밀 가격은 더 낮은 경향이 있었다. 반대로 흑점이 거의 없는 시기는 높은 밀 가격과 일치했다. 그가 런던에서 열린 왕립학회(Royal Society)에서 자신의 논문을 발표하자, 과학 분야에서 기존의 이론을 무너뜨리는 새로운 주장이 나왔을 때 흔히 있듯이 그는 회원들에게 "완전히 조롱"

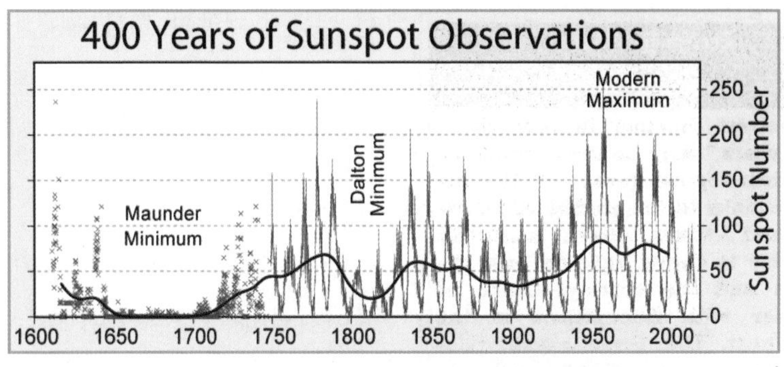

그림 2 1600년부터 2000년까지 태양의 흑점 활동 변화

당했다고 한다.[2]

좀 더 가까운 시기에 이루어진 연구는 수백 년에 걸쳐 흑점 활동이 적은 기간에는 낮은 기온, 그리고 흑점 활동이 왕성한 기간에는 높은 기온이 나타나는 현상에 강한 상관관계가 있는 것을 밝혀냈다. 일례로, 천문학자 에드워드 마운더(Edward Maunder)와 애니 마운더(Annie Maunder)의 이름을 딴 "마운더 극소기(Maunder Minimum)"라고 불리는 기간은 소빙하기와 일치했고, 달튼 극소기(Dalton Minimum)는 지구 기온이 평균보다 현저히 떨어졌다고 믿어지는 시기에 발생했다. 그뿐만 아니라 흑점 활동이 증가한 "현대 극대기(Modern Maximum)"라 불리는 기간은 1900년 경 이후의 기온 상승 시기와 일치하고 있다(그림 2).[3]

20세기에 와서 과학자들은 높은 기온을 태양의 왕성한 흑점 활동과 연관시키기 시작했다. 1931년 『뉴욕 타임스』는 당시 무더웠

---

2 Soon, W., and Yaskell, S.H., The Maunder Minimum and the Variable Sun-earth Connection (World Scientific Press: 2003) pp 87-88

3 CC BY-SA 3.0, https://commons.wikimedia.org/w/index.php?curid=969067

The New York Times

THURSDAY, JULY 2, 1931

"Hottest Summer in four thousand years" may be the headline of a meteorological report of the future, thanks to the studies of DOUGLASS and ANTEVS. Already scientists are able to throw light on past climates and the correspondence of weather with fluctuations in the sun's heat. That there is some relation between sun spots and our weather has long been suspected by meteorologists. Now they are certain. The long-range weather-forecaster has the means of correlating his records, extending back little more than a century, with those that

1931년 7월 2일 New York Times

던 여름이 태양의 흑점 활동과 관련이 있을 것이라 보도하면서, 과학자들이 이제는 확신하고 있다고 적고 있다.

1970대 인공위성 관측이 이루어지면서 태양의 흑점 수는 지구에 도달하는 태양 복사 에너지 강도와 관련이 있는 것으로 밝혀졌다. 위성관측을 통한 태양 활동으로 인한 대부분의 일사량 변화 추정치는 0.1%에서 0.2% 사이였다. 하지만 장기간(400년 동안)에 걸친 흑점 수 변화는 그림 2에서 볼 수 있듯이 위성관측 이후에 나타난 것보다 훨씬 더 컸다. 그런데 기후 선동가들은 1970년대 이후 위성관측으로 나타난 일사량 변화가 0.1%에서 0.2%인 점만 고려하여 이 정도는 너무 적어서 기후에 미치는 영향에는 무시할 수 있는 수준이라고 일축했다.

하지만 비교적 간단한 계산으로도 일사량 0.1%에서 0.2%의 변화가 무시할 정도의 영향을 미친다고 일축하는 것은 너무 터무니없음을 알 수 있다. 2007년 제4차 IPCC 평가보고서에 따르면 지구에 도달하는 태양 복사 에너지는 평방미터당 약 1,368와트(W/㎡)로 추정된다. 어떤 전문가들은 1,361.5(W/㎡)의 수치를 사용하고 있다. 여기서는 보수적으로 낮은 수치(1,361.5)를 사용하자. 지구에는 남반구와 북반구가 있고 낮과 밤이 있으므로 일부 과학자들은 태양 에너지를 평균 340W/㎡(1,361.5×4분의 1)로 표현하기도 한다. 따라서 흑점 활동 변화로 인한 복사 에너지 변화는 0.3~6W/㎡다. 이는 위성관측 이후에만 나타난 변화다. 대기에서 이산화탄소로 인한 전체 온난화 영향은 약 2W/㎡로 추정된다.[4] 이 중 약 3.2%는 인간 활동으로부터 발생한다. 따라서 인간의 활동은 지구온난화에서 약 0.064W/㎡(2W/㎡의 3.2%) 가량 책임이 있을 수 있다. 하지만 1970년대 이후 나타난 태양의 흑점 활동 변화만으로도 0.3W/㎡에서 0.6W/㎡ 사이의 복사 에너지를 추가할 수 있다. 이 값은 기후 재앙론자들이 주장하는 인간의 이산화탄소 배출로 인한 온난화의 4.7~9.4배에 해당한다. 이 수치는 태양 활동이 기후변화의 주요 원동력이라는 이론이 "인간이 배출한 이산화탄소가 우리 모두를 멸망케 할 것이다(CO_2-will-kill-us-all)."라는 주장을 계속하는 사람들에 의해 거부되어서는 안 된다는 사실을 확실히 보여주고 있다. 일사량 변화는 기후 선동가들이 이산화탄소만이 원인이라고 주장하는 것보다 훨씬 더 과학적으로 타당하다.

간단한 계산으로 태양 활동의 중요성을 입증하는 것보다 더욱 설득력 있는 것은 관측 자료를 그래프로 비교해 보는 것이다. 그림 3은 북반구에서 관측된 기온과 총 일사량 변화를 적합시킨 것이다.[5] 그림에서 보듯이 총 일사량(붉은색 선)은 소빙하기를 빠져나오면서 상승과 하강을 반복해오고 있다. 관측된 기온은 일사량의

4 The Real Inconvenient Truth M.J. Sangster 2018

5 Re-Evaluating the Role of Solar Variability on Northern Hemisphere Temperature Trends since the 19th Century, Soon et al, Earth-Science Reviews, 2015. https://doi.org/10.1016/j.earscirev.2015.08.010

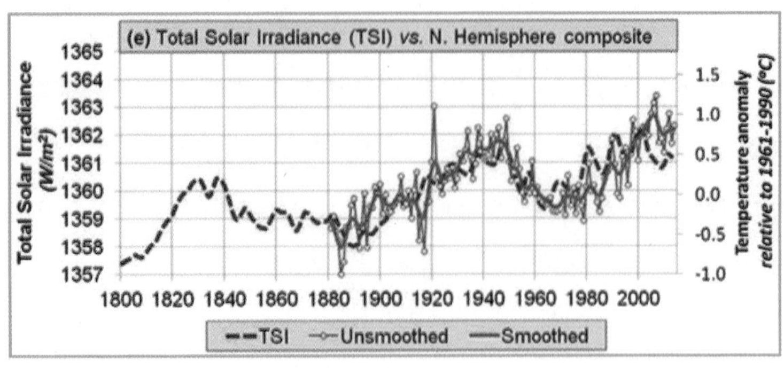

그림 3 북반구에서 관측된 기온과 총 일사량

높낮이에 비교적 잘 일치하고 있음을 알 수 있다. 태양 활동을 연구하는 과학자들은 어떤 이산화탄소 온실효과 선동에도 굴하지 않고 지구 기온의 결정에는 대기권에 도달하는 일사량이 가장 중요한 역할을 한다는 사실을 확신하고 있다.

그 확신은 과거에는 더욱 의심의 여지가 없었다. 하와이 마우나로아에서 지구 대기의 이산화탄소 농도를 연속적으로 관측하기 시작한 1958년 이전에는 다른 원인을 찾을 수 없었기 때문에 기온 변화는 당연히 태양의 활동에 의한 것일 수밖에 없었다. 1951년 매사추세츠 공과대학(MIT)의 기상학 교수 허드 윌렛(Hurd C. Willett)은 자신의 흑점 활동 감소 관찰을 바탕으로 "15년 또는 20년 동안 더 춥고 더 강우량이 많을 것"이라고 예측했다. 이 연구는 당시 미국 기상학회(American Meteorological Society) 학술지에 게재됐고 『데일리 판타그래프』[6]라는 신문에 보도됐다. 아니나 다를까, 1960년대와 1970년대의 냉각화로 인해 기후학자들이 새

6 The Daily Pantagraph: 1837년에 창간된 미국 일리노이주 신문

로운 빙하기의 시작을 우려하도록 만들었다.

지금의 온난화도 처음에는 당연히 태양 활동이 원인이라고 생각했다. 정치인과 언론의 기후 선동에도 불구하고 과학자들 대부분은 온실가스가 아닌 태양의 흑점 활동이 1960년대와 1970년대의 냉각화 이후 시작된 지구온난화의 주요 동인이라고 주장했다. 1994년 호주 신문 『캔버라 타임스』는 과학자들의 이러한 주장을 보도하고 있다.

하지만 지구온난화가 국제적인 정치 이슈로 변하면서 태양 활동이 주요 동인이라는 이론은 강력한 도전을 받게 됐다. 특히 2000년 경 흑점 활동으로 인한 복사량이 감소하기 시작했지만, 기온은 수그러들지 않고 계속 상승하는 자료가 나오면서 무너지는 것처럼 보

The Daily Pantagraph
CENTRAL ILLINOIS' HOME NEWSPAPER SINCE 1846

MONDAY, MAY 7, 1951.

Professor Predicts Colder Cycle Ahead

Forecast Based On History Of Sunspots

BOSTON — (AP) — There's a colder, wetter 15 or 20 years in your future.

That is, if you are a North American, a European or an Asiatic and if you don't live in certain special places.

Hurd C. Willett, professor of meteorology at the Massachusetts Institute of Technology has studied a couple of hundred years of sunspot cycles and weather. Using a weather yardstick constructed of what's happened in the past, he has laid it upon the future and has come up with a long range forecast.

Among other things, he says glaciers will advance.

Professor Willett's "extrapolation of sunspot-climate relationships" appears in the American Meteorological Society's Journal of Meteorology.

1951년 5월 7일 Daily Pantagraph

The Canberra Times

FRIDAY, APRIL 8, 1994

Sunspots linked to global warming

Gases not dominant factor

LONDON: Sunspots, rather than "greenhouse" gases from the burning of fossil fuels, may be responsible for the rise in global temperatures in the past 200 years, it was claimed on Wednesday.

Astronomers at Armagh Observatory in Northern Ireland have studied meteorological records going back to 1795, which point to a strong link between air temperatures on Earth and solar activity.

Dr John Butler, who presented the results at the European and National Astronomy Meeting in Edinburgh, said, "It looks as though carbon dioxide [the principal greenhouse gas] has not been the most dominant factor in global warming for the past 200 years."

The new results are bound to fuel political controversy. The right-wing think-tank, the Institute of Economic Affairs, published a pamphlet recently questioning scientific predictions about a link between rising concentrations of greenhouse gases in the atmosphere and increases in global temperatures. The institute has an explicit economic agenda, urging that governments should take no action to tackle climate change and in particular arguing against the introduction of carbon taxes to decrease the consumption of fossil fuels.

However, Dr Butler said, "Carbon dioxide may well become dominant in future."

His results reinforce claims made a few years ago by two Danish meteorologists who found a correlation between the length of a sunspot cycle and temperatures on Earth.

The Armagh observations contain one local irony. According to Dr Butler, they show that "global warming has taken 10 years longer to reach Northern Ireland than Central Europe".

He put this down to the proximity of the Atlantic Ocean and the well-known effect that the oceans take longer to heat up land or air.

Sunspots are dark patches of gas which are slightly cooler than their surroundings on the surface of the sun.

It is not the number of sunspots which affects the Earth's climate, according to Dr Butler, but the length of the sunspot cycle. This averages about 11 years, but periods when the cycle becomes shorter correspond to greater solar activity and greater energy output.

Dr Butler pointed out that during the past 20 years, the solar cycle has been abnormally short (about 9.6 years) and the Earth's weather abnormally warm.

On the other hand, a period in the late 17th century known as "The Little Ice Age" when the Thames froze in winter, corresponded with an abnormally long solar cycle, when sunspots virtually stopped for about 60 years.

The Armagh observations are not quite the world's longest continuous series of temperature measurements. Kew has records back to the 1770s.

However, Kew's ancient records are not comparable with more recent ones because of the growth of London. Cities generate their own micro-climate, which is usually a degree or so warmer than the surrounding countryside.

Since the population of Armagh has not mushroomed in the same way as London during the period of the observations, there is a greater consistency in those records.

— The Independent

1994년 4월 8일 Canberra Times

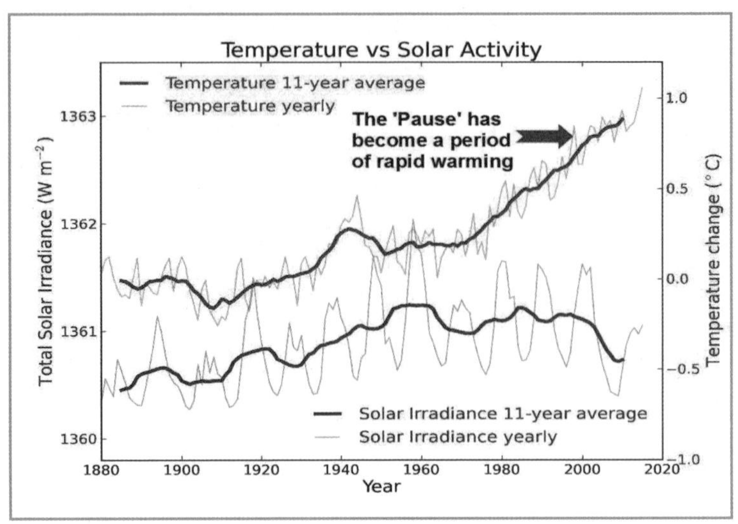

그림 4 지구 기온과 태양 복사 에너지

였다(그림 4).[7] 지구의 기온 변화는 위쪽 선(빨간색)과 오른쪽에 있는 눈금이며, 태양 복사 에너지는 아래쪽 선(파란색)과 왼쪽 눈금이다.

이 그래프의 기온 선은 기후 선동가들이 가장 일반적으로 사용하는 것이지만 조작의 흔적을 쉽게 찾을 수 있다. 과학자들이 빙하가 녹아 해안 도시가 침수될 것으로 예측했고 실제로 수천 명이 폭염으로 사망했던 불볕더위의 1920년대와 1930년대가 과학자들이 새로운 빙하기가 올 것으로 예측했던 1960년대와 1970년대의 냉각화 시기보다 더 기온이 낮았다고 그려져 있다. 제8장에서 봤듯이 이 그래프의 기온 선은 지난 150년 동안에 발간된 신문과 잡지 기사와 비교해 보면 전혀 타당성이 없으며 조작이 확실하다.

더구나 1997년 5월 이후 18년 8개월이나 지속되었던 "지구온

7 https://skepticalscience.com/solar-activity-sunspots-global-warming.htm

난화 중단" 기간이 급상승 기간으로 변경됐다. 이는 기후 재앙론자들이 그래프를 조작하고 있음을 증명해주는 것이나 다름없다. 이 온난화 중단 기간은 이산화탄소 증가로 지구의 기온이 계속 증가하는 것이 과학적으로 확실하다고 우리를 확신시켜 왔던 열렬한 기후 재앙론자 BBC(British Broadcasting Corporation) 방송까지도 보도했던 사실이다(제8장, 204쪽 참조). 또 이 조작은 2017년 "기후 게이트 2" 사건으로 미국 국립해양대기청(NOAA) 내부고발로 폭로됐다(제8장, 206쪽 참조).

장기 변화

지구의 공전 궤도에 따라 기후가 변하게 된다는 이론을 처음 제안한 사람은 스코틀랜드의 제임스 크롤(James Croll, 1821~1890)이었다. 그는 당시 대학(Andersonian University)에서 수위로 일하면서 혼자 공부해서 우주에서 일어나는 지구의 움직임에는 이심률(Eccentricity), 자전축의 기울기(Axial Tilt), 세차운동(Precession)이라는 세 가지 주요 변동이 있고, 이는 지구의 기후에 영향을 미친다고 제안했다(그림 5). 후에 이 이론은 1920년대 세르비아의 천문학자 밀루틴 밀란코비치(Milutin Milanković, 1879~1958)에 의해 계승되고 보다 정교하게 다듬어져 지금은 밀란코비치 사이클(Milankovitch Cycles)이라는 용어로 알려지게 되었다.

8 https://www.universetoday.com/39012/milankovitch-cycle/

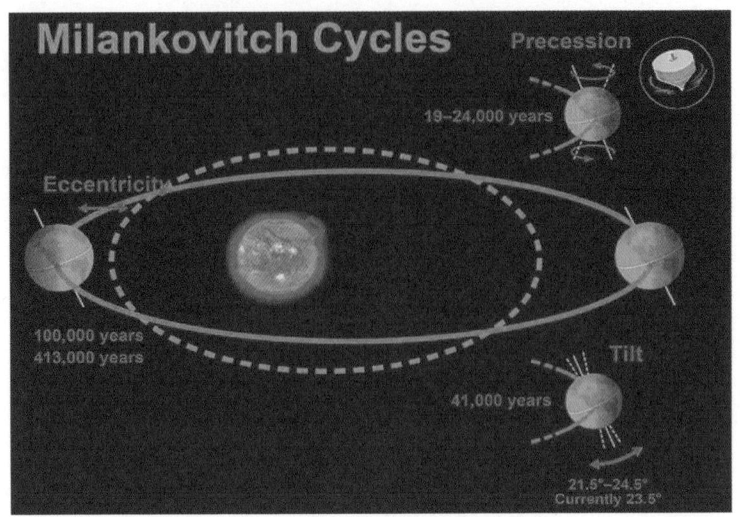

그림 5 밀란코비치 주기의 세 가지 주요 변동8

이심률은 지구가 태양 주위를 공전하는 궤도가 항상 일정하지 않고 주기적으로 변하는 정도를 나타낸다. 자전축의 기울기는 41000년 주기로 21.5도에서 24.5도까지 변하는 각도를 나타낸다. 세차운동은 지구의 자전축이 흔들리는 현상으로 주기에 따라 지구의 북극점이 폴라리스(Polaris, 북극성)에서 베가(Vega, 처녀성)로 향하는 별자리가 달라진다. 이 세 가지 모두 태양 복사 에너지가 지구에 도달하는 방식과 양에 영향을 미친다.

자전축의 기울기는 지구의 계절에 영향을 미친다. 21.5도의 최소 기울기일 때는 지구는 덜 혹독한 계절적 더위와 추위를 겪는다. 24.5도의 최대 기울기일 때는 지구의 날씨는 훨씬 더운 여름과 훨씬 추운 겨울로 더욱 혹독해진다. 세차운동은 여름과 겨울의 상대적인 기간을 변화시킨다. 지구의 기후에 가장 큰 영향을 미치는 밀란코비치 주기의 핵심은 태양 주위를 도는 공전 궤도 이심률이다.

지구의 공전 궤도는 타원형이다. 95000년에서 125000년에 이르는 동안에 지구 궤도는 거의 원형에서 타원형으로 변한다. 공전 궤도가 거의 원형에 가까울 때, 태양으로부터 지구까지 거리는 9,100만 마일과 9,450만 마일 사이에서 변하는 것으로 추정하고 있다. 그 궤도가 가장 타원형을 이루고 있을 때, 그 거리는 8천만 마일과 1억 1천 6백만 마일 사이에서 변한다(그림 6).[9]

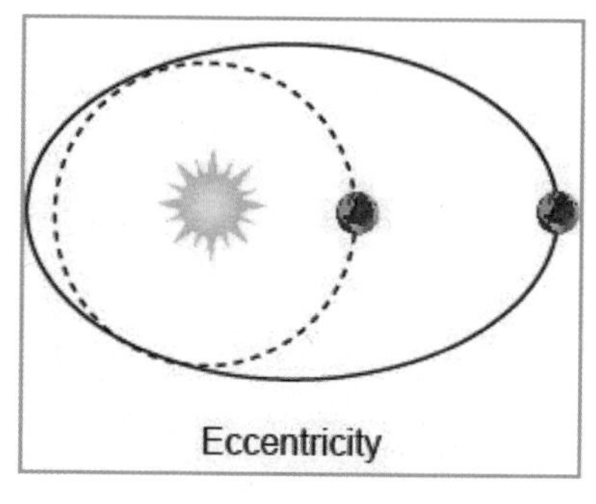

그림 6 지구 공전궤도의 이심률

공전궤도 이심률의 핵심은 태양 복사 에너지로 인한 가열 효과는 지구와 태양 사이의 거리에 따라 달라질 수 있고, 이는 지구의 기온 변화를 주도할 수 있다는 것이다. 이 때 나타나는 태양 복사 에너지 변화는 270W/㎡와 408W/㎡ 사이로 추산하고 있다.[10]

1920년대 주기 계산까지 끝낸 밀란코비치 사이클은 이론으로만 남아 있다가 1970년대 러시아를 선두로 추진된 남극대륙 빙핵 연구에서 나온 관측 자료로 입증되기 시작했다. 앨 고어가 『불편한 진실』에서 사용한 보스토크 빙핵 자료를 비롯하여 그동안 관측된 여러 고기후 자료들이 밀란코비치 주기와 거의 일치하고 있다. 특히 유럽 10개국[11]이 1993년부터 2008년까지 수행한 EPICA(European Project for Ice Coring in Antarctica)는 입증 기간을

9 https://i2.wp.com/timescavengers.blog/wp-content/uploads/2017/01/milankovitch-cycles.jpg?ssl=1

10 The Real Inconvenient Truth M.J. Sangster 2018

11 영국, 독일, 프랑스, 이탈리아, 덴마크, 노르웨이, 스웨덴, 스위스. 벨기에, 네덜란드

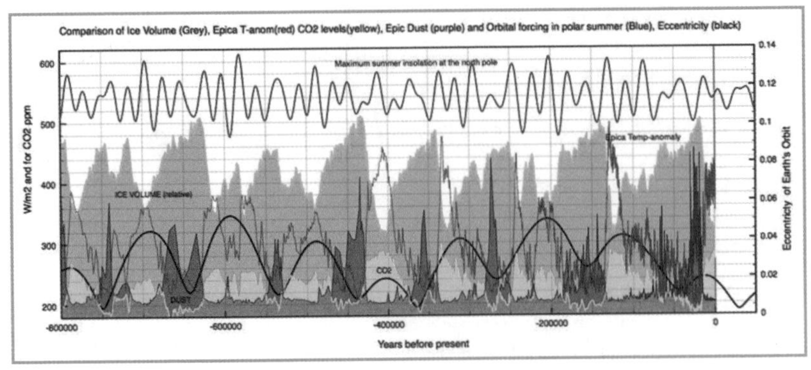

그림 7 빙기와 간빙기(80만 년 동안)

지난 80만 년으로 확대했다. 그림 7은 EPICA에서 빙핵 3,270m를 시기별로 분석하여 기온과 이산화탄소를 비롯한 주요 지표를 밝혀내고 그래프로 표현한 것이다.[12] 그래프에서 기온(붉은색), 이산화탄소(노란색), 빙하 부피(회색), 먼지(보라색)는 빙핵 분석에서 나온 것이며, 이심률(검은색)과 북극 여름철 최대 일사량(푸른색)은 산출된 값이다. 그림에서 보듯이 이심률 주기에 따라 빙기와 간빙기가 나타나고 있으며, 기온과 함께 이산화탄소와 빙하 부피도 변화하고 있다.

밀란코비치 사이클에 따라 기온이 변하고 800년 정도의 시차를 두고 이산화탄소가 변하게 됨(제8장 참조)은 EPICA 자료에서도 명백하게 드러나고 있다. 이 이론에 따르면 빙기는 7만 년에서 12만 5천 년, 간빙기는 1만 년에서 1만 5천 년 지속된다. 그림 8은 미래 5만 년 동안의 이심률(검은색)과 일사량(북극 푸른색, 남극 검은 파선, 붉은색 총합), 그리고 1만 년 동안 추정한 기온을 오른쪽에 보여

12 http://clivebest.com/blog

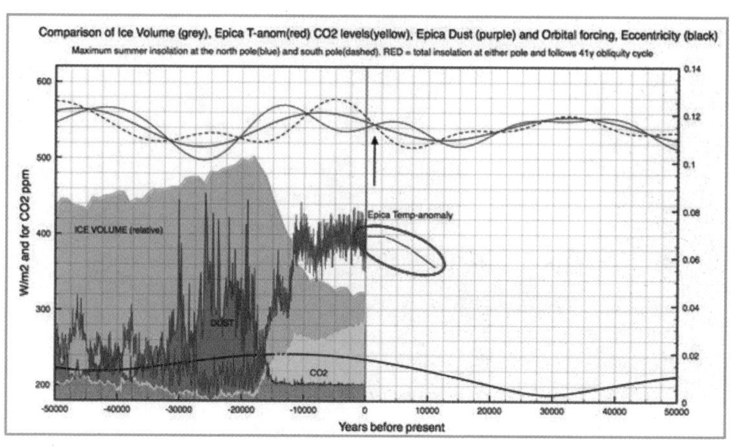

그림 8 빙기와 간빙기(과거 5만 년과 미래 5만 년)

주고, 왼쪽에 EPICA 빙핵에서 관측된 과거 5만 년 동안 변화를 비교하고 있다. 간빙기 1만 1천 년이 지난 지금 우리는 앞으로 길게는 몇천 년, 짧게는 몇백 년이 지나면 지구에는 다시 빙기가 도래할 것임을 이 그림은 시사하고 있다.

그림 8에서 지난 2만 년 전 최후 빙기(Last Glacial Period)에는 추위로 지구는 얼음으로 덮였고 이산화탄소가 매우 낮은 농도(182ppm)로 떨어졌음을 볼 수 있다. 그 시기 지구 대기에는 엄청난 먼지가 있었던 것이 빙핵에서 관측되었다는 사실(보라색)이 매우 놀랍다. 그림 9는 최후 빙기 때 지구를 덮었던 빙하와 당시 해안선을 상상도로 표현한 것이다. 지금의 캐나다, 러시아 일부, 스칸디나비아반도 등이 얼음으로 덮였고, 해수면이 지금보다 160~180미터 낮았기 때문에 한반도와 중국이 연결되어 있었고 대한해협이 육지로 드러나 있었다. 그림 10은 그 시기 캐나다 토론토와 몬트리올, 그리고 미국 시카고와 보스턴 위의 빙상을 보여

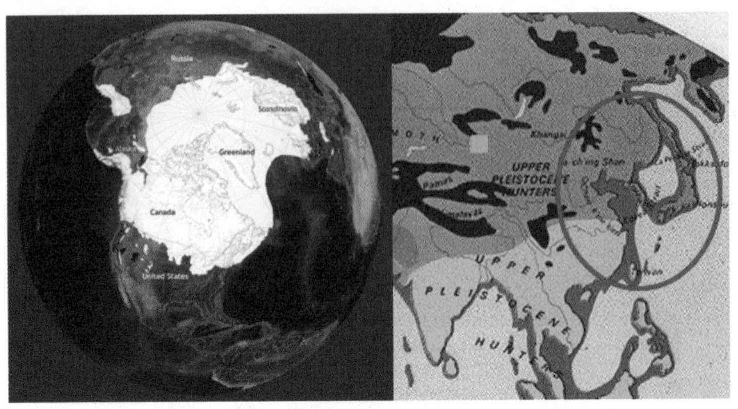

그림 9 최후 빙기 때 북반구 빙하와 서태평양 해안선

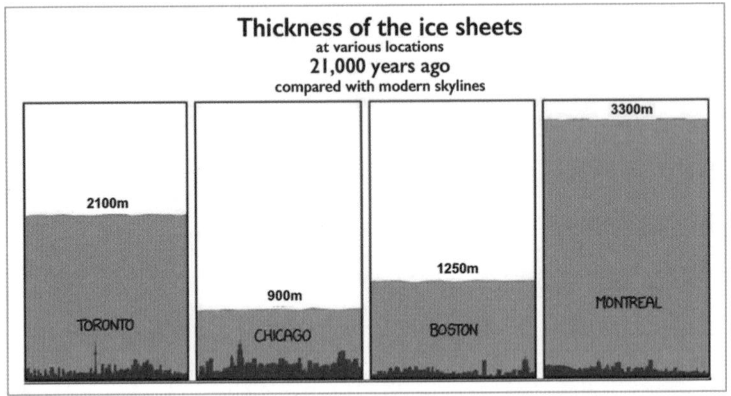

그림 10 북미 4개 도시의 스카이라인과 21000년 전 빙상의 두께

주고 있다. 이 시기가 도래하면 지구에 인간이 살 수 있는 곳은 지금의 열대지방으로 축소될 수밖에 없다.

태양에 의한 지구 기후의 장기 변화는 밀란코비치 이론으로 비교적 잘 설명되고 있다. 그리고 그 이론은 남극대륙의 빙핵 자료에서 거의 완벽하게 입증되었다. 그래서 미래 기후의 장기 변화도 예측할 수 있게 되었다. 공전 궤도의 이심률, 자전축의 기울기, 세차운동이 지구에서 계속되는 한 지구에는 멀게는 몇천 년, 짧게는 몇백 년 뒤에 다시 한번 빙기가 찾아오게 될 것이다. 추위로 얼음이 쌓이고 해수면이 크게 하강하고 이산화탄소 부족으로 식물이 자라지 못해 대기에는 엄청난 먼지가 떠다니는 그런 빙기가 지구에 나타날 기후의 장기 변화다.

도래하는 소빙하기

밀란코비치 이론으로 예측되는 지구 기후의 장기적인 대변화는 아주 먼 미래의 일이다. 하지만 태양의 활동으로 인한 지구 기후의 소변화는 가까운 미래에 도래할 것이다. 태양 활동을 연구하는 과학자들은 소빙하기 수준의 대극소기(Grand Solar Minimum)가 이미 시작되었음을 예고했다(그림 11). 그리고 도래하는 소빙하기를 알리기 위해 과학자들이 근래에 여러 권의 저서까지 출간했다.

이름까지 에디 극소기(Eddy Minimum)로 명명된 이 시기는 1645년부터 1715년까지 나타난 마운더 극소기(Maunder Minimum)의 재현을 의미하는 것으로, 영국 노섬브리아대학교(University of Northumbria) 발렌티나 자르코바(Valentina Zharkova) 교수는 지구에 상당한 수준의 기온 하강을 초래할 것으로 예측했다.[13] 미국 항공우주국(NASA)은 지난 2019년 12월에 시작된 태양 사이클 25(Solar Cycle 25)는 지난 200년 동안 나타난 것 중 가장 약한 활동을 보일 것이지만, 지구 기온이 갑자기 떨어지는 냉각화는 없

13 Modern Grand Solar Minimum will lead to terrestrial cooling, doi: 10.1080/23328940.2020.1796243

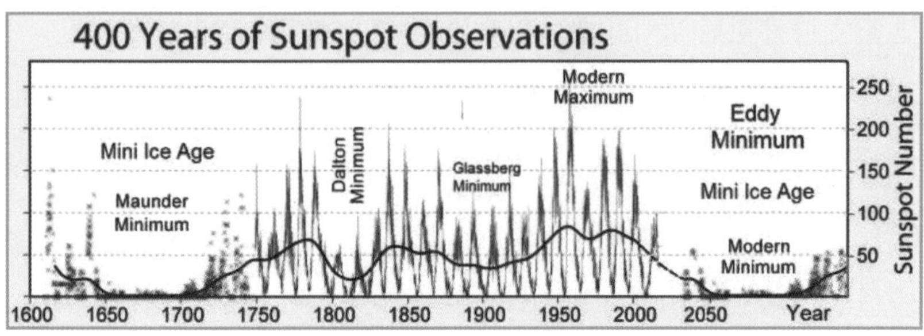

그림 11 400년 동안에 관측된 태양의 흑점과 도래하는 소빙하기

을 것이라는 희망적인 예측을 했다.[14] 하지만 도래하는 극소기가 지구의 기후변화에 가장 큰 변수가 될 것은 확실해 보인다. 만약 1600년대 소빙하기와 같이 태양의 활동이 크게 떨어지고 추워진다면 지금 전 세계가 엄청난 경제적 희생을 감수하며 추진하는 탄소중립은 완전히 거꾸로 가는 정책임을 누구도 부인할 수 없다.

현재 시판 중인 소빙하기 예측 도서들

14 NASA predicts next solar cycle will be lowest in 200 years. https://electroverse.net/

제12장

바다와 구름, 기후 모델

기후 선동가들은 인간에 의한 재앙적 지구온난화를 주장하기 위해 진짜 동력원(Real Driving Force) 태양은 무시하고 미약한 힘조차 보이지 못하는 이산화탄소를 마녀사냥하고 있음을 앞의 두 장에서 봤다. 이번 장에서는 태양과 함께 기후 동력원의 삼대 핵심 요소라고 할 수 있는 바다와 구름의 역할을 소개하고, 미래 대재앙 예측에 사용된 수정 구슬이라는 기후 모델의 사기성을 폭로하겠다.

기후 선동가들은 이산화탄소로 바다가 더워지고, 더워진 바다는 더 많은 이산화탄소를 방출하여 더욱 온난화를 초래하고, 그렇게 해서 더 많은 이산화탄소와 더 심한 지구온난화가 계속 이어지는 "선형적 관계"가 일어날 수 있다고 주장한다. 또 더워진 바다는 대기의 수증기도 증가시켜 지구온난화는 더욱 가속화될 수 있다고 주장한다. 실제로 기후 모델에서는 인간에 의해 약간 증가한 이산화탄소의 온실효과가 이러한 과정을 거치면서 엄청난 기온 상승을 일으킬 것으로 예측한다. 그래서 그들은 이산화탄소를 줄이지 않으면 바다는 계속 더워져 가까운 시일 내에 기후 대재앙은 반드시 올 것이라며 인류 종말의 공포를 만들어내고 있다.

그림 1은 미국 국립해양대기청(NOAA)에서 나온 지구의 해수

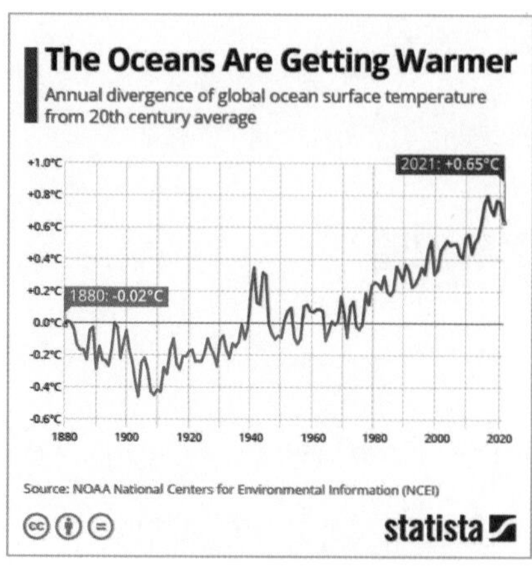

그림 1 지구의 해수면 온도 변화 (1880년부터 2021년까지)

면 온도 그래프다. 이 그래프는 지구의 바닷물이 1880년 이후 140년 동안 0.67℃, 20세기 평균과 비교하면 0.65℃ 정도 따뜻해졌음을 보여준다. 그런데 좀 더 자세히 보면 기후 선동가들이 주장하는 이산화탄소 증가와는 일치하지 않음을 알 수 있다. 1880년부터 1910년까지 30년 동안 0.4℃ 떨어졌고, 다시 1940년까지 30년 동안 0.8℃ 증가했다. 이후 0.3℃ 떨어졌다가 1970년부터 계속 상승하는 추세를 보인다. 만약 이산화탄소가 지구온난화를 일으켜 바다 수온이 상승했다면 1970년 이전의 변화는 절대로 있을 수 없다. 왜냐하면 1950년까지는 인간이 화석연료 사용으로 배출한 이산화탄소는 소량이었고, 실제로 배출량 급격히 증가하고 있었던 1970년까지 수온이 떨어졌다는 사실은 이론적으로 맞지 않기 때문이다.

바다 수온 변화, 무엇이 원인인가?

기후 선동가들이 바다 수온에 주목하는 이유는 물의 열팽창으로 해수면 상승을 가져올 뿐 아니라 대기 이산화탄소 농도에도 영향을 주기 때문이다. 지구 표면의 71%를 차지하는 바다는 대기보다 45배나 많은 양의 이산화탄소를 함유하고[1] 기체는 온도에 따라 물의 용해도를 달리하기 때문에 바다 수온은 대기 이산화탄소 농도에 상당한 영향을 준다. 실제로 오늘날 대기 이산화탄소 증가에는 인간의 화석연료 사용보다 바다 수온이 더 큰 역할을 할 수도 있다.[2] 따라서 바다 수온 변화의 원인을 이해하는 것은 지구온난화 대재앙 선동의 허구를 밝히기 위해 반드시 필요하다.

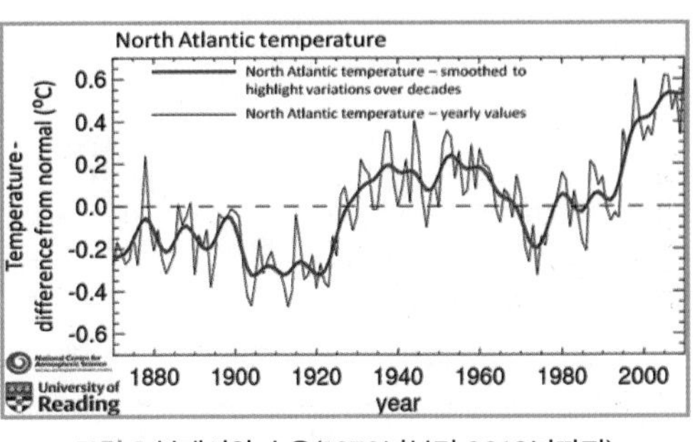

그림 2 북대서양 수온(1870년부터 2010년까지)

앞으로 제시할 몇 개의 그래프를 통해 바다 수온 변화에 관해 알아보자. 첫 번째는 아래 1870년부터 2010년까지의 북대서양 수온 그래프다(그림 2). 영국 레딩대학교 국립대기과학센터가 출처인 이 그래프는 북대서양 수온이 1870년부터 1930년까지 "정상(Normal)"이라고 부르는 파선보다 낮았음을 보여준다. 그 후 수온은 1950년까지 더운 시기가 계속되어 "정상"보다 훨씬 높게 유지됐다. 그리고 수온은 당시 과학자들이 새로운 빙하기가 도래할 것으로 예측했던 1960년대와 1970년대의 냉각화 시기에 다시 떨어졌다. 1980년대 이후 온난화로 수온은 다시 상승하고 있다.

다음은 미국 연방환경보호청(EPA)이 NOAA의 자료를 분석하

1 대기와 바다에 있는 이산화탄소량은 각각 약 850Gt, 38,000Gt(기가 톤)으로 추정하고 있다.
2 Henry's Law controls CO2 concentration, not humans, https://climatecite.com/

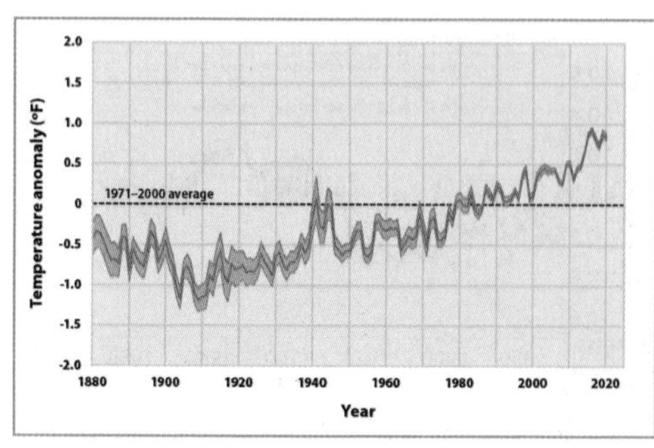

그림 3 지구의 해수면 평균 수온(1880년부터 2020년까지)

여 발표한 지구 해수면 평균 수온 그래프를 보자(그림 3).[3] Y축을 나타내는 수온의 단위가 화씨로 표현되었으며, 수온 선의 음영 밴드는 측정 횟수와 사용된 방법의 정밀도를 기준으로 데이터의 불확실성 범위를 보여주고 있다. 단위가 화씨인 점과 불확실성 범위를 제외하면 이 그래프도 1910년대에 떨어지고 1940년대에 올라가는 등 앞의 그래프와 유사한 패턴을 보여주고 있다.

또 다른 그래프가 있다. 네덜란드 마르스디프(Marsdiep)에서는 1860년부터 매일 오전 8시에 바다 수온을 측정해왔다. 처음에는 덴헬더(Den Helder)에서, 1947년부터는 네덜란드 왕립해양연구소(Royal Netherlands Institute for Sea Research)의 부두 근처 제방에서 측정했다. 이 자료는 네덜란드에서 가장 오랜 기간 관측해온 수온 데이터다. 2000년부터는 전기 센서로 바다 수온을 일주(하루 동안) 변화까지 기록하고 있다. 네덜란드 왕립해양연구소가 측정한 바다 수온 그래프(그림 4)도 그림 2과 3의 그래프에서 볼 수 있는 것처럼 1980년대 이후 동일한 온난화를 보여준다. 그러나 네덜란드 그래프에서는 최근 수온이 1860년대에 관측된 수온을 약간 상회하는 수준으로 되돌아가는 것처럼 보인다.

3 Climate Change Indicators: Sea Surface Temperature, https://www.epa.gov/climate-indicators/

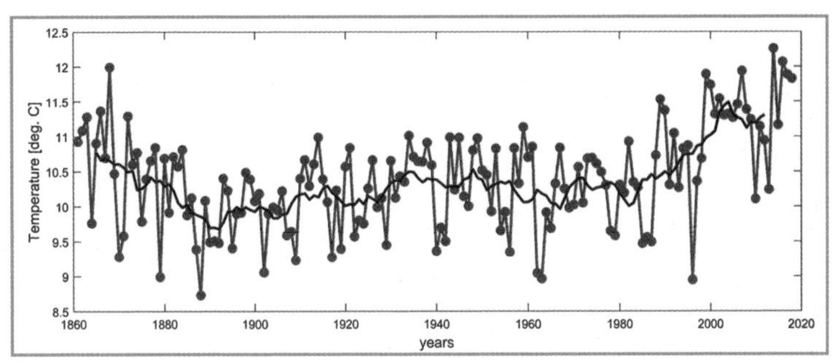

그림 4 네덜란드에서 관측한 바다 수온(1860부터 2019년까지)

그림 4(네덜란드)는 그림 2(영국)와 3(미국)과는 다른 중요한 차이점이 있다. 그림 4의 그래프는 그림 2와 3의 그래프보다 10~20년 전인 1860년대에 관측이 시작됐고, 1860년대에 온난기가 있었다는 점이다. 1870년에 시작된 영국 그래프와 1880년에 시작된 미국 그래프를 보면 바다 수온이 지금 21세기에 와서 과거보다 매우 높은 수준에 도달했다고 생각할 수 있다. 하지만 네덜란드 그래프를 보면 지금의 바다 수온은 1860년대를 약간 상회하는 수준으로 돌아왔다는 결론을 내릴 수 있다. 그래프를 1880년에 시작했는가 아니면 1870년이나 1860년에 시작했는가에 따라 바다가 기후 선동가들이 주장하는 기록적으로 높은 수온에 실제로 도달했는지 아닌지 상당히 다른 느낌을 받을 수 있다. 세 종류의 그래프 모두 바다 수온은 대기 이산화탄소 농도와 무관하게 변하고 있음을 분명하게 보여주고 있다.

게다가 다음 두 NOAA에서 관측한 그래프를 자세히 살펴보면 21세기에 들어와 바다 수온이 떨어지기 시작했다는 것을 알 수 있다. 그림 5는 북대서양 해수면 온도 그래프로 2012년부터 계속 떨어지고 있다. 그리고 그림 6은 열대 해수면 온도 그래프로 2016년

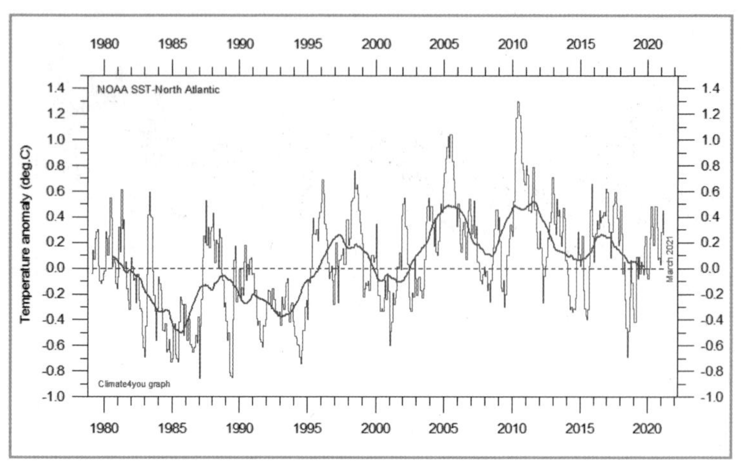

그림 5 북대서양 해수면 온도(1979년부터 2021년까지)

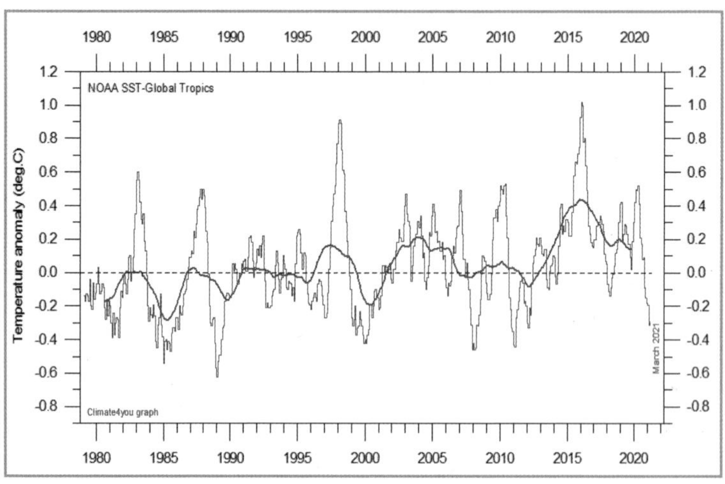

그림 6 열대 해수면 온도(1979년부터 2021년까지)

부터 떨어지고 있다. 엘니뇨와 라니냐 같은 현상은 바다 수온의 1년 또는 2년 정도의 변동을 유발할 수 있다. 그러나 지난 6년 또는 10년 동안 계속 떨어졌다는 관측치는 이런 현상이 아니라는 것을 말해준다. 또 만약 바다 수온이 지구온난화의 주요인이라는 대기 이산화탄소에 의해 변한다면, 이산화탄소 수치가 급격히 증가한 시기에 수온이 떨어졌다는 것은 이론적으로는 있을 수 없는 현상이다. 그림 5와 6 또한 앞에 나온 네 그래프처럼 분명 바다 수온은 대기 이산화탄소가 아닌 다른 무엇인가에 영향을 받고 있음을 시사하고 있다.

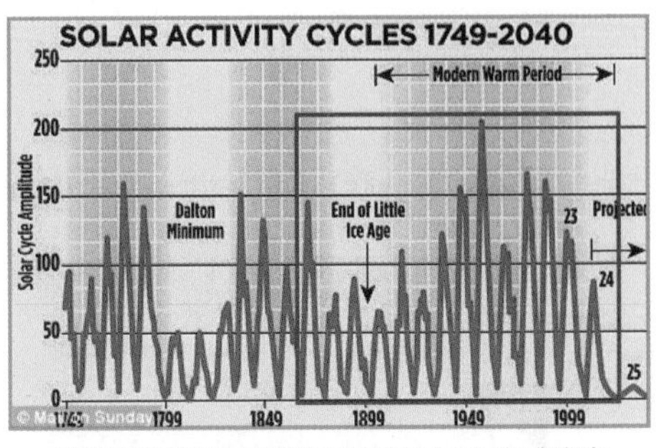

그림 7 태양 활동 주기(1749년부터 2040년까지)

바다 수온은 대기 이산화탄소가 아닌 다른 무엇인가에 영향을 받고 있다면 그것이 무엇인지 알아보자. 방법은 지금까지 나온 여섯 그래프에서 나타난 특징을 살펴보고 이를 만족시킬 수 있는 조건을 찾는 것이다. 모든 그래프(그림 1~4)가 1900년대 초에 낮은 수준을 보여줬고 1950년 이후 수온이 한번 떨어진 후에 다시 상승했다. 그리고 그림 4로부터 1860년에 온난기가 있었고, 그림 5와 6으로부터 최근에 수온이 떨어지고 있음을 알 수 있다. 이러한 특징에 태양의 활동 주기가 어느 정도 부합하고 있음을 그림 7에서 볼 수 있다(청색 네모 안). 물론, 해류와 여러 기상 현상이 영향을 미치고 태양 활동이 수온 상승으로 이어지기까지 다소 시간이 지연될 수도 있다.[4] 하지만 태양은 지구 에너지의 99.98%를 차지하고 관측된 바다 수온의 패턴에 대체로 잘 부합하는 점을 고려하면 가장 중요한 동력원으로 볼 수밖에 없다.

4 Influence of solar variability on global sea surface temperatures, Nature 1987 https://www.nature.com/articles/329142a0

해류의 역할

바다는 태양으로부터 받은 열을 대기보다 1,000배나 더 많이 저장하고 있고 해류를 통해 적도 부근 저위도의 높은 열을 양극 부근 고위도 방향으로 보내는 역할을 한다. 그림 8에서 보는 것처럼 태양 에너지는 적도 부근에는 유입량이 우주 방출량보다 많고 극지방에는 우주 방출량이 유입량보다 많다. 적도와 극지방의 에너지 균형은 바다의 해류와 대류권의 바람을 통해서 일어난다. 태양 에너지는 바다에 훨씬 많은 양이 흡수되고 저장되기 때문에 해류의 역할이 대류권보다 중요하다. 태풍이나 허리케인과 같은 기상이변 은 급격한 에너지 균형이 요구될 때 대류권에서 일시적으로 나타나는 현상이다.

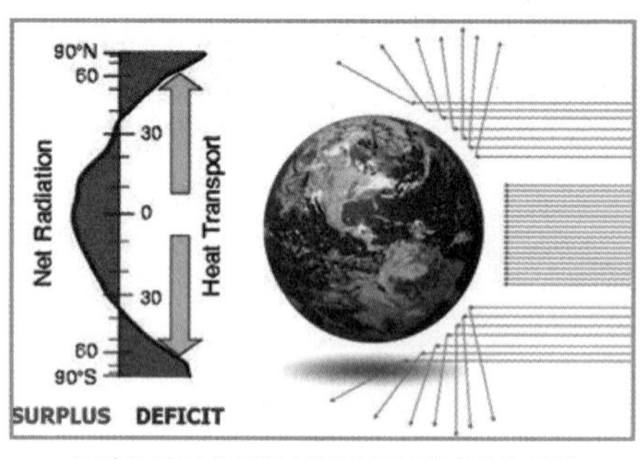

그림 8 위도에 따른 태양 복사 에너지와 이동

그림 9는 신생대 6천 5백만 년 동안에 일어난 지구의 기온 변화를 보여준다. 5천만 년 전부터 지금까지 약 16℃ 정도 떨어졌다. 이 과정에서 3천 4백만 년 전에는 남극에 빙하가 생겼고 2백 6십만 년 전에 북극에도 얼음이 얼면서 지금의 홍적세 빙하기(Pleistocene Ice Age)가 시작됐다. 이처럼 지구의 기온이 크게 떨어지게 된 이유는 바로 해류의 변화 때문이었다.[5] 해류가 크게 변화된 것은 그림에 나와 있는 5천만 년 전의 인도판과 아시아판의

5 Lessons from Paleoclimate Conveniently Ignored by the IPCC - Thomas P Gallagher & Roger C Palmer https://www.youtube.com/watch?v=pj-lu1i317E&t=11s

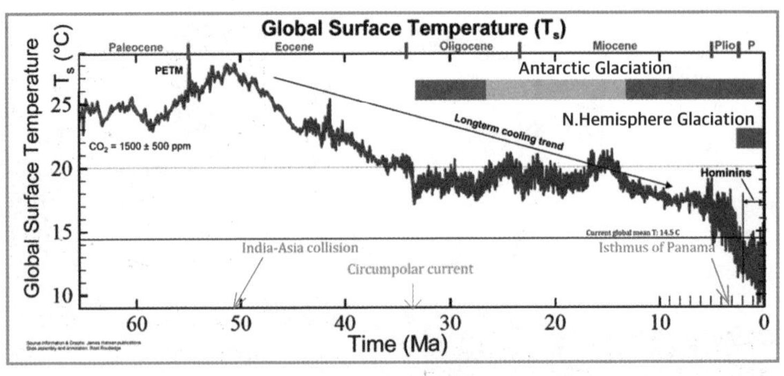

그림 9 신생대 6천 5백만 년 동안의 기온 변화

충돌(India-Asia Collision), 3천 4백만 년 전의 남극대륙 순환 해류(Circumpolar Current) 형성, 그리고 3백 3십만 년 전의 파나마 협곡(Isthmus of Panama)의 닫힘이다.

그림 10은 세 번의 큰 변화를 보여주고 있다. 인도판과 아시아판 충돌로 지금의 히말라야산맥이 형성되고 지구 곳곳에서 대륙이동이 시작되면서 해류가 변했다. 남극대륙으로부터 호주와 남아메리카가 떨어지면서 시작된 남극 순환 해류는 적도로부터 남극대륙으로 오는 난류 접근을 차단했다. 또 남아메리카와 북아메리카가 파나마 협곡에서 연결되면서 대서양과 태평양 사이를 흐르던 적도 해류(Equatorial Current)도 차단됐다. 그 외 담수호였던 북극해가 바다로 연결되고, 인도네시아 제도의 형성으로 태평양과 인도양을 흐르던 적도 해류가 차단되는 변화도 일어났다. 이러한 대륙 이동으로 지구 대양의 해류는 그림 10의 아래 왼쪽 형태에서 오른쪽 오늘날과 같이 변했다. 수천 년에 걸친 이러한 해류 변화로 인해 지구의 기온은 크게 떨어지게 되었다. 이는 해류가 기후변화에 매우 중요한 역할을 하고 있음을 보여준다.

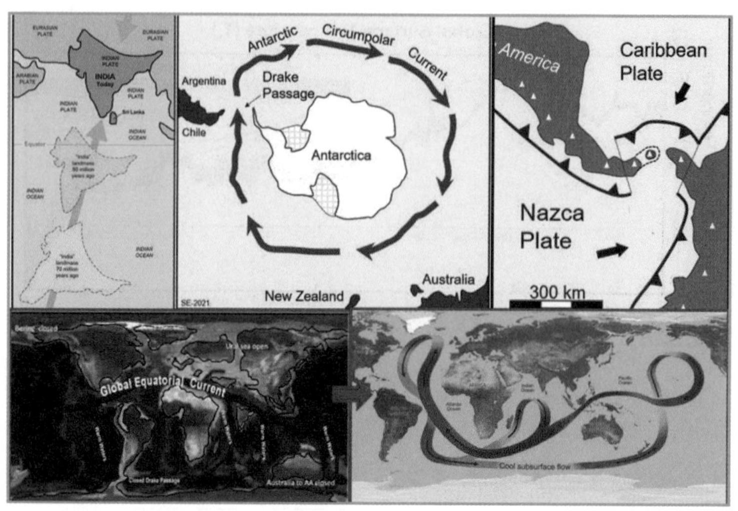

그림 10 신생대의 대륙 이동과 해류의 변화

이렇게 형성된 오늘날의 해류는 태양으로부터 받는 열을 지구 전체로 분산하고 있다. 그런데 지금의 해류도 일정한 주기를 가지고 변하고 있다. 대표적인 사례 중 하나가 대서양 진동(AMO: Atlantic Multi-decadal Oscillation)이다. AMO는 북대서양에서 약 60~80년 주기로 나타나는 자연 발생적 변동이다. 이 현상은 북대서양 해수면 온도(SST: Sea Surface Temperature)의 평균 이상치(Anomaly)를 기반으로 하며 최대 0.5℃의 해수 온도 변화를 초래할 수 있다. 그 외 태평양 10년 진동(PDO: Pacific Decadal Oscillation), 인도양 다이폴(IOD: Indian Ocean Dipole) 등도 지구의 기후변화에 상당한 영향을 미치는 것으로 알려져 있다.

그림 11은 북대서양 해류 흐름의 길목에 있는 아이슬란드 수도 레이캬비크(Reykjavik)의 기온과 AMO(붉은색)를 비교한 것이다. 그림에서 보듯이 매우 유사한 패턴을 보여주고 있다. 지난

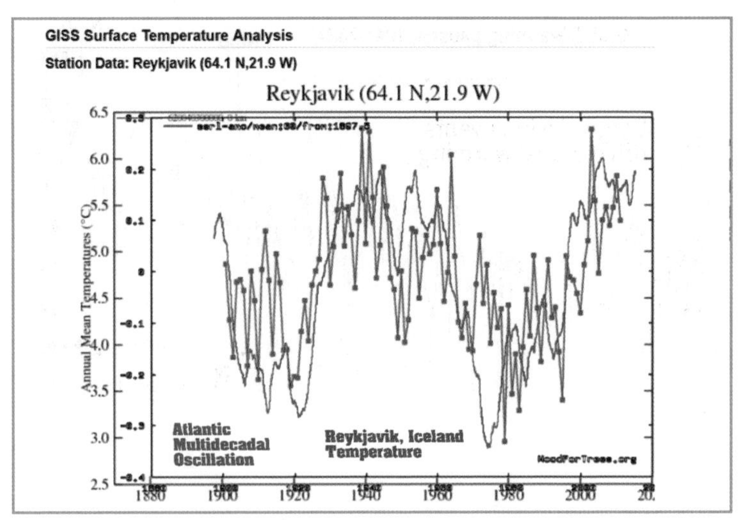

그림 11 아이슬란드 레이캬비크 기온과 대서양 진동

1920년대와 1930년대의 온난화와 1960년대와 1970년대 냉각화, 그리고 1980년 중반 이후의 온난화에 해류가 어느 정도 역할을 하고 있음을 알 수 있는 자료다.

바다가 지구 기온의 주기적 변화에 영향을 주는 또 다른 예로 엘니뇨(El Niño) 현상을 들 수 있다. 엘니뇨는 계절(최소 3개월)이 다섯 번 연속 반복해서 발생하고 해수면 온도가 0.5℃(0.9℉) 이상 증가하는 것을 의미한다. 엘니뇨는 2년에서 7년 간격으로 불규칙하게 발생하는 것으로 바닷물의 조수간만처럼 주기적이거나 예측 가능한 현상은 아니다. 엘니뇨의 세기는 날씨와 기후에 국지적이고 온순한 정도의 온도 상승(약 4~5℉)만 일어나는 것에서부터 세계적인 기후변화와 관련된 매우 강한 온도 상승(약 14~18℉)까지 다양하다. 엘니뇨는 호주에서 남아메리카에 이르는 태평양과 그 외 지역의 날씨에 영향을 미친다. 내셔널지오그래픽은 엘니뇨와 라

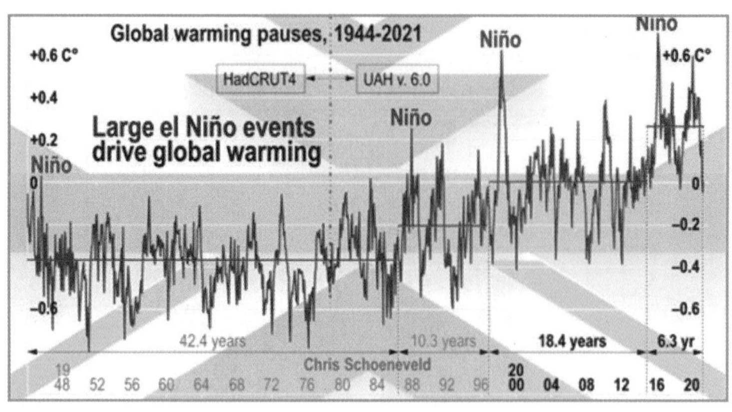

그림 12 엘니뇨와 지구온난화 중단

니냐의 차이를 다음과 같이 설명하고 있다.

> **"엘니뇨는 동부 열대 태평양의 표층수가 비정상적으로 따뜻해지는 현상을 설명하는 기후 패턴이다. 엘니뇨는 엘니뇨-남방진동(ENSO: El Nino-Southern Oscillation)이라고 불리는 더 큰 현상의 '온난 시기'다. ENSO의 '냉각 시기'인 라니냐(La Nina)는 이 지역 표층수가 비정상적으로 차갑게 되는 현상을 나타내는 패턴이다. 엘니뇨와 라니냐는 ENSO의 바다에서 일어나는 현상인 반면 남방진동은 대기에서 나타나는 변화다."**

그림 12는 1944년부터 2021년까지 엘니뇨와 지구 기온을 비교한 것이다.[6] 그림에서 보듯이 엘니뇨로 기온이 상승했다가 온난화가 중단되는 모습이 반복되고 있다. 이 그림을 통해 큰 엘니뇨가 지금의 지구온난화에 매우 중요한 영향을 미치고 있음을 알 수 있다.

6 https://wattsupwiththat.com/2019/01/20/

구름의 역할

기후에서 구름을 무시해서는 안 된다. 지구 하늘의 60% 이상이 항상 여러 종류의 구름으로 덮여 있고, 그 구름은 최대 5% 정도의 변이를 보인다(그림 13).[7] 그리고 구름 면적이 1% 감소하면 지구의 기온은 0.07℃ 떨어지는 것으로 알려져 있다. 따라서 구름 면적의 변화는 지구의 기온에 상당한 영향을 줄 수 있다. 그림 13은 지구의 구름 면적과 기온의 상관관계를 보여주고 있다.

구름은 수많은 형태로 계속 변하면서 끊임없이 이동하기 때문에 구름 덮인 면적을 예측하거나 정확히 측정하는 것은 거의 불가능하다. 그뿐만 아니라 구름은 형태와 하루 중 시간대에 따라 덥게 또는 춥게 할 수도 있다. 어떤 구름은 태양 광선을 우주로

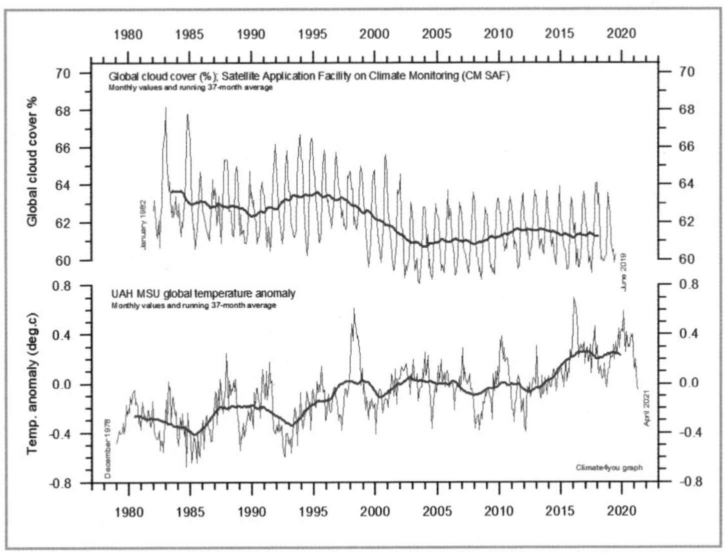

그림 13 지구의 구름 덮인 면적과 기온의 변화

7 https://www.climate4you.com/ClimateAndClouds.htm

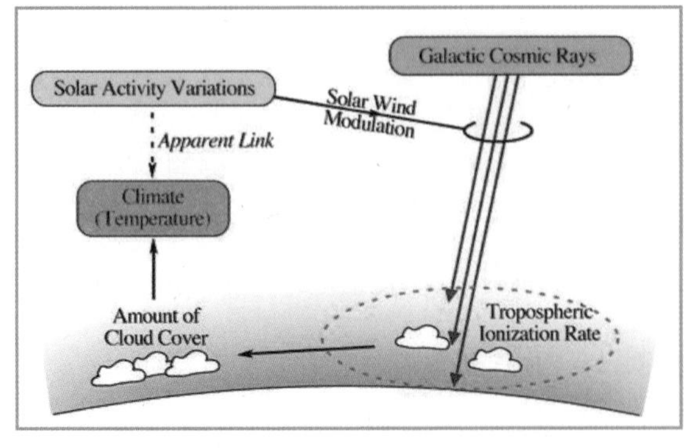

그림 14 **구름 형성에 영향을 주는 태양 활동과 우주선**

반사하는 알베도(Albedo) 효과로 인해 복사 에너지가 지구 표면에 도달하는 것을 막을 수 있다. 또 어떤 구름은 지구 표면 근처에 열을 가두어 두는 단열재 역할을 하여 온실효과를 일으킬 수 있다.

춥게 또는 덥게 할 수 있는 구름이 그림 13에 나타난 기온과의 상관관계를 보이는 이유는 태양의 역할이 있기 때문이다. 태양의 활동은 우주선(Cosmic Ray)의 대기권 유입을 조절하여 구름 형성에 영향을 준다(그림 14). 그림에서 보듯이 우주선은 대류권 기체의 이온화 속도를 증가시켜 구름 형성을 돕는다. 그리고 태양의 활동이 왕성하면 우주선의 대류권 유입이 줄어든다. 따라서 태양의 활동은 지구 표면으로 내려오는 복사 에너지뿐만 아니라 구름 형성도 조절하여 기온 변화의 중요한 동인이 될 수 있다. 다시 말하면 태양의 활동이 왕성해지면 복사 에너지로 인한 기온 증가도 일어나고 동시에 구름의 양도 줄어들기 때문에 그림 13와 같은 상관관계를 보인다.

구름이 지구 기온에 미치는 영향은 온실가스보다 훨씬 큰 것으로 알려져 있다. 2020년 4월에 발표된 연구는 다음과 같이 기술

8 Cosmic Rays and Climate, http://www.sciencebits.com/CosmicRaysClimate

하고 있다.[9] "파장이 짧은 복사 에너지에 대한 구름의 영향은 지구 복사 에너지 균형에 중요한 역할을 하며, 그 영향이 지구에 미치는 평균은 온실가스로 인한 온난화 효과보다 훨씬 크다." 이와 유사한 2020년 9월의 또 다른 연구는 "구름은 지구 육지 기후 시스템의 핵심 요소다. 실제로 구름은 복사 에너지의 양을 조절해서 지구의 기후를 조절하는 가장 중요한 매개변수가 될 수도 있다."라고 제안했다.[10] NASA도 다음과 같은 사실을 인정했다. "지구의 기후 시스템을 변화시키는 주요 동인으로 구름, 에어로졸, 지표면의 밝기와 같은 "변수"들이 있다. 지구 환경에서 변화하는 이러한 동인들 하나하나가 온실가스로 인한 온난화 영향을 능가할 수 있는 역량이 있다."

그리고 다음 사실을 추가로 고려하면 지구 기후의 열역학 시스템은 너무나 복잡하다. (1)온실효과의 약 95%를 차지하는 수증기는 대기 전체에 균일하게 혼합되지 않기 때문에 정확한 측정이 불가능하다. (2)화산에서 나오는 에어로졸(미세 입자), 산업체 및 기타 발생원으로부터 방출되는 황산염은 태양과 우주 복사 에너지를 흡수하고 또 반사할 수 있다. (3)에어로졸 농도 변화는 구름의 에너지 반사율을 변경할 수 있다. (4)변화무쌍한 날씨 패턴은 예측 불가능한 기후변화로 이어질 것이다.

이러한 사실들은 대기 이산화탄소 증가가 지구온난화를 일으키는 핵심 동인이라는 생각은 너무 단순할 뿐만 아니라 완전히 틀

---

9 Distinctive spring shortwave cloud radiative effect and its inter-annual variation over southeastern China Jiandong Li, Qinglong You and Bian He 13 April 2020

10 Cloud cover changes driven by atmospheric circulation in Europe during the last decades Sfica, Beck, Nita, Voiculescu, Biran, Philipp 18 September 2020

렸음을 말해주고 있다. 하지만 이산화탄소 혐오증에 걸린 자들은 지구온난화, 기후변화, 기후 비상사태, 기후 위기, 기후 종말, 또 다음에는 무엇이라고 부를지 모르지만 "지구온난화의 핵심 동인은 무조건 이산화탄소다."라는 사이비 종교 주문을 되풀이하고 있다.

미래를 예측하는 수정 구슬, 기후 모델

기후 선동가들은 너무나 복잡하고 예측 불가능한 지구의 기후 시스템을 자신들이 모두 알고 있는 척한다. 그리고 가마솥처럼 뜨거운 대재앙으로 향하고 있다는 자신들의 주장을 세상에 알리기 위해 의심스럽기 짝이 없는 컴퓨터 모델들을 도구로 쓰고 있다. 하지만 이러한 모델들은 과거에 일어난 기온 변화조차 설명하지 못한다. 모델들이 계산한 기온을 1970년대에 인공위성 사용이 시작된 이후로 관측된 실제 데이터와 비교해보면 일관되게 과도한 예측을 해왔음을 보여주고 있다. 그림 15는 미국 앨라배마대학교 헌츠빌캠퍼스(University of Alabama at Huntsville) 존 크리스티(John Christy) 교수가 2016년 2월 2일 미국 하원의 과학 우주 및 기술위원회(U.S. House Committee on Science, Space and Technology)에서 한 증언에서 나온 것으로, 기상 관측기구(Balloon)와 인공위성에서 측정된 실제 기온을 32개 연구 그룹이 기후 모델로 예측한 결과와 비교한 것이다.

위쪽 굵은 선(빨간색)은 모델 결과를 평균한 값이다. 아래쪽 두

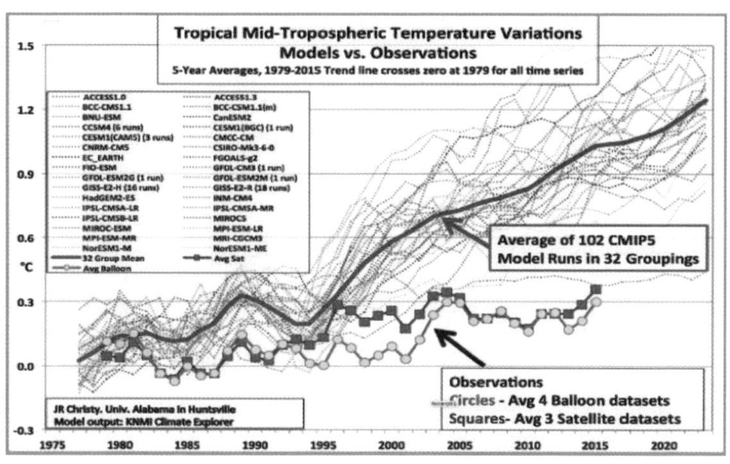

그림 15 모델 예측 결과와 위성 및 기상 기구 관측 결과(1975~2015)

개의 굵은 선은 위성(사각형으로 표시된 가운데 선, 푸른색)과 기상 기구(원으로 표시된 가장 아래쪽 선, 연두색)에서 관측된 값이다. 위성 관측치에서 뚜렷하게 볼 수 있는 것은 1997년 5월부터 2015년 12월까지 지구온난화 중단 현상이다. 기상 기구 관측치에서도 시기적으로 약간의 차이를 보이는 온난화 중단 현상이 나타나고 있다. 하지만 모델 실행 평균은 1989년부터 1994년까지 이유 없는 냉각화를 보이더니 지구온난화가 중단된 시기에도 급속한 기온 상승을 예측했다. 예측값은 관측값과는 전혀 일치하지 않고 있고 엄청난 과열을 보인다. 미국 버지니아대학교 프레스 싱어(Fred Singer) 교수는 IPCC가 기후 모델이 예측한 수치가 1998년부터 18년 동안 나타난 온난화 중단(실제로는 약간의 냉각화)의 정반대였기 때문에 보고서에 위성 관측 자료를 언급조차 하지 않았다고 폭로했다.

지금까지 기후 모델은 과학이라는 미명 뒤에 숨고 복잡한 수식으로 된 컴퓨터 시뮬레이션이라는 도구를 내세워 일반인들은 감히 접근할 수조차 없게 했다. 언론과 정치인들, 심지어 과학자들까지도 IPCC 모델 결과를 추호의 의심도 없이 받아들였다. 그래서 지금까지 30년도 넘게 기후 위기와 대재앙 공포에서 살아왔고 불필요한 환경규제를 계속했다.

하지만 다행히 지난 2021년 미국에서 컴퓨터 모델 분야를 누구보다 잘 아는 스티브 쿠닌(Steven Koonin) 교수가 『Unsettled』[11]를 저술하여 IPCC 보고서에 사용된 기후 모델의 사기성을 상세히 폭로했다. 그는 1989년 세계 최초로 『계산 물리학(Computational Physics)』이라는 물리적 현상에 관한 컴퓨터 모델 교과서를 저술했고 이후 수많은 관련 연구 과제를 해왔다. 『Unsettled』는 2021년 미국 아마존 최고의 과학책(Science Book)으로 선정될 만큼 충격적인 역작이었다. 다음은 스티브 쿠닌 교수가 저서에서 설명한 IPCC 기후 모델의 사기성을 일반인들이 이해하기 쉽게 요약 정리한 것이다. 추가 설명이 필요하면 한국어판 『지구를 구한다는 거짓말』을 참고하길 바란다.

기후 모델은 지구를 3차원 격자(Grid)로 뒤덮는 것부터 시작한다. 그림 16에서 보는 것처럼 보통 가로세로가 100㎞인 정사각형으로 이루어진 격자형 표면 위에 10~20층의 수직 격자를 쌓는다. 바다에도 이런 식으로 격자를 만든다. 바다의 격자는 수평으로 보통 가로세로가 10㎞로 좀 더 작고 수직으로 된 층이 더 많다. 지구 전체를 이런 식으로 덮으면 대기에는 상자 형태의 격자가 약 백만 개, 바다에는 격자가 약 1억 개가 생겨난다. 다음에는 각 격자 안

11 국내에서 『지구를 구한다는 거짓말』(2022년, 한경BP 출판사)로 번역되었다.

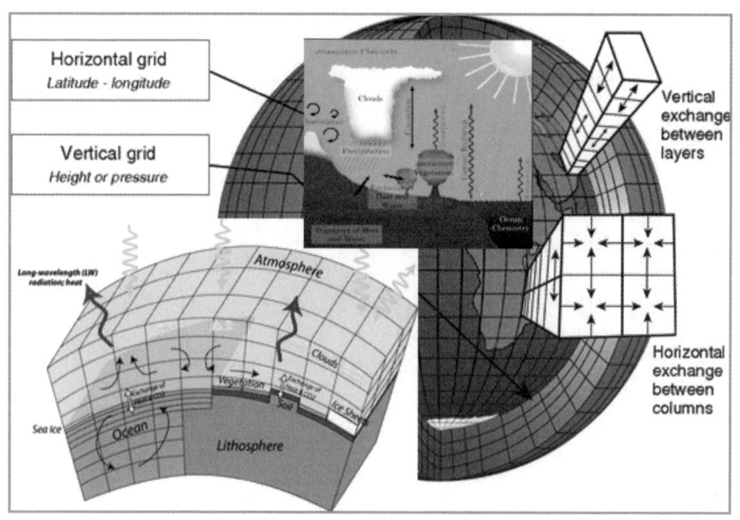

그림 16 기후 모델에서 사용되는 격자의 개략도와 격자 내부 현상

에서 일어나는 광화학 및 기상 현상과 같은 모든 물리화학적 물질과 에너지 변화를 계산하고, 주어진 시간 간격에 따라 공기, 물, 에너지가 이웃 격자로 이동하는 양을 계산한다. 이런 과정을 수백만 번 반복해 100년 후의 기후를 예측한다.

수많은 자연 현상들(산, 구름, 해안선 등)이 가로세로 100㎞ 격자보다 작은 규모로 나타나기 때문에 격자 안에 소규모 아격자(Subgrid)를 만들기도 한다. 모든 시뮬레이션은 시작 단계에서 대기, 지면, 바다에 대한 초기 값이 수치로 주어져야 한다. 대기에는 기온, 습도, 바람 등, 지면에는 식생, 토양 수증기, 인간의 토지 사용 등, 바다에는 수온, 염도, 해류 등의 값이 필요하다. 전 세계에 있는 비교적 정교한 관측 시스템에도 불구하고, 과거 수십 년은 말할 것도 없고 오늘날까지도 그런 세부 사항을 모두 알아낼 수는 없다. 추정하여 값을 넣을 수밖에 없다. 여기에는 모델 실행자가 자의적으로 만들어낸 거짓 자료가 들어갈 수밖에 없다.

다음에는 모델 예측 결과와 관측된 값을 비교하여 물리화학 현상의 반응 변수를 조정하는 "보정" 단계를 거친다. 일반적으로 두 값의 차이가 크기 때문에 각종 변수를 조정한다. 예를 들어 "얼마나 많은 물이 토양 특성, 식생 면적, 대기 조건에 따라 지표면으로부터 증발하는가?" "얼마나 많은 눈 또는 얼음이 지표면에 있는가?" "바닷물은 어떻게 혼합되는가?" 등등 셀 수도 없다. 지구의 대기, 토양, 바다 전체를 이런 식으로 변수를 조정하는 것은 근본적으로 불가능하다. 지구 표면이 눈이나 얼음으로 덮였을 때는 태양 복사 에너지를 85~90% 반사하고 그렇지 않을 경우는 70% 정도 흡수한다. 게다가 지면의 식생에 따라서도 태양 복사 에너지 반사율(알베도, Albedo)이 달라진다. 알베도는 지구 기온을 결정하는 핵심 요소다. 그뿐만 아니라 구름은 높낮이에 따라 온실 또는 냉각 효과를 가져온다. 지구에는 지진이나 화산활동이 계속되면서 육지와 바다에서 지열 방출이 일어나고 있다. 2100년까지 지구 전체에서 나타날 알베도, 구름의 양과 높낮이, 화산활동, 바다의 변화 등, 게다가 계절 변화와 인간의 지면 개발 등, 이 모든 예측 불가능한 현상들을 수치로 입력한다는 것은 과학적 연구가 아닌 조작 수준의 작업이 될 수밖에 없다.

하나의 모델로는 정확한 예측을 할 수 없다는 이유로 IPCC는 전 세계의 연구 그룹이 사용한 수십 개의 다양한 모델로 구성된 앙상블(Ensemble, 결합체)에서 나온 평균을 이용한다. 결합 모델 상호비교 프로젝트(CMIP: Coupled Model Intercomparison Project)가 앙상블 편집 작업을 하는데, CMIP3 앙상블은 IPCC 제4차 보고서

(AR4)에, CMIP5는 제5차 보고서(AR5)에, CMIP6는 제6차 보고서(AR6)에 사용됐다. 앙상블에 포함된 모델들을 비교해보면, 인간의 영향에 대한 기후 반응 관측에서 요구되는 가시적 수준에서, 모델들의 결과가 서로 다른 건 물론이고 실제 관측 결과와도 완전히 다르다. 관측 결과와의 차이는 물론이고 앙상블 모델 서로 간에 차이가 크다는 것은 과학적 모순임을 스스로 인정하는 것이나 다름없다. 하지만 그들은 평균값이 과학적 결과라고 한다. 이것은 누가 봐도 명백한 거짓말에 불과하다. 그리고 그 거짓말은 그들만의 거짓말로 끝나지 않고 인류의 삶과 번영에 거대하고 회복 불가능한 사회적·경제적·환경적 피해를 가져오게 된다.

엄청난 비용이 들어가지만, 수많은 모델 결과를 이용하는 이유는 관련자들을 모두 끌어들여 일자리도 창출하고 잘못되었을 경우 책임도 나눌 수 있는 다목적용이다. 여기에 참여하는 자들은 모두 인간이 지구의 기후변화를 일으켰다고 믿고, 그렇지 않으면 앞으로 이런 일을 할 필요가 없어지게 되는 고급 인력들이다. 수정 구슬에 불과한 기후 모델에서 과대 예측이 나올 수밖에 없는 이면에는 불가능을 가능으로 만들려는 과학의 정치화, 데이터 조작, 근거 없는 과장, 일부 과학자들의 언론 주목을 받기 위한 절박함과 파렴치한 부정직함 등이다. 이런 모델들로 2100년까지 예측하여 지구에 대재앙이 오고 있다고 공포를 조성하는 것이다. 하지만 이런 작업을 하는 자들은 비록 엉터리 예측이라도 그것이 인류의 미래를 위한 바른길(화석연료 사용을 줄이는)이라고 스스로 위로하면서 마법의 수정 구슬을 어루만지는 것이다.

그림 17은 지난 1860년부터 관측된 기온과 IPCC AR4와 AR5에

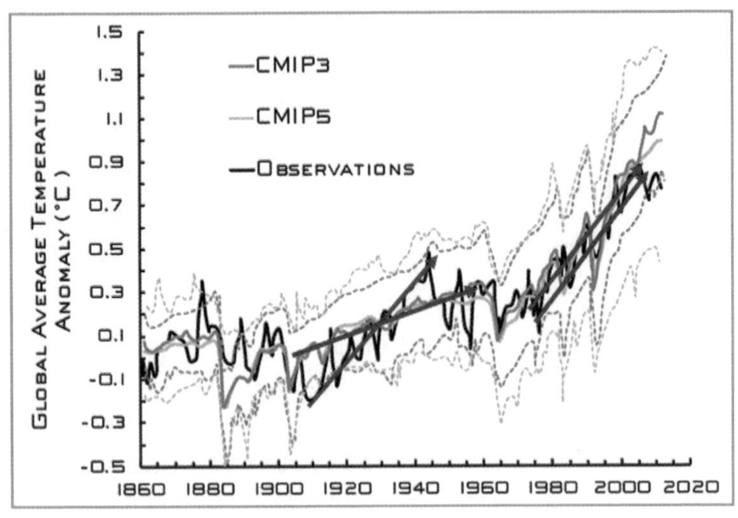

그림 17 모델 예측 결과와 관측 기온

각각 사용된 CMIP3와 CMIP5 결과를 비교한 것이다.[12] 1860년에 지구 곳곳에서 일어났던 자연 현상을 어떻게 구해서 초기 값으로 모델에 입력했는지, 또 150년이 넘는 긴 시간 동안 어떻게 수많은 변수를 보정했는지는 모르지만, 대단한 과학적 결과라며 기후평가 보고서에 내놓았다. 그림에서 회색 실선은 앙상블 평균을, 점선은 앙상블 결과의 범위를, 검은 선은 관측치를 나타낸다.

이 그래프는 기후 모델의 과학적 모순을 스스로 폭로하고 있다. 1910년부터 1940년까지 지구에서 관측된 온난화 현상을 모델이 재현하지 못했음을 보여준다. 붉은색은 관측 기온의 추세선이고, 푸른색은 모델 결과 추세선이다. 관측 기온은 두 시기 모두 동일한 추세를 보인다. 하지만 모델 결과는 1980년 이후 온난기는 관

12 『지구를 구한다는 거짓말』, 스티브 쿠닌 저, 박설영 역, 한경BP 출판사, 2022년

측치와 같은 추세를, 1910년부터 1940년까지의 온난기는 관측치와 다른 추세를 보인다. 이유는 이산화탄소가 온난화 원인이 아니기 때문이다(제10장 참조). 1980년 이후는 적당한 조정으로 모델 결과를 관측치에 맞췄지만, 이산화탄소 농도가 낮았던 1910년부터 1940년까지는 아무리 조정을 해도 불가능했다. 이는 모델 자체도 문제지만 기후 선동가들의 이산화탄소 대재앙 이론이 잘못되었음을 입증해주는 것이다. 하지만 IPCC는 이에 대해 "온난화를 일으키는 외부 강제력과 그에 대한 기후 시스템 반응의 불확실성, 그리고 충분하지 못한 관측 범위로 인해, 자체 변동, 자연적 강제력, 인위적 강제력이 이러한 온난화 현상에 미친 기여도를 정량화하는 것은 여전히 어렵다."라고 말하고 있다. 한마디로 자신들도 이산화탄소가 지구온난화 원인이라는 것이 불확실하고 기후 모델로는 미래 기후 예측은 불가능하다고 자백하는 소리다. 과거 수십 년 동안 기후가 왜 변했는지 자신들의 수정 구슬이 말해주지 못하고, 수십 년 뒤 예측 또한 바보 놀이임을 알고 한숨짓고 있을 뿐이다.

2주 뒤에 나타날 날씨도 예측하지 못하는 소위 "전문가"라는 자들이 과학으로 포장하고 컴퓨터 모델을 도구로 사용하여 수십 년 뒤 1.5℃ 상승을 예측했다고 유엔의 이름으로 발표하고 있다. 이를 정치에 멍들고 쉽게 속아 넘어가며 특종 뉴스를 찾아다니는 기자들이 제정신이 아닌 듯 병적으로 과장해서 언론에 보도하고 있다. 지금까지 계속되고 있는 이 파렴치한 일들은 실제로는 정치인들이 자신들에게 투표해서 권력을 준 수천만 명을 궁핍하게 만들고 국가 경제를 자해하는 가혹한 환경정책을 세우기에 좋은 빌미를 제공해줄 뿐이다.

"Future generations will wonder in bemused amazement that the early 21st Century's developed world went into hysterical panic over a globally averaged temperature increase of a few tenths of a degree and, on the basis of gross exaggerations of highly uncertain computer projections combined into implausible chains of inference, proceeded to contemplate a roll-back of the industrial age."

-

Richard Lindzen,

Professor Emeritus of Atmospheric Science at MIT

Previous Professorships at Harvard and the University of Chicago

제5부

현대 문명의 자의적 파멸

"우리 미래 세대들은 21세기 초 선진 문명국들이 지구 평균 기온이
극히 미미한 수준인 섭씨 영점 몇도 상승했다는 이유로
발작적인 공황 상태에 빠졌고,
매우 불확실한 컴퓨터 모델 예측과 신뢰할 수 없는 추론들이 합쳐진
극심한 과장 선동으로 인해 산업 문명을 되돌리려는 시도를
심사숙고하기 시작했다는 사실에 실소를 금치 못할 것이다."

-

리처드 린젠, 미국 MIT 대기과학 명예교수
(하버드대와 시카고대 교수 역임)

제13장

인류 최전성기에 온 종말의 위협

지금의 암울한 미래 예측과 종말론이 정말 이상한 것은 기후 대재앙에 직면했다는 광적인 맹신 현상이 인류 역사에서 이보다 더 좋은 적이 없었던 지금 이 시기에 나타나고 있다는 사실이다. 지금까지 인류 삶의 질 지표를 보면 모든 항목이 점점 향상되는 방향으로 변화하고 있다.

지난 30여 년 동안 기후 선동가들은 우리의 삶을 지배하고자 대재앙이 임박했다며 점점 더 과장되고 종말론적인 주장을 쏟아내고, 주류 언론인들은 자극적인 뉴스를 선호하는 대중을 위해 필사적으로 퍼 나르고, 과학적 역량이 부족한 정치인들은 통치 권력을 강화할 수 있는 기회라 판단하고 합세해 왔다. 여기에 일부 과학자들이 존재감과 연구비를 위해, 그리고 언론과 정치인들의 부추김으로 인해 거짓말하고 침묵하면서 동조해왔다. 하지만 지금까지 그들이 선동한 어떤 기후 대재앙도 실제로 일어난 적이 없다.

극지방의 빙하는 녹지 않고 있다. 북극해의 여름철 빙하는 감소하고 있지만(2012년 이후에는 증가 추세), 겨울철 빙하는 증가하고 있다. 더욱이 거대한 남극대륙에 계속 쌓이는 연간 약 820억 톤의 빙하가 녹아내린다는 다른 모든 빙하와 만년설을 상쇄하고 있다.

모든 해수면이 상승한다는 공포는 명백한 거짓말이다. 전체적인 상승 폭은 단지 100년에 약 7cm 정도다. 만약 이러한 상승이 계속된다고 하더라도, 금세기 말에 해안 도시가 침수되고, 많은 섬나라가 바다 밑으로 가라앉고, 수백만의 기후 난민이 발생한다는 예측은 완전히 잘못됐다. 그렇게 될 리는 절대로 없다. 기후 선동가들이 경고한 4~6피트(1.22~1.83m)까지 해수면이 상승하려면 지금의 상승 추세로는 적어도 1700년에서 2600년 정도가 걸릴 것이다.

지구가 간빙기로 접어들면서 100년에 약 0.6℃(IPCC 주장)에서 0.8℃(위성 관측) 정도로 약간 더 따뜻해질 수는 있다. 하지만 이렇게 아주 미온적 상승이 지구를 불타는 용광로로 바꾸지는 않는다. 더욱이 매년 더위보다 추위로 더 많은 사람이 죽는다(그림 1). 따라서 약간의 기온 상승은 생명을 구할 수 있다(그림 2). 실제로 지난 2000년부터 2019년까지 분석한 통계에 따르면 추위로 인한 사망자가 더위보다 9배나 많았으며, 이 시기 20년 동안 더위 사망자는 0.21% 상승했지만 추위 사망자는 0.51% 감소했다.[1] 그림에서 명시했듯이 이는 매년 166,000명의 생명을 구했음을 의미한다.

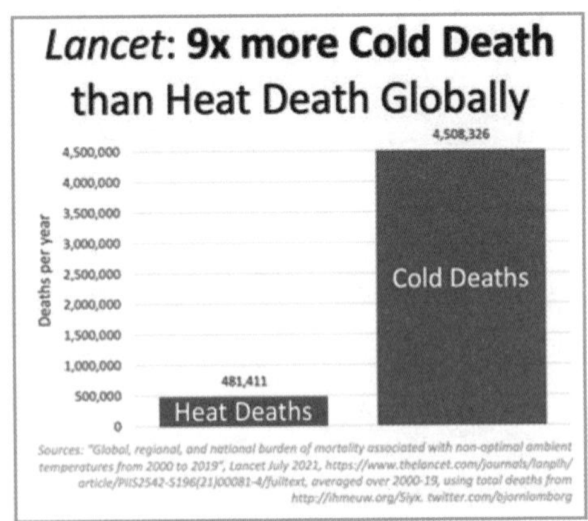

그림 1 더위와 추위로 인한 연간 사망률 비교

1960년대와 1970년대

1 Global, regional, and national burden of mortality associated with non-optimal ambient temperatures from 2000 to 2019: https://www.sciencedirect.com/science/article/pii/S2542519621000814

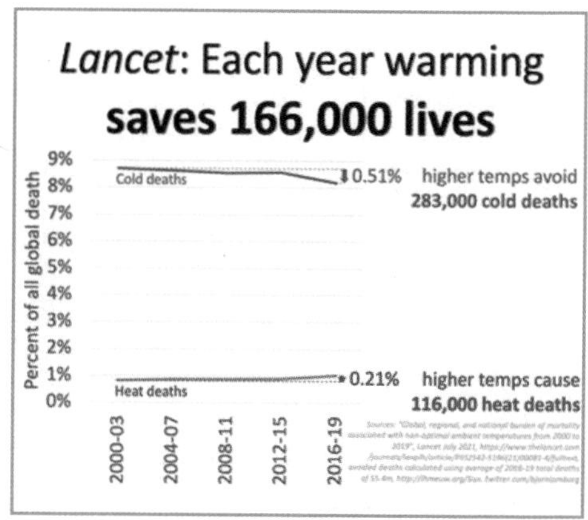

그림 2 더위와 추위로 인한 연간 사망률 변화

의 냉각화로 기온 하강이 있었고, 1997년 5월부터 2015년 12월까지 온난화가 중단됐다. 특히 온난화가 중단된 18년 8개월 동안에 산업화 이후 화석 연료 연소로 인한 이산화탄소 총량 4분의 1에서 3분의 1이나 배출됐다. 이 두 가지 현상은 이산화탄소 증가는 기온 상승을 유발한다는 기후 선동가들의 지극히 단순한 주장은 신뢰할 수 없음을 보여준다. 기후 선동가들을 더욱 신뢰할 수 없는 이유는 1920년대와 1930년대의 고온 현상, 1960년대와 1970년대의 저온 현상, 그리고 1997년부터 2015년까지의 온난화 중단 현상을 지구 관측 데이터에서 사라지도록 그래프를 조작한 것이 명백하게 드러났기 때문이다(제8장 참조). 조작된 그래프는 공포감을 조성하여 우리의 삶에 점점 더 극단적인 환경 규제를 가하고 이에 복종토록 하기 위한 것에 지나지 않는다.

지금의 이산화탄소 농도 상승 속도는 지난 80만 년 동안 볼 수 없었을 정도로 빠르다. 이는 인간의 화석 연료 사용과 더워진 바다에서 배출된 이산화탄소 때문이다. 하지만 이것이 지구온난화나 기후변화의 주요 원인이라는 증거는 희박하다. 대신 이산화탄소는 지구를 푸르게 하고 농업 생산성을 증가시킬 뿐 아니라 경작 가능 지역을 확대한다는 증거는 확실하다(제10장 참조).

산불과 들불도 불탄 면적 모두 지난 30~40년 전에 비해 크게 줄어들었다(제6장 참조). 기상이변도 마찬가지다. 가뭄, 홍수, 태풍, 허리케인, 열대성 사이클론 모두 줄어들고 있다(제7장 참조). 기후 선동가들이 예측한 대재앙이 실제로 일어난 적은 단 한 건도 찾을 수 없다.

기후재해 사망자가 급격히 줄어들고 있다

기후 선동가들이 터무니없이 과장한 지구 종말 예측을 무시하고 지금까지 관측된 데이터를 보자. 이산화탄소 상승 이전보다 악화된 기후 재앙은 지구 어디에도 없다. 대신 우리가 볼 수 있는 것은 기후는 인류에게 점점 좋아지는 상황이라는 사실이다.

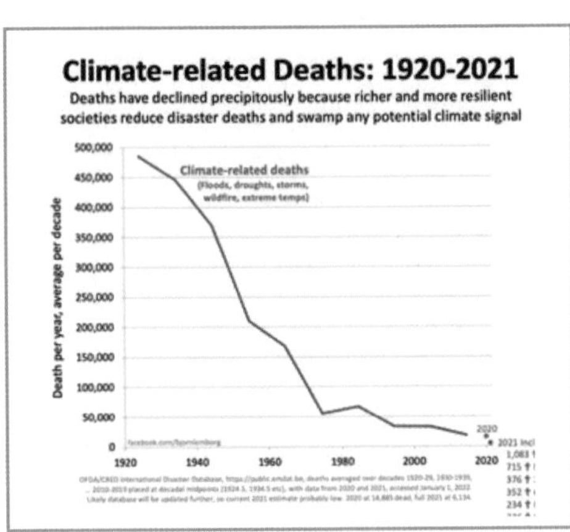

그림 3 기후재해로 인한 사망률

먼저 기후재해로 인한 사망자를 보자. 지난 100년 동안 급속히 줄어들고 있다(그림 3).[2] 이유는 과학과 기술의 발달로 예측력이 향상됐고 국가가 부유해지면서 국토를 선진화했기 때문이다. 강을 정비하고 댐과 저수지를 건설하여 가뭄과 홍수를

2 OFDA/CRED International Disaster Data, https://ourworldindata.org/ofdacred-international-disaster-data

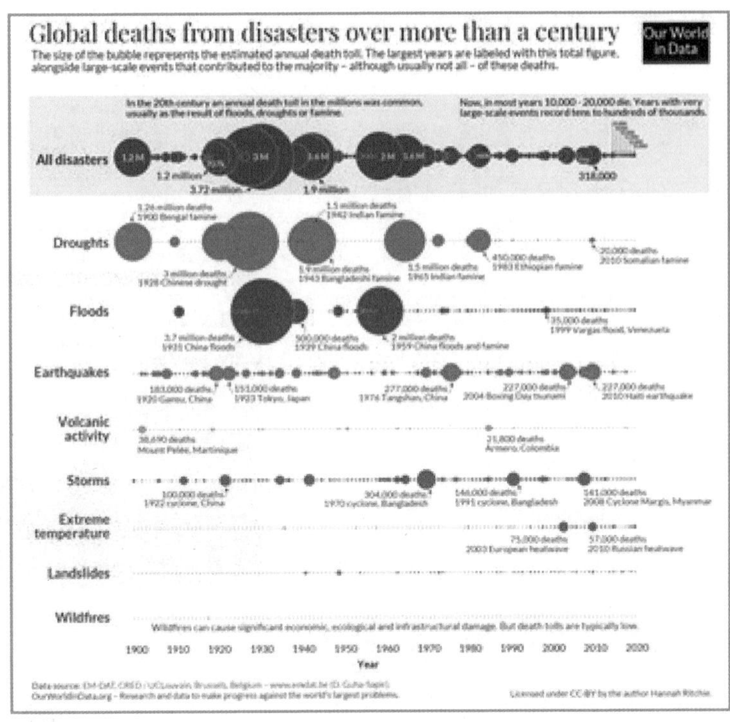

그림 4 유형별 자연재해로 인한 사망자

막았기 때문에 수많은 생명을 구한 것이다.

그림 4에서 유형별 자연재해로 인한 사망자를 보면 가뭄과 홍수 피해가 급격히 줄어들었음을 알 수 있다. 기후재해를 막기 위해서는 탄소중립으로 하늘을 다스리려 할 것이 아니라 국토 선진화로 땅을 관리해야 한다는 것은 삼척동자도 이해할 수 있다. 기후 선동가들이 대재앙 임계점(Tipping Point)이라 했던 이산화탄소 350ppm을 넘은 지난 1988년부터 지금까지 어떤 징후도 없다.

식량 생산이 증가하고 빈곤율이 떨어지고 있다

기후 선동가들은 기후변화가 농업을 황폐화하고 대대적인 기아로 이어질 것으로 예측하면서 대단한 기쁨을 느끼는 것 같다. 2021년 4월에 『사이텍 데일리』[3]은 "기후변화로 1961년 이후 농업 생산성이 21% 감소했다."라는 전형적인 경고 메시지를 보도했다. 하지만 실제 농업생산량을 살펴보면 전혀 다른 그림을 볼 수 있다(그림 5). 모든 주요 작물의 단위면적당 수확량은 계속 증가했다. 기후 선동가들은 자신들의 주장에 어떤 과

SciTechDaily

BIOLOGY CHEMISTRY EARTH HEALTH PHYSICS SCIENCE SPACE TECHNOLOGY

HOME EARTH NEWS

Climate Change Has Cut Global Agricultural Productivity by 21% Since 1961

2021년 4월 1일 SciTech Daily

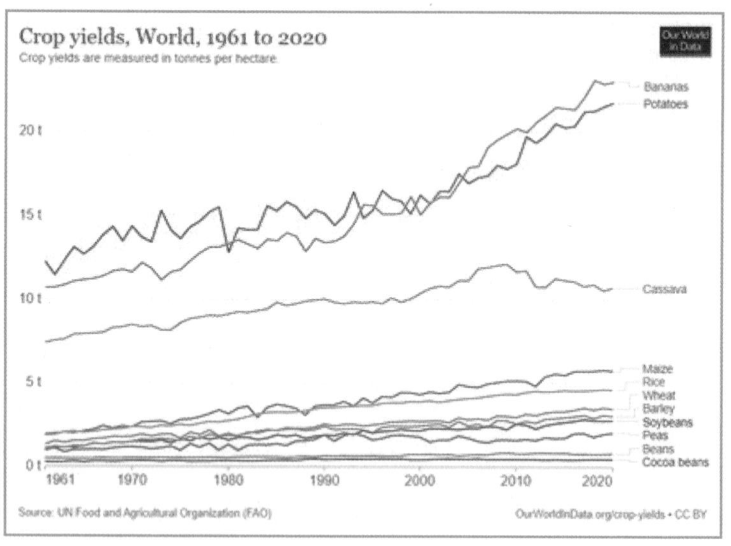

그림 5 단위 면적당 수확량(톤)

3 SciTech Daily: 1998년에 창립된 미국 온라인 과학잡지. https://scitechdaily.com/

학적 근거도 내놓지 못하고 있다.

기후 선동가들은 관측 데이터를 보면서도 농업생산량 증가를 격렬하게 부인하고 있다. 이들의 격렬한 부인이 거짓임을 다시 입증해 주는 것이 전 세계 모든 지역에서 영양결핍이 급격히 하락하고 있다는 사실이다. 세계 인구는 2000년 이후 약 62억에서 80억으로 증가했다. 하지만 여분의 식량이 너무 많이 생산되고 공급됨에 따라 충분한 영양을 섭취하는 인구는 53억 명에서 67억 명으로 급증했다. 2000년에서 2017년 사이 전 세계 인구의 영양결핍 비율은 13.4%에서 8.8%로 떨어졌다. 아프리카의 경우도 23.8%에서 18.6%로 감소했다(그림 6).

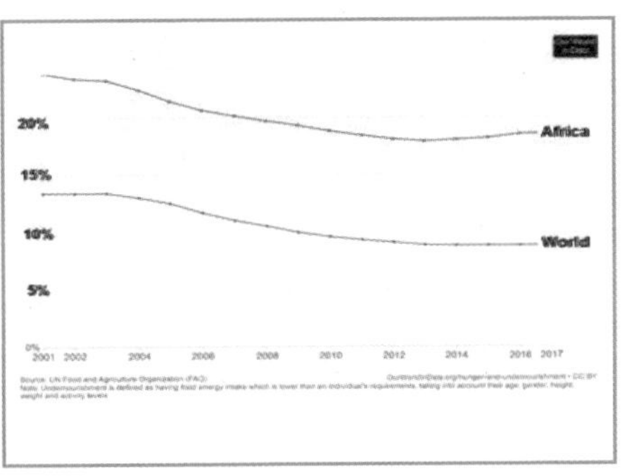

그림 6 세계인의 영양결핍 비율

그뿐만 아니라 5세 미만의 어린이 사망자 수는 세계 인구가 53억3천만 명이었던 1990년에는 연간 1,260만 명이었지만, 세계 인구가 77억 6,000만 명에 달했던 2020년에는 연간 500만 명으로 급감했다(그림 7). 특히 지금은 14억을 넘은 인구 대국 중국과 인도는 더 큰 폭으로 떨어졌다. 기후 선동가의 주장대로 농업 생산성이 떨어졌다면 도저히 불가능한 일이다.

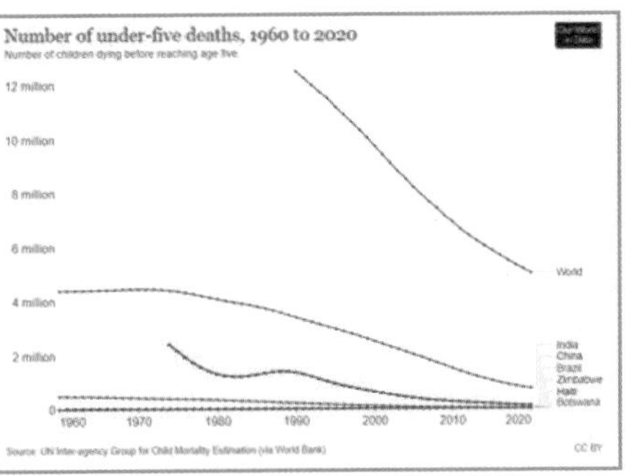

그림 7 5세 미만의 어린이 사망자

기후재해 사망률이 떨어지

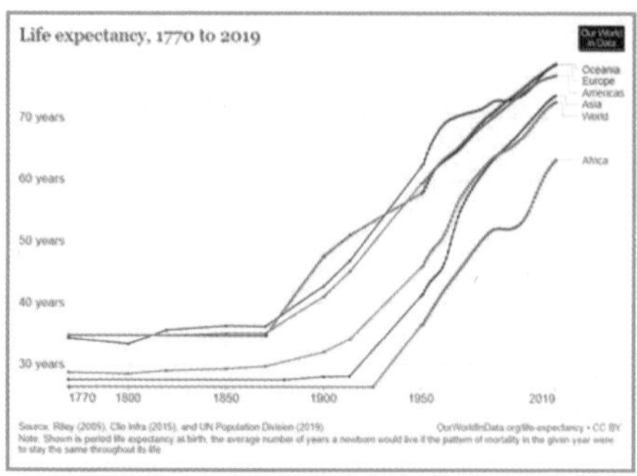

그림 8 세계 인구의 기대 수명

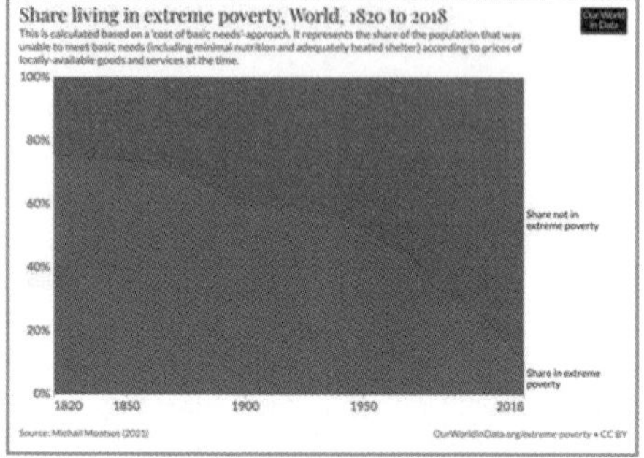

그림 9 세계 인구의 극심한 빈곤율 감소

고 풍부한 양질의 음식 섭취가 가능해졌으며 엄청난 의학적 발전이 이루어짐에 따라, 세계 인구는 증가하고 늘어나는 기대 수명의 혜택도 누리고 있다(그림 8). 기후 선동가들이 선호하는 산업화 이전(1850년)에는 세계 평균 기대 수명은 30세도 미치지 못했지만, 지금은 아프리카를 제외한 모든 대륙에서 그 두 배 이상인 70세가 넘었다.

빈곤율 또한 크게 감소하고 있다(그림 9). 그래프 아래쪽의 붉은색 부분은 하루 1.90달러 미만으로 생활하는 것으로 정의되는 극한 빈곤에 처한 세계 인구 비율이다. 1850년 70%가 넘었던 극한 빈곤율은 현재 10% 수준으로 떨어졌다.

아동학대를 자행하는 기후 카산드라들

거의 모든 인류 삶의 질은 향상되고 있음을 나타내는 그래프들은 얼마든지 있다. 관측 자료에서 찾아보기 어려운 단 한 가지는 지구온난화, 기후변화, 또는 기후 위기가 전 세계 어디에서도 인류의 삶에 어떤 측면이든 눈에 띄는 부정적인 영향을 미치고 있다는 증거다.

기후 카산드라(Cassandras, 그리스 신화에서 트로이의 멸망을 예언한 자)는 인류가 완전한 자멸을 향해 가고 있다고 끊임없이 불길한 예언을 하고 있다. 하지만 현실에는 그 반대 현상이 일어나고 있다. 상황은 점점 좋아지고 있을 뿐이다. 그리스 신화에서 카산드라의 트로이(Troy) 멸망 예언은 후에 적중했음이 밝혀졌다. 그때의 비극은 아무도 카산드라의 예언을 믿지 않는다는 것이다. 하지만 지금 우리 시대의 비극은 기후 카산드라의 모든 예측이 잘못되었음에도 수백만 심지어 수천만이 여전히 그 모든 예측을 믿는다는 것이다. 오늘날의 기후 카산드라는 형편없이 부정확하고 정치화된 컴퓨터 모델로 오지 않은 재난에 대해 혼란스럽고 불안정한 예측을 할 뿐 아니라 이미 일어난 것조차 제대로 맞추지 못하고 있다.

우리 아이들은 자신들이 기후 대재앙으로 인해 일찍 죽을 것이라는 메시지에 세뇌당하고 있다. 지난 2020년 영국 아이들 5명 중 1명이 기후 재앙 공포로 인해 악몽을 꾼다는 조사가 발표되면서 큰 충격을 주었다.[4] 이는 아동학대의 한 형태에 해당하는 수준이다. 하지만 우리 아이들은 분명 자신들의 부모보다 더 오래 살고 더 양질의 삶을 건강하게 누릴 것이다. 이것이 진실이다.

2020년 3월 2일 영국 Reuters 통신

지금 우리는 진실의 반대,

4 One in five UK children report nightmares about climate change, https://www.reuters.com/article/climate-change-children-idUSL1N2AV1FF

즉 거짓만이 유일하게 진실로 허용된 정신병동에 갇혀버렸다. 그것도 소위 깨어있는 지성인이라는 세대들은 정말 그렇게 되어 버렸다. 한편, 이 시대의 진실은, 논리적이고 객관적이며 입증 가능한 사실보다는 자신들이 느껴지는 불안감을 더욱 신뢰해온 스스로 지성인으로 착각하고 있는 자들에게는 저주의 대상으로 변했다. 그리고 그들은 자라나는 세대들을 설득하여 미래에 펼쳐질 삶의 기회가 인류 역사에서 이전 어떤 세대보다 더 즐겁고 행복한 실제 상황을 누리기보다는 스스로 불행한 희생자로 항상 생각하도록 만들어 버렸다.

세계 곳곳에서 수많은 청소년 기후 시위가 일어나고 있다. 앞선 세대가 지구를 망쳐놓아 대재앙이 온다고 울부짖고 있다. 사진은 2019년에 일어난 홍콩 청소년 기후 시위 장면이다.[5] 또 다른 사진은 1900년 경 찍은 미국의 청소년 탄광 노동자들이다. 당시 미국 전체 노동자 중 18%는 16세 이하 청소년이었다.[6] 누가 축복받았나? 우리는 어느 시대에 다시 태어나고 싶나? 지금의 기후 종말론은 청소년 정신병을 촉발한 악성 범죄임이 틀림없다.

2019년 홍콩의 청소년 기후 시위

1900년 경 미국의 청소년 탄광 노동자

5 https://www.wbur.org/hereandnow/2019/03/15/school-climate-change-strike

6 https://www.history.com/topics/industrial-revolution/child-labor

제14장

탄소중립의 경제적 자살

앞 장에서 봤듯이 거의 모든 인류 삶의 질은 산업 문명으로 급속히 향상되었으며 지금까지 지구 어디에도 이산화탄소 증가로 발생한 어떤 재앙적인 현상을 찾아볼 수 없다. 그러나 분명한 사실은 기후 종말론은 지난 30~40년 동안 우리의 경제와 생활 방식에 상당한 영향을 미쳤고, 더욱 중요한 것은 앞으로도 계속 그럴 것이라는 점이다.

예를 들어, 서방국가들이 저렴하고 안정적인 원자력 발전과 석탄 및 천연가스 발전을 서둘러 폐쇄하고 비싸고 신뢰할 수 없는 태양광과 풍력 발전으로 대체했기 때문에 에너지 가격이 중국이나 인도와 같은 산업 경쟁국들보다 훨씬 높다. 특히 독일은 가정용 전기의 경우 주요 산업 국가 중 소비자 가격이 가장 높다. 독일의 소비자 가격은 달러당($) 0.36킬로와트시(kw/h)로 미국의 2배가 넘고, 중국, 인도, 러시아 소비자보다 4배 이상 더 비싼 요금을 지불하고 있다(그림 1).

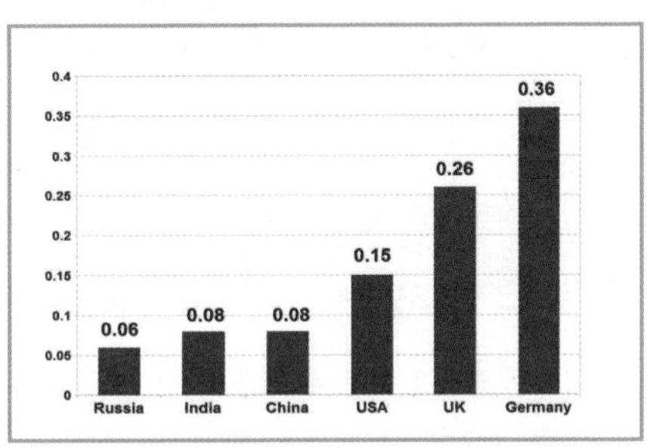

그림 1 주요 국가의 가정용 전기 요금 (2019년 $/kw/h)

산업용 전력의 경우 일반적으로 업종과 전기 사용량에 따라 다양한 요금체계와 할인 제도가 적용되기 때문에 상황이 좀 복잡하다. 확실한 것은 적어도 독일 기업의 94%는 중국과 인도의 경쟁사보다 최소 3배가 넘는 전기 요금을 지불하고 있다는 사실이다.

미국 에너지 가격도 설명 불가 수준으로 높다. 도널드 트럼프 대통령 임기 동안 주요 경쟁국인 중국은 막대한 양의 석유, 천연가스, 석탄을 수입하고 있었지만, 미국은 에너지 자급자족 국가가 됐다. 하지만 미국의 에너지 가격은 중국의 약 2배 수준이었다. 이 가격 차이는 미국 캘리포니아주에서 일어난 사례를 통해 부분적으로 설명될 수 있다. 캘리포니아주는 국가로 치면 과거 세계 5위의 경제 대국이었고, 미국에서 가장 진보적이고 지성적이며 사회 계층 간 상호 이해 수준도 높은 주다. 하지만 태양광 풍력 발전 증가로 미국에서 에너지 가격이 가장 비싼 주가 됐다(그림 2). 『포브스』[1]의 한 기사는 다음과 같이 설명하고 있다.[2]

"캘리포니아는 현재(2020년) 풍부한 현지 석유 매장량이 있어도 생산이 금지되어 원유 대부분을 수입하고 있다. 또 법으로 인해 원자력과 천연가스 발전소를 점진적으로 폐쇄하기 때문에 사용하는 전력의 약 1/3을 이웃한 주로부터 수입하고 있다. 2011년과 2017년 사이에 캘리포니아의 전기 가격은 전국 평균보다 5배 더 빠르게 상승했으며, 현재 캘리포니아주 주민들은 주거용, 상업용, 산업용 전기 요금으로 미국 타 지역들보다 평균 60% 더 비싼 요금을 지불하고 있다."

1 Forbes: 1917년 미국에서 창간된 세계적인 경제 잡지. 2003년부터 한국어판 발간,
2 The West Intends Energy Suicide: Will It Succeed? Forbes 10 October 2020

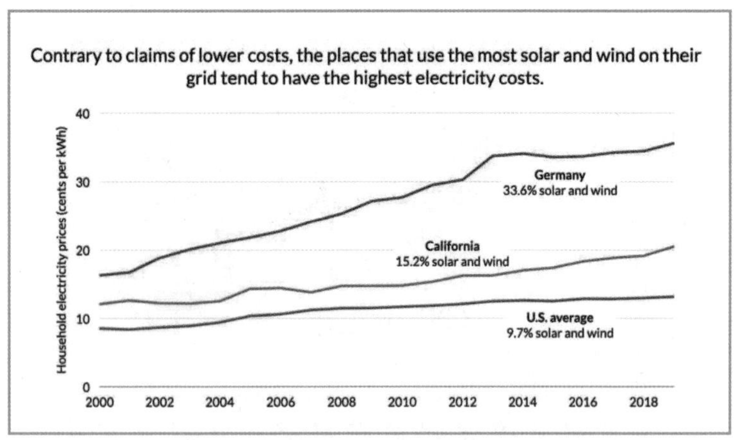

그림 2 태양광 풍력으로 인한 주요 전기 요금 상승[3]

캘리포니아 주지사는 화석 연료 사용을 줄임으로 인해 연이은 정전사태가 발생했음을 인정했다. 그럼에도 불구하고 2020년 9월 23일, 캘리포니아 주지사는 대기 오염을 줄이고 주의 온실가스 감축 목표를 달성하기 위해 15년 이내에 새로운 휘발유나 경유차 판매를 금지하는 행정 명령에 서명했다. 미국 연방환경보호청(EPA) 대변인은 이에 대해 다음과 같이 말했다.[4]

"캘리포니아주의 연이은 정전사태는 그 규모와 발생 범위 측면에서 전례 없는 일이다. 최근 이웃하는 주에 요청한 전력공급에 관해 생각해보면, 오늘 당장 전등불조차 밝힐 수 없는 주에서 앞으로 전력 수요가 급증하게 될 전기차는 어떻게 주행할 수 있을 것인지에 관한 의문이 제기된다."

---

3 Fossil Future, Alex Epstein, Portfolio, 2022
4 Wall Street Journal 28 September 2020

그림 3 캘리포니아를 떠난 기업들이 이전한 미국의 주

2019년 6월에서 2020년 6월 사이, 기타 높은 세율, 반기업 정서, 초지성적 정책(Ultra-Woke, 공동체를 위한 과도한 규제)으로 인해 약 135,000명이 한때 "황금의 주(Golden State)"으로 불렸던 캘리포니아주를 떠났다. 더구나 휴렛패커드(Hewlett-Packard), 오라클(Oracle), 테슬라(Tesla), 스페이스엑스(Space-X)와 같은 대기업들도 2014년 이후 캘리포니아를 떠난 13,000개 회사 명단에 이름을 올렸다. 캘리포니아를 떠난 회사들은 텍사스와 같이 좀 더 기업 친화적인 주로 이전한 것으로 추정된다. 그림 3은 지난 지난 2년간 캘리포니아를 떠난 기업이 어디로 이전했는지를 보여주고 있다.

호주 또한 저렴하고 안정적인 화석 연료 사용을 줄이고 소비자에게 전례 없이 높은 세금을 부과함에 따른 결과를 연구할 수 있는 흥미로운 사례를 제공하고 있다. 2019년, 호주 전력의 약 58%

는 석탄 화력 발전소에서 생산됐다. 이는 1993년 80%에서 크게 줄어든 것이다. 호주는 현재 세계 최대 석탄 수출국이며, 2020년 점차 확대 지향적이고 공격적인 중국과 일련의 분쟁이 일어나기 전까지는 단연 중국의 최대 석탄 공급 국가였다. 2019년, 중국 역시 전력 58%는 석탄 발전에서 생산되는 것이었으며, 그중 40%는 호주의 석탄으로 생산됐다. 2019년 두 나라 모두 석탄에서 생산되는 전력은 거의 같은 비율이었으나, 호주의 전기 가격은 달러당($) 0.25킬로와트시(kw/h)로 중국의 3배였다.

일반적으로 전기 가격이 어떤 구조로 결정되는지 이해하기란 매우 어렵다. 그렇지만 분명한 것이 하나 있다. 선진국에서 요금이 계속 오르는 주된 이유는 일반인들이 저렴하고 안정적인 화석 연료로부터 너무 큰 혜택을 누릴 수 있다는 생각에 대한 정치 지도자들의 혐오감 때문이다. 우리는 누가 봐도 뻔한 그들의 혐오감으로 인해 사용자의 고지서에 상당한 금액이 추가되었음을 알고 있다. 독일에서는 소비자가 최소한 8가지 항목의 비용을 지불해야 하고 그로 인해 전력 요금은 지난 20년 동안 계속 증가했다(그림 4).

그림 4에 있는 항목에서 보듯이 독일의 전기 사용자는 할증 요금(Concession Levy), 재생 에너지 부담금(Renewables Energy Surcharge), 열전력 통합 부담금(Combined Heat and Power levy), 전력망 요금(Grid Fee), 해상 전력망 요금(Offshore Grid Fee), 전류 유연성 요금(Current Flexibility), 전력 세금(Electricity Tax)을 지불해야 한다. 일반인들은 무엇을 의미하는지 이해하기조차 어렵다. 그리고 모든 요금에는 당연히 부가세가 추가된다. 이렇게 상상으로 다양하게 만들어진 모든 추가 요금은 거의 매년 증가했다. 이 모든

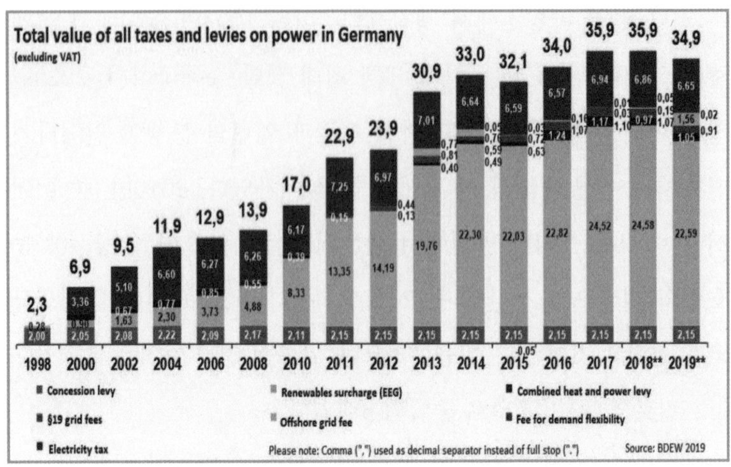

그림 4 독일의 전력 요금에 추가된 세금 및 부담금(부가세 포함 안 됨)

추가 요금으로 인해 독일의 전기 가격은 지난 15년 동안 68%나 치솟았고 독일 가정의 17% 이상이 자기 집을 제대로 난방할 수 있을 만큼 충분한 소득이 없는 "에너지 빈곤"에 처하게 됐다.

독일의 에너지 가격이 높은 또 다른 이유는 최근 몇 년 동안 감행한 아주 이상한 정치적 결정 때문이다. 2011년 3월 일본 후쿠시마 쓰나미로 다이이치(Daiichi) 원자력 발전소가 붕괴하자 독일의 몇몇 주요 도시에서 대규모 반핵 시위가 벌어졌다. 원전 붕괴로 단 한 명의 사망자도 없었지만 2011년 5월 29일 앙겔라 메르켈(Angela Merkel) 총리는 모든 원전 폐쇄를 더 빨리 추진하기로 하고, 원래 2036년까지 예정했던 모든 원전을 2022년까지 폐쇄하기로 했다. 원자로 17기 가운데 8기를 그해에 즉시 폐쇄했다. 메르켈은 이것이 그녀의 또 다른 훌륭한 정책 결정이라며 다음과 같이 자랑했다.

"인구가 많고 경제 규모가 큰 산업화 국가로는 첫 번째로 우리는 신기술 개발, 일자리 창출, 수출 증가로 이어지는 모든 기회를 가져올 효율적이고 재생 가능한 에너지로의 위대한 전환을 달성할 수 있습니다."

메르켈 총리가 몰랐던 것은 에너지 전환으로 인해 얼마나 큰 비용을 감수해야 하는가이다. 독일 경제부는 원전 폐쇄에 대한 대체 비용으로 10년 동안 550억 유로가 넘을 것으로 추산했다. 하지만 독일의 다른 연구 기관들은 정부 예측의 5배가량 되는 약 2,500억 유로가 될 것으로 주장하고 있다. 이는 향후 10년 동안 가구당 6,250유로에 해당하는 금액이다. 여기에 추가로 고려해야 할 사항이 있다. 2016년 독일 연방 헌법재판소는 원전 조기 폐쇄로 피해를 본 발전소 운영자들은 "합당한" 보상을 받을 자격이 있다고 판결한 사실이다. 따라서 원전 운영자들은 법률에 따라 독일 정부를 고소할 수 있다. 지금까지 적어도 6건이 독일 법원에 제소됐다. 이러한 독일의 현실은 전기 사용자들이 후쿠시마 사고 이후 메르켈과 환경 탈레반들이 벌인 반핵 투쟁으로 인해 수백억 달러의 추가 부담을 지불할 수밖에 없다는 것을 의미한다.

정치 지도자들이 값싸고 안정적인 화석 연료 발전소를 폐쇄하고 대신 절망적일 정도로 예측 불가능하고 비효율적이며 신뢰할 수 없는 "재생 에너지"로 대체하여, 에너지 사용에 전례 없이 더 많은 세금을 부과하려 하고 있다. 그들은 2015년 유엔기후변화에 관한 파리협약에서 국민을 대신하여 잘난 척하며 체결한 겉만 번지르르하고 터무니없이 비현실적인 약속을 이행하기에 고군분투하고 있다. 지금까지 드러난 것은 그 약속 때문에 앞으로 일어날 엄청난 피해에 비해 아주 작고 하찮은 정도에 불과하다.

2015년 파리기후회의에서 190여 개 국가들로부터 온 대표들이 지구 평균기온 상승을 산업화 이전 수준의 2℃(3.6℉) 이하로 유지하고 "기후변화의 위험과 피해를 실질적으로 줄이기 위해" 1.5℃(2.7℉)로 제한하는 노력을 추구하는 조치를 하는데 서명했다. 서명한 국가들은 지구 기온을 산업화 이전 수준에 비해 섭씨 2도 이하로 유지하기 위해 어떤 조치를 추진할 것인지를 보여주는 온실가스감축목표(NDC: Nationally Determined Contributions)를 제시하기로 했다. 기후 위기 상습 선동꾼 언론 매체들은 파리기후협약은 멸종 위기에 처한 인류를 구하는 엄청난 성공이라고 자연스럽게 선언했다. 하지만 NDC는 법적 구속력이 없었다. 그래서 2015년 이후 지금까지 수년 동안 서명국들 대부분은 이를 비웃으며 무시해오고 있다.

기후 선동에 앞장선 언론들은 세계 지도자들이 파리기후회의에서 지구를 구했다고 열렬히 칭송했다. 반면에 냉철한 기후 현실주의자들은 참여국들이 회의에서 결정된 이산화탄소 배출을 어떻게 생각하는지 주의 깊게 살펴보길 원했다. 서명한 국가 지도자들을 약간 단순화해서 3개의 주요 그룹으로 나눌 수 있다.

유럽의 EU 27개국과 영국, 호주, 뉴질랜드 같은 선진 산업국에서는 이 모든 것을 진지하게 받아들인 것으로 보인다. 이 중 일부 국가들은 NDC를 법으로 제정하기까지 했다. 그래서 그런 나라들은 자국의 NDC 이행안 달성을 스스로 강요했다. 현명하게도 미국은 트럼프 대통령 때 파리협약에서 탈퇴했다. 하지만 바이든 대통령은 다시 참여할 것을 약속했다.

파리기후협약의 또 다른 그룹은 중국, 인도, 인도네시아, 태국, 베트남 등과 같은 현재 산업화가 급속히 진행되고 있는 거대 개발도상국이다. 이들은 서방국가들이 자신들의 성공에 대한 죄책감으로 기꺼이 경제적 자살을 시도했기 때문에 재미, 놀라움, 기쁨이 뒤섞인 상태로 지켜보았을 것이다. 이들은 온실가스 배출량을 감축하려는 의도가 전혀 없었다. 중국, 인도네시아, 베트남, 필리핀, 파키스탄과 같은 국가들은 자국민과 기업에 싸고 안정적인 전력을 공급하기 위해 더 많은 석탄 발전소를 건설하느라 바빴다. 그리고 아마 이들 대부분 국가들은 좀 더 많은 기업과 일자리가 에너지 가격이 비싼 선진국에서 자국으로 계속해서 이동해 올 것을 기대하고 있을 것이다.

그리고 세 번째 그룹으로 가난이 만연한 제3세계 국가들이 있다. 그러한 국가들의 지도자들은 대부분 서방 세계의 후한 원조 덕에 이미 억만장자가 되었다. 이 국가들은 기후 재앙론자들이 인간에 의한 기후변화는 불가피하게 그들에게 피해를 줄 것으로 예측한 폭염, 가뭄, 폭우, 해수면 상승 등과 같은 재난에 적응하고 완화하는 것을 돕기 위해 2020년부터 2025년까지 계획된 연간 1,000억 달러의 기금을 가능한 한 많이 손에 넣기를 열망했다. 2020년 12월 마드리드에서 열린 유엔 주최 기후회담에서, 몰디브를 비롯한 기후변화에 취약한 국가들은 관련 재난과 장기적 피해에 대처하기 위한 새로운 자금 조달에 관한 구체적인 진전을 추진했다. 그 결과로 나온 것이 몰디브의 공항 건설이다. 해수면 상승 피해 대책 지원금이 늘어나는 관광객을 수용하기 위해 사용된 것이다(제4장 참조).

탄소중립의 경제적 비용과 효과

파리기후협약의 NDC를 실제로 이행하고자 하는 몇몇 국가의 지도자들은 가까운 미래의 어느 시점(흔히 2050년)까지 탄소중립을 달성하려고 노력하고 있다. 탄소중립을 이행하겠다며 위선적이고 도덕군자인 척하는 정치인들과 순종적인 관료들 가운데 많은 이들은 그것으로 인한 비용은 얼마나 들어가고 국민들에게는 어떤 결과를 초래할 것인지 알려고 하지도 않고 있다. 심지어 어떤 이들은 탄소중립이라는 용어조차 이해하지 못하고 있다. 그래서 그들은 자기 국민들에게 애정도 없고 탄소중립에 관해 확신도 주지 못할 것이다. "탄소중립"이란 단어는 지면에서 대기로 배출되는 탄소와 다시 흡수되는 탄소 사이의 균형을 이루는 것을 의미한다. 이러한 균형은 우리가 대기에 추가하는 탄소의 양이 흡수되는 양보다 많지 않을 때 이루어질 것이다. 거의 모든 선진 산업 문명의 경제가 에너지와 운송 대부분을 석탄, 석유, 천연가스와 같은 화석 연료에 의존하고 있다는 점을 감안하면, 그들이 이상향으로 여기는 탄소 제로 목표를 달성하기 위해 요구되는 비용과 생활 방식의 변화는 일반 국민에게 끔찍할 정도로 심각할 것이며 그 이상이 될 수도 있다.

미국 『월스트리트저널』은 2021년 바이든 대통령이 추진하는 탄소중립에 들어가는 비용과 효과 분석 결과를 보도했다. 『코펜하겐 컨센서스』[5] 회장 비외른 롬보르가 작성한 이 기사는 미국에

5 The Copenhagen Consensus: 2004년 비외른 롬보르가 덴마크 코펜하겐에 설립한 싱크탱크 https://www.copenhagenconsensus.com/

THE WALL STREET JOURNAL.

DOW JONES | News Corp · THURSDAY, OCTOBER 14, 2021 - VOL. CCLXXVIII NO. 89 · WSJ.com · ★★★★ $4.00

Biden's Climate Ambitions Are Too Costly for Voters

By Bjorn Lomborg

Editor's note: As November's global climate conference in Glasgow draws near, important facts about climate change don't always make it into the dominant media coverage. We're here to help. Each Thursday contributor Bjorn Lomborg will provide some important background so readers can have a better understanding of the true effects of climate change and the real costs of climate policy.

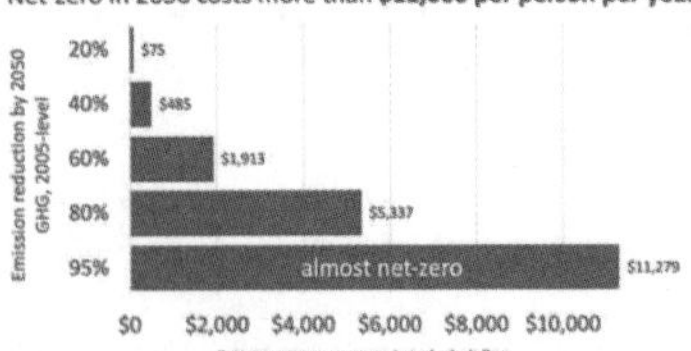

Politicians across the world routinely promise unprecedented reductions of carbon emissions but make little mention of the cost, often covering with vivid projections of green jobs. Yet the economic damage these policies would do is much greater than what most voters would tolerate, while the climate benefits are smaller than many would imagine.

The annual cost of the promises to which President Obama signed on under the Paris climate agreement would have hit roughly $50 billion in 2030, or about $140 per person. Many studies show Americans are willing to pay a couple of hundred dollars a year to remedy climate change, but this data is highly skewed by a small minority willing to spend thousands of dollars. A recent Washington Post survey found that a majority of Americans would vote against a $24 annual climate tax on their electricity bills. Even if they'd hand over $140, it'd buy them little. If Mr. Obama's agreement were sustained through 2100, it would reduce global temperatures by a minuscule 0.06 degree Fahrenheit.

President Biden is pushing much stronger climate policies with much higher price tags. Before his election, he promised to spend $2 trillion over four years on climate policies—equivalent to $1,500 per person per year. And Mr. Biden's current promise—100% carbon emission reduction by 2050—will be even more phenomenally expensive.

A new study in Nature finds that a 95% reduction in American carbon emissions by 2050 will annually cost 11.9% of U.S. gross domestic product. To put that in perspective: Total expenditure on Social Security, Medicare and Medicaid came to 11.6% of GDP in 2019. The annual cost of trying to hit Mr. Biden's target will rise to $4.4 trillion by 2050. That's more than everything the federal government is projected to take in this year in tax revenue. It breaks down to $11,300 per person per year, or almost 500 times more than what a majority of Americans is willing to pay.

Although the U.S. is the world's second-largest emitter of greenhouse gasses right now, America's reaching net zero would matter little for the global temperature. If the whole country went carbon-neutral tomorrow, the standard United Nations climate model shows the difference by the end of the century would be a barely noticeable reduction in temperature of 0.3 degree Fahrenheit. This is because the U.S. will make up an ever-smaller share

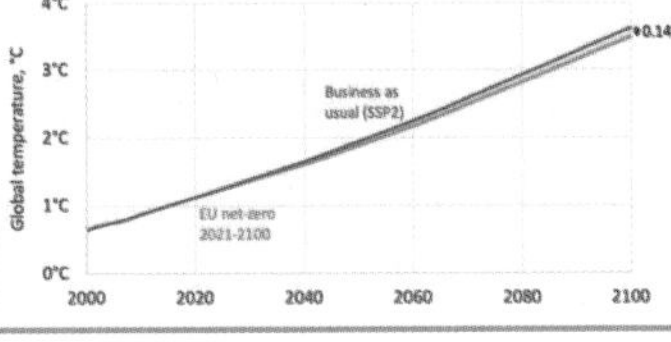

If US goes net-zero today

and stays net-zero for the rest of the century

UN Climate Model: temperature reduced by 0.16°C

2021년 10월 14일 Wall Street Journal

서 2050년까지 탄소중립 95%를 달성하기 위해서는 국민 일인당 연간 11,297달러의 비용이 들어갈 것으로 예측했다. 또 80% 탄소중립 달성을 위해서는 일인당 연간 5,337달러, 60%는 1,913달러, 40%는 485달러, 20%는 75달러가 들어갈 것으로 추산했다. 이 비용의 많은 부분은 태양광이나 풍력 발전과 같은 재생 에너지로의 전환과 관련 인프라 구축에 들어가고 전기차 보급을 위해 필요하다. 놀라운 사실은 엄청난 비용을 투자하여 탄소중립 100% 달성하더라도 지구온난화 방지에는 별 효과가 없다는 것이다. 비외른 롬보르는 IPCC의 UN 기후 모델을 사용하여 2050년까지 미국과 EU가 탄소중립 100%를 달성했을 경우 2100년의 지구 기온을 예측한 결과 각각 0.16℃와 0.14℃ 감소하게 하는 것으로 나타났다. UN 기후 모델이 이산화탄소의 온실효과를 터무니없이 과장한 엉터리 모델이지만 이것을 맞는 것으로 인정하더라도 탄소중립의 효과는 허망할 정도다.

지난 2021년 10월에 개최된 영국 글래스고 COP26 회의 직전에 세계적인 기후과학자 미국 MIT 리처드 린젠 교수는 이러한 사실을 마치 직관으로 알고 있었다는 듯이 "영국 글래스고(COP26)에서 어떤 결정을 하더라도 지구 기후에는 아무런 변화가 없을 것이다. 하지만 세계 경제에는 엄청난 영향을 가져올 것이다."라고 말했다. 한마디로 고비용 무효과이자 경제적 자살이라는 것이다.

일본에서도 유사한 비용 추산이 나왔음을 2022년 4월 25일자 한국경제신문이 보도했다. 일본 경제산업성은 2050년까지 탄소중립 탈석탄 사회를 실현하려면 2030년부터 연간 17조엔(약 165조원) 이상의 투자가 필요하다고 밝혔다. 항목별로는 전력 생산 수단과 연료 전환에 5조엔, 태양광과 풍력발전 도입에 2조엔, 저탄소 인프라에 4조엔 등이 필요한 것으로 추산됐다. 우리 돈으로 연간 165조원이라는 엄청

한국경제 2022-04-25 (월) A08면

年 17조엔… 日 '탈석탄 청구서'

일본이 2050년까지 이산화탄소 실질 배출량을 '제로(0)'로 줄여 탈석탄 사회를 실현하려면 2030년부터 연간 17조엔(약 165조원) 이상의 투자가 필요한 것으로 나타났다.

일본 경제산업성은 24일 열린 '클린 에너지 전략 심의회'에서 2030년부터 정부와 기업의 연간 투자 규모가 적어도 17조엔 이상이어야 2050년 탈석탄화 목표를 달성할 수 있다고 밝혔다. 5조~6조엔 정도인 현재 탈석탄화 투자 규모의 3배에 달하는 액수다.

항목별로는 전력 생산 수단과 연료를 친환경으로 전환하는 데만 5조엔이 필요한 것으로 나타났다. 해상풍력발전과 태양광발전 등 신재생에너지를 도입하는 데는 2조엔이 들 것으로 예상됐다.

친환경 인프라를 새로 까는 데도 4조엔의 투자가 필요하다는 분석이다. 반도체 생산거점 유치 등 이산화탄소 배출을 줄일 수 있는 디지털 전략에 3조엔의 투자가 필요한 것으로 나타났다. 해상풍력발전이 집중적으로 설치되는 홋카이도와 규슈에서 생산한 전기를 대도시 지역으로 보낼 수 있도록 송전선을 보강하는 데도 5000억엔이 들 것으로 집계됐다.

수소와 암모니아는 기업이 정부 지원 없이 거액을 투자하기 어려운 사업으로 꼽혔다. 인프라를 갖추는 데만 30년간 2조2500억엔의 투자가 필요하기 때문이다. 반면 수소와 암모니아 생산 비용은 2030년에도 천연가스나 석탄을 웃돌 전망이어서 거액을 쏟아붓고도 채산성을 맞추지 못할 수 있다는 우려가 나온다.

도쿄=정영효 특파원

2022년 4월 25일 한국경제신문

난 비용이 지구 기후에 어떤 영향을 미칠 것인지는 비외른 롬보르가 예측한 결과와 린젠 교수의 말을 통해 짐작해볼 수 있다.

탄소중립은 경제적 자살을 넘어 우리의 생활 방식을 파괴하려 한다. 영국 정부는 2050년까지 탄소중립 계획에는 자동차를 약 3,300만 대에서 2,000만대로, 육류 소비를 2030년까지 20%, 2050년까지 추가로 15%를 줄이는 것을 고려하고 있다. EU는 2021년 5월 초, 환경을 생각하는 새로운 먹거리로 단백질이 풍부한 딱정벌레 유충을 스낵이나 식재료로 사용하는 것을 승인했고 몇 주 후에는 말린 황색 거저리(Mealworm, 애완용 새 먹이)를 식품으로 허가하는 규정이 채택될 예정이었다. 조만간 스테이크와 햄버거는 지구를 파괴한다며 맛있고 영양이 풍부하며 지구를 살리는 곤충으로 대체될 것 같다.

영국은 주택 임대업자 규정을 바꿨다. 2018년 4월 1일부터 신규 임차인은 에너지 효율 인증서(EPC: Energy Performance Certificate) 등급이 F나 G인 경우는 신규 또는 기존 세입자에게 자신의 부동산을 임대할 수 없다. 조만간 에너지 효율 등급에 미치지 못하는 주택을 매매하는 것은 불법이 될 것이다. 에너지 기술연구소(Energy Technologies Institute)라는 기관은 영국 주택의 단열재를 보강하는데만 2조 파운드가 넘게 들 것으로 추정했다.[6]

지구를 구한다는 새로운 세금도 부과될 것이다. 더 많은 사람이 전기차를 사게 됨에 따라 연료세가 줄어들게 되면 정부는 이를 대체할 수 있는 새로운 세원을 찾을 것이다. 지난 2020년 호주의

6 The Hidden Cost of Net Zero The Spectator 8 March 2021

한 주에서는 완전 전기차에는 킬로미터당 2.5센트의 세금을 부과하고 하이브리드 전기차에는 킬로미터당 2센트의 세금을 부과하기로 했다. 다른 주들과 다른 나라들이 관심을 가지고 이것을 지켜보고 차 사용 시간을 줄이기 위해 비슷한 세금을 구상할 것은 당연하다. 그 외에도, 비행기 이용이나 육식과 같이 환경에 해를 끼치는 것으로 여겨지는 활동을 억제하기 위한 새로운 세금이 부과될 것이다.

탄소중립으로 인해 우리는 어쩔 수 없이 익숙해져야 할 세 가지 새로운 단어가 있다. 에코 넛지(Eco-Nudge), 에코 강압(Eco-Coercion), 그리고 에코 독재(Eco-Dictatorship)다. 에코 넛지의 예로는 "스마트 미터"가 없는 사람에게 스마트 미터를 설치하도록 전기 요금을 인상하거나, 소음이 없고 효과적인 가스식 중앙난방을 줄이기 위해 가정용 가스 요금을 인상해버리는 것이다. 에코 강압은 가스 중앙난방 보일러, 휘발유 자동차 또는 휘발유 잔디 깎는 기계의 판매를 금지할 수 있다. 에코 독재는 정부에서 고용한 "에너지 감시원"이 각 가정의 에너지 사용을 조사하고 스마트 미터를 이용하여 "에너지를 낭비하는" 가정은 전기 요금을 인상하거나 "에너지 감시원"이 지나치게 전기를 많이 사용하는 것으로 여겨지는 가구들은 아마 "의도적인 환경 훼손"이라는 새로운 범죄를 명분으로 전기 공급을 차단해 버리는 것이다.

일자리는 어떻게 파괴될 것인가?

일자리 창출이 가능한 경제가 되려면 수출 경쟁력이 있는 제품을 생산해야 한다는 것은 우리 모두 잘 알고 있다. 하지만 무지한 정치인들과 기후 선동가들은 이것을 모른다. 이제 국민을 탄소중립이라는 이상향으로 끌고 가려고 하는 영국을 사례로 앞으로 에너지 가격이 어떻게 될지 알아보자. 다른 서방국가 지도자들도 탄소중립을 달성하기 위해 이와 유사한 계산을 할 수 있다.

앞서 본 바와 같이, 영국의 가정용 및 산업용 에너지 가격은 킬로와트시당(kw/h) 0.26달러다. 이는 현재 영국 소비자들이 구매하는 제품을 대부분 만드는 중국(kw/h당 0.08달러), 인도(kw/h당 0.08달러), 인도네시아(kw/h당 0.10달러)와 같은 국가보다 약 3배나 더 많은 에너지 비용을 지불하고 있다. 만약 에너지 가격이 좀 더 상승한다면, 경제 전반에 더 큰 피해를 주고 특히 얼마 남지 않은 제조업 부문에는 훨씬 피해가 심할 것이 분명하다.

현재, 영국의 산업 분야는 연간 약 130억 파운드, 서비스 분야는 약 170억 파운드, 가정은 360억 파운드의 전기 요금을 납부하고 있다. 이는 연간 총 660억 파운드에 이른다. 앞서 언급한 바와 같이, 모든 가정과 산업체로 가는 전력 및 가스 공급과 시설을 관리하는 회사인 내셔널 그리드(National Grid)는 망을 업그레이드하는 데만 약 3조 파운드의 비용이 들 것으로 계산했다. 이는 2050년까지 연간 약 1,000억 파운드에 달하는 비용이다. 이 1,000억 파운드는 국민의 에너지 요금을 인상해야 나올 수 있는 금액이다. 이 계산은 수학적 천재성이 요구되는 것도 아니다. 영

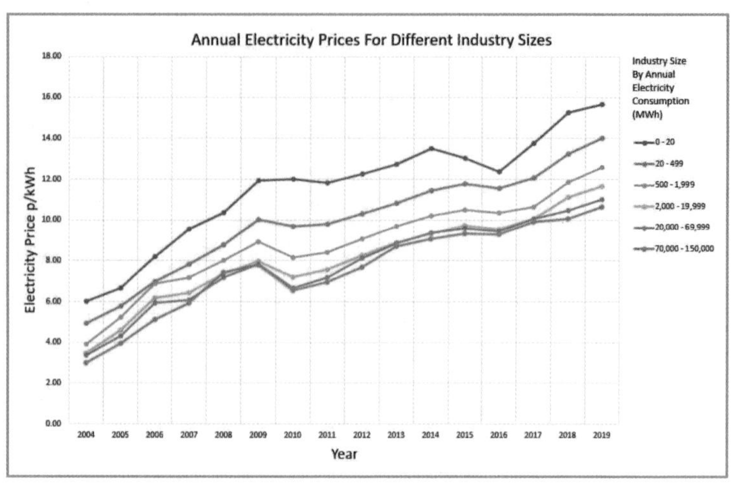

그림 5 영국의 산업용 에너지 가격 상승

국의 소비자가 이미 에너지 비용으로 지불하는 660억 파운드에 연간 1000억 파운드를 추가하면 가정과 산업체 에너지 비용이 두 배 이상 증가한다는 계산이 쉽게 나온다.

재생 에너지로의 전환은 이미 대부분의 서방 국가에서 산업용 에너지 가격을 상승시키고 있다. 예를 들어, 영국 산업용 에너지 가격은 2004년 이후 거의 3배나 증가했다(그림 5).[7] 어처구니없게도 이 산업용 에너지 가격이 엄청나게 상승한 기간은 전 세계적으로 화석 연료가 넘쳐났던 시기였다. 미국이 프래킹(Fracking, 셰일가스 추출기술) 덕분에 에너지 자급자족을 달성하고 중동으로부터 석유나 천연가스를 수입할 필요가 없었기 때문이다. 2050년까지 탄소중립으로 가는 움직임은 산업용 에너지의 비용 증가를 크게

7 https://www.renewablesfirst.co.uk/hydropower/hydropower-learning-centre

가속화할 것이다. 서방국가에서 기후 선동가, 그들의 선동에 놀아나는 정치인과 청소년 가운데 어느 누구도 에너지 가격이 경쟁국들의 약 3~4배 수준에서 6배, 8배, 심지어 10배 수준으로 치솟을 때 어떻게 기업들이 경쟁적인 세계에서 살아남을 것인지 설명하지 않았다.

서방국가의 정치 지도자들은 그들의 성공적인 환경 정책이 수백만 개의 새롭고 활기찬 "녹색 일자리"를 창출할 것이라고 약속한다. 그러나 스페인에서 행해진 연구에 따르면, 하나의 "녹색 일자리"에는 약 774,000달러의 스페인 국민 세금에서 나온 정부 보조금이 들어갔고, "녹색경제"에서 창출되는 모든 일자리는 에너지 가격 상승으로 인해 기업의 경쟁력을 떨어뜨려 전통적인 경제에서 약 2.2개의 일자리가 사라진 것으로 나타났다.[8] 더군다나, 서방국가의 에너지 가격 상승으로 인해, 많은 새로운 "녹색 일자리"는 실제로 서방 정부에서 강제로 설치하도록 하는 많은 태양 에너지 패널, 풍력 터빈, 전기 케이블, 배터리 등을 생산·공급하게 될 에너지 가격이 낮은 국가에서 만들어질 것이다. 예를 들어, 2021년에 전 세계 태양 전지판의 약 70%가 중국과 대만에서 제조되었다. 영국을 포함한 몇몇 서방국가들은 이미 이산화탄소 배출량을 줄이고 있다고 의기양양하게 자랑하고 있다. 그러나 그 대부분 국가에서 실제로 일어난 것은 일자리를 외국에 보내고, 그렇게 해서 에너지 가격이 저렴한 국가에서는 일자리 증가와 함께 이산화탄소 배출이 늘어난 것이다. 서방국가의 에너지 가격은 탄소

8 https://www.mrt.com/business/energy/article/Spanish-study-finds-2-2-jobs-destroyed-for-each-7481656.php

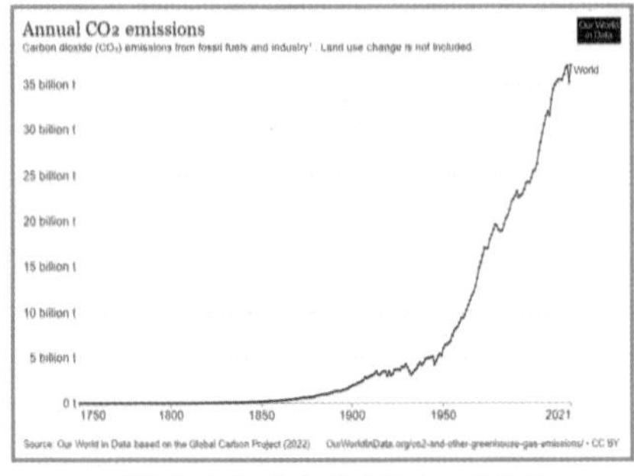

그림 6 세계 연간 이산화탄소 배출량

중립탄소중립으로 인해 계속 오르게 됨에 따라, 이 의도적으로 자행된 경제적 비참함은 앞으로 계속되고 심지어 더욱 가속화될 수밖에 없다.

이러한 노력은 헛수고인가?

서방국가들은 지구를 구한다는 명목으로 고결하지만 무의미하게 이산화탄소 배출량을 줄이려고 노력하는 반면, 나머지 국가들은 대기로 뿜어내는 이산화탄소 배출량을 계속 증가시키고 있다(그림 6). 그림 7을 자세히 살펴보면, 화석 연료 사용량이 유럽, 미

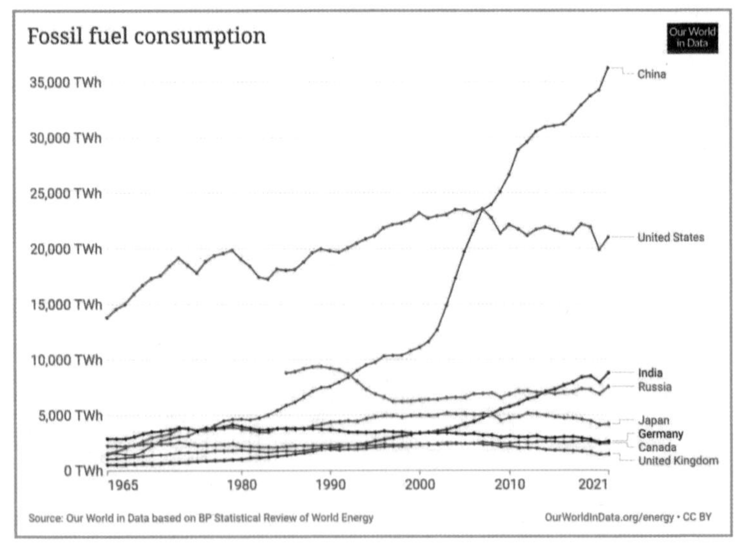

그림 7 주요 국가의 화석 연료 사용량

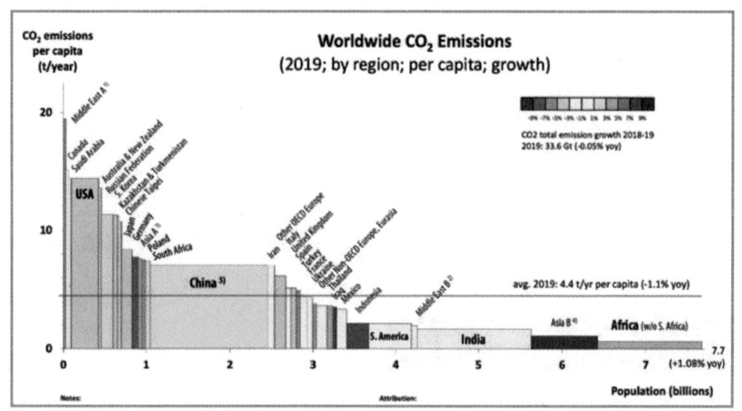

그림 8 전 세계 지역별 일인당 이산화탄소 배출량

국, 캐나다, 일본 대부분 선진 산업국에서는 감소하고, 중국과 인도는 계속 증가하고 있다. 특히 중국의 사용량은 2000년대 이후 엄청난 속도로 증가하고 있다.

현재 아프리카의 이산화탄소 배출은 매우 낮다(그림 8). 하지만 현재 아프리카의 13억 인구 중 최소 70%(약 9억 명)가 일정한 전기 공급을 받지 못하고 있는 것으로 추정된다. 유엔의 인구 예측에 따르면, 서방국가가 탄소중립에 도달하길 희망하는 2050년에 이르면, 전기를 원하는 아프리카 인구는 총 20억 명이 넘을 것이다. 아프리카에서 풍력 터빈이나 태양 전지판으로는 상상을 초월하는 이 엄청난 전기 수요를 충당할 수 없을 것이다. 그 수요의 극히 일부라도 화석 연료에서 배출되는 이산화탄소 증가 없이 공급될 수 있다고 상상하는 사람은 제대로 따져 보지 못한 것이다. 좋게 말해서 그렇고 심하게 말하면 정신 나간 사람이다.

중국의 경우, 그들이 이산화탄소 배출에 제동을 걸 의사가 있다고 믿는 사람들은 실제로 세계에서 일어나고 있는 일에는 지금까지 관심을 기울이지 않는 이들이다. 아래에 있는 『글로벌 에너지 모니터』[9]의 2020년 보도자료와 『더 타임스』 2022년 기사를 보면 중국의 실상을 알 수 있다.

그림 9는 지난 1965년부터 지금까지 중국의 에너지 소비를 보여주고 있다. 2000년대 이후 급속한 소비 증가가 계속되고 있고, 에너지 대부분은 화석 연료(석탄, 석유, 천연가스)에 의존하고 있음을 알 수 있다. 또 다른 특징으로 지난 2009년 세계 최대 수력발전 용량을 가진 샨샤댐이 준공되면서 수력이 큰 부분을 차지하고 있다.

Global Energy Monitor

BRIEFING: JUNE 2020

CREA

A New Coal Boom in China

NEW COAL PLANT PERMITTING AND PROPOSALS ACCELERATE

Summary

After years of the government putting the brakes on the amount of coal plants newly proposed and permitted for construction, Chinese coal industry is trying to step on the gas again, according to a survey of coal plant development in China from January 1 to June 15, 2020, by Global Energy Monitor and the Centre for Research on Energy and Clean Air.

coal plants, indicating that the surge in new projects is happening mainly on paper, for now.

Even China's state-owned holding company SDIC, which said in 2019 that it planned to exit the coal industry, sponsored 3.2 GW of new coal plants in 2020 – in what appears to be an unstated reversal in policy.

2020년 6월 Global Energy Monitor

THE TIMES
THE SUNDAY TIMES

AA

China orders 300 million more tonnes of coal to be mined a year

Wendy Tang, Hong Kong

July 20 2022, The Times

China relies on coal for about 60 per cent of its energy needs

2022년 7월 20일 The Times

현재 중국의 이산화탄소 배출량은 미국의 거의 2배이다(그림 10). 2005년 무렵 배출량이 역전된 이후 미국은 서서히 감소하는 반면 중국은 급격히 증가하고 있다. 하지만 인구 14억이 넘는 중국은 3억에 불과한 미국에 비하면 일인당 배출량이 절반도 되지 않기 때문에 지금도 당당하게 화석연료 사용을 늘려가고 있다.

9 Global Energy Monitor: 2008년에 창립된 전 세계 화석 연료 및 재생 에너지 프로젝트 목록을 작성하는 샌프란시스코에 기반을 둔 비정부 기구.

눈에 뻔히 보이는 이러한 현실에도 서방국가의 정치 지도자들은 중국이 정말로 이산화탄소 배출량을 줄이려 노력하고 있다며우리를 계속 속이고 있다. 하지만 우리가 지금까지 기후변화에 대해 들어온 거의 모든 것에서 짐작할 수 있듯이, 진실은 우리의 정치 지도자들, 그 밑에서 곡학아세하며 떨어지는 공짜 연구비를 챙기는 자들, 기후 위기 선동 언론이 주장하는 것과는 완전 반대다.

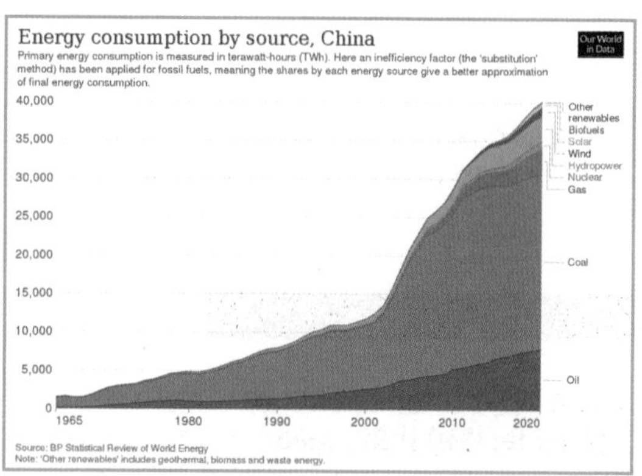

그림 9 중국의 에너지 소비와 공급원

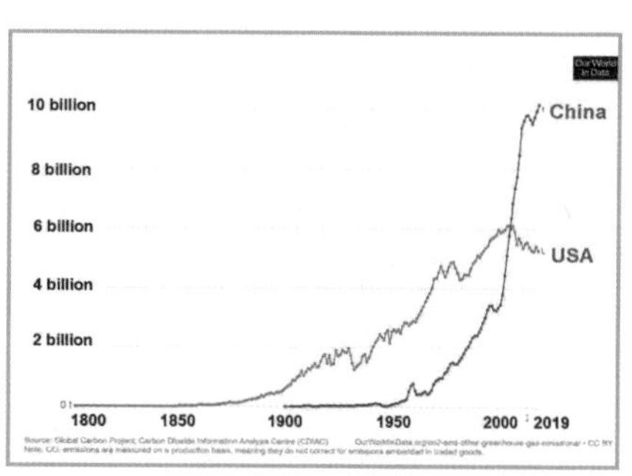

그림 10 중국과 미국의 이산화탄소 배출량 (단위: 연간 배출 톤)

그래서 서방국가의 지도자들이 경제를 "탈탄소화"하고 국민을 빈곤으로 몰아넣는 미국의 "녹색 뉴딜(Green New Deal)"처럼 훨씬 비용이 많이 들고, 일자리를 파괴하는 제도를 꿈꾸고 있는 동안, 나머지 국가들은 배출량을 계속해서 늘여 서방국가가 달성한 감소를 무의미하게 만들어 버릴 수밖에 없다. 만약 완전 헛수고라고 할 수 있는 것이 있었다면, 그것은 틀림없이 2050년까지 탄소중립을 달성하려는 서방국가의 노력일 것이다.

현대판 베수비오 화산

미국 『포브스』 2020년 10월 10일 판에는 "서구의 에너지 자살 시도: 성공할 것인가?"[10]라는 제목의 다소 의외의 기사가 실렸다.

Forbes

FORBES > BUSINESS > ENERGY

The West Intends Energy Suicide: Will It Succeed?

Tilak Doshi Contributor
I analyze energy economics and related public policy issues.

Oct 10, 2020

Suicide is viewed as a crime in many countries. In a court of law, it is a serious charge and the evidence needs to be conclusive for such an accusation to stand (e.g., did you actually see him attempt to jump off the bridge?). But when societies (or at least their leaders) attempt it, one can say that it safely falls under the rubric of the sovereign right to misrule. In the hallowed tradition of Western liberal democracy, so long as its political leaders are elected in free and fair elections, misrule leading to societal death by suicide is merely an unfortunate outcome of either gross negligence or culpable intention led by, say, an ideology of de-industrialization. Nevertheless, let us proceed with the case for the prosecution.

2020년 10월 10일 Forbes

기사 제목은 서방국가에 사는 우리가 이산화탄소로 인한 지구온난화, 기후변화, 기후 위기 또는 그 무엇이든 일어나지도 않는 것과 싸우기 위해 우리 자신에게 가하는 기이한 자해행위를 대략 함축적으로 나타낸 것이다.

로마인들은 베수비오 산기슭에 도시를 건설하는 것이 좋다고 생각했기 때문에 어떤 집단이든 그런 어리석은 결정을 내릴 수밖에 없었을 것이다. 로마인과 지금 우리 사이에는 한 가지 차이점이 있다. 당시 로마인들은 산 아래 땅속 깊은 곳에서 가끔 우르릉거리는 소리가 있었다는 것을 제외하면, 베수비오산이 조만간 그 꼭대기에서 엄청난 폭발이 일어나리라는 사실을 전혀 몰랐다는 것이다. 반면에 우리는 과학이 발달한 선진 문명국가에 살면서 선동가들이 만들어낸 기후 종말론이 너무나 터무니없다는 사실을 분명히 알 수 있다. 하지만 지금 우리는 상관하지 않고 경제적·사회적 파멸을 향한 자살행위를 용감하게 계속하고 있다.

10 https://www.forbes.com/sites/tilakdoshi/2020/10/10

제15장

재생 에너지의 환경 사기

앞 장에서 국가를 이끌어 간다는 한심한 자들이 데이터를 맘대로 조작하면서 기후 위기를 선동하는 정치화된 과학자들과 그 선동에 속아 눈을 부라리며 울부짖는 기후 재앙론자들과 종말론자들의 대규모 집단행동 앞에서 극도로 비참하게 불필요한 무릎을 꿇었기 때문에 발생한 엄청난 경제적 비용과 피해를 비교적 자세히 설명했다. 이번 장에서는 과학적 사실에 무지하고 논리적 사고력이 부족한 기후 선동가들이 추진하는 정책들이 우리의 환경에 얼마나 엄청난 파괴를 가져오는지에 관해 설명하려고 한다. 그뿐만 아니라 지구를 구한다는 착각에 빠진 그들의 정책이 어떻게 반인륜적 범죄로 이어지는지 폭로할 것이다.

현재 화석 연료를 대체할 수 있는 저탄소 또는 무탄소로 여겨지는 세 가지 주요 에너지는 바이오, 풍력, 그리고 태양광일 것이다. 수력도 있지만, 서방국가에서는 지리적으로 가장 좋다는 곳은 이미 대부분 사용되고 있다. 따라서 서방국가에서 수력발전이 미래 에너지원으로 상당한 증가가 있을 것으로 예상하는 경우는 거의 없다.

하지만 중국의 수력발전에는 서방국가와는 다른 이야기가 있다. 메콩강은 중국의 티베트 고원에서 발원하여 미얀마, 태국, 라오스, 캄보디아, 베트남을 거쳐 남중국해로 흘러 들어간다. 약 6천만 명이 어업, 농업, 주운을 이 강에 의존하고 있다. 그런데 여기에는 문제가 있다. 중국과 라오스는 수력발전과 농업용수 공급을 위해 메콩강과 그 지류에 열심히 댐을 건설하고 있다. 중국은 메콩강 상류(중국에서는 란창(Lancang)강으로 불려짐)에 지금까지 7개의 수력발전 댐을 건설했으며 적어도 21개를 추가로 건설할 계획이다. 라오스는 유역의 최빈국 중 하나로 메콩강과 그 지류에 수십 개의 수력발전 댐을 건설하고 인근 국가에 전력을 판매함으로써 "동남아의 배터리"로 탈바꿈할 계획이다. 2020년 현재, 라오스에는 46개의 발전소가 가동되고 있으며 추가로 54개를 계획 또는 건설 중인 것으로 알려졌다.

댐은 물고기의 이동을 방해하여 상류의 산란 장소에 가는 것을 막아 자연적인 생활 주기에 혼란을 가져온다. 이는 결과적으로 세계 최대 내륙 어업의 본고장인 메콩 지역의 어획량에 상당한 피해를 가져올 수 있다. 전문가들은 이 지역의 수력발전 댐으로 인해 2020년까지 메콩강의 어족 자원이 최대 40%, 2040년까지는 최대 80% 줄어들 것으로 예측했다. 또 농경지 관개를 위해 뽑아 올린 물로 인해 댐 하류로 흐르는 수량은 당연히 줄어들게 된다. 더구나 퇴적물은 강의 생태계 건강성과 어족 자원의 지속성을 위해 필수적이다. 베트남의 경우, 메콩강은 국가 전체 식량의 약 50%를 제공하는 원천이며, 이는 GDP의 23% 이상을 차지한다. 베트남의 생태학자 응우옌 후우 티엔(Nguyen Huu Thien)은 "나는 베트남이 메콩강 삼각주 없이 어떻게 국가로서 존립할 수 있을지 모르겠다."라고 말했다.

하지만 중국과 라오스가 메콩강에 저지르고 있는 어처구니없는 일은 이산화탄소 없는 친환경 전력을 생산한다는 이유로 서방 국가의 환경 운동가들에게 환영받고 있다. 이는 실제로 구소련이 과거 68,000㎢에 달할 만큼 거대했으나 지금은 존재가 거의 미미한 아랄해(Aral Sea)에 저지른 것과 같은 수준의 대규모 환경 및 경제 파괴 행위가 될 것이다.

원자력 발전 반대

가장 실용적이고 가장 깨끗하며 가장 신뢰할 수 있는, 무엇보다 이산화탄소가 배출되지 않는 에너지원인 원자력 발전이 있다. 그러나 기후 선동가 중 대다수가 반핵을 주도한 환경 탈레반 출신이기 때문에, 그들은 일반적으로 새로운 원자력 발전 시설 건설에 강한 거부반응을 보인다. 이는 실로 유감스러운 일이다. 원전 기술이 핵잠수함에도 사용되고 있다는 사실은 좁은 지면에 환경을 파괴하지 않고 지속적이고 안정적이며 이산화탄소가 없는 값싼 전기를 공급할 수 있는 발전소를 건설하는데 쉽게 적용할 수 있기 때문이다. 다음으로 청정 저탄소 재생 에너지로 남는 것은 바이오 연료, 풍력, 태양광이다. 그래서 기후 선동가들은 지구를 파괴하는 화석 연료를 이러한 에너지로 대체함으로써 인류를 종말로부터 구할 것이라며 우리에게 확신을 심어주려고 노력하고 있다.

그럼 먼저 다음과 같은 추론에서 시작해볼 필요가 있다. 만약 바이오 연료, 풍력 터빈, 태양 전지판이 경제적 타당성이 있었다면, 이것들을 제작, 판매, 설치하기 위해 이미 수백, 수천 개의 민간 기업들이 우후죽순처럼 마구 생겨났을 것이다. 하지만 이런 일은 일어나지 않았기 때문에, EU를 비롯한 서방국가들은 전혀 경제적 타당성이 없는 에너지를 생산하고 소비하도록 유도하기 위하여 법으로 강제하고 있는 것이다. 에너지 소비자에게는 추가 세금을 부과하고 그 세금으로 생산자에게 엄청난 국가 보조금을 주고 있다. 지구를 구한다는 착각 때문에 에너지 소비자는 자신의 재산을 박탈당하는 것이다.

바이오 연료는 인류에 대한 범죄

바이오 연료는 정치 지도자들이 법적으로 강제한 화석 연료의 첫 번째 대안이었다. 그래서 바이오 연료는 반자본주의로 정치화되고 엉터리 정보를 전달하는 기후 선동가들이 어떻게 결함투성이 사이비 과학을 선전하여 정치 지도자들이 비논리적이고 파괴적인 정책안을 수립하도록 유도했는지를 연구할 수 있는 좋은 사례가 된다. 정책이 잘못되었음을 입증하는 자료가 이미 산더미처럼 쌓여 있지만, 그 정책에 책임 있는 자들은 그것을 되돌릴 수가 없다. 되돌린다는 것은 자신들이 실수를 범했다는 것을 의미하기 때문이다. 또 그것은 뻔뻔한 정치인, 비굴하고 순종적인 직업 관료, 도도한 환경 탈레반들은 결코 할 수 없는 일이다.

2005년 미국 연방하원은 정유사들이 2012년까지 75억 갤런의 에탄올을 휘발유에 혼합하도록 요구하는 재생 연료 표준(Renewable Fuel Standard)을 제정했다. 당시 미국인들은 약 1330억 갤런의 휘발유를 사용했다. 따라서 에탄올이 차지하는 부분은 판매된 휘발유 갤런 당 약 5.6%를 나타낸다. 이에 앞서 EU는 운송 연료의 2.7%는 바이오 연료로 되어야 한다는 규정을 통과시킨 상태였다. 이후 이 규정은 5%로 상향 조정됐다. 그 후 2007년 3월, EU는 한 걸음 더 나아가 운송에 사용되는 모든 연료의 10%는 2020년까지 바이오 연료로 되어야 하며, 2030년에는 14%까지 도달하는 것을 의무화했다.

휘발유와 경유에 바이오 연료를 추가하는 논리는 매우 간단하다. 첫째, 휘발유에 들어간 에탄올은 휘발유보다 약 33% 적은 온실가스를 배출하고 B20(바이오디젤 20% 혼합)은 순수 경유보다 약 15% 적은 온실가스를 배출한다. 게다가 식물은 성장할 때 대기로부터 이산화탄소를 흡수하고, 자동차에서 연소할 때는 그 이산화탄소가 대기 중으로 되돌아간다. 이것은 기후 선동가들이 바이오 연료가 탄소중립적이라 지구에 분명 엄청나게 좋다는 것을 증명하는 만족스러운 이야기를 만들 수 있게 해주었다. 하지만 이 시나리오는 바이오 연료를 생산하기까지 들어가는 에너지로부터 배출되는 이산화탄소는 고려하지 않았다. 작물 생산을 위해 물 공급, 비료 생산 및 살포, 수확 과정, 그리고 작물을 바이오 연료로 전환하는데 많은 에너지가 반드시 들어간다. 한 전문가 그룹은 바

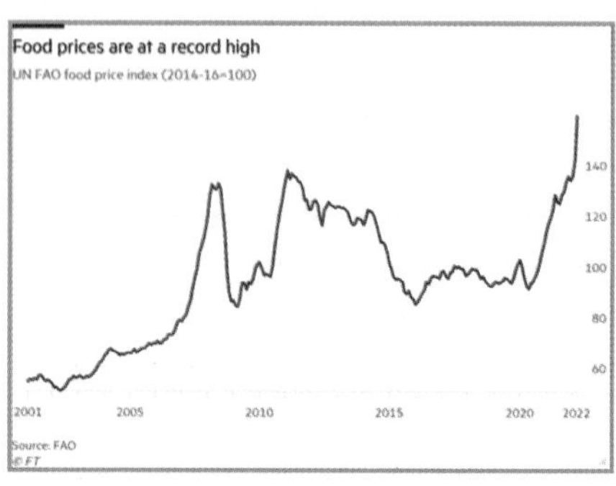

그림 1 유엔 식량농업기구의 식량 가격지수 (2001년부터 2022년까지)

이오 연료를 생산하는 과정은 사용함으로써 줄어든 이산화탄소의 양보다 적어도 3배는 더 많이 배출하는 것으로 계산했다.[1]

그런데 더욱 황당한 사실은 바이오 연료는 사용된 비율(%)에 따라 연비가 15%에서 27%나 감소했다는 점이다. 따라서 바이오 연료는 사용된 갤런 당 온실가스를 적게 배출하지만, 주행 거리 당 이산화탄소가 얼마나 많이 배출되는지를 판단했을 때, 바이오 연료는 순수 화석 연료보다 많으면 많았지 결코 적지 않은 양의 온실가스를 배출했다.

바이오 연료의 진짜 가장 큰 문제는 세계 경작지의 2.5~4.0%가 식량 생산지로부터 자동차와 트럭의 연료 공급원으로 전환된다는 사실이다. 21세기에도 매년 약 9백만 명의 사람들이 영양실조와 기아 관련 질병으로 사망하고 있다. 이 9백만 명에는 약 310만 명의 어린이가 포함되어 있으며, 이는 매 10초당 1명의 어린이가 굶주림으로 사망하고 있음을 의미한다. 그림 1은 어떻게 증가하는 바이오 연료 사용이 2005년 경부터 식량 가격 인상에 어떤 영향을 주었는지 명확히 보여주고 있다.[2]

2007년 10월 식량 가격이 오르자, 유엔에 근무하는 식량 특별

1 Biofuels turn out to be a climate mistake The Conversation 5 October 2016
2 https://upload.wikimedia.org/wikipedia/commons/5/54/FAO_Food_Price_Index_1990-2015.png

보고관은 EU 정책을 다음과 같이 비판했다. "식량 생산지를 연료로 태워 없어질 작물을 생산하는 용도로 전환하는 것은 반인륜적 범죄다." 2008년 식량 가격이 급등하자, 세계은행의 수석 경제학자는 2002년에서 2008년 사이 식량 가격이 140% 넘게 상승한 원인의 대부분은 바이오 연료 경작지 전환 때문이라고 했다. 기후 재앙론자 IPCC조차 바이오 연료가 전 세계 가난한 사람들에게 피해를 주고 있음을 다음과 같이 인정했다. "바이오 연료 수요 증가는 토지를 식량 생산에서 연료 생산으로 전환하고, 이는 식량 가격을 일방적으로 상승시켜 빈곤층에게 악영향을 줄 수 있다."[3] 바이오 연료 작물 경작지는 6억 9천만에서 7억 5천만 명을 충분히 먹여 살릴 수 있는 식량을 생산할 수 있었던 것으로 추산됐다.

미래를 내다보면 문제는 더욱 심각하다. 많은 저개발국가에서 인구가 22년마다 계속 두 배씩 증가하고, 서방국가에서는 점점 더 많은 식량 작물을 바이오 연료로 사용하면 식량 공급에 매우 큰 차질이 발생하게 될 것이다. 1984년과 1985년에 굶주린 에티오피아 사람들을 위한 원조 기금을 마련하기 위해 밴드 에이드(Band Aid, 영국과 아일랜드 출신 그룹 밴드)의 "그들은 지금이 크리스마스라는 것을 아는가?"라는 라이브 콘서트가 있었다. 당시 에티오피아 인구는 약 4천만 명이었지만, 2019년에 이르러 1억 1,200만 명을 돌파했다(그림 2). 그 외 많은 제3 세계 국가의 인구도 비슷한 증가 궤도에 있다. 앞으로 10년 또는 그보다 더 이른 시기에 가난한 나라의 심각한 식량 문제는 불 보듯 뻔하다. 세계에서 가장 가난한

---

3 IPCC Fifth Assessment Report 2013

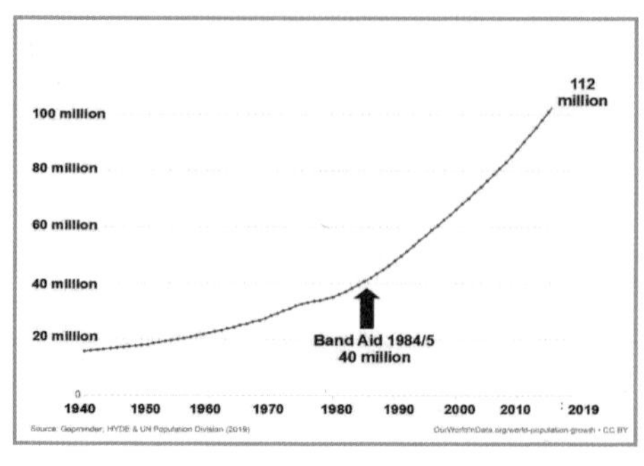

그림 2 에티오피아의 인구증가

사람들을 위한 식량 대신에 부유한 나라의 차량용 연료를 생산하기 위해 경작지를 사용하는 것은 반인류적 행위가 될 수밖에 없다.

바이오 연료에는 대규모 삼림벌채라는 또 다른 문제가 있다. 브라질은 세계에서 가장 큰 바이오 연료 생산국이자 소비국 중 하나다. 브라질은 전 세계 바이오 연료의 30% 이상을 생산한다. 미국은 54%로 더 많이 생산하고, 유럽은 5%, 중국은 3%, 나머지 국가들이 8%를 생산한다. 현재 브라질에서 사용되는 전체 운송 연료의 약 27%는 바이오 연료이며 대부분 사탕수수로 만들어진다. 브라질의 바이오 연료 수요 증가는 더 많은 경작지에서 더 많은 바이오 연료를 생산할 수 있도록 아마존의 열대 우림이 벌채되고 불태워지는 이유 중 하나다. 열대 우림을 파괴함으로써 인간이 대기에 증가시키는 이산화탄소를 흡수할 수 있는 숲의 면적이 감소하고 이는 생물 다양성 손실로 이어지게 된다. 브라질에서 바이오 연료의 사용 증가는 지구를 구하는 것이 아니라 오히려 파괴하는 짓이다.

인도네시아는 팜유 농장을 만들기 위해 열대 우림을 벌채한 것에 대해 종종 비난을 받아왔다. 이러한 환경 파괴로 인해 오랑우탄과 기타 생물종 개체수가 급격히 감소하였기 때문이다. 환경 운동가들은 인도네시아의 환경파괴 행위에 가담한 것으로 추정되는 식품과 화장품 회사를 상대로 때때로 반대 캠페인을 벌였다. 그런데

EU가 인도네시아와 말레이시아로부터 수입하는 팜유의 약 65%는 바이오 연료로 사용됐지만, 반응이 달랐다. 왠지 환경 운동가들이 이것에 대해서는 별로 적극적인 언급이 없었다.

환경 운동가들에 관해 좀 더 객관적으로 말하자면, 일부 덜 과격한 운동가들은 바이오 연료를 홍보하는 것이 치명적인 실수였음을 인식하기 시작한 것 같다. 그린피스가 이끄는 단체들은 EU 집행위원회에 바이오 연료 사용 10% 달성 목표를 철회할 것을 요청했다. 지구의 친구들(Friends of the Earth) 대변인은 "나는 EU 집행위가 어떻게 바이오 연료 정책을 이끌어 갈지 알 수 없다."라고 했다. 하지만 보다 합리적인 환경 운동가들의 요구를 무시하고, EU 집행위는 "우리가 조속히 조치하지 않으면 지구는 돌이킬 수 없는 기후변화에 직면한다."라고 설명하면서 그대로 진행했다. "EU는 이미 2020년까지 온실가스를 최소 20% 감축하겠다는 약속인 기후에너지 통합 정책으로 명확한 대응을 공식화했다."

2020년에는 EU를 향해 바이오 연료 정책이 엄청난 환경 파괴를 초래했음을 인정하라는 압박이 가해졌다. EU는 삼림벌채를 통해 생산된 팜유, 콩, 옥수수의 수입을 제한하도록 하라는 것이었다. 하지만 EU는 삼림벌채로 생산된 작물의 바이오 연료는 폐오일 재활용, 유채, 해바라기 등으로 대체한다고 주장하면서 원래 목표를 지켜나갔다. 그리고 EU 집행위원회의 결정은 바이오 연료의 다른 두 가지 문제에 대해서는 전혀 언급하지 않았다. 하나는 바이오 연료의 재배, 생산, 사용이 같은 양의 화석 연료보다 더 많은 이산화탄소를 배출한다는 것이고, 다른 하나는 바이오 연료 경작지를 식량 안보가 취약한 세계 인구의 3분의 1을 위한 식량 생산에 사용하는 것이 더 나을 수 있다는 것이다.

더구나 EU의 팜유 수입 허용은 삼림 벌채로 인해 위협받는 오랑우탄이나 다른 야생동물을 구하지 못할 것이다. 2018년, 인도네시아 정부는 건설 분야는 물론 자동차와 선박에도 20% 바이오디젤 사용을 의무화했다. 이후 바이오 연료 사용 의무 비율을 30%로 올렸고 2021년에는 다시 40%로 인상했다. 게다가 인도네시아에서는 100% 팜유에서 만들어진 바이오디젤인 D100에 대한 작업이 시작됐다. 팜유 산업은 수많은 일자리를 제공하기 때문에 인도네시아 정부는 위험을 무릅쓰고 이를 막을 수도 없다. 그뿐만 아니라 인도네시아 정부는 또 다른 바이오 연료 주 사용자인 브라질과 마찬가지로 화석 연료 수입 감소 효과로 인한 무역 적자 감축을 위해 자국에서 생산한 바이오 연료 사용을 원하고 있다.

바이오 연료는 화석 연료보다 더 많은 이산화탄소를 대기로 배출한다. 더군다나 바이오 연료는 광범위한 삼림 벌채와 환경 파괴를 초래했고 생물 다양성 감소뿐만 아니라 많은 동물 종들을 멸종 위기에 처하게 했다. 또 식량 생산에 사용되는 경작지 면적이 줄어들게 함으로써, 수억 명에 이르는 세계 최빈곤층의 삶을 황폐화하는 식량 가격 상승의 주요 원인이 됐다. 하지만 EU는 지구의 숲을 파괴하지 않고 바이오 연료 사용에 대한 약속을 지킬 방법을 찾기 위해 몸부림치며 안간힘을 쓰고 있다. 반면에 일부 국가들은 자국 나름의 이유로 바이오 연료 사용을 크게 늘리고 있다. 존재하지 않는 인간에 의한 재앙적 지구온난화의 위협으로부터 지구를 구하기 위해 만들어진 다른 많은 정책과 마찬가지로, 서둘러 추진한 바이오 연료 정책 역시 의도와는 완전히 반대되는 효과를 불러온 것이다. 이런 정책의 배경에는 잘 조직되고 정치화되었으며 소리 높여 외치기는 하지만 과학적으로는 무지한 기후 선동가들의 압력이 있었기 때문이다. 그리고 정치인들이 마음이 약하고 근시안적이며 과학적 지식이 부족할 뿐만 아니라 국가와 국민보다 자신의 권력 유지에만 이기적으로 집착하기 때문이다.

태양광과 풍력 발전이 100% 자연의 에너지

기후 선동가들은 태양광과 풍력 발전이 이산화탄소 배출이 전혀 없는 전기를 제공한다고 주장한다. 우리는 태양광과 풍력이야말로 생활공간과 전기차에 공급될 순수한 자연의 에너지라는 말을 수없이 들었다. 또 전기차는 비싸기는 하지만 모든 것이 대단하고 친환경적이라며 구매를 강요하고 있다. 뜨거워지고 있다는 지구에 이처럼 100% 자연의 에너지보다 더 유익한 것이 있을 수 있을까?

물론 이것은 태양광과 풍력 발전의 본질적 취약점인 에너지 밀도의 희박성(Diluteness), 발전 시간의 간헐성(Intermittency), 그리고 지리적 원격성(Remoteness)을 무시하고 있다. 이산화탄소 배출이 전혀 없는 자연의 에너지가 아니라 많은 자재와 넓은 토지가 필요하고, 보조 발전소(Back-up Plant)와 배터리를 추가로 설치해야 하며, 항상 일정한 전력 공급을 보장할 수 없는 값비싼 에너지란 것을 속이고 있다. 또 생산지에서 소비지까지 전기를 운반하기 위해 새로운 장거리 송전선이 있어야 한다. 여기에는 당연히 많은 양의 이산화탄소 배출과 높은 에너지 가격이 수반될 수밖에 없다.

먼저 발전에 필요한 자재에 관해서 살펴보자. 풍력 터빈을 만들고 설치하는데 필요한 자재에는 다양한 추산이 있다. 그리고 사용되는 자재의 양은 터빈의 크기에 따라 분명히 다르다. 관련 자료로 미국 지질 조사국(U.S. Geological Survey)에서 산출한 수치를 참조할 수 있다.[4] 이에 따르면 이론적으로 5메가와트(약 2,000가구에 필요한 전력을 공급할 수 있는 용량)의 대형 풍력 터빈은 적어도 강철 500톤, 콘크리트 2,000톤, 유리섬유 30톤, 구리 15톤, 주철 20톤을 필요로 한다. 이러한 자재들을 제조하는 과정에는 240톤이 넘는 이산화탄소가 배출되는 것으로 산출됐다. 이러한 수치들은 풍력 터빈이 적어도 기후 선동가들이 주장하는 이산화탄소 배출이 전혀 없는 자연의 에너지를 제공하는 것과는 거리가 멀다는 것을 보여주고 있다.

그림 3은 2015년 미국 에너지부가 생산 전력량을 기준으로 천연가스, 원자력, 석탄, 태양광, 풍력 발전소에서 전력 생산 시설(Electricity Generation)에 필요한 재료를 비교한 것이다.[5] 그래프가 보여주듯이 태양광과 풍력 발전 시설은 철, 콘크리트, 구리 등 10배나 더 많은 광산 채굴 재료가 필요하다. 또 태양광과 풍력 발전 시설에는 희토류라는 광물질도 들어간다. 희토류는 토양에 희박하게 존재한다는 의미에서 붙여진 이름으로 이를 생산하기 위해서는 많은 양의 토양 채굴이 필요하다. 그래서 희토류 생산에는 다른 광물질에 비해 심한 자연 파괴가 일어나고 많은 양의 광미(Tailing Waste, 광산 찌꺼기)를 배출하게 된다.

4 Energy Central 25 February 2014
5 US Department of Energy, Quadrennial Technology Review, 2015

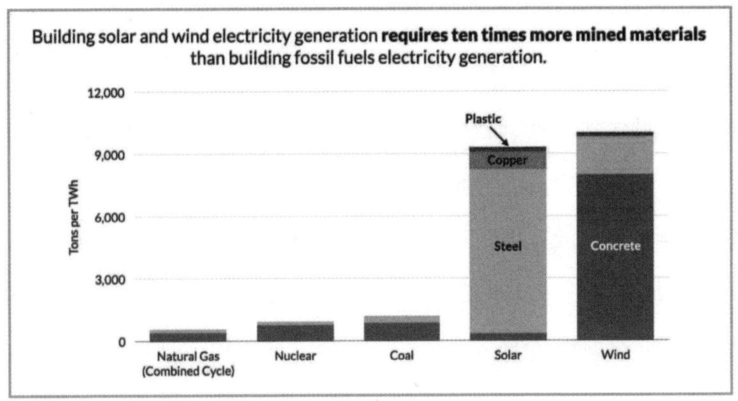

그림 3 단위 생산 전력량에 따른 발전 시설에 필요한 재료

그리고 발전 시간의 간헐성으로 인한 문제가 있다. 풍속이 약 13㎞/h(8mph)에 미치지 못할 때를 대비하여 전력 생산을 위한 전통적인 화석 연료 백업 발전소가 필요하다. 또 풍속이 약 55mph(88㎞/h) 이상일 때도 터빈 손상을 막기 위해 회전이 차단되므로 백업 발전이 필요하다. 바람이 없는 날과 폭풍이 있는 날을 대비한 발전 시설의 중복에 대해서는 풍력 발전 옹호론자들은 절대로 말하지 않는다.

풍력 발전 옹호론자들은 종종 터빈의 이론적인 용량, 이른바 시설 용량만 강조한다. 그러나 이 시설 용량은 보통 1년 365일 24시간 계속해서 이상적인 속도로 부는 바람을 기준으로 한다. 물론, 이러한 현상은 결코 일어난 적도 없고 앞으로도 절대로 일어나지 않을 것이다. 지금까지 발표된 연구에 따르면 육상 풍력 터빈은 평균적으로 이론적 생산용량의 약 24% 정도 공급하는 것으로 나타났다. 바다는 육지보다 바람이 좀 더 안정적이기 때문에, 해상 풍력 터빈은 이론적 용량의 최대 35%까지 달성할 수 있을 것으로 추산하고 있다. 하지만 해상 풍력 터빈은 바다의 혹독한 기상으로 인해 더 빈번하게 유지 보수를 위한 가동 정지가 발생하기 때문에 육상 터빈보다 출력이 더 많이 손실될 수 있다. 그래서 우리는 수백만 가구가 바람을 이용해서 이산화탄소 배출이 없는 에너지를 공급받고 있다는 주장에 거짓말이 숨어있다는 사실을 알아야 한다. 그리고 풍력 발전 옹호론자들이 시설 용량을 말하는지 아니면 실제 출력을 말하는지 확인해야 한다.

태양광은 밤에는 발전량이 아예 없고, 눈비가 오고 구름이 끼는 등 맑은 날씨가 아니면 가동이 거의 중단되다시피 한다. 산업이 발달한 북유럽에서 가정용 전기 사용이 가장 많은 시간은 겨울철에 사람들이 직장에서 가정으로 돌아와 중앙난방식 주택에서 요리하고 목욕이나 샤워할 때다. 전기가 필요한 대부분 시간은 정확히 말하면 태양이 충분하지 않은 때다. 이는 곧 태양광 에너지는 가정용 전기 공급에는 거의 쓸모가 없다는 것을 의미한다. 배터리가 있다고 하지만 장기간 계속될 수 있는 예측 불가능한 날씨로 인해 화석 연료 백업 발전소는 필수적이다.

더 넓은 땅이 필요하다

풍력 발전의 가장 큰 단점은 거의 언급되지 않고 있다. 그것은 별로 많지 않은 양의 전력을 생산하는 데도 방대한 넓이의 땅이 있어야 한다는 사실이다. 2050년까지 탄소중립이라는 이상향을 추구하는 청소년들, 정치 지도자들, 기후 선동가들의 목표를 달성하기 위해 얼마나 많은 땅이 필요한지 산출하는 방법에는 여러 가지가 있다.

2020/2021년 미국 프린스턴대에서 수행한 연구에 따르면, 미국이 2050년 예상되는 에너지 사용량의 절반을 풍력으로부터 공급하고 3분의 1을 태양으로부터 공급하려면 풍력 단지와 발전 설비로 544,000㎢(210,000평방마일), 태양광에 추가로 39,000㎢(15,000평방마일)이 필요하다.[6] 이는 미국 전체 국토의 약 7.5%를 풍력과 태양광 발전에 사용하는 것과 같다.

2020년 12월에 발표된 영국 정부의 계획은 흥미롭게도 프린스턴대의 미국 에너지 전망과 매우 유사하다. 영국 사업·에너지·산업전략부(Department for Business, Energy and Industrial Strategy)는 2050년도 에너지의 50%는 풍력에서, 33%는 태양광에서 생산되는 것을 기반으로 영국의 에너지 미래를 계획했다. 그리고 영국 정부는 2050년 국가 풍력 에너지의 3분의 2를 해상 풍력 단지에서, 나머지는 육상에서 공급할 계획이다.

해상 풍력의 경우 약 2W/㎡, 육상 풍력의 경우 약 1.5W/㎡의 에너지 밀도를 가정하면, 영국은 정부가 꿈꾸는 풍력 발전의 이상향으로 가기 위해서는 약 60,000㎢(23,000평방마일)의 얕은 연안 해역과 약 40,000㎢(15,000평방마일)의 육상 토지가 필요하다. 풍력에 필요한 토지는 영국 전체 국토(243,610㎢)의 16%가 넘는다.

이러한 계산방식에 대해 이견이 있을 수도 있다. 그렇지만 계산은 적어도 계획에 필요한 토지면적을 제시해야 한다. 기후 선동가들과

---

6 The Race to Zero, The Guardian 15 March 2021

푸짐한 공짜 연구비로 곡학아세하는 과학자들은 정치 지도자들에게 전력의 반을 풍력으로 공급하면 탄소중립을 달성할 수 있다는 환상을 부추겨 왔다. 하지만 엄청난 토지가 필요하다는 이러한 계산 결과는 이미 오래전부터 그들은 모든 감각이 마비되어 지구를 구하는 꿈의 실현 불가능성을 망각하고 있음을 보여주고 있다.

수치로 따져 보면 어불성설이라는 표현밖에 없다. 이런 상황에서 서방국가 정부들은 자국의 탄소중립을 달성하기 위해 대기 이산화탄소를 흡수할 수 있도록 수백만 그루의 나무를 심도록 장려하고 있으며, 그와 동시에 풍력 터빈을 설치하기 위해 수백만 그루의 나무를 베어내고 있다. 신문 기사가 보도하고 있듯이 스코틀랜드에서 이미 이런 일이 벌어지고 있으며, 현재까지 1,400만 그루의 나무가 잘려 나갔다. 그리고 독일에서도 풍력 터빈 수가 계속 증가하고 있고 설치 단지를 조성하기 위한 수천 에이커에 이르는 아주 오래된 숲들이 파괴되고 있다.

The Herald

NEWS

28th February 2020

14m trees have been cut down in Scotland to make way for wind farms

By David Bol | @mrdavidbol
Political Correspondent

21 wind farms have been constructed on forestry land

91 comments

NEARLY 14 million trees have been chopped down across Scotland to make way for wind turbines.

2020년 2월 28일 Herald

물론, 풍력 기술은 향상될 것이고 터빈의 출력도 증가할 것이다. 하지만 풍력단지가 많아지면 나중에는 더 많은 풍력단지가 바람이 약한 지역에도 건설되어야 할 것이다. 또 하나 고려해야 할 점은 사용 연한이다. 만약 풍력 터빈의 유지 관리가 잘 이루어진다면 사용 연한은 15년(풍력 옹호자들은 25년이라고 주장한다) 정도다. 반면에 천연가스 발전소의 사용 연한은 30년 이상이다. 따라서 기존의 화석 연료로 생산하고 있는 전력과 같은 양을 풍력으로 대체하기 위해서는 거대하고 흉물스런 터빈으로 엄청난 면적의 땅을 뒤덮이게 될 뿐 아니라 막대한 비용을 들여 그것들을 자주 교체해야 할 것이다.

풍력 터빈은 방대한 면적의 토지가 소모되는 것 외에도 방출되는 초저주파로 인해 주택으로부터 700m 이내에는 건설할 수 없다는 점도 고려해야 한다. 풍력 터빈이 인체에 미치는 주요 영향은 다음과 같다.[7]

"보고된 영향은 이명(내이), 현기증, 불균형 등 – 참을 수 없는 느낌, 무력감, 방향감 상실, 메스꺼움, 구토, 장 경련 – 심장과 같은 내부 장기의 공명 등이 있다. 초저주파 불가청음(Infrasound)은 수면 패턴에도 미세하게 영향을 미치는 것으로 관찰됐다."

그뿐만 아니라 새들이 부딪혀 죽는 것도 잊어서는 안 된다. 오늘날 풍력 발전 사용이 비교적 적음에도 불구하고 터빈에 의해 매년 10만 마리 이상의 새들이 죽어 나가는 것으로 추산되고 있다. 2050년이면 영국의 해상 및 육상 풍력은 대략 8배나 더 많이 건설될 것이다. 따라서 연간 죽어 나가는 새가 거의 100만 마리에 이를 것으로 추산하는 것은 무리가 아니다.

---

7 modern-wind-turbines-generate-dangerously-dirty-electricity, https://canadafreepress.com/article

태양광은 풍력보다 에너지 밀도가 높아서 같은 양의 전력을 생산하는 데는 더 적은 면적의 토지가 소요된다. 세계에서 가장 큰 태양광 발전 단지는 인도의 바들라(Bhadla) 단지다. 모래가 많고 건조한 불모지로 잘 알려진 이곳은 조드푸르(Jodhpur)에서 북쪽으로 약 200㎞(120마일), 자이푸르(Jaipur)에서 서쪽으로 약 320㎞(200마일) 정도 떨어져 있다. 이곳은 기후 때문에 "사람이 거의 살 수 없는" 곳으로 알려졌다. 평균 기온은 46℃에서 48℃ 사이를 오르내리며 뜨거운 바람과 모래 폭풍이 자주 발생한다.

바들라 태양광 단지는 약 6W/㎡를 생산하고 연간 2,700시간 이상 강한 일조량이 내리쬔다. 반면에 런던은 연간 일조량이 약 1,573시간, 파리는 1,660시간, 베를린은 1,650시간 정도다. 그래서 비가 많고 자주 구름이 끼는 유럽에서 탄소중립을 달성하겠다며 태양광을 설치하는 것은 이글이글 타오르는 바들라에서 6W/㎡를 달성한 것보다 생산성이 훨씬 낮을 것이다. 태양광 옹호론자들은 유럽의 태양광 단지에서 5W/㎡에서 9W/㎡ 사이의 수치를 내놓고 있지만, 바들라의 생산성을 미루어볼 때 아마도 약 3W/㎡가 북유럽 태양광 단지의 현실적인 최대치가 될 것이다.

영국은 태양광으로 현재 약 13기가와트에서 2050년까지 최대 120기가와트의 전력을 생산할 계획이다. 이는 어림잡아 영국의 태양광 단지에서 생산되는 에너지 밀도 3W/㎡를 기준으로 하면 2050년에는 40,000㎢(15,000평방마일) 이상이 태양광 패널로 덮이게 된다는 것을 의미한다. 2050년까지 탄소중립을 달성하기 위하여 영국 육지의 40,000㎢은 풍력 터빈으로, 또 다른 40,000㎢은 태양광 패널로 덮어야 할 것이다. 이는 이미 과밀해진 영국 육지

면적 242,500㎢(93,640평방 마일)의 3분의 1을 태양광과 풍력 발전을 위해 사용해야 한다는 것을 의미한다.

독일 최대 에너지 생산업체 중 한 곳의 최고 경영자에게 태양광 발전에 대한 그 기업의 계획에 관해 묻자 그는 독일에서 태양광 에너지를 생산한다는 것은 "알래스카에서 파인애플을 재배하는 것만큼 황당한 생각이다."라고 말했다.

재생 에너지가 싸다는 거짓말

2019년과 2020년에 기후 선동가들의 언론 매체에는 다소 흥분된 헤드라인들이 있었다.

> **"이제는 재생 에너지가 가장 저렴한 선택이다."**
>
> 『포브스』 2019년 6월 15일

> **"분석 결과, 조만간 풍력과 태양광 발전은 전 세계의 모든 대형 에너지 시장에서 석탄 발전보다 더 저렴해질 것으로 밝혀졌다."**
>
> 『가디언』 2020년 3월 12일

> **"재생 에너지는 가장 저렴한 석탄 발전보다 가격 경쟁력이 있다."**
>
> 『국제재생에너지기구(IRENA)』 2020년 6월 2일

만약 이러한 보도 헤드라인들이 사실이라면, 자본주의 기본 원칙에 따라 정부가 화석 연료 발전을 훨씬 더 저렴한 재생 에너지로 대체하기 위해 에너지 사기업에 막대한 보조금을 퍼부을 필요가 없을 것이다. 그리고 에너지 비용을 줄이기 위해 모두 재생 에너지를 선호하고 화석 연료는 당연히 기피할 것이다. 하지만 재생 에너지는 넓은 토지, 많은 재료, 장거리 송전 인프라 등으로 인해 비용이 많이 들어갈 수밖에 없다. 그래서 독일이나 덴마크와 같이 재생 에너지 발전 비율이 높은 나라들은 에너지 가격이 비싼 것이 현실이다.

그림 4는 캐나다의 "과학의 친구들(Friends of Science)"이 2019년 EU 28개 국가(당시 영국 포함)를 대상으로 주택용 전기 가격을 각

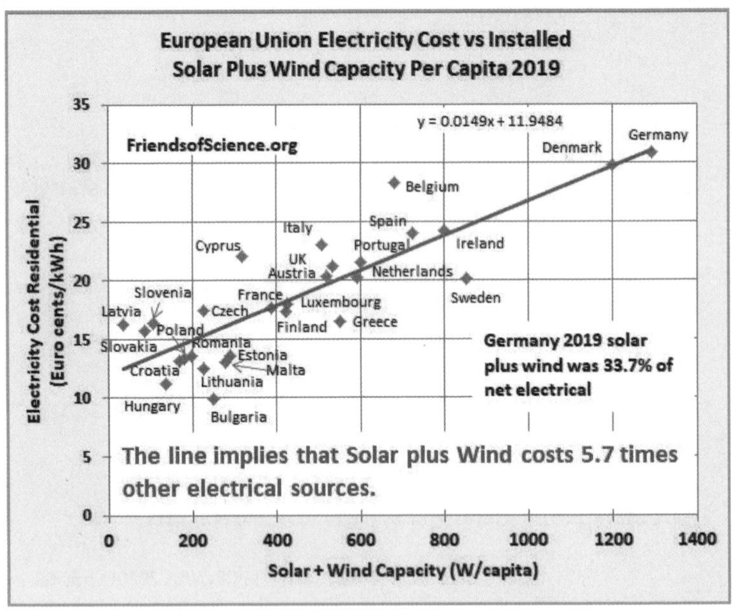

그림 4 EU 국가의 가정용 전기 가격과 재생 에너지 비율

국에 설치된 태양광과 풍력 용량을 비교한 것이다.[8] 이 그래프는 각국의 전기 가격이 설치된 태양광 및 풍력 발전용량 비율에 비례하는 것을 잘 보여주고 있다. 설치 용량은 최소 라트비아(1인당 36W)에서 최대 독일(1인당 1292W), 가격은 최저 불가리아(9.97유로센트/kWh)에서 최고 독일(30.88유로센트/kWh)까지 다양하다. 태양광과 풍력 발전 용량이 최대인 독일(33.7%)이 전기 가격이 가장 높다. 그래프의 최적합선으로부터 태양광과 풍력 전기 비용이 다른 공급원의 5.7배이고, 전혀 없을 경우(왼쪽 y축 지점)는 평균 가격이 11.95유로센트/kWh임을 알 수 있다.

2022년 9월 미국에 본부를 두고 있는 세계적인 언론 매체 『에포크 타임스』는 그린피스 공동 창립자 패트릭 무어 박사와 "거짓 이야기에 근거한 기후변화(Climate Change Based on False Narrative)"라는 주제의 긴 인터뷰 기사를 보도했다.[9] 무어 박사는 인터뷰에서 태양광과 풍력 발전은 너무 비싸고 신뢰할 수 없다며 경제 기생충에 비유했다. 그는 또 너무 많은 사람들이 이러한 기술로 국가 전체 에너지를 보급할 수 있을 것으로 믿게 된 현상은 거의 정신병 수준이라고 했다.

THE EPOCH TIMES

EXCLUSIVE: Former Greenpeace Founder Patrick Moore Says Climate Change Based on False Narratives

Prominent scientist backs up claim that there is 'no climate emergency'

'Wind and Solar Power Are Parasites on the Economy'

"Solar and wind power are both very expensive and very unreliable. It is almost like a mental illness that so many people have been brainwashed to think entire countries can be supported with these technologies," Moore said.

2022년 9월 6일 The Epoch Times

8 https://friendsofscience.org/

9 https://www.theepochtimes.com/mkt_app/exclusive-former-greenpeace-founder-patrick-moore-debunks-the-false-narratives-of-climate-change_4709568.html

RE100과 새로운 에너지 생산 기술들

이번 장에서는 과학적으로 무지한 정치 지도자들이 기후 선동가들에 속아서 추진하게 된 재생 에너지 정책들이 얼마나 무모하게 환경을 파괴하고 반인륜적 범죄를 저지르고 있는지 알아보았다. 결함투성이 사이비 과학을 정치 지도자들에게 선전하여 지구를 구한다는 핑계로 값비싼 재생 에너지를 국민들이 사용하도록 한 사기극은 이것이 끝이 아니다.[10]

이 사기극은 정치 지도자뿐만 아니라 기업가들도 대상으로 하고 있다. 현재 대기업을 중심으로 자사에서 사용하는 화석 연료를 재생 에너지로 대체하는 RE100 운동이 서방국가를 중심으로 벌어지고 있다. 2050년까지 사용 전력의 100%를 재생 에너지(100% Renewable Electricity)로 충당하겠다고 자발적으로 약속하는 캠페인이다. 참여하는 회원사들은 RE100을 달성하기 위해 자사에서 직접 재생 에너지를 생산하거나 재생 에너지 발전소에서 전기를 구입해야 한다. 지금까지 회원사가 꾸준히 증가하여 2022년 기준으로 300여 개 기업이 RE100을 약속했다.

2014년 영국의 비영리 단체의 주도로 시작된 이 RE100 캠페인은 가히 기후 종말 사기극의 결정체라 할 만하다. 가짜 기후 종말론으로 기업가들을 혼미하게 만든 후에 친환경적이지도 않는 재생 에너지를 비싼 가격에 사용하라는 것이다. 앞에서 봤듯이 바이오, 태양광, 풍력, 수력 등에 내재한 환경 파괴는 일반인들의 상상

10 그린피스 공동 창립자 패트릭 무어 박사는 한국의 조선일보와 인터뷰(2021년 12월 6일)에서 이를 폰지 사기극에 비유하고 있다.

을 초월한다. 환경을 내세우면서 소비자에게 다가가려는 일부 기업인들의 자발적 참여도 있겠지만 많은 경우 강요당하고 있다. 기후 선동가들은 전력 사용이 많은 기업을 표적하여 기후 악당이라는 딱지를 붙여가며 협박과 회유를 하는 것이다. 더 많은 이윤을 추구하는 것이 기업의 생명인데 몇 배나 더 비싼 에너지사용을 원할 이유가 없다. 그것도 엄청난 양의 에너지를 사용해야 하는 대기업이 몇 배나 되는 에너지 비용 지불을 원한다는 것은 이해하기 어렵다. 결국 과학적 지식이 부족한 기업 경영자들이 기후 선동가의 협박과 회유로 스스로 희생양의 길을 택하는 것이다. 기업의 자해 결과는 다시 제품 가격 상승으로 이어지고 최종 피해는 소비자에게 간다.

지금 서방 세계에 만연한 재생 에너지로 인한 대규모 환경 파괴와 경제적 자살행위는 오랜 기간 계속될 수 없을 것이다. 사이비 과학의 선동은 절대로 진짜 과학을 이길 수 없다. 앞서 보았듯이 기후 선동가의 예측과는 정반대 현상이 지구 기후에는 계속해서 나타나고 조만간 일반인들도 재생 에너지가 신기루에 지나지 않는다는 사실을 알게 될 것이다. 한 가지 확실한 사실은 가까운 미래에 더 좋은 에너지 기술이 개발된다는 것이다.

아마 10년에서 20년 이내에 정말 훌륭한 과학자들은 우리에게 더 효율적이고 더 안정적이며, 더 저렴한 에너지를 제공할 수 있는 기술을 개발할 수 있을 것이다. 새로운 에너지원으로 가능한 것으로 용융염 원자로(Molten Salt Reactors), 녹색 수소(Green Hydrogen), 파동 에너지 변환기(Wave Energy Converter), 그리고 아직 알지 못하는 더 많은 기술들이 나올 수 있다. 언젠가는 이 새로운 에너지들이 부유한 나라부터 화석 연료를 대체하게 될 것이다. 하지만 개발도상국들은 오랜 기간 석탄과 천연가스에 전력 생산을 의존해야 할 수밖에 없을 것이다. 분명한 것은 지금의 "재생 에너지"는 전력 수요의 일부분을 제공하는 보완적 역할은 할 수 있지만, 너무 비싸고 신뢰할 수 없으며 지나치게 토지를 많이 사용할 뿐 아니라 엄청난 환경 파괴를 야기하며 생산량 변동이 너무 심하기 때문에 절대로 인류의 미래 주된 에너지원으로 사용될 수 없다는 사실이다. 만약 정치 지도자들이 정말로 재생 에너지를 선택하길 원한다면, 많은 기후 현실주의자들이 믿고 있는 것처럼 재생 에너지가 쓸모없다고 판명되면 재래식 발전소를 다시 가동할 수 있도록 예방 대책을 세워두어야 한다. 불행하게도 지금 많은 국가의 정치 지도자들은 기후 선동가들이 외치는 소리에 겁먹고 화석 연료 발전소를 허물고 있다. 이들은 미래에 급하게 후퇴해야 할 때 자신의 뒤에 있는 다리를 태워버리는 것은 별로 좋은 전략이 아니라는 절대 불변의 진리를 잊지 말아야 한다.

에필로그

어떻게 이런 일이 가능했나?

미친 사람들이 가득한 곳에서는 제정신인 사람이 미친 사람 취급을 받는다. 수천만 명의 사람들이 과학적 근거가 전혀 없는 망상을 믿고 있을 때, 그것도 가끔은 광적으로 맹신할 때, 그들이 뭔가 잘못 알고 있는 것 같다고 지인에게 귀띔하는 것조차 이상한 사람으로 보이게 될 수 있다.

인간에 의한 지구온난화 대재앙이 발생한다는 망상에 빠진 정신병을 이해하는 방법은 추측 가능한 원인을 살펴보는 것이다. 그 원인은 크게 3가지 영역, 즉 정보의 전달, 지금 서구 사회의 문제점, 그리고 인간의 행동 방식으로 나눌 수 있다.

먼저 정보의 전달, 좀 더 정확하게 말하면 "잘못된 정보의 전달"에는 유엔 기후변화에 관한 정부 간 협의체(IPCC)의 정치화와 부정직함, 그리고 주류 언론이 기후 관련 보도를 할 때 보이는 과도한 편향성을 들 수 있다. 지금의 서구 사회 문제점으로는 교육시스템의 하향 평준화와 맹목적인 자기 혐오증이 있다. 여기에 민주주의가 극도의 저질정치(Kakistocracy)와 기술정치(Technocracy)로 대체되고 있는 현상도 문제가 된다. 인간의 행동 방식은 사람들이 점점 자기중심주의로 기울어지는 경향을 보이는 것을 말한다. 또 사람들이 윤리적 기준을 강화하고 자신들의 삶에 의미를 부여하기 위하여 높은 도덕적 명분을 내세우는 현상도 고려 대상이다.

IPCC의 정치화와 허망한 노력

아마 대부분의 사람들은 노벨평화상을 수상한 IPCC 보고서를 신뢰할 수 있다고 생각할 것이다. 하지만 IPCC가 사용하는 용어들을 보면 이미 단 하나의 결론으로 치우쳐 있음을 알 수 있다. IPCC 웹사이트에는 설립 목적이 다음과 같이 명시되어있다.

> **"포괄적이고 객관적이며, 개방적이고 투명한 기준에 따라 인간에 의한 기후변화의 위험에 대한 과학적 기반, 이에 따른 잠재적 영향, 그리고 적응 및 완화에 대한 선택지를 이해하는데 관련된 과학적, 기술적, 사회경제적 정보를 평가한다."**

여기에는 여러 가지 문제가 있다. 그중 핵심은 IPCC는 기후변화가 "인간에 의한 것"이라고 단정짓고 있다는 것이다. 기후변화를 일으킬 수 있는 원인으로 자연 현상에 의한 기온 변화, 간빙기 효과(지구의 기후 역사에서 온난한 시기에서 나타나는 현상), 태양 활동의 변화, 지구 공전 궤도와 지축의 기울기, 구름의 양과 대기 수증기, 해류 순환 등 여러 가지 요소를 먼저 분석하고, 인간 활동이 기후변화의 주요인 또는 미미한 요인 아니면 전혀 요인이 되지 않는지에 관한 평가를 해야 한다. 하지만 IPCC는 그렇게 하려는 시도조차 보이지 않고 있다.

이것은 예를 들어, 가정에서 아내나 남편, 동거자, 개, 고양이, 햄스터, 기타 무엇이든 얼마나 자주 구타했는지 확인하기 위한 경찰 조사 착수 단계와 거의 비슷하다. 구타 여부를 확인하려는 시도는 없다. 구타했다는 것을 당연하게 여긴다. 그래서 조사는 그들을 얼마나 자주 구타했는지, 얼마나 세게 구타했는지를 알아내는 것에만 목적이 있다. 이것과 마찬가지로, IPCC는 기후변화는 당연히 인간이 일으키는 것으로 여긴다. 그래서 그들의 임무는 인간이 얼마나 심각하게 기후에 영향을 미치는지 확고히 하려는 것이다.

더군다나, IPCC는 설립 헌장에 "객관적" 그리고 "과학적"이라는 단어를 포함하고 있지만, 이미 인간이 기후변화에 대한 책임이 있다고 단정했기 때문에, 인간의 유책에 대해 반론을 제기하는 과학적인 증거나 논문을 참고할 이유가 없다. 따라서 IPCC는 "객관적"이거나 "과학적"이라고 할 수 없다. IPCC는 인간이 기후변화의 주요인이라는 자신들의 신념을 강요하려는 자들에 의해 처음부터 장악되어 지금에 이르고 있다.

그뿐만 아니라 IPCC는 "적응과 완화를 위한 방안"을 모색하는 과업을 부여받았다. 이는 자동으로 기후변화가 매우 심각해서 우리는 이에 적응하거나 완화하기 위해 노력해야 한다는 사실을 염두에 두게 된다. 하지만 기후변화가 특별히 심각한 문제라는 과학적 증거는 없다. 그 증거는 오히려 지난 50여년은 인류에게 놀랄 만큼 좋은 시기였음을 보여준다. 그동안 태풍, 허리케인, 폭우, 가뭄, 산불, 홍수 등이 줄어들었다. 게다가 지구는 더욱 푸르러지고 농작물 생산성이 급속히 증가하는 매우 긍정적인 효과도 있었다.

그동안 IPCC가 한 일에 대해 수많은 비판이 있었다. 아마 이러한 비판을 가장 잘 분석한 것은 2009년에 출판된 『진짜 지구온난화 재난』[1]이다. 비판들은 다음과 같은 사항에 주로 집중되어 있다:

(1) 지나치게 많은 기후 활동가(관련 논문도 한 편 없는)들이 보고서 작성에 초대되고 심지어 편집자 역할까지 한 사실,

(2) 인간에 의한 재앙적 지구온난화 이론에 문제를 제기하는 과학자들은 모든 IPCC 연구에서 제외시킨 사실,

(3) 인간에 의한 기후변화가 확실하다는 것을 보이기 위해 입증도 안 된 과장된 주장을 포함하려는 목적으로 유능한 기여자의 견해를 무시한 정책입안자용 요약문(언론과 정치인이 지금까지 살펴본 수백 페이지의 IPCC 보고서 중 유일한 부분),

(4) 인간에 의한 재앙적 지구온난화를 뒷받침하기 위한 의도적인 데이터 조작.

일부 저명한 과학자들은 IPCC가 발표한 잘못된 정보와 인간에 의한 재앙적 지구온난화를 옹호하기 위해 보고서를 정치화하는 것에 역겨움을 느끼고 사임함으로써 자신들의 경력이 위태롭게 되기도 했다.

사이클론과 허리케인 분야의 세계적인 전문가 중 한 사람은 자신의 사임서에 다음과 같이 적었다. "나는 IPCC 보고서의 내 전문 분야가 정치화된 것을 보았기 때문에 탈퇴한다. IPCC 지도부에 내가 우려하는 사항을 제기했을 때, 그들의 반응은 나의 우려를 단순히 무시해버렸다." 그는 또 다음과 같은 말을 덧붙였다.

---

1 The Real Global Warming Disaster, Christopher Booker, 2009, Continuum

"허리케인 변동성에 관해 과거부터 지금까지 있었던 모든 연구는 대서양이나 기타 해역에서 열대성 저기압의 빈도나 강도에서 신뢰할 수 있는 장기적 추세를 보여주지 못했다. 나는 내 동료들이 최근의 허리케인이 지구온난화 때문이라는 말도 안 되는 주장을 밀어붙이기 위해 왜 언론을 이용했는지 이해할 수 없다." 그의 사임서는 다음과 같이 마무리 짓고 있다. "나는 미리 정해 놓은 주제에 누군가로부터 강요당하면서 과학적으로 맞지도 않는 결론을 내는 일에 내 스스로 헌신할 의도는 추호도 없다."

저명한 열대 의학자는 미 상원에서 개최된 위원회에서 다음과 같이 증언했다. "이 논쟁의 불쾌한 측면은 이렇게 거짓으로 조작된 '과학'이 공식적인 포럼에서 영향력 있는 '전문가' 협의체에 의해 승인되었다는 사실이다. 내가 여기서 협의체라고 하는 것은 기후변화에 관한 정부 간 협의체(IPCC)을 지칭한다. 매 5년마다 IPCC는 기후변화에 관한 모든 사항을 '세계 최고 과학자들의 합의'라고 발표한다. 이 과학자들을 선별하는 과정도 석연치 않지만, 그것과는 완전히 별도로 그들이 말하는 합의는 과학자가 한 것이 아닌 정치인들이 한 것이다." 그뿐만 아니라 그는 영국 상원(UK House of Lords)에 제출한 보고서에서 다음과 같이 적고 있다. "내 생각에는 IPCC는 이 주제에 대해 거의 또는 전혀 알지 못하는 '전문가'들을 신뢰하고 그들로 하여금 올바른 과학에 근거를 두지 않는 채 권위 있는 선언을 하도록 함으로써 사회에 해악을 끼쳤다."

2020년 인간에 의한 기후 위기론을 추적해온 단체 『Climatism』은 IPCC에 참여했던 과학자들 46명의 내부 고발을 실명과 함께 공개했다.[2] 여기에는 참여 과학자들 대부분이 인간에 의한 지구온난화에 동의하지 않았지만 모두 동의했다고 조작한 사실과 IPCC의 연구 결과로 나오는 보고서마다 일관되게 잘못 알려졌거나 정치화되었음을 폭로하는 내용도 들어있다. 또 IPCC 보고서의 정책입안자용 요약문은 과학적 가치란 전혀 찾을 수 없고 그린피스 활동가들과 IPCC 법률팀이 함께 만든 것으로 추정하고 있다. 그뿐만 아니라 IPCC는 지구 기후에 가장 큰 영향을 미치는 태양 활동에 대한 고려를 거부하고 인간에 의한 영향만을 조사했음을 폭로하고 있다. 더욱 충격적인 것은 과학자들이 인간에 의한 지구온난화 지지를 위해 과학적 진실성을 포기할 의사를 보이기만 하면 그들에게는 연구비, 명성, 매력적인 장소에서 회합이라는 유혹이 기다리고 있다는 듣기 민망한 고백을 하고 있다는 사실이다. 일부 내용을 정리하여 유튜브에 공개했다.[3]

IPCC는 1988년 설립된 이후 1990년 제1차 AR1을 시작으로 2021년 제6차 AR6에 이르기까지 총 6차에 걸친 평가보고서를 제출했다. 제1차 평가보고서는 과학적 사실에 비교적 충실하게 작성되었으나 이후 점점 편파적으로 왜곡되고 정치화된 경향을 보여왔다. 1992년 브라질 리우에서 유엔기후변화협약 이후, 1995년부터 매년 기후변화협약 당사국총회(COP: Conference Of Parties)를 개최해오고 있다. 특히 1997년 COP3 교토의정서와 2015년 COP21 파리협약에서는 강력한 온실가스 감축안을 채택했다. 채

---

2 https://climatism.wordpress.com/2020/03/07/46-statements-by-ipcc-experts-against-the-ipcc/

3 유엔기후보고서 참여 과학자들의 내부 고발
https://www.youtube.com/watch?v=YLO5DIT7_Pc&t=21s

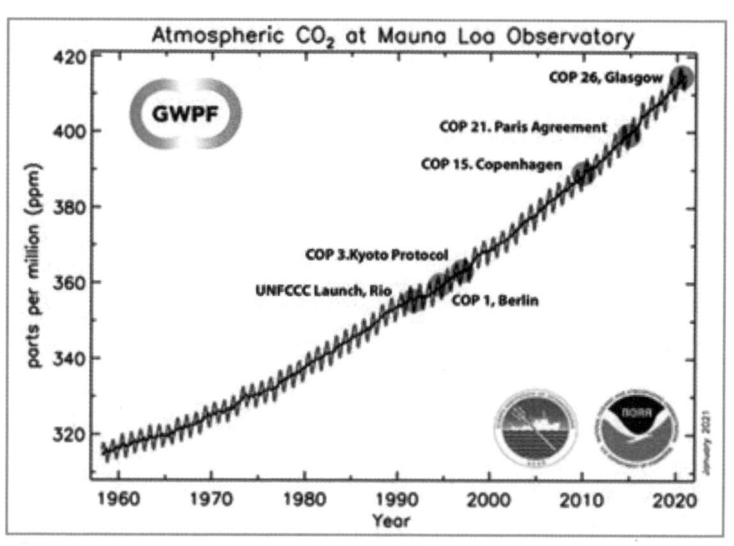

그림 1 유엔기후변화 대책과 대기 이산화탄소 농도 변화

택 결과는 선진국을 중심으로 입법화되고 배출권 거래제도와 탄소세 등으로 제도화되어 상당한 온실가스 배출 감축이 이루어졌다. 하지만 용감한 지식인들은 IPCC의 온실가스 감축 요구는 과학적으로 터무니없고, 기술적으로 실현 불가능하며, 경제적으로도 감당할 수 없을 뿐 아니라 사회적으로도 받아들일 수 없음을 주장해왔다. 놀랍게도 지구의 이산화탄소 농도는 지식인들의 주장대로 어떤 반응도 보이지 않고 계속 증가하고 있다(그림 1). 그동안의 감축 노력이 고비용 무효과가 됐음을 현실로 확인하면서도 IPCC는 이 허망한 요구를 지금까지 계속하고 있다.

유엔기후변화협약 당사국총회에 대해 세계 최고의 기후과학자 미국 MIT 리처드 린젠(Richard Lindzen) 교수는 다음 한마디로 정리하고 있다.

"유엔기후변화협약 당사국총회에서 어떤 결정을 해도 지구 기후에는 아무런 영향을 주지 못한다. 하지만 그 결정은 세계 경제에는 엄청난 영향을 줄 것이다."

언론의 기후 선동

서구 사회 언론에서 나타나는 이상한 경향은 우리가 인터넷을 통해 정보를 더 많이 접할수록, 주류 언론 매체는 뉴스를 편파적으로 제공하지 않은 척하는 일말의 가식마저도 포기하는 현상이다. 대신 언론은 점점 더 특정 정치적·사회적 견해에 대해 입에 침이 마르도록 선전하는 도구가 되었다. 기자들이나 인터뷰 진행자들은 자신들과 견해를 같이하는 자들에게는 비굴하게 계속 아부하는 반면, 견해를 조금이라도 달리하는 자들에게는 비웃는 경멸과 들끓는 적개심으로 대한다.

미국에서는 대부분의 언론들이 4년 넘게 트럼프 대통령에 대해 아무 근거 없는 러시아 유착 관계에 대해 거짓말을 하는 등, 계속해서 퍼붓는 욕설은 편견 없이 보는 모든 사람들에게 넌덜머리나게 했다. 더군다나, 2020년 대선 캠페인 기간, 미국 언론은 분명히 육체적으로나 정신적으로 쇠락하고 있는 경쟁 후보 바이든을 칭송하면서 트럼프를 추락시키려 했던 시도는 정도가 심한 저질 풍자극에 가까웠다.

영국에서도 그와 유사한 상황이 있었다. EU(유럽연합) 탈퇴를 지지하는 사람은 누구라도 주류 언론에 의해 교육을 제대로 받지 못해 무지하고 인종차별적이며 외국인 혐오자로 여겨지게 되었다. 게다가 주류 언론에서는 브렉시트(EU 탈퇴)를 지지하는 자들을 가능한 한 최대 폄하 또는 단순 무시하는 반면, EU 잔류 옹호론자들의 견해에 아부하기 위해 그들이 할 수 있는 모든 수단과 방법을 동원했다. 브렉시트 논쟁에 대한 균형 잡힌 보도를 하려는 시도는 전혀 없었다. 또 어떤 주류 언론도 균형 잡힌 토론을 해야 한다는 생각은 절대로 하지 않았다.

언론이 사실을 보도하는 대신 선전 매체가 된 이러한 경향은 이른바 인간에 의한 재앙적 지구온난화 선동에서도 명확하게 드러났다. 인간에 의한 지구온난화가 끔찍한 결과를 초래한다고 주장하는 과학자는 누구든지 아무리 터무니없이 과장되고 과학적 근거가 없더라도 선견지명이 있는 천재로 취급된다. 다음 사례가 잘 보여주고 있다. 해수면이 10년에 불과 겨우 몇 밀리미터 상승할 수 있음에도 불구하고, TV 다큐멘터리나 언론 인터뷰에 등장하는 과학자들은 향후 80년 내로 해수면이 4피트(1.22m)에서 6피트(1.83m)까지 상승할 것이라고 주장했다. 이 터무니없는 예측에도 언론은 아무런 의심이나 반대 의견도 제기하지 않았다. 올바른 분별력과 균형감각을 제공하기 위해서는 양측 의견을 모두 들어야 하는데, 반대편에 있는 기후 현실주의자(Climate Realist)는 아무도 그런 다큐멘터리에 초대받지 못했다.

남극대륙에는 해마다 820억 톤의 새로운 눈과 얼음이 추가로 쌓이고 있다. 지난 2021년은 극지점(Amundsen-Scott Station)에서 기온 관측이 시작된 1957년 이래 가장 추웠고(-61.0℃: 가장 추운 시기인 4월부터 9월까지 평균 기온), 이 기록은 2021년 10월 2일 『워싱턴 포

THE INDEPENDENT ENVIRONMENT

Why Antarctica will soon be the *only* place to live - literally

By Geoffrey Lean, Environment Editor

Sunday, 2 May 2004

Antarctica is likely to be the world's only habitable continent by the end of this century if global warming remains unchecked, the Government's chief scientist, Professor Sir David King, said last week.

2004년 5월 2일 Independent

스트』에 보도됐다.[4] 하지만 영국의 전 수석 과학자문관은 금세기말이면 남극이 사람이 살 수 있는 유일한 대륙이 될 것이라고 주장했다. 지난 2004년 영국의 『인디펜던트』는 심지어 이 황당한 주장까지 기후에 관한 위대하고 박식하며 소중한 정보를 발언한 것으로 충실하게 보도했다.

영국의 그 과학자문관은 무엇을 근거로 지구 기온이 21세기 말까지 50℃ 이상 상승하여 남극대륙은 사람이 거주할 수 있는 파라다이스가 될 것이라 예언했는지 이해할 수가 없다. 현재 지구 기온은 거의 느낄 수조차 없는 정도인 100년에 0.6℃에서 0.8℃씩 상승하고 있는데, 어떻게 파라다이스가 가능하며 현재 남극대륙의 최대 높이 3㎞가 넘는 두꺼운 빙상을 모두 녹일 수 있는지 따져 묻는 기자나 인터뷰 진행자는 단 한 명도 없었다.

그리고 "97%의 과학자들이 인간에 의한 재앙적 지구온난화가 일어나고 있다는 주장에 동의한다."라는 저질 선동이 있었다. 제9장에서 이것은 완전히 말도 안 되는 사기라는 것을 쉽게 증명했다. 이 시대 정치 지도자들이 지구를 구한다는 명목으로 그 어느 때보다 더 많은 국민의 자유를 제한하고 더 많은 세금을 부과하기 위해 수시로 "97%의 과학자" 주장을 언급한 것을 감안할 때, 이 조작된 통계를 폭로하려는 단 한 명의 탐사 기자나 주류 언론 편

---

4 https://www.washingtonpost.com/weather/2021/10/01/south-pole-coldest-winter-record/

집자도 없었다는 사실은 참으로 통탄할 일이다.

편파적이고 정치화된 IPCC는 일반 대중과 정치 지도자들을 겁먹게 해서 화석연료로부터 나오는 값싸고 지속적인 에너지에 기반한 선진 산업문명의 혜택을 포기하라는 자신들의 명령에 맹목적으로 복종할 것을 점점 더 심하게 요구하고 있다. IPCC가 이러한 목적으로 지금까지 사용해온 속임수보다 아마 더 추하고 나쁜 것은 점점 신뢰감이 떨어지는 기후 대재앙에 대한 믿음을 광적으로 선동하는 주류 언론의 행태였다.

자신을 증오하는 오이코포비아

유럽, 미국, 캐나다, 호주, 뉴질랜드 등을 포함하는 서구 사회는 지구상 모든 사회와 마찬가지로 결점이 있다. 그렇지만 아마 서구 사회는 부의 분배, 취약계층 돌봄, 시민을 위한 정의와 법적 보호 제공, 과학적·예술적 성취, 의료 발전이라는 측면에서 보면 인류가 지금까지 만들어낸 가장 위대한 사회일 것이다. 서구 사회에는 다양한 부류의 사람들이 살고 있으며, 사회가 제공하는 자유, 의료 서비스, 물질적 풍요로움 등의 혜택을 누리고 있다. 그런데 그들은 자신들의 국가를 증오하고, 서구 사회의 현실과 모든 역사를 비난하는 것을 즐기고 있다.

영국 철학자 로저 스크루턴(Roger Scruton)이 2004년 저서 『England and Need for Nations』에서 처음 사용된 것으로 여겨지는 "오이코포비아(Oikophobia)"라는 단어가 있다. 오이코포비아는 그리스어 "Oîkos(집, 가정)"라는 단어와 "Phobos(공포)"라는 단어의 합성에서 유래한다. 오이코포비아는 "자신의 국가나 동포에 대한 증오" 또는 "자기가 사는 국가의 관습, 문화 및 제도를 폄하할 필요성을 느끼는 것"을 의미한다.

오이코포비아는 많은 문명이 쇠퇴할 때 나타나는 자연스러운 현상이다. 모든 문명은 형성되기 시작하여 초기에 외세에 대응하여 성공하게 되면, 그 문명은 점점 더 강력하고 부유해지고 정체성에 공감대가 형성된다. 또 모든 문명은 성공과 함께 여유 계층(Leisure Class)이 형성되고, 사회적으로 낮은 계층의 사람들도 부유한 여유 계층에서 버려지는 하찮은 물건이라도 소유하고 싶어서 자신들의 발전을 위해 노력하게 된다.

하지만 모든 문명은 성공의 절정에 이르면 자신들은 무적이라고 생각하게 된다. 그래서 외부 세력이나 종족으로부터 어떠한 실존적 위협도 받지 않는다고 믿기 시작한다. 그리고 일부 집단들은 문명의 성취를 누리기보다 서로 등을 돌리기 시작한다. 심리학자 프로이드(Freud)는 이를 "작은 차이의 자아도취(Narcissism of Small Differences: 사소한 차이로 인해 서로가 끊임없이 대립, 반목, 경멸하는 현상)"라고 불렀다. 그리고 그 문명은 대체로 사소하지만, 점점 감정의 대립이 심해지는 내부 분쟁으로 붕괴하기 시작한다. 처음에는 서로를 이해하지 못하고 다음에는 문화가 다른 민족들이 전쟁 중에나 가질 수 있는 상호 혐오로 이어지게 된다.

마침내 그 문명은 더 이상 효율적이고 통합된 외향력(외부로 향하는 힘)을 행사할 수 없고, 경쟁 상대가 그 자리를 차지할 수 있도록 스스로 붕괴하게 된다. 20세기는 서구 문명이 지배했지만, 서구는 내부 문명 전쟁으로 분열하여 21세기는 점점 더 공격적으로 팽창하는 중국이 지배 세력이 되도록 허용하고 있다. 서구의 오이코포비아는 자신들의 선진 문명을 지구를 파괴하는 악의 세력으로 보는 기후 재앙론자, 언론, 정치 지도자들이 잘못 판단하고 결정하여 나온 것이다. 그들의 자기 혐오감은 서구의 지배력 강화에 원동력이 된 값싸고 안정적이며 풍부한 화석연료 대신, 비싸고 불안정하며 간헐적일 뿐 아니라 환경도 파괴하는 "재생 에너지"로 대체함으로써 우리가 스스로 사회적·경제적·환경적 자살을 하도록 강요하는 것이다. 그리고 서구 사회가 자살하는 동안 다른 세계는 그 자살이 남긴 전리품을 추잡하게 핥아먹고 있다.

무능한 정치 카키스토크라시

그리스어에서 유래한 카키스토크라시(Kakistocracy)라는 또 다른 단어가 있다. 이 단어는 두 개의 그리스어 Kakistos(최악)와 Kratos(지배)의 합성으로 만들어졌다. 카키스토크라시는 최악의, 전혀 자격이 없는, 또 가장 파렴치한 자들에 의해 운영되는 정부를 의미한다.

20세기 후반까지만 해도 서구에는 2차 세계대전의 참혹함을 견뎌냈거나 그 그늘에서 자란 지도자들이 있었다. 존 F. 케네디, 로널드 레이건, 헬무트 콜, 프랑수아 미테랑, 조지 부시(아버지 부시), 마거릿 대처 등이다. 어떤 독자들은 어쩌면 그들의 정치를 지지하지 않았을 수도 있다. 하지만 이 지도자들은 분명한 도덕적 목적의식을 가졌다는 것을 인정할 것이다. 오늘날 우리는 전문 정치인이라는 새로운 세대를 만나게 됐다. 미국에는 빌 클린턴이 있었고, 영국에서는 토니 블레어가 그런 세대를 가장 잘 보여준다. 이런 정치인들은 강한 신념이나 효율적인 관리 능력으로 성공한 것이 아니라 대부분의 삶을 정치적 거품 속에서 살아오다 그렇게 된 것이다. 아부하는 사대주의 태도와 어느 방향에서 바람이 불어도 상관하지 않는 카멜레온과 같은 순응력을 가진 그들은 정치 활동으로는 오로지 자기 발전과 이익의 길만 가는 것이었다.

오늘날의 지도자들 대부분은 스스로 자화자찬이나 하고, 아첨하는 불량배들에 둘러싸여 있는 즐거움을 누리며, 다른 분야에서는 결코 이룰 수 없는 금전적 보상을 받기 위해 정치를 하는 것이다. 이러한 지도자들은 어떤 강력한 도덕적 큰 그림도 없이 소수집단 정치나 하는 것이다. 그들은 자신들의 인기와 당선 가능성을 높이고 권력을 증대시킬 수 있다고 생각하는 모든 수단을 동원하고 있다. 그들은 자신들의 사익을 위해 공권력을 이용하는 것이다. 그들은 아주 파렴치하고 무능한 정부인 카키스토크라시로 국민을 지배하고 있다.

그들 가운데 어느 한 사람도 기후 재앙론자들이 조작한 터무니없이 과장되고 명백히 부정직한 종말론과 맞서 싸울 용기가 없다. 그 누구도 신뢰도가 점점 더 떨어지는 기후 재앙 예측에 대해 감히 이의를 제기하지 않는다. 아무도 지구의 기후과학을 이해하려는 시도조차 하지 않고 있다. 반면에 그들은 기후 재앙을 설교하는 이들에게 굽실거리며 국가를 사회적·경제적·환경적 붕괴로 이끌고 있다. 하지만 그들은 걱정할 이유가 없다. 사람들이 무슨 일이 일어났는지 알게 될 즈음이면 그들은 모두 이미 오래전에 정계에서 은퇴했을 것이고, 일반 국민들은 겨우 꿈에서나 볼 수 있는 자유 분망한 백만장자의 안락한 여생을 누리고 있을 것이다. 대신에 우리 자신과 후손들, 후손의 후손들은 그 무능하고 이기적인 정치 지도자들의 지적인 어리석음과 도덕적 비겁함에 대한 대가를 치러야 할 것이다.

카키스토크라시에서 테크노크라시로

그뿐만 아니라 오늘날의 지도자들은 대부분 제대로 된 직업을 한번도 가져보지 못했고, 평생을 자신들과 같은 부류의 사람들과 보냈다. 또 그들은 자신들을 뽑아준 유권자들보다 자기들끼리 서로 더 많은 생각을 공유하고 있다. 이런 현상은 모든 정당이 다 그렇다. 사실 많은 정치인들은 애국심이나 공동체 의식과 같은 개념을 싫어하고 일반 유권자들은 물론 심지어 자기 나라까지도 경멸한다. 지금의 정치 지도자들은 자국의 의회를 신뢰하기보다 국제적인 기술 관료들에 의해 운영되는 조직에 권한을 넘겨주는 것을 선호한다.

이러한 정치적 권력과 책임의 포기 현상은 코로나 19가 발생했을 때 유럽에서 있었다. 27개 EU국가들은 자국의 백신 조달을 구성원 대다수가 실패한 정치인과 관료들로 된 무능하고 비선출직 EU위원회에 넘겨주면서 비참한 결과를 초래했다. EU위원회와 직원들의 거듭되는 실수로 인해 최소 2개월 정도의 백신 접종

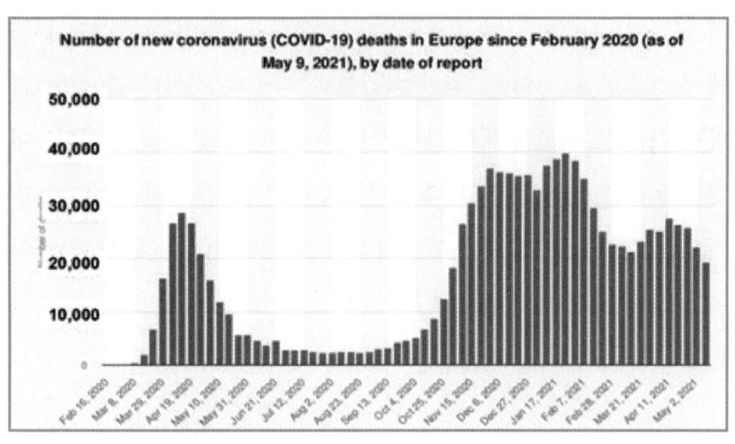

그림 2 코로나로 인한 EU 27개국의 주간 사망률

을 헛되게 했다. EU 정치인과 직원들은 코로나가 최고조에 달했던 시기에 크리스마스 연휴를 2~3주씩 떠나기도 했다. 이때는 백신 승인과 조달에 박차를 가하기 위해 최선을 다해야 했을 시기다. EU 정치인들과 직원들은 국민의 생명을 구하는 일이 그들의 휴일보다 더 중요하다는 생각을 전혀 하지 않았다. 그러는 사이, 점점 더 많은 EU 국민이 코로나에 걸렸다. 코로나가 가장 심했던 시기에는 매주 3만 명이 넘는 EU 국민이 죽어 나가고 있었다(그림 2). 만약 백신 접종이 2개월 정도 일찍 시작되었다면 적어도 사망자 3분의 1은 생명을 구할 수 있었다. EU의 정치 지도자들은 자국민의 목숨보다 "EU 프로젝트"에 대한 간섭불가 원칙의 신성함을 선호했기 때문에 충분히 살릴 수 있었던 약 8만 명의 EU 국민을 사망하게 한 것이다.

서방국가 정치 지도자들이 자국의 에너지 정책과 그로 인한 경제적 미래에 대한 책임을 수상쩍은 과학자들과 반자본주의 운동가들, 그리고 유엔 기후변화에 관한 정부 간 협의체(IPCC)의 무능한 기술 관료들에게 넘겨주게 되어 코로나 상황과 비슷한 재앙이 훨씬 더 큰 규모로 벌어지고 있는 것을 지금 우리는 보고 있다. 정치 지도자들은 자국민의 안녕과 같은 일상적인 문제에 관심을 두기보다는 오히려 대규모 국제기후회의에서 우쭐하고 당당하게 거드름이나 피우면서 국제 동료들로부터 인증받기 위해 터무니없는 약속을 하고 있다. 우리는 민주주의가 최악의 테크노크라시(Technocracy) 행태를 보여주는 카키스토크라시(Kakistocracy)로 전환되는 상황을 실제로 목전에 두고 있다.

교육의 하향 평준화

여러 서방국가에서 교육시스템이 지나치게 하향 평준화됐다는 주장과 관련된 많은 논고가 있었다. 일부 국가에서는 더 많은 고객을 유치하기 위해 문제 출제위원회가 시험을 너무 쉽게 만들었다는 비난도 받아왔다. 학교 당국은 학생들에게 "더 쉬운" 것으로 추정되는 과목을 선택하도록 하고, 좋은 시험 성적을 받도록 가장 "우호적인" 출제 위원을 선발하기도 했다. 수학과 같은 일부 과목들은 부유하지 못한 출신에게는 불리하고 불이익을 준다는 이유로 인종차별 학습이라는 주장이 제기되기도 했다. 교육이 정말로 하향 평준화되고 있는지 알기 위해서는 학교 학습에 관한 객관적인 평가인 국제학생평가 프로그램(PISA: Program for International Student Assessment) 결과를 검토해볼 필요가 있다.

	Science			Maths		
	2000	2012	2018	2000	2012	2018
USA	15	28	18	20	36	37
UK	5	20	14	9	26	17
Australia	8	16	15	6	19	29
Germany	21	12	15	21	16	20
France	13	26	24	11	25	25

그림 3 주요 국가의 PISA 순위 (2000년, 2012년, 2018년)

PISA는 경제협력개발기구(OECD)가 교육시스템을 향상하려고 전 세계 회원국 및 비회원국의 15세 학생들을 대상으로 수학, 과학, 읽기를 중심으로 학업 성취도를 측정하는 조사평가다. PISA는 2000년에 처음 시작하여 매 3년마다 시행하고 있으며 50만 명이 넘는 학생들을 대상으로 문제 해결과 인지 능력을 측정한다. 평가 목적은 각 국가의 교육정책을 향상하는데 필요한 비교 가능한 데이터를 제공하는 것이다. 그림 3은 2000년, 2012년, 2018년 미국, 영국, 호주, 독일, 프랑스의 과학과 수학 영역의 PISA 순위를 나타낸다. 1에 가까울수록 그 나라의 교육 성과가 좋은 것이며 숫자가 커질수록 나쁜 것이다. 과학 분야에서는 5개국 중 미국, 영국, 호주, 프랑스 4개국이 2000년에서 2018년 사이에 크게 추락했다. 독일은 약간 개선되었지만 다른 4개국보다 낮은 출발로 인한 것이고, 수학 결과는 창피하기 짝이 없다. 4개국은 국제 순위에서도 훨씬 더 낮았다. 독일은 2000년에 이미 5개국 중 가장 낮은 순위를 기록했으며 상당히 침체된 상태를 유지해오고 있다.

읽기 결과도 별반 차이가 없다. 5개 주요 서방국가들은 교육 성취 수준이 계속해서 국제 경쟁자들보다 뒤떨어지고 있다. 여기는 왜 이런 결과가 일어났는지 논의할 자리는 아니다. 하지만 이 결과에 따르면 그림 3에 있는 5개국의 교육시스템은 자국의 청소년들이 문제를 이해하고 해결할 수 있는 능력을 갖추도록 하는 데 실패했음을 분명히 보여주고 있다. 실패한 교육시스템으로 인해 과학적 이해력이 부족하게 된 서방국가들의 청소년들이 기후 선동가들에 의해 아주 쉽게 설득당하는 것은 별로 놀라운 일이 아니다.

모든 것이 완벽한 폭풍으로

서방국가들은 이렇게 해서 완벽한 폭풍을 맞이하게 되었다. IPCC는 국제기구로써 과학적 객관성을 유지하고 편향되지 말아야 하는 의무를 포기해버렸다. IPCC는 인간에 의한 재앙적 지구온난화 이론에 관해 감히 이의를 제기하려는 모든 과학자들을 배제했다. 그리고 시간이 지나면서 기후 선동가들에 의해 장악됐다. 또 자연 속에서 살아가는 원시적 삶을 추구하고, 선진 서구 문명에 반하는 탈산업화 정책을 강요하며, 자본주의를 혐오하는 사상적 이념을 가진 자들이 IPCC를 지배하게 됐다.

더구나 IPCC나 기후 대재앙을 전파하는 과학자들(또는 자칭 과학자들)이 발표하는 내용은 아무리 과장되고 터무니없어도 비겁하고 편향된 언론은 이를 반박하지 않는다. 지구의 기후와 같은 고도로 복잡한 열역학 시스템을 실제로 과학은 완전히 이해하지 못하고 있다. 그래도 싸구려 과학자들이 그렇게 얘기하면 언론은 과학으로 취급하고 있다.

여기에다 서구 사회의 많은 부분에서 자기 파괴적인 오이코포비아가 나타나고 있다. 또 오이코포비아에 빠진 언론은 서구 사회가 누리는 자유와 제도, 그리고 그동안 이룩한 성공을 계속해서 공격하고 있다. 왜냐하면 서구 사회가 다른 대부분의 세계에 비해 성공적인 것을 특히 싫어하는 자들이 언론을 주도하고 있기 때문이다. 오이코포비아에게 탄소중립은 그들이 혐오하는 정치 및 경제 시스템을 파괴할 수 있는 기회를 제공하게 됐다. 정치 지도자들 가운데 분명한 도덕규범이나 뛰어난 통치능력을 가져 권력을 얻은 사람은 거의 없기 때문에 서구 사회는 더욱 약해지고 있다. 더군다나, 그들은 자신들에게 투표한 유권자들보다 국제 동료들과 훨씬 더 많은 이념을 함께하고, 자신들이 통치하는 국가보다 EU, UN, IPCC와 같은 국제기구에 더욱 열성적이다. 또 실패한 교육시스템은 국민을 스스로 생각하는 것을 가르치려 하지 않고, 새롭고 눈이 번쩍 뜨이는 선동에 세뇌되기 쉬운 청소년 세대들을 혼란 속으로 빠트리고 있다. 이 모든 상황을 종합해보면, 인간에 의한 재앙적 지구온난화라는 망상이 서구 사회를 지배하도록 허용하는 완벽한 폭풍을 맞이하게 되었음을 알 수 있다.

반복되는 인류의 집단적 광기

완벽한 폭풍을 맞이한 결과, 불행히도 지금 우리는 기후 위기와 탄소중립이라는 망상의 길을 너무 멀리 가버린 것 같다. 지금은 멀리 간 망상의 길에서 엄청난 학문적·정치적 명성과 경력이 만들어졌고 연구비도 차고 넘친다. 또 학교에서 기후 망상을 광신하도록 세뇌된 청소년들이 수백만에 이르고 관련 교과과정도 수없이 많다. 수천수만 명이 참석하는 국제 콘퍼런스도 곳곳에서 열리고 인간을 지구 파괴의 악마로 확신시키는 활동가들이 수십만 명도 넘는다. 하지만 지금 인류는 역사상 가장 큰 과학적, 경제적, 사회적 자해를 범하고 있다는 증거가 계속 쌓이고 그 내용도 점점 확실해지고 있다. 그럼에도 불구하고 부유한 선진 산업국을 중심으로 탄소중립이라는 목표를 추구하기 위해 자신을 책망하고 자아도취 상태로 자해하는 함정에 계속 빠져들어 가고 있다. 그 자해는 엄청난 희생만 초래할 뿐 지구 기후의 주기적 변화에는 아무런 영향을 미치지 못하고 있다.

지금 우리가 경험하고 있는 이 괴이한 현상은 1841년 스코틀랜드의 찰스 맥케이(Charles Mackay)가 쓴 책 『Extraordinary Popular Delusions and Madness of Crowds』[5]에 나오는 이야기와 아주 유사하다. 이 책은 역사상 가장 큰 금융 스캔들을 다룬다. 1717년 프랑스 정부가 세운 북아메리카 미시시피강 주변 개발계획(Mississippi Scheme)으로 인한 사건, 1711년에 설립된 영국회사가 일으킨 아프리카 노예무역(South Sea Bubble) 사건, 그리고 1636년에 네덜란드에서 벌어진 튤립 투기 과열(Tulipmania) 사건이 주요 내용이다. 여기에는 당시 대중의 히스테리 파동을 일으킨 희대의 사기꾼들도 등장한다. 예를 들어, 16세기 런던의 점성술가들은 템즈강의 수위가 상승하여 1524년 2월 1일 런던시 전체를 물에 잠기게 할 것이라고 예언했다. 그 예언이 현실로 나타나지 않자, 그들은 계산에서 약간 실수를 해서 100년 차이가 발생했다고 주장함으로써 자신들의 목숨을 구했다. 그렇게 해서 그들은 점

5 우리나라에서 지난 2018년 "대중의 미망과 광기"로 번역 출간

성술로 예언을 계속하며 잘 살 수 있는 충분한 시간을 얻었다. 이 책은 모든 자연 현상에서 다가오는 세상 종말의 조짐을 미리 본 중세 유럽의 설교자들과 광신도의 이야기도 소개하고 있다.

몇백 년 전에 있었던 이 실화들은 지금의 상황과 너무나 닮았다. 세상 종말을 설파하면서 유명해지고 돈도 잘 벌었던 점성술사와 같은 인간들이 오늘날에는 과학을 빌리고 컴퓨터 모델을 동원한 기후 선동가로 변신하여 차고 넘치는 연구비에 학문적·정치적 명성을 얻으며 살아가고 있다. 빙하가 녹고 해안 도시가 침수되며 대흉작과 기근이 온다며 각종 종말적 재앙을 수없이 반복 예언했다. 그들의 일정대로라면 이미 왔어야 했지만 예언은 계속 미루어지고 세상은 아무 탈도 없이 잘 돌아간다. 한 가지 확실한 것은 지금 우리가 행동하지 않으면 앞으로도 그런 부류의 인간들은 계속 등장하여 우리를 괴롭히게 된다는 것이다. 그리고 그들이 누리는 부와 명성의 대가는 우리와 다음 세대들이 단지 순진하게 믿고 저항하지 않았다는 이유만으로 개인의 자유를 구속당하고 재산을 박탈당하면서 힘들게 치러야 한다.

200년 전 인간의 아둔한 속성을 예리하게 꿰뚫어 본 찰스 맥케이는 “사람은 무리를 지어 생각하고 그것은 집단적 광기로 변한다.”라고 했다. 또 독일의 철학자 프리드리히 니체(Friedrich Nietzsche)는 “광기는 개인별로 보이는 경우는 매우 드물다, 그러나 광기는 집단, 정당, 국가, 시대에는 예외 없이 나타나는 법칙이다.”라는 말로 지금의 시대적 상황이 당연한 현상임을 예지했다.

오늘날 서구 사회에서 벌어지고 있는 기후 소동과 탄소중립에 대해 이 시대 최고의 기후과학자 미국 MIT 리처드 린젠 교수는 이렇게 표현하고 있다.

> "미래의 역사학자들이 분명 의문을 품게 될 것은 '어떻게 아주 결함투성이인 논리가 약삭빠르고 계속되는 선전으로 가려져, 실제로 강력한 이익집단의 연합을 만들고, 이들로 하여금 인간의 산업 활동에서 나오는 이산화탄소가 위험하고 지구를 파괴하는 유독 물질이라는 것을 거의 모든 세상 사람들에게 확신시킬 수 있었는가'라는 사실이다. 식물의 생명 필수물질인 이산화탄소가 한때 유독 물질로 여겨졌다는 것은 인류사 최대 집단 최면으로 기억될 것이다."

도래하는 소빙하기와 인류의 미래

이 책을 마무리하고 있는 지금, 지구에 도래하고 있는 소빙하기가 비록 짧은 기간이지만 사실로 관측되는 것 같다. 미국 국립해양대기청(NOAA)이 관측한 2015년 1월부터 2022년 10월까지의 지구 기온 추이는 100년당 -1.3℃이다(그림 4).[6] 이는 지난 20세기 100년 동안 0.6~0.8℃ 정도의 온난화보다 2배나 빠른 냉각화 추세다. 그리고 2012년을 기점으로 그린란드와 북극해 여름철 빙하의 확대도 관측되고 있다(제3장 그림 4, 84쪽 참조). 또 그동안 지구온난화 선동의 아이콘으로 사용해왔던 남극대륙 서쪽 반도의 관측 기온도 지난 20년 동안 서서히 떨어지고 있다. 그림 4의 아래 그래프는 남극대륙 반도에 있는 영국 기지에서 관측된 기온 데이터

---

6 https://www.ncei.noaa.gov/access/monitoring/climate-at-a-glance/global/time-series

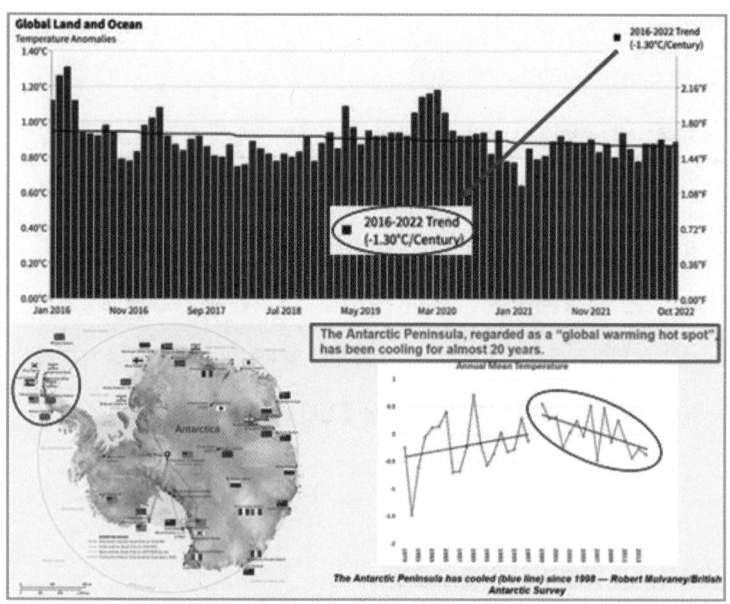

그림 4 관측된 지구의 기온 추이(NOAA)와 남극대륙 반도의 기온 추이(British Survey)

로 감소 추세가 뚜렷이 나타나고 있다.[7] 또 지난 2021년에는 남극대륙의 극지점에서 1957년 관측이 시작된 이후 최악의 추위가 기록됐다(제3장 94쪽 참조). 지구 생태계와 인류의 미래에는 불길한 현상이지만 추위가 인간의 집단적 광기와 무지를 깨우쳐 줄 것인지 두고 볼 일이다. 분명한 사실은 관측된 기온과 빙하의 변화는 태양 흑점 활동으로 예측한 소빙하기의 도래와 일치하고 있다는 것이다.

아마 여기까지 읽은 독자들은 인간에 의한 재앙적인 지구온난화라는 인류사 최대 사기극을 꿰뚫어 보기 시작했을 것이다. 그리

7 https://www.netzerowatch.com/antarctic-has-been-cooling-for-almost-20-years-scientists-confirm/

고 국제기구라는 IPCC와 주류 언론들, 그 선동에 앞장선 자칭 기후과학자라는 자들이 거짓말을 하고 있을지 모른다는 생각을 할 것이다. 한 걸음 더 나아가 지금 서구 문명의 특별한 혜택을 누리는 소위 깨어있는 엘리트라는 자들이 모두 집단 최면에 걸렸다는 생각도 할 수 있을 것이다. 인류 역사에서 가장 풍요로운 시대에 가장 부유한 국가를 중심으로 벌어지는 괴이한 집단적 광기라는 생각도 들 것이다. 심사숙고한 뒤에는 마침내 오늘날 우리가 매일 앵무새처럼 무한반복하고 있는 "탄소중립"이 아주 오랜 옛날에 미신을 숭배한 사람들이 했던 "기우제" 보다 더 허망한 일에 불과하다는 사실을 깨닫게 될 것이다.

끝으로 한때 기후 종말론에 앞장섰던 영국의 제임스 러브록(James Lovelock) 이야기를 하면서 책을 마무리하겠다. 그는"지구는 살아있는 거대한 생명체"와 같다는 가이아(Gaia) 이론을 주창한 세계적인 과학자다. 1990년대부터 시작된 기후 선동에 넘어가 화석연료 사용으로 배출되는 이산화탄소를 지구를 병들게 하는 독약으로 판단하고 인간의 산업문명이 지구를 분노하게 했다며『가이아의 복수(Revenge of Gaia)』라는 책을 저술하여 기후 대재앙의 도래를 세계에 알렸다.

하지만 2000년대 초 지구온난화 중단은 계속되고 증가하는 이산화탄소는 지구를 더욱 푸르게 변화시키자 그는 자신의 과오를 반성했다. 2012년 한 언론과의 인터뷰에서 "내가 실수했다(I made a mistake)"라며 20여 년 전 확신했던 대재앙이 오지 않음을 인정했다.[8] 그는 한

8 https://www.dailymail.co.uk/news/article-2134092/

2012년 4월 23일 Daily Mail
제임스 러브록은 과거 영국 런던이 기후 대재앙으로 침수될 것이라고 주장했다.

때 인간을 지구 파괴의 악마로 생각했지만 후에 틀렸음을 공개적으로 밝힌 용감한 지식인이었다. 평생을 지구와 생명체의 유기적 관계를 연구한 위대한 과학자의 반성은 기후 종말론의 허구성을 잘 보여주는 사례로 남게 됐다. 그는 지난 2022년 7월 103세의 나이로 자신이 연구하고 사랑했던 가이아로 돌아갔다.

인간은 지구 파괴의 악마가 아니다. 우주 만물을 창조한 신이 위대하다면 지혜롭고 창조적인 인간 또한 위대하다. 역사를 되돌아보면 기후는 변해왔고 인간은 적응해왔다. 특히 지난 100년 동안 선진산업국을 중심으로 과학과 기술이 발달하면서 가난을 몰아내고 국토를 선진화하여 기후 재난은 급속히 줄어들었다. 이제 우리는 더욱 풍요롭고 안전하며 건강한 삶을 누릴 수 있는 세상을 위해 인간의 뛰어난 지혜와 위대한 문명에 희망을 걸고 미래로 나아가야 한다. 기후 재난을 줄이는 방법은 하늘이 아니라 땅에서 찾아야 한다.

부록 1 유엔과 미국의 기후평가 보고서

유엔환경계획(UNEP: United Nation Environment Programme)과 세계기상기구(WMO: World Meteorological Organization)가 1988년에 설립한 '기후변화에 관한 정부 간 협의체(IPCC: Intergovernmental Panel on Climate Change)'는 지금까지 6차에 걸쳐서 평가보고서(AR: Assessment Report)를 작성하여 발표했다. IPCC는 1990년에 첫 평가보고서(AR1)를 시작으로, 1995년에 제2차 평가보고서(AR2), 2001년에 제3차 평가보고서(AR3), 2007년에 제4차 평가보고서(AR4), 2013년에 제5차 평가보고서(AR5)를 발표했다. 제6차(AR6)는 2021년에 제1 실무그룹 보고서, 2022년에 제2 실무그룹과 제3 실무그룹 보고서, 그리고 종합보고서가 발표됐다.

각 평가보고서의 기초 부분은 제1 실무그룹(WG1: Working Group I)이 담당한다. 여기서는 기후 시스템의 물리적 측면, 주로 최근 수십 년간 관찰된 변화와 인간과 자연의 영향에 기후가 어떻게 반응하는지를 다룬다. 나머지 실무그룹들은 제1 실무그룹의 평가를 기반으로 기후변화의 영향과 사회적 대응을 설명한다. 또 각 실무그룹은 자신들이 맡은 부분에서 핵심을 추려 '정책입안자용 요약보고서(SPM: Summary for Policy Makers)'를 준비하며, 이 모든 실무그룹 보고서를 엮은 종합보고서도 발행한다.

미국 정부는 1990년에 제정된 지구변화연구법(Global Change Research Act of 1990)에 따라 국가기후평가 보고서(NCA: National Climate Assessment)를 발간한다.[1] 미국 지구변화연구프로그램(USGCRP: U.S. Global Change Research Program)에 의해 작성되는 NCA 보고서는 IPCC의 평가보고서와 목적은 거의 같지만 미국 상황에 좀 더 초점을 맞추고 있다. 법에는 4년마다 보고서를 발간하게 되어있지만, 지금까지 2000년, 2009년(부시 행정부의 태만으로 미루어짐), 2014년, 2018년까지 네 차례에 걸쳐 발행됐다. 가장 최근의 제4차 NCA 보고서는 두 권으로 되어있는데, 물리적인 기후과학에 초점을 둔 제

1 USGCRP. "Assess the U.S. Climate." GlobalChange.gov, January 1, 2000. https ://www.globalchange.gov/what-we-do/assessment.

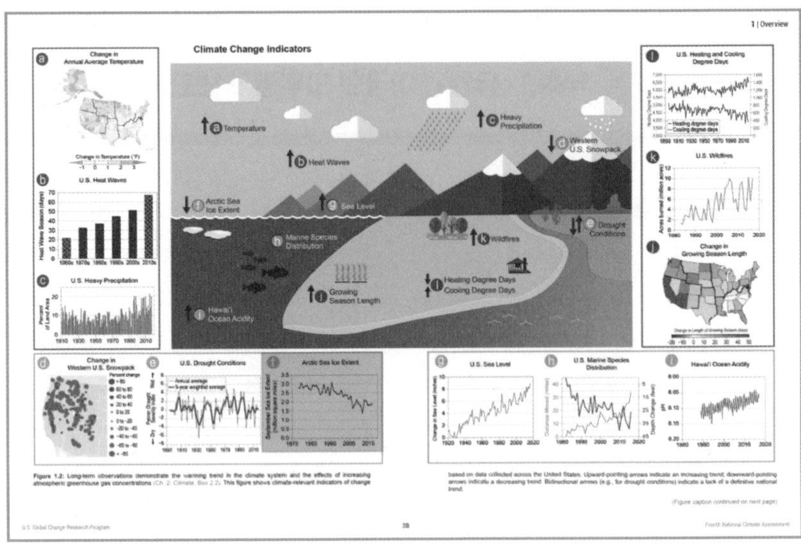

1권은 2017년 11월 기후과학 특별보고서(CSSR: Climate Science Special Report)로,[2] 기후변화의 영향과 위험, 변화에 어떻게 적응할지에 초점을 둔 제2권은 2018년 11월에 발행됐다.[3] 다섯 번째 NCA 보고서는 2023년에 나올 예정이다. 아래 그림은 제4차 NCA 보고서에 게재된 기후변화지표(Climate Change Indicators) 그래프들을 모두 보여주고 있다.

2 USGCRP. Climate Science Special Report: Fourth National Climate Assessment, Volume I. US Global Change Research Program, Washington, DC, 2017. https://science2017 .globalchange.gov/.

3 USGCRP. "Fourth National Climate Assessment, Volume II: Impacts, Risks, and Adaptation in the United States: Summary Findings." NCA4, January 1, 1970. https ://nca2018.globalchange.gov/.

부록 2 미국 백악관 과학기술정책국 2021년 보고서

기후 위기는 있나?

"위기(Crisis 또는 Emergency)"란 긴급한 조치가 취해지지 않으면 즉시 피해를 초래할 수 있는 상태를 말한다. "기후변화"는 30년 평균 기온과 강수량과 같이 우리가 겪는 날씨의 주요 특징에 관련된 길고 느린 변화를 말한다. 그것은 수십 년 또는 수백 년에 걸친 경우에만 측정될 수 있다. 또 기후변화란 우리가 어떻게 적응하느냐에 따라 어떤 변화는 유익할 수 있고 어떤 변화는 해로울 수 있다. 기후변화가 자연 현상인지 아니면 인간이 초래한 것인지를 떠나 '위기' 또는 '비상사태'라는 단어는 적합하지 않다.

요약

- 지난 200년 동안 지구온난화가 느리게 진행되어왔고 관리 가능한 수준이었으며 인류의 생활 수준은 급격히 향상됐다.
- 기후변화에 관한 정부 간 협의체(IPCC)는 다음 세기에 걸쳐 지구온난화의 경제적 영향은 다른 변화에 비해 작을 것으로 예측했다.
- 대부분의 이산화탄소 배출 예상치는 현재 과대 산정된것으로 알려져 있으며, 기후 모델이 지나치게 높은 온난화를 예측했다는 증거가 있다.
- 기상이변 추세의 관측 자료는 기후 위기에 대한 일반적인 주장을 뒷받침하지 못한다.

서문

전 세계적으로 관측된 자료는 지구 기후가 1800년대 초부터 따뜻해지고 있다는 것을 보여준다. 이 시기는 11000년 전 최후 빙기(Last Glacial Period)가 끝난 이후 전 세계의 많은 지역이 가장 추운 상태에 도달했던 '소빙하기(Little Ice Age)'의 끝을 의미한다. 그 이전에는 오늘날보다 따뜻한 곳이 많았다. 예를 들어, 우리는 캐나다 북극 바다는 거의 일 년 내내 얼음으로 덮여 있는 것으로 알고 있지만,

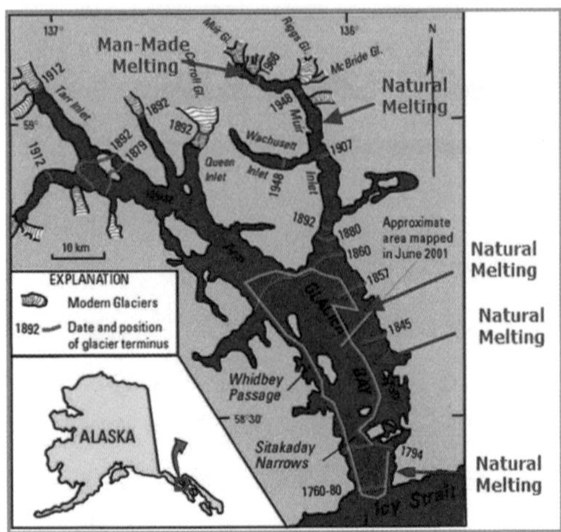

미국 미네소타대 윌리엄 쿠퍼(William S. Cooper) 교수가 1923년에 발표한 논문에 게재된 그림을 보는 이들이 알기 쉽게 재현한 것이다. 이 그림은 만에 있었던 빙하의 90%는 인간에 의한 이산화탄소 농도가 상승하기 이전(1900년대 중반)에 녹았음을 보여준다.
"W.S. Cooper (1923): 'The recent ecological history of Glacier Bay, Alaska: The interglacial forests of Glacier Bay.' Ecology, 4(2), 93-128"

보포트 바다(Beaufort Sea) 거의 대부분은 1년 내내 얼음이 없었다.[1]

온난화 현상은 최근 수십 년 동안만 일어난 것이 아니다. 예를 들면, 많은 미국인들에게 잘 알려진 알래스카 빙하 만(Glacier Bay)은 1800년대에 급격한 온난화를 겪었다. 1923년, 윌리엄 쿠퍼 교수(William S. Cooper)는 1794년 밴쿠버 선장이 그곳에 도착했을 때 경치가 좋은 만 전체가 빙하로 덮혀 있었다고 적고 있다.[2] 그러나 얼음은 그 후 곧 녹기 시작했고 1920년 경(지금부터 100년 전)에는 60마일(96㎞) 내륙으로 퇴각했는데, 상당히 먼 토르(Torr)와 뮤르만(Muir Inlet) 끝에 다다랐으며, 방문객들은 오늘날에도 여전히 과거 한때 강력했던 빙하의 잔해를 보러 간다.

1800년 이후로 따뜻해졌을 뿐만 아니라, 세계는 훨씬 부유하고 건강해졌다. 이 기간 1인당 평균 실질 소득은 약 14배 증가했다.[3] 1801년, 전 세계 모든 나라의 평균수명은 40세 미만이었지만, 오늘날에는 70세 이상이 되었고, 많은 나라에서 80세 이상이다. 세계 연평균 1인당 소득은 1990년 이후 역사상 그 어느 때보다 빠르게 증가하고 있는 반면 극빈층 인구는 거의 19억 명에서 약 6억 5천만 명으로 감소했다.[4]

지난 200년 동안, 세계는 온난화와 함께 소득과 생활 수준 모두 극적인 증가를 경험했다. 화석연료로 인한 값싼 에너지의 이용은 경제적·사회적 발전에 필

1 Wu et al. (2020) Commun Earth Environ. https://doi.org/10.1038/s43247-020-00028-z
2 WS Cooper (1923) Ecology. https://www.jstor.org/stable/1929485
3 https://ourworldindata.org/economic-growth
4 https://ourworldindata.org/extreme-poverty

수적이었다. 화석연료의 온실가스 배출이 온난화에 기여했다고 해도, 그것으로는 우리가 훨씬 더 잘 사는 것을 막지는 못했다. 우리가 경험한 온난화가 위기나 비상이라는 주장은 역사적 사실이 지지해주지 않는다.

Climate Change Information Brief

Is There a "Climate Emergency"?

The word "emergency" means a crisis that threatens immediate harm unless urgent action is taken. "Climate change" refers to long slow variations in key features of our weather, such as 30-year averages of temperature and precipitation. It is only measurable over decades and centuries. Some of the changes can be beneficial and some can be harmful depending on how we adapt. Regardless of whether climate change is natural or human-caused, the words "emergency" and "crisis" do not apply.

Summary

- Global warming over the past 200 years has been slow and manageable while global living standards have risen dramatically.
- The Intergovernmental Panel on Climate Change (IPCC) projects that the economic impacts of global warming over the next century will continue to be small relative to other changes.
- Most projections of carbon dioxide emissions are now known to be too high, and there is evidence climate models have predicted too much warming.
- Data on extreme weather trends don't support common claims of a climate crisis.

Introduction

Data from around the world indicates that the global climate has been warming since the early 1800s. Those decades marked the end of the "Little Ice Age" during which many locations around the world had reached their coldest conditions since the end of the last ice age 11,000 years ago. Before that, there were long intervals in many places which were warmer than today. For example, while we are accustomed to the Canadian Arctic now being covered in ice most of the year, for thousands of years before the Little Ice Age much of the Beaufort Sea was ice free almost all year round[1].

Climate warming didn't just happen in recent decades. To take an example well-known to many Americans, Glacier Bay Alaska underwent a rapid warming in the 1800s. In 1923[2], Professor William S. Cooper noted that the entirety of that scenic bay had been under a mountain of ice when Captain Vancouver reached it in 1794. But the ice began melting soon thereafter and by 1920 (a full century ago), it had retreated sixty miles inland, almost to the end of the distant Torr and Muir inlets, where visitors today still go to see the remains of those once-mighty glaciers.

© 2021 Office of Science and Technology Policy

미래는 어떨까?

2013년, 기후변화에 관한 정부간 협의체(IPCC)는 경제 성장과 발전의 여러 동향과 관련하여 지구온난화로 예상되는 영향에 관해 철저한 조사를 했다.[5] 그 영향은 실제로 일어나지만 다가올 다른 모든 변화에 비해 상대적으로 작고 관리 가능할 것이라고 결론지었다. "대부분의 경제 부문에서 기후변화의 영향은 다른 요인들에 비해 작을 것이다. 인구, 고령화, 소득, 기술, 상대적 물가, 생활 방식, 규제, 거버넌스 및 기타 사회경제적 발전의 많은 변화는 기후변화 영향에 비해 상품과 서비스의 공급과 수요에 훨씬 큰 영향을 미칠 것이다." 요약하자면, 지난 200년 동안과 마찬가지로, 다가오는 세기 동안 과학, 기술, 소득, 생활 수준에 많은 발전이 있을 것이다. 기후변화의 영향은 이것들에 비하면 작을 것이다.

최악의 시나리오 남용

기후변화의 미래 영향에 관한 연구는 장기적인 이산화탄소 배출량 예측에 의존한다. 불행히도, 최근 몇 년 동안 수많은 연구들이[6] "RCP8.5"라고 불리는 방출 시나리오에 의존하고 있는데, 이는 심각하게 과장된 것으로 알려져 있다.[7] 일

5 IPCC (2013) https://www.ipcc.ch/site/assets/uploads/2018/02/WGIIAR5-Chap10_FINAL.pdf

6 Pielke and Ritchie (2020)
https://papers.ssrn.com/sol3/papers.cfm?abstract_id=3581777

7 Hausfather and Peters (2020) Nature
https://www.nature.com/articles/d41586-020-00177-3

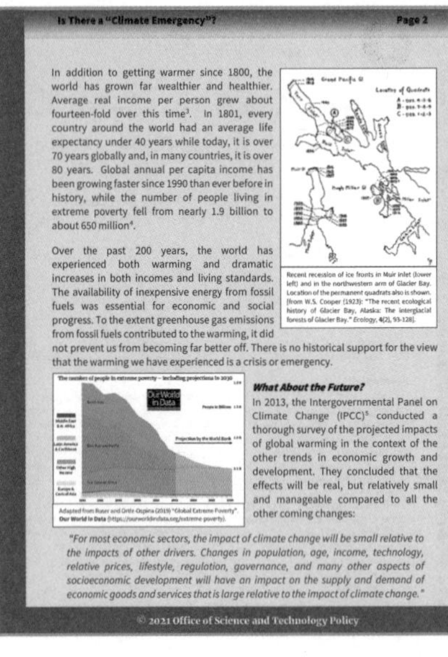

Is There a "Climate Emergency"? **Page 2**

In addition to getting warmer since 1800, the world has grown far wealthier and healthier. Average real income per person grew about fourteen-fold over this time[3]. In 1801, every country around the world had an average life expectancy under 40 years while today, it is over 70 years globally and, in many countries, it is over 80 years. Global annual per capita income has been growing faster since 1990 than ever before in history, while the number of people living in extreme poverty fell from nearly 1.9 billion to about 650 million[4].

Recent recession of ice fronts in Muir Inlet (lower left) and in the northwestern arm of Glacier Bay. Location of the permanent quadrats also is shown. [from W.S. Cooper (1923): "The recent ecological history of Glacier Bay, Alaska: The interglacial forests of Glacier Bay." *Ecology*, 4(2), 93-128].

Over the past 200 years, the world has experienced both warming and dramatic increases in both incomes and living standards. The availability of inexpensive energy from fossil fuels was essential for economic and social progress. To the extent greenhouse gas emissions from fossil fuels contributed to the warming, it did not prevent us from becoming far better off. There is no historical support for the view that the warming we have experienced is a crisis or emergency.

Adapted from Roser and Ortiz-Ospina (2019) "Global Extreme Poverty". **Our World in Data** (https://ourworldindata.org/extreme-poverty).

What About the Future?

In 2013, the Intergovernmental Panel on Climate Change (IPCC)[5] conducted a thorough survey of the projected impacts of global warming in the context of the other trends in economic growth and development. They concluded that the effects will be real, but relatively small and manageable compared to all the other coming changes:

"For most economic sectors, the impact of climate change will be small relative to the impacts of other drivers. Changes in population, age, income, technology, relative prices, lifestyle, regulation, governance, and many other aspects of socioeconomic development will have an impact on the supply and demand of economic goods and services that is large relative to the impact of climate change."

© 2021 Office of Science and Technology Policy

부 과학자들은 동료들에게 사용을 중단하거나, 단지 추측성 "최악의 시나리오"일 뿐이라고 경고 라벨을 붙이도록 권고했다.[8] 하지만 권고를 받아들이는 대신 우리가 비용이 많이 드는 배출량 감소를 신속하게 달성하지 않는다면 그렇게 될 수밖에 없다고 암시하는 것처럼 "이대로 가면(BAU: Business-As-Usual)"이라고 계속 부르고 있다.

이것은 오해의 소지가 크다. 지난 수십 년 동안 배출량은 기후 예측 모델 연구 과학자들이 사용한 범위 중 가장 낮은 수준이었다.[9] 과거 배출 경향과 일치하는 예측은 기후 위기를 가리키지 않는 반면, 느리고 지속적이며 관리 가능한 변화율을 보여준다. 이는 다음 세기에 기후변화의 영향이 다른 모든 것에 비해 상대적으로 작을 것이라는 IPCC의 결론을 지지한다.

기후 모델은 위기를 예측하는가?

주요 기후 모델 센터가 전 세계에 40개 이상 존재하며, 그 모델들은 다양하고 많은 현상을 예측한다. 모델은 설정함에 따라 급격한 온난화나 남극 빙하 녹아내리는 등과 같은 기후 위기를 만들어 낼 수 있다. 하지만 그것은 예측에 불과한 것이지 현실로 나타난다는 것을 의미하지 않는다. 그러한 예측을 액면 그대로 받아들이기 전에, 우리는 태양복사, 온실가스, 대기오염, 토지 피복과 같은 중요한 기후 요인의 관찰된 변화를 고려할 때 지난 40년 동안의 추세를 더 잘 재현하는 모델이 무엇인지 살펴볼 필요가 있다.

이 연구를 수행한 과학자들은 거의 모든 모델이 관측된 것보다 지구 대기가

8 Pielke Jr. (2020) https://rogerpielkejr.substack.com/p/the-unstoppable-momentum-of-outdated

9 Burgess et al. (2020) Environ Res Lett https://iopscience.iop.org/article/10.1088/1748-9326/abcdd2/pdf

더 따뜻해질 것으로 예측하고 있으며, 많은 모델은 관측된 온난화의 최소 두 배는 높게 예측하는 것으로 결론 내렸다.[10] 가장 정확한 모델들은 온실가스의 변화에 대한 민감도가 낮고, 미래에 더 적은 온난화를 예측하는 경향이 있다. 이는 20세기 지구 기온의 관측 기록에 가장 잘 맞는 모델은 온실가스 수준에 가장 민감도가 낮은 모델이라는 또 다른 증거를 더해준다.[11]

가장 정확한 모델이 예측한 것은 기후 위기가 아니다. 올바른 경제 모델과 예측 기후를 함께 고려할 경우, 향후 30년 동안 중간 정도의 온난화와 약한 경제적 영향을 보여준다.[12] 극단적인 RCP8.5와 같은 극히 드문 경우가 일어난다고 해도 2100년까지 전 세계 GDP의 약 7%에 해당하는 경제적 순손실이 나타날 것으로 예상된다.[13] 연평균 2%의 경제성장률을 보인다면, 세계 경제가 2020년부터 2100년까지 388%가 아니라 354% 성장했다는 것을 의미한다. 최악의 시나리오도 위기는 아니다.

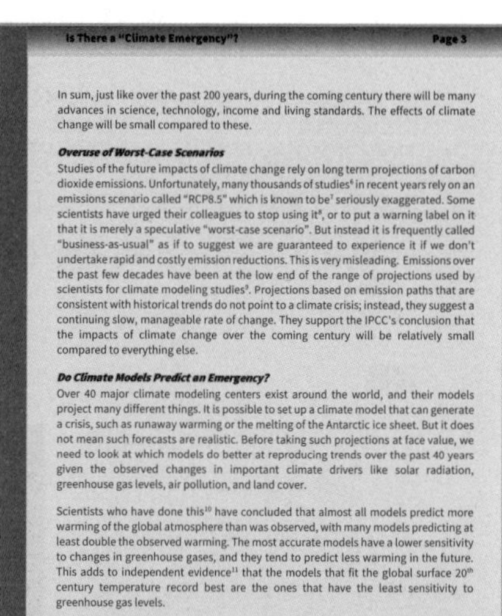

Is There a "Climate Emergency"? Page 3

In sum, just like over the past 200 years, during the coming century there will be many advances in science, technology, income and living standards. The effects of climate change will be small compared to these.

Overuse of Worst-Case Scenarios

Studies of the future impacts of climate change rely on long term projections of carbon dioxide emissions. Unfortunately, many thousands of studies[6] in recent years rely on an emissions scenario called "RCP8.5" which is known to be[7] seriously exaggerated. Some scientists have urged their colleagues to stop using it[8], or to put a warning label on it that it is merely a speculative "worst-case scenario". But instead it is frequently called "business-as-usual" as if to suggest we are guaranteed to experience it if we don't undertake rapid and costly emission reductions. This is very misleading. Emissions over the past few decades have been at the low end of the range of projections used by scientists for climate modeling studies[9]. Projections based on emission paths that are consistent with historical trends do not point to a climate crisis; instead, they suggest a continuing slow, manageable rate of change. They support the IPCC's conclusion that the impacts of climate change over the coming century will be relatively small compared to everything else.

Do Climate Models Predict an Emergency?

Over 40 major climate modeling centers exist around the world, and their models project many different things. It is possible to set up a climate model that can generate a crisis, such as runaway warming or the melting of the Antarctic ice sheet. But it does not mean such forecasts are realistic. Before taking such projections at face value, we need to look at which models do better at reproducing trends over the past 40 years given the observed changes in important climate drivers like solar radiation, greenhouse gas levels, air pollution, and land cover.

Scientists who have done this[10] have concluded that almost all models predict more warming of the global atmosphere than was observed, with many models predicting at least double the observed warming. The most accurate models have a lower sensitivity to changes in greenhouse gases, and they tend to predict less warming in the future. This adds to independent evidence[11] that the models that fit the global surface 20th century temperature record best are the ones that have the least sensitivity to greenhouse gas levels.

The most accurate models do not project a climate emergency. Instead, when combined with historically plausible economic models, they imply modest warming and small economic effects[12], especially for the next 30 years. Even in the unlikely event

© 2021 Office of Science and Technology Policy

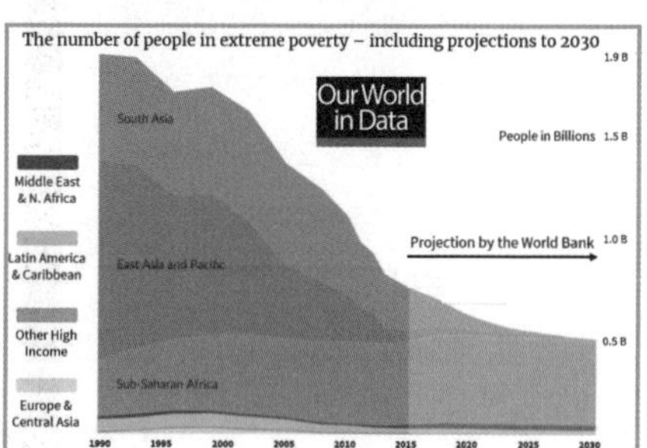

Adapted from Roser and Ortiz-Ospina (2019) "Global Extreme Poverty". Our World in Data (https://ourworldindata.org/extreme-poverty).

10 McKitrick and Christy (2020) Earth and Space Sci https://doi.org/10.1029/2020EA001281

11 Lewis and Curry (2018) J Clim https://doi.org/10.1175/JCLI-D-17-0667.1

12 Tol (2012) Clim Chg https://link.springer.com/article/10.1007/s10584-012-0613-3

13 Takakura et al. (2019) Nature Clim Chg https://www.nature.com/articles/s41558-019-0578-6

가뭄, 홍수, 허리케인, 기타 기상이변?

IPCC는 2012년 지구 기상이변의 장기 추세를[14] 검토하면서 기후변화와 대부분의 기상이변 유형 간의 명확한 연관성을 발견하지 못했으며, 세계적으로 가뭄 빈도를 포함한 일부 추세가 감소하고 있다는 점에 주목해야 한다. 또 현재 많은 미국인들이 생각하는 것과는 달리 산불은 세계적으로 감소하고 있다.[15]

결론

세계적인 COVID-19 대유행은 세계적인 위기가 어떤 것인지를 보여주었다. 이것과는 반대로 기후변화는 우리가 관심을 갖고 지속적으로 감시해야 할 사안이지만, 나타난 증거들은 '위기'가 아니라는 것을 보여준다. 존재하지도 않는 기후 위기 선동으로 세계 발전과 경제 성장을 가로막는 정책은 득보다 실이 훨씬 클 것이며 단호히 저항해야 한다.

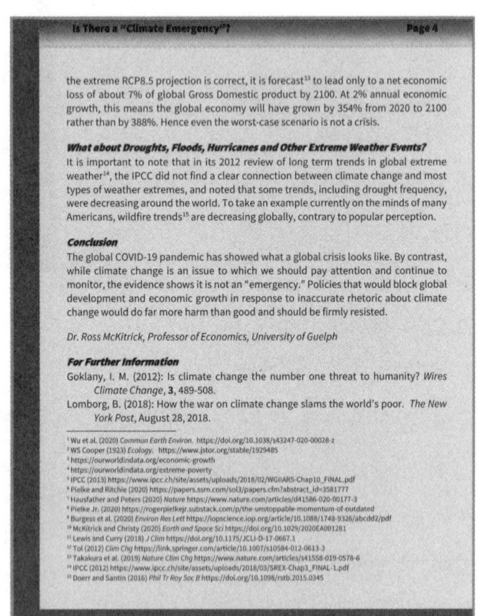

Is There a "Climate Emergency"? Page 4

the extreme RCP8.5 projection is correct, it is forecast[13] to lead only to a net economic loss of about 7% of global Gross Domestic product by 2100. At 2% annual economic growth, this means the global economy will have grown by 354% from 2020 to 2100 rather than by 388%. Hence even the worst-case scenario is not a crisis.

What about Droughts, Floods, Hurricanes and Other Extreme Weather Events?

It is important to note that in its 2012 review of long term trends in global extreme weather[14], the IPCC did not find a clear connection between climate change and most types of weather extremes, and noted that some trends, including drought frequency, were decreasing around the world. To take an example currently on the minds of many Americans, wildfire trends[15] are decreasing globally, contrary to popular perception.

Conclusion

The global COVID-19 pandemic has showed what a global crisis looks like. By contrast, while climate change is an issue to which we should pay attention and continue to monitor, the evidence shows it is not an "emergency." Policies that would block global development and economic growth in response to inaccurate rhetoric about climate change would do far more harm than good and should be firmly resisted.

Dr. Ross McKitrick, Professor of Economics, University of Guelph

For Further Information

Goklany, I. M. (2012): Is climate change the number one threat to humanity? *Wires Climate Change*, **3**, 489-508.

Lomborg, B. (2018): How the war on climate change slams the world's poor. *The New York Post*, August 28, 2018.

[1] Wu et al. (2020) *Commun Earth Environ.* https://doi.org/10.1038/s43247-020-00028-z
[2] WS Cooper (1923) *Ecology.* https://www.jstor.org/stable/1929485
[3] https://ourworldindata.org/economic-growth
[4] https://ourworldindata.org/extreme-poverty
[5] IPCC (2013) https://www.ipcc.ch/site/assets/uploads/2018/02/WGIIAR5-Chap10_FINAL.pdf
[6] Pielke and Ritchie (2020) https://papers.ssrn.com/sol3/papers.cfm?abstract_id=3581777
[7] Hausfather and Peters (2020) *Nature* https://www.nature.com/articles/d41586-020-00177-3
[8] Pielke Jr. (2020) https://rogerpielkejr.substack.com/p/the-unstoppable-momentum-of-outdated
[9] Burgess et al. (2020) *Environ Res Lett* https://iopscience.iop.org/article/10.1088/1748-9326/abcdd2/pdf
[10] McKitrick and Christy (2020) *Earth and Space Sci* https://doi.org/10.1029/2020EA001281
[11] Lewis and Curry (2018) *J Clim* https://doi.org/10.1175/JCLI-D-17-0667.1
[12] Tol (2012) *Clim Chg* https://link.springer.com/article/10.1007/s10584-012-0613-3
[13] Takakura et al. (2019) *Nature Clim Chg* https://www.nature.com/articles/s41558-019-0578-6
[14] IPCC (2012) https://www.ipcc.ch/site/assets/uploads/2018/03/SREX-Chap3_FINAL-1.pdf
[15] Doerr and Santin (2016) *Phil Tr Roy Soc B* https://doi.org/10.1098/rstb.2015.0345

© 2021 Office of Science and Technology Policy

추가 문헌

- Goklany, I. M. (2012): Is climate change the number one threat to humanity? Wires Climate Change, 3, 489-508.
- Lomborg, B. (2018): How the war on climate change slams the world's poor. The New York Post, August 28, 2018.

14 IPCC (2012) https://www.ipcc.ch/site/assets/uploads/2018/03/SREX-Chap3_FINAL-1.pdf
15 Doerr and Santin (2016) Phil Tr Roy Soc B https://doi.org/10.1098/rstb.2015.0345

영국 저자

데이비드 크레이그(David Craig)

유럽 연합, 영국 정부, 대학 재단, 금융 서비스, 비대해진 자선 사업 등의 부정직함, 무능, 어리석음, 탐욕, 낭비를 폭로하는 등 세계적인 논쟁 이슈에 관한 다음 10여 권의 시사 논픽션을 저술했다.

기후 종말론

초판 1쇄 발행일 2023년 2월 24일

지은이 박석순(한국) · 데이비드 크레이그(영국)
자료 제공 토니 헬러(미국)
펴낸이 박영희
편집 문혜수
디자인 최소영
마케팅 김유미
인쇄·제본 AP프린팅
펴낸곳 도서출판 어문학사
서울특별시 도봉구 해등로 357 나너울카운티 1층
대표전화: 02-998-0094/편집부1: 02-998-2267, 편집부2: 02-998-2269
홈페이지: www.amhbook.com
트위터: @with_amhbook
페이스북: www.facebook.com/amhbook
블로그: 네이버 http://blog.naver.com/amhbook
다음 http://blog.daum.net/amhbook
e-mail: am@amhbook.com
등록: 2004년 7월 26일 제2009-2호

ISBN 979-11-6905-012-8(03450)
정가 22,000원

※잘못 만들어진 책은 교환해 드립니다.